*química
analítica
quantitativa
elementar*

Blucher

NIVALDO BACCAN
JOÃO CARLOS DE ANDRADE
OSWALDO E. S. GODINHO
JOSÉ SALVADOR BARONE

Professores do Instituto de Química
da Universidade Estadual de Campinas

química analítica quantitativa elementar

3.ª edição revista, ampliada e reestruturada

Esta edição
foi inteiramente preparada por

**NIVALDO BACCAN
e JOÃO CARLOS DE ANDRADE**

Química analítica quantitativa elementar
© 2001 Nivaldo Baccan
     João Carlos de Andrade
     Oswaldo E. S. Godinho
     José Salvador Barone
3ª edição – 2001
12ª reimpressão – 2019
Editora Edgard Blücher Ltda.

Blucher

Rua Pedroso Alvarenga, 1245, 4º andar
04531-934 – São Paulo – SP – Brasil
Tel.: 55 11 3078-5366
contato@blucher.com.br
www.blucher.com.br

É proibida a reprodução total ou parcial por quaisquer meios, sem autorização escrita da Editora.

Todos os direitos reservados pela Editora Edgard Blücher Ltda.

FICHA CATALOGRÁFICA

Baccan, Nivaldo
   Química analítica quantitativa elementar / Nivaldo Baccan, João Carlos de Andrade, Oswaldo E. S. Godinho e José Salvador Barone. 3ª edição – São Paulo: Blucher – Instituto Mauá de tecnologia, 2001.

   Bibliografia.
   ISBN 978-85-212-0296-7

   1. Química analítica quantitativa I. Baccan, **Nivaldo**.

79-0606   CDD-545

Índices para catálogo sistemático:
1. Análise quantitativa: Química   545
2. Química analítica quantitativa   545

Prefácio da 3ª edição

Desde sua publicação em 1979, este livro vem servindo de texto básico e de referência para muitas instituições, contribuindo para a formação de estudantes na área de química e em diversas áreas correlatas. Em seu conteúdo, encontra-se um material essencial para introduzir conceitos teóricos e práticos, da química analítica quantitativa clássica, enfatizando gravimetria e volumetria.

Seqüência de capítulos

A ordem de apresentação do conteúdo acompanha uma tendência geral usada para demonstrar conceitos que se sucedem nas apresentações de cada um dos capítulos. De tal modo que os conceitos estatísticos foram mantidos no início, pois serão uma ferramenta útil em todos os demais procedimentos recomendados. A volumetria de precipitação, na prática, aparece logo após a gravimetria, já que diversos aspectos titulométricos são assimilados e usados num processo titulométrico envolvendo precipitação. Claramente, a importância da volumetria de neutralização é bastante explorada, na teoria e na prática, pois o meio ácido ou básico influi nos delicados equilíbrios inseridos nos processos de precipitação, óxido-redução e complexométricos. E a própria óxido-redução, com suas múltiplas identidades, serve de material significativo para estudos de equilíbrio, estendendo-se para uma conceituação fundamental em eletroquímica. A complexometria deve ser bem entendida. Seus conceitos vão muito além da simples titulação. O fantástico mundo dos complexos, naturais e sintéticos, está situado na rotina diária de cada um. Há uma competição contínua de agentes complexantes por espécies metálicas, onde se consideram as diferenças nas constantes de estabilidades relativas. Dentre tantos outros complexantes, destaca-se o EDTA. Este pode e atua na proteção de alimentos contra a oxidação e deterioração por processos catalíticos, provocados pela presença de íons metálicos, mesmo em baixas concentrações. Estudos com quelatos e agentes seqüestradores em geral, de amplo interesse analítico, são comuns. Lembrar que este mesmo EDTA é administrado, na forma de um complexo com cálcio (nunca livre na forma ácida), a pacientes contaminados com metais tóxicos, em tratamentos emergenciais.

Objetivos

Evoluindo pelo texto é possível entender a abrangência da proposta de ensino aqui contida, tendo-se em conta a pluralidade dos futuros profissionais que farão uso deste livro. As operações unitárias analíticas, caracterizadas pelas manipulações typicas em laboratórios, são descritas desde uma simples pesagem, dissolução, tratamento de amostras, filtração, cálculos estequiométricos para uso dos resultados, uso correto das unidades internacionais e dos materiais de vidro de uso geral, até o preparo de soluções auxiliares, complementadas por estudos de interferências e mascarantes. Estes conceitos foram estendidos com os aspectos de segurança e o destino de resíduos gerados. Tudo isso compõe um universo de aprendizado que é parte integrante de toda ciência, de forma que, como muito bem se expressou Pasteur (1871), "não existe ciência pura separada de ciência aplicada. O que existe é ciência e aplicações da ciência, unidas como o fruto e a árvore que o sustenta".

Ao estudante

Estudantes e professores devem sempre ter em mente que o **objetivo** deste livro é introduzir a prática de análises quantitativa dentro do conteúdo global da Química Analítica. Conseqüentemente, deve-se demonstrar a validade de alguns dos princípios introduzidos em aulas teóricas.

Como extensão, o trabalho experimental também fará o aluno familiarizar-se com as operações básicas de laboratório, não só nos procedimentos analíticos, mas também em muitas áreas da ciência e tecnologia, tais como: micropesagem, secagem, calcinação, filtração, medidas e transferência de líquidos, e manipulações gerais com material de vidro de muitos tipos e preparo adequados de soluções. A própria recomendação de se executar as determinações em pelo menos duplicata, já dá uma idéia de como cada estudante deve se concentrar em suas operações específicas. Mesmo espaços de tempo entre operações, que não necessitam de atenção contínua, como por exemplo: enquanto se aguarda a calcinação de um material, deve-se aproveitar para lavagem de materiais e preparo de soluções a serem usadas nas etapas seguintes. Bons resultados apenas são conseguidos trabalhando com atenção e limpeza. Por isso mantenha seu lugar no laboratório e suas vidrarias, rigorosamente limpos. É um trabalho analítico quantitativo. Não deixe sobre a bancada nenhum material que não tenha relação com o experimento. Isso só atrapalha!

Evidentemente, erros são cometidos quando se está aprendendo. Ainda nestas situações o estudante deve aprender com seus próprios erros, e não repeti-los. Usar as experiências obtidas em outras disciplinas é fundamental. Todos têm a habilidade de pensar e usar a razão, a inteligência, o bom senso. *Não faça os experimentos como autômato*! Assim, informações não dadas pelo professor, tente o próprio estudante respondê-las. Ao final de uma prática não deve ser deixado nenhum material sobre a bancada, a menos que haja instruções para assim proceder.

Mudanças

Houve uma atualização intensa na obra. Os capítulos foram aumentados em termos de extensões aos conceitos originais, juntando-se exercícios e problemas resolvidos no texto, e outros propostos no final de cada um dos seis primeiros capítulos contendo os aspectos fundamentais para toda a gravimetria e volumetria.

É importante o estudante acostumar-se a resolver os problemas dos finais de capítulo, o que vai dar segurança naquilo que se espera ter aprendido. Muitos dos problemas simulam situações encontradas em diferentes laboratórios de análise. Vários procedimentos, descrevendo experiências alternativas foram incluídos, e fica a critério do professor recomendar uma ou outra. Mesmo nos procedimentos com amostras sintéticas, as operações são idênticas às usadas com amostras reais e suas aplicações dependerão apenas das conveniências e disponibilidades de momento. Esse é, por exemplo, o caso da determinação iodométrica de cobre que pode ser feita a partir de uma solução de sulfato de cobre ou de uma amostra de latão. O mesmo ocorre com as abordagens em volumetria ácido-base, com amostras de vinagre e vinhos. Entretanto, sempre que possível, o uso de amostras reais é fortemente recomendado.

Apêndices

Na forma de apêndices foram incluídas tabelas contendo informações gerais sobre constantes em geral, massas molares, potenciais de meia célula, e características física e físico-químicas úteis aos propósitos didáticos. Pela sua importância, um farto material sobre o sistema internacional de unidades (SI), suas regras, recomendações e restrições foi colocado em um apêndice, que deve ser lido com muito cuidado para se adequar às novas propostas. E, finalmente, há um apêndice sobre segurança no laboratório e diretrizes generalizadas de como tratar o material residual de cada experimento realizado.

Em todo o livro há uma extensa citação de referências bibliográficas que dão suporte ao conteúdo aqui apresentado.

Agradecimentos

Os autores expressam seus agradecimentos aos colegas e estudantes que durante tanto tempo vêm usando este livro, fazendo comentários construtivos e questionamentos, especialmente no sentido de se incluir exercícios e problemas na forma de material de apoio extra. Esta nova abordagem é um tributo àqueles que deram valiosas sugestões.

NIVALDO BACCAN
JOÃO CARLOS DE ANDRADE
Maio de 2001

Prefácio da 2.ª edição

Na preparação do texto original tentou-se cobrir todos os aspectos básicos da Química Analítica Clássica, considerando-se o papel importante que ela desempenha em muitas áreas da pesquisa e indústria.

Como o texto é dedicado a um curso introdutório em Química Analítica, tentou-se apresentar informações adequadas tanto para químicos quanto para estudantes em áreas afins, sem sacrificar os fundamentos básicos.

A primeira parte do texto é constituída de um conjunto de seis capítulos contendo os conceitos básicos da gravimetria e volumetria.

A segunda parte do livro é dedicada ao laboratório, onde se discutem as operações experimentais essenciais nos métodos gravimétricos e volumétricos, seguido de uma série de experiências propostas para reforçar os conceitos desenvolvidos nos capítulos iniciais.

Pequenas mudanças foram feitas, principalmente no capítulo 1 e capítulo 5 desta 2.ª Edição, no sentido de melhorar o texto, adicionando-se novos conceitos ou simplesmente expandindo os conceitos previamente apresentados.

Outras mudanças nesta 2.ª Edição tratam da inclusão de novas experiências envolvendo determinações em amostras reais para melhor motivar o estudante.

A fim de não comprometer toda a diagramação do texto original, estas novas experiências foram alocadas na forma de Apêndice no final do livro, mas constituem-se, sem dúvida, em outras opções para o laboratório, ilustrando determinações em amostras biológicas e farmacêuticas simples.

Gostaríamos de agradecer a muitos estudantes e colegas pelas críticas construtivas feitas durante a utilização da 1.ª edição desta obra.

Outros comentários são bem-vindos e poderão ser incorporados em edições futuras.

Campinas, 1985
Os autores

Prefácio

O propósito deste livro é o de apresentar de uma maneira simples e concisa os princípios básicos e algumas experiências tradicionais da química analítica quantitativa clássica.

O material tratado nesta publicação está disposto de um modo pelo qual, acredita-se, seja o mais didático.

Inicialmente são considerados os aspectos teóricos envolvidos com os métodos clássicos de análise (gravimetria e volumetria) e, em seguida, algumas técnicas básicas de laboratório e algumas experiências para ilustração dos conceitos teóricos. Em forma de apêndices, encontram-se compilados vários dados que os autores consideram de utilidade em um laboratório. As discussões mais detalhadas sobre algum tópico em especial ou explicações sobre determinados procedimentos experimentais são encontradas sob a forma de comentários.

Pretende-se que esta publicação seja um texto prático para todos os estudantes que necessitam de um curso de química analítica quantitativa, apesar de seu entendimento requerer conhecimentos de equilíbrio químico. Caso seja necessário um tratamento mais aprofundado da matéria em questão, sugere-se que a lista de referências bibliográficas citada no final do texto seja consultada.

O esquema de trabalho proposto vem sendo aplicado há algum tempo no Instituto de Química da Universidade Estadual de Campinas (UNICAMP), e os resultados têm sido satisfatórios. A matéria apresentada pode ser coberta em um semestre letivo, com doze horas de atividade por semana, mas o texto é suficientemente flexível para ser adequado a outras situações, de acordo com as necessidades.

Os autores expressam sua gratidão à Sra. Odete Moretti Dalben pela sua dedicação na datilografia dos originais, ao Sr. Celso Craveiro Gusmão pela confecção dos desenhos e à profa. Carol H. Collins pelos valiosos comentários sobre o texto.

À direção do Instituto de Química da Universidade Estadual de Campinas, agradecimentos especiais pelas facilidades concedidas para o desenvolvimento deste trabalho.

Campinas, 1979
Os autores

Atenção

Sendo este um livro dedicado à Química Analítica, os experimentos e métodos aqui descritos envolvem o uso de produtos químicos, equipamentos e procedimentos operacionais que demonstram um certo grau de periculosidade, particularmente quando usado por pessoal não qualificado e em um laboratório sem as condições necessárias. Por esse motivo, a todos que utilizarem este material, recomenda-se planejar e desenvolver procedimentos de segurança, de acordo com as situações e necessidades locais e específicas, incluindo o descarte de resíduos. Todas as Regras de Segurança devem ser rigorosamente obedecidas. Apesar de todos os esforços para assegurar e encorajar práticas laboratoriais seguras e o uso correto dos equipamentos e dos reagentes químicos, os autores não se responsabilizam por procedimentos incorretos ou pelo uso indevido das informações publicadas.

Conteúdo

Capítulo 1
Erros e tratamentos dos dados analíticos. 1

   1 – Algarismos significativos 1
   2 – Erro de uma medida 6
   3 – Desvio 7
   4 – Exatidão e precisão 8
   5 – Tipos de erros 9
   6 – Precisão de uma medida 14
   7 – Limite de confiança da média 16
   8 – Teste F para comparar conjuntos de dados 18
   9 – Propagação de erros 20
  10 – Rejeição de resultados 24
       Exercícios 27

Capítulo 2
Natureza física dos precipitados. 32

   1 – Formação dos precipitados 33
   2 – Influência das condições de precipitação 33
   3 – Envelhecimento dos precipitados 38
   4 – Contaminação dos precipitados 38
   5 – Precipitação de uma solução homogênea 41
       Exercícios 44

Capítulo 3
Volumetria de neutralização. 46

   1 – Acidez, basicidade, pH de soluções aquosas, solução tampão 47
   2 – Titulação de ácidos fortes com bases fortes 51
   3 – Titulação de ácidos fracos com bases fortes 61
   4 – Titulação de bases fracas com ácidos fortes 68
   5 – Titulação de ácidos polipróticos 73
       Exercícios 83

XII

Capítulo 4
Volumetria de precipitação. 87
   1 – Construção da curva de titulação 87
   2 – Fatores que afetam a curva de titulação 92
   3 – Detecção do ponto final 93
       Exercícios 98

Capítulo 5
Volumetria de óxido-redução. 103
   1 – O processo de oxidação e redução 103
   2 – As semi-reações 104
   3 – Pilhas ou células galvânicas 105
   4 – Potencial de eletrodo e força eletromotriz de meia-célula 107
   5 – A equação de Nernst 109
   6 – Cálculo do potencial de meia-célula usando os valores de E^0 111
   7 – Curvas de titulação 111
   8 – Detecção do ponto final 120
       Comentários 124
       Exercícios 127

Capítulo 6
Titulações complexométricas. 130
   1 – Variação das espécies de EDTA em função do pH da solução aquosa 130
   2 – Curvas de titulação 133
   3 – Efeito de tampões e efeitos mascarantes 137
   4 – Indicadores metalocrômicos 143
   5 – Escolha do titulante 146
   6 – Métodos de titulação envolvendo ligantes polidentados 148
       Exercícios 151

Conteúdo 7
Técnicas básicas de laboratório. 154
   1 – Pesagem e balança analítica 154
       1.1 História da pesagem 154
       1.2 Massa e peso 155
       1.3 Teoria da pesagem 156
       1.4 Balança de prato único 160
       1.5 Propriedades de uma balança 161
       1.6 Erros na pesagem 161
       1.7 Pesagem e cuidados com uma balança de prato único 164
       1.8 Balança analítica eletrônica: um novo conceito na medida de massas .. 166

2 – Uso dos aparelhos volumétricos 168
    2.1   Provetas ou cilindros graduados 169
    2.2   Pipetas 169
    2.3   Buretas 169
    2.4   Balões volumétricos 175
    2.5   Influência da temperatura 175

3 – Limpeza dos materiais volumétricos 176
    3.1   Soluções de limpeza 176
    3.2   Técnicas de limpeza 176

4 – Técnicas usadas em gravimetria 180
    4.1   Preparo de soluções 180
    4.2   Precipitação 182
    4.3   Digestão 183
    4.4   Filtração 183
    4.5   Lavagem 186
    4.6   Secagem ou calcinação 188
    4.7   Pesagem 190

Capítulo 8
Práticas de laboratório. 191

1 – Determinação de água em sólidos 191
2 – Aferição de uma pipeta 196
3 – Gravimetria 197
    3.1   Análise gravimétrica convencional 197
          3.1.1 - Determinação de ferro 197
          3.1.2 - Determinação de sulfato 200
          3.1.3 - Determinação de cloreto 203
          3.1.4 - Determinação de alumínio com 8-hidroxiquinolina 205
          3.1.5 - Determinação de magnésio com 8-hidroxiquinolina 206

    3.2   Análise gravimétrica por precipitação a partir de uma solução
          homogênea 207
          3.2.1 - Determinação de chumbo 208
          3.2.2 - Determinação de níquel 209
          3.2.3 - Determinação de cobre 211
          3.2.4 - Determinação de bário como cromato de bário, usando reação
                  de complexação e deslocamento 213

4 – Volumetria 215
    Procedimento geral a ser seguido em uma determinação volumétrica 216

    4.1   Volumetria ácido-base ou de neutralização 218
          4.1.1 - Determinação de ácido clorídrico e ácido acético 219
          4.1.2 - Análise de leite de magnésia 222
          4.1.3 - Capacidade de neutralização de ácidos por
                  um comprimido de antiácido 223
          4.1.4 - Determinação de uma base fraca por um ácido forte 224
          4.1.5 - Determinação de ácidos polipróticos 226

- 4.2 Volumetria de precipitação 229
  - 4.2.1 - Determinação de cloreto – método de Mohr 233
  - 4.2.2 - Determinação de prata – método de Volhard 234
  - 4.2.3 - Determinação de cloreto – método de Fajans 234
- 4.3 Volumetria de óxido-redução 234
  - 4.3.1 - Permanganometria 235
  - 4.3.2 - Dicromatometria 239
  - 4.3.3 - Procedimentos alternativos para a redução de Fe (III) para Fe (II) com redutores metálicos 242
  - 4.3.4 - Determinações iodométricas 247
- 4.4 Complexometria 258
  - 4.4.1 - Determinação da dureza da água 260
  - 4.4.2 - Separação por troca iônica de níquel e cobalto e determinação complexométrica destes metais 261
  - 4.4.3 - Determinação de cálcio e magnésio em calcário 263
  - 4.4.4 - Determinação de cálcio em leite em pó 265
  - 4.4.5 - Determinação de cálcio e magnésio em cascas de ovos 266
  - 4.4.6 - Determinação de zinco com EDTA 267
  - Sugestões para leituras complementares 268

APÊNDICE 1 – Sistema Internacional de Unidades 271

APÊNDICE 2 – Segurança no laboratório e descarte de resíduos químicos 281

APÊNDICE 3 – Tabelas 292

ÍNDICE 304

Capítulo 1

Erros e tratamentos dos dados analíticos

Todas as medidas físicas possuem um certo grau de incerteza. Sempre que é feita uma medida há uma limitação imposta pelo equipamento usado. Assim, um valor numérico que é o resultado de uma medida experimental, terá uma incerteza associada a ela, ou seja, um intervalo de confiabilidade chamado de erro experimental. Aqui, a palavra "erro" não deve ser entendida como tendo o experimentador cometido um "engano" em alguma das operações unitárias envolvidas no procedimento; não há como evitar incertezas de medidas, embora seja possível melhorar tanto o equipamento quanto a técnica a fim de minimizar estes erros. Quando se faz uma medida procura-se manter esta incerteza em níveis baixos e toleráveis, de modo que o resultado possua uma confiabilidade aceitável, sem a qual a informação obtida não terá valor. A aceitação ou não dos resultados de uma medida dependerá de um tratamento estatístico.

1 — Algarismos significativos

A importância dos algarismos significativos aparece quando é necessário expressar o valor de uma dada grandeza determinada experimentalmente. Esse valor pode ser obtido diretamente (por exemplo, a determinação da massa de uma substância por pesagem ou a determinação do volume de uma solução com uma pipeta ou uma bureta) ou indiretamente, a partir dos valores de outras grandezas medidas (por exemplo, o cálculo da concentração de uma solução a partir da massa do soluto e do volume da solução).

Quando se fala em algarismos significativos de um número está se referindo aos dígitos que representam um resultado experimental, de modo que apenas o último algarismo seja duvidoso. O número de algarismos significativos expressa a precisão de uma medida.

Considere-se que um mesmo corpo, de 11,1213 g, é pesado com uma balança cuja incerteza é de ±0,1 g e com uma outra cuja incerteza é de ±0,0001 g (balança analítica). No primeiro caso, a massa deve ser expressa com três algarismos significativos, 11,1 g, onde o algarismo da primeira casa decimal é duvidoso. Não seria correto expressar esta massa como 11 g, porque isso daria a falsa idéia de que o algarismo que representa as unidades de grama é duvidoso. Por outro lado, também não seria correto escrever 11,12 g, uma vez que o algarismo da primeira casa decimal já é duvidoso. Nesse caso, diz-se que o algarismo da segunda casa decimal não é significativo, isto é, não tem sentido físico.

A massa desse corpo determinada com a balança analítica deve ser representada como 11,1213 g, uma vez que a incerteza da medida é de ±0,0001 g. Não é correto expressar essa massa como 11 g, 11,1 g, 11,12 g, ou 11,121 g, pelas mesmas razões já demonstradas.

Considerações a respeito do uso de algarismos significativos

O número de algarismos significativos não depende do número de casas decimais. Assim, quando se quer expressar a massa de 15,1321 g em unidades de miligramas, deve-se representá-la por 15132,1 mg. No primeiro caso, tem-se quatro casas decimais e no segundo apenas uma. Entretanto, nos dois casos têm-se seis algarismos significativos. Assim também os números 1516, 151,6, 15,16, 1,516 e 0,1516 contêm quatro algarismos significativos, independentemente da posição da vírgula.

Os zeros são significativos quando fazem parte do número e não são significativos quando são usados somente para indicar a ordem da grandeza. Assim, os zeros situados à esquerda de outros dígitos não são significativos, pois nestes casos são usados apenas para indicar a casa decimal. Se for necessário expressar 11 mg em gramas, escreve-se 0,011 g, que continua a ter apenas dois algarismos significativos. Os números 0,1516, 0,01516, 0,001516 e 0,0001516 têm, todos, quatro algarismos significativos, independente do número de zeros que existem à esquerda. É conveniente, nestes casos, usar a notação exponencial, com a qual tais números seriam representados por $1,516 \times 10^{-1}$, $1,516 \times 10^{-2}$, $1,516 \times 10^{-3}$ e $1,516 \times 10^{-4}$, respectivamente.

Zeros colocados à direita de outros dígitos somente são significativos se forem resultado de uma medida. Não são significativos se apenas indicam a ordem de grandeza de um número. Se a massa de um corpo (por exemplo, de dois gramas) é medida com uma balança que fornece uma precisão de ±0,1 g, deve-se representá-la por 2,0 g. Neste caso o zero é significativo, pois é o resultado de uma medida. Se for necessário expressar esta massa em miligramas (mg) ou em microgramas (µg), escreve-se respectivamente, 2.000 mg ou 2.000.000 µg. Nos dois casos apenas o primeiro zero, após o dígito 2, é significativo, e é conveniente também o uso da notação exponencial ($2,0 \times 10^3$ mg ou $2,0 \times 10^6$ µg).

Algarismos significativos do resultado de um cálculo

Quando o resultado de uma análise é calculado, vários números, que representam os valores das grandezas determinadas experimentalmente (ex.: massa de substância, volume de solução e também números retirados de tabelas) são envolvidos. A manipulação destes dados experimentais, que geralmente possuem diferentes números de algarismos significativos, gera o problema de se determinar o número de algarismos significativos a ser expresso no resultado do cálculo. Por isto algumas regras a este respeito, envolvendo operações de adição, subtração, multiplicação e divisão, serão em seguida discutidas.

Adição e Subtração: Quando duas ou mais quantidades são adicionadas e/ou subtraídas, a soma ou diferença deverá conter tantas casas decimais quantas existirem no componente com o menor número delas.

Considerem-se os exemplos:

a) Um corpo pesou 2,2 g numa balança cuja sensibilidade é ±0,1 g e outro 0,1145 g ao ser pesado em uma balança analítica. Calcular a massa total dos dois corpos, nestas condições.

```
2,2 xxx
0,1145  +
────────
2,3145
```

O resultado a ser tomado deve ser 2,3 g*.

O número 2,2 é o que apresenta a maior incerteza absoluta, a qual está na primeira casa decimal. Por esta razão, a incerteza do resultado deve ser localizada também na primeira casa decimal.

b) Um pedaço de polietileno pesou 6,8 g numa balança cuja incerteza é ±0,1 g. Um pedaço deste corpo foi retirado e pesado em uma balança analítica cuja massa medida foi de 2,6367 g. Calcular a massa do pedaço de polietileno restante.

```
6,8 xxx
2,6367  −
────────
4,1633
```

A massa do polietileno restante é 4,2 g.

c) Na soma de

```
1.000,0xx
   10,05x  +
    1,066
─────────
1.011,116
```

O resultado deve ser expresso por 1011,1.

---

* *Quando for necessário arredondar números, a seguinte regra simplificada pode ser seguida: Se o dígito que segue o último algarismo significativo é igual ou maior que 5, então o último dígito significativo é aumentado em uma unidade. Caso este dígito seja menor que 5, o último algarismo significativo é mantido. Existem outras regras, mas não serão consideradas aqui.*

Multiplicação e Divisão: Nestes casos, o resultado deverá conter tantos algarismos significativos quantos estiverem expressos no componente com menor número de significativos.

Exemplos:

Calcular a quantidade de substância existente nos seguintes volumes de solução de HCl 0,1000 mol L^{-1}.

a) 25,00 mL

quantidade de substância = n_{HCl} = 25,00 × 0,1000 × 10^{-3} = 2,500 × 10^{-3} mol

b) 25,0 mL

n_{HCl} = 25,0 × 0,1000 × 10^{-3} = 2,50 × 10^{-3} mol

c) 25 mL

n_{HCl} = 25 × 0,1000 × 10^{-3} = 2,5 × 10^{-3} mol

d) Na titulação de 24,98 mL de uma solução de HCl foram gastos 25,11 mL de solução de NaOH 0,1041 mol L^{-1}. Calcular a concentração da solução de HCl.

$$C_{HCl} = \frac{25,11 \times 0,1041}{24,98} = 0,104642...$$

C_{HCl} = 0,1046 mol L^{-1}

Quando são feitas várias operações sucessivas, é conveniente manter os números que serão usados nos cálculos subseqüentes com pelo menos um dígito além do último algarismo incerto. Como no exemplo já visto, deixa-se para fazer o arredondamento apenas após a conclusão do cálculo final, ainda mais que, freqüentemente, tais cálculos são realizados com calculadoras eletrônicas.

A regra aqui apresentada para o caso de multiplicação e divisão é apenas uma regra prática, que resulta do fato de que, nestas operações algébricas, a incerteza relativa do resultado não pode ser menor que a incerteza do número que possui a menor incerteza relativa. Por isto, nem sempre ela é válida.

Exemplo:

Na titulação de 24,98 mL de HCl foram gastos 25,50 mL de solução de NaOH 0,0990 mol L^{-1}. Calcular a concentração da solução de HCl.

$$C_{HCl} = \frac{25,50 \times 0,0990}{24,98} = 0,1010608...$$

C_{HCl} = 0,1011 mol L^{-1}

De acordo com a regra apresentada, o valor a ser tomado seria 0,101, pois o número 0,0990 é o que apresenta o menor número de algarismos significativos.

Neste caso é necessário considerar a incerteza relativa[*], antes de se apresentar o resultado final.

O número 0,0990 apresenta uma incerteza absoluta na quarta casa decimal. Admitindo-se, hipoteticamente, que esta incerteza é de ±0,0001, então a incerteza relativa seria de 1 parte por mil e, conseqüentemente, o resultado deve ser tomado como 0,1011 mol L^{-1}, pois a incerteza deve estar na quarta casa decimal. Se o resultado fosse tomado como 0,101 mol L^{-1}, a incerteza absoluta estaria localizada na terceira casa decimal, o que corresponderia a uma incerteza relativa de uma parte por cem.

Pode-se verificar também que, em alguns casos, o número de algarismos significativos de um resultado pode ser menor que o mencionado pela regra prática apresentada no texto, por causa da influência da incerteza relativa.

Exemplo:

$$x = \frac{24,95 \times 0,1000}{25,05} = 0,0996007...$$

O resultado deveria ser apresentado, segundo a regra prática, por

$x = 0,09960$.

Mas, como a incerteza deve estar na quarta casa

$x = 0,0996$.

Neste ponto, por extensão, é importante ter-se em mente que o número de algarismos significativos numa operação de soma ou de subtração também não pode estar simplesmente relacionado ao número de algarismos significativos contidos nos termos adicionados. Assim, o número de algarismos significativos numa soma pode ser maior do que o número de algarismos significativos em qualquer uma das quantidades adicionadas. Analogamente, o número de algarismos significativos numa subtração pode ser menor do que o número de algarismos significativos em qualquer um dos termos usados no cálculo.

Exemplo:

Quantos algarismos significativos existem nas respostas dos seguintes cálculos?

a)   0,0325 + 0,0812 + 0,0631

---

[*] *A incerteza relativa é calculada dividindo-se a incerteza absoluta pelo valor da grandeza e multiplicando-se este valor por cem ou por mil. Assim* $\frac{\pm 0,0001}{0,0990} \times 1.000 \cong \pm 1$ *parte por mil.*

A resposta é 0,1768, com 4 algarismos significativos, embora cada termo adicionado tenha somente 3 algarismos significativos.

b) 37,596 − 36,802

A resposta é 0,794, com 3 algarismos significativos, embora os dois termos usados no cálculo tenham 5 algarismos significativos cada um.

Números Exatos *versus* Números Experimentais

Deve ser feita uma distinção clara entre números que são conhecidos exatamente e outras quantidades determinadas experimentalmente, que têm uma incerteza. Assim, se numa classe de aula tem-se 35 alunos, este número inteiro 35, é conhecido exatamente, e não existe uma incerteza neste valor. Deste modo, ainda que seja escrito 35, é muito claro que não é um valor com apenas 2 algarismos significativos. Um número exato possui um número infinito de algarismos significativos. Da mesma forma, meia dúzia de laranjas é definida como sendo 6 laranjas. Este número 6 é exatamente conhecido, e não significa que ele tenha apenas 1 algarismo significativo. Deve ser lembrado que fatores de conversão usados dentro de um mesmo sistema de unidades são exatos. Por exemplo, 1 km é exatamente 1.000 m; 1 kg é exatamente 1.000 g. Uma polegada é, por definição, exatamente 2,54 cm.

Exemplo:

Quantos algarismos significativos deve ter a resposta da seguinte questão? Suponha que a massa de uma pequena bola de vidro seja de 3,375 g. Qual será a massa de 6 destas bolas todas idênticas?

O produto 6 (3,375) deve ser relatado como sendo 20,25 g, com 4 algarismos significativos, pois o número 6 é um valor exato, e o termo com o menor número de algarismos significativos é o 3,375 g.

2 — Erro de uma medida

O erro absoluto de uma medida é definido como a diferença entre o valor medido e o valor verdadeiro de uma dada grandeza:

$$E = X - X_v \tag{1.1}$$

E = Erro absoluto.
X = Valor medido.
X_v = Valor verdadeiro.

O erro de uma análise é geralmente expresso em termos relativos, sendo calculado através da relação

$$E_r = \frac{E}{X_v} \qquad (1.2)$$

O *erro relativo* é adimensional e comumente expresso em partes por cem $(E/X_v) \times 100$, ou em partes por mil $(E/X_v) \times 1.000$, como pode ser verificado através dos exemplos abaixo:

(a) O teor verdadeiro de cloro num dado material é 33,30% m/v, mas o resultado encontrado por um analista foi de 32,90% m/v. Calcular o erro absoluto e o erro relativo do resultado.

Erro absoluto = 32,90 − 33,30 = −0,40% m/v (absoluto).

Acrescenta-se a palavra absoluto neste caso para não se confundir com o erro relativo, que também é expresso em porcentagem.

Erro relativo $= \dfrac{-0,40}{33,30} \times 100 = -1,2\%$ (relativo)

ou −12 partes por mil.

(b) O valor verdadeiro da concentração de uma solução é 0,1005 mol L^{-1} e o valor encontrado é 0,1010 mol L^{-1}. Calcular o erro absoluto e o erro relativo do resultado.

Erro absoluto = 0,1010 − 0,1005 = +0,0005 mol L^{-1}.

O erro absoluto neste caso é expresso em concentração

Erro relativo $= \dfrac{0,0005}{0,1005} \times 100 = 0,5\%$

ou +5 partes por mil.

3 — Desvio

Se $X_1, X_2, X_3, \ldots X_N$ forem os valores encontrados para uma série finita de N medidas de uma mesma grandeza, define-se a média (ou valor médio) desta série de medidas por

$$\overline{X} = \frac{1}{N}\sum_{i=1}^{i=N} X_i \qquad (1.3)$$

O desvio (também chamado de *erro aparente*) de uma medida, d_i, é definido pela diferença entre o seu valor (medido), X_i, e a média, $\overline{X}$

$$d_i = X_i - \overline{X} \qquad (1.4)$$

4 — Exatidão e precisão

A exatidão de uma medida está relacionada com o seu erro absoluto, isto é, com a proximidade do valor medido em relação ao valor verdadeiro da grandeza.

A precisão, por outro lado, está relacionada com a concordância das medidas entre si, ou seja, quanto maior a dispersão dos valores, menor a precisão. Esta variável pode ser expressa de várias maneiras, mas diz-se que quanto maior a grandeza dos desvios, menor a sua precisão.

Resumindo, a exatidão está relacionada com a veracidade das medidas e a precisão com a sua reprodutibilidade.

Precisão não implica obrigatoriamente exatidão, pois um conjunto de medidas pode ser preciso, mas inexato, haja vista que os valores encontrados podem ser concordantes entre si e discordantes em relação ao valor verdadeiro.

A Figura 1.1 ilustra a diferença entre estes dois conceitos. Um dado constituinte em um mesmo material é determinado por três métodos diferentes, (a), (b) e (c), onde foram feitas 5 medidas em cada método. Nesta figura, X_v representa o valor verdadeiro do teor do constituinte.

O método (a) apresenta exatidão e precisão elevadas, pois os valores encontrados diferem pouco do valor verdadeiro e os valores individuais, por sua vez, diferem pouco entre si.

O método (b) apresenta baixa exatidão (grande diferença entre os valores individuais e o valor verdadeiro) e elevada precisão (pouca diferença entre os valores individuais entre si).

O método (c) mostra baixa exatidão, pois só casualmente um valor medido aproxima-se do valor verdadeiro, e baixa precisão, devido à grande dispersão dos valores individuais.

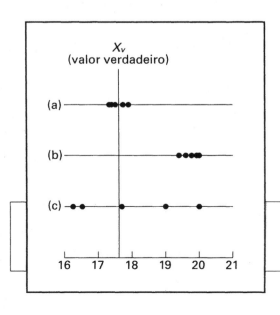

Figura 1.1 — Diferentes conjuntos de medidas que ilustram os conceitos de exatidão e precisão.
(a) — Medidas precisas e exatas
(b) — Medidas precisas, mas inexatas
(c) — Medidas imprecisas e inexatas

5 — Tipos de erros

Os erros que acompanham uma medida podem ser classificados em duas categorias:

- **Erros determinados ou sistemáticos**

    Possuem um valor definido e, pelo menos em princípio, podem ser medidos e computados no resultado final.

- **Erros indeterminados**

    Não possuem valor definido, não são mensuráveis e flutuam de um modo aleatório.

Erros determinados[*]

São inúmeros e foram agregados em quatro grupos mais importantes, a saber:

a) Erros de método

Quando se realiza uma análise costuma-se seguir ou adaptar um procedimento ou método retirado da literatura. Entretanto, a realização de análises segundo um determinado método pode induzir a erros, inerentes ao próprio método, não importando quão cuidadosamente se trabalhe. Por exemplo, quando se faz uma análise volumétrica usando-se um indicador inadequado comete-se um erro. Esse erro só será corrigido trocando-se o indicador usado.

Os erros inerentes a um método são provavelmente os mais sérios dos erros determinados, pois são os mais difíceis de serem detectados.

Em gravimetria os erros de método mais comuns são aqueles devidos à solubilidade dos precipitados, à coprecipitação e pós-precipitação e à decomposição ou higroscopicidade da forma de pesagem. Em volumetria, citam-se o uso impróprio de indicadores e a aplicação do método a concentrações inadequadas.

b) Erros operacionais

São erros relacionados com as manipulações feitas durante a realização das análises. Eles não dependem das propriedades químicas e físicas do sistema, nem dos instrumentos utilizados, mas somente da capacidade técnica do analista. Alguns exemplos de erros operacionais em análises gravimétricas e volumétricas são: deixar o béquer destampado, permitindo a introdução de poeira na solução; deixar um líquido contido em um frasco sob forte aquecimento, sem cobri-lo com um vidro de relógio; quando da filtração em uma análise gravimétrica, não remover o precipitado completamente; derramar inadvertidamente líquidos ou sólidos dos

---

[*] *Para uma discussão mais detalhada, ver: J.C. de Andrade, "O papel dos erros determinados em análises químicas", Química Nova, 1987,* **10***, 159-165.*

frascos que os contêm; usar pipetas e buretas sujas; lavar em excesso ou insuficientemente um precipitado; calcinar precipitados durante um tempo insuficiente; pesar cadinhos ou pesa-filtros antes de estarem completamente frios; deixar o cadinho ou outro material esfriar fora do dessecador, antes de ser pesado, etc.

c) Erros pessoais

Estes erros provêm da inaptidão de algumas pessoas em fazerem certas observações, corretamente. Por exemplo, alguns indivíduos têm dificuldades em observar corretamente a mudança de cor de indicadores (ex.: observam a viragem do indicador após o ponto final da titulação).

Outro erro, muito grave, classificado como erro pessoal, é o chamado erro de pré-julgamento ou de preconceito. Este erro ocorre quando o analista, após fazer uma determinação, força os resultados de determinações subseqüentes da mesma amostra, de modo a obter resultados concordantes entre si.

d) Erros devidos a instrumentos e reagentes

São erros relacionados com as imperfeições dos instrumentos, aparelhos volumétricos e reagentes.

A existência de pesos e aparelhos volumétricos, tais como buretas, pipetas e balões volumétricos, mal calibrados, é fonte de erro em uma análise quantitativa.

As impurezas presentes nos reagentes podem também interferir numa análise. Por exemplo, o uso de ácido clorídrico contendo impurezas de ferro ou a existência de uma substância no hidróxido de amônio (agente precipitante) que reagisse com Fe (III) e impedisse sua precipitação quantitativa, seriam causas gravíssimas de erro (erro devido a impurezas nos reagentes) numa análise gravimétrica de Fe (III).

Erros indeterminados

Mesmo na ausência de erros determinados, se uma mesma pessoa faz uma mesma análise, haverá pequenas variações nos resultados. Isto é conseqüência dos chamados erros indeterminados, os quais não podem ser localizados e corrigidos.

No entanto, estes erros podem ser submetidos a um tratamento estatístico que permite saber qual o valor mais provável e também a precisão de uma série de medidas. Admite-se que os erros indeterminados seguem a *lei da distribuição normal* (distribuição de Gauss).

Uma variável segue a lei da distribuição normal quando, em princípio, pode tornar todos os valores de $-\infty$ a $+\infty$, com probabilidades dadas pela equação

$$Y = \frac{1}{\sigma\sqrt{2\pi}} \exp\left[-\frac{1}{2}\frac{(X_i - \mu)^2}{\sigma^2}\right] \qquad (1.5)$$

TIPOS DE ERROS

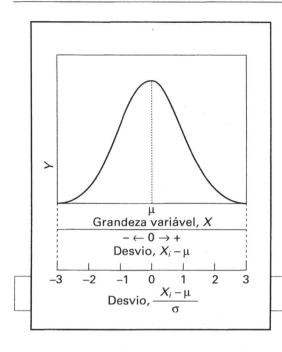

Figura 1.2 — Representação gráfica da lei de distribuição normal (distribuição de Gauss).

onde Y corresponde à probabilidade de ocorrência* de um dado valor X_i da variável X, μ é a média da população e σ é o desvio padrão. O termo $(X_i - \mu)$ é o desvio de X_i em relação à média.

A representação gráfica da lei de distribuição normal é mostrada na Figura 1.2. Nesta figura, a probabilidade de ocorrência é tomada em função dos valores de X, dos desvios $X_i - \mu$, e dos desvios em unidades $z = (X_i - \mu)/\sigma$.

Observa-se que a média da população, μ, divide a curva de Gauss em duas metades simétricas.

Pela observação da Figura 1.2 pode-se notar que:

a) O valor mais provável é a média aritmética de todos os valores.
b) Desvios positivos e negativos são igualmente prováveis.
c) Desvios pequenos são mais prováveis que desvios grandes.

Na ausência de erro determinado e para um número infinito de medidas, a média da população, μ, coincide com o valor verdadeiro X_V. Na presença de um erro determinado a forma da curva de distribuição normal é a mesma, mas se apresenta deslocada, de modo que a média verdadeira não coincide com o valor verdadeiro.

Isto é mostrado na Figura 1.3, na qual a curva descrita com linha tracejada representa a curva de distribuição normal na presença de um erro determinado.

A probabilidade de ocorrência de um dado resultado é igual à relação entre o número de casos em que o resultado ocorre e o número total de resultados observados. Por exemplo, se em 20 determinações um dado resultado ocorre 4 vezes, a probabilidade de sua ocorrência é:

$$\frac{4}{20} = 0,20 \text{ ou } \frac{4}{20} \times 100 = 20\%$$

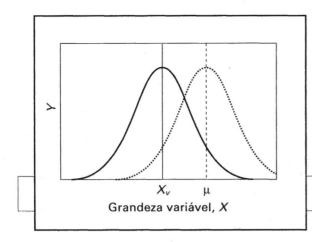

Figura 1.3 — Curva normal quando afetada por um erro determinado (linha tracejada).

A título de exemplo, suponha que tenha sido realizado um número suficiente de análises de um dado material para construção de uma curva de distribuição normal, e que o valor do volume da pipeta envolvido nos cálculos apresente um erro determinado relativo de +2%. Nesse caso, a forma da curva de distribuição normal será a mesma se o volume correto da pipeta fosse usado, mas como o valor verdadeiro difere da média verdadeira em 2%, toda curva será deslocada (Fig. 1.3).

A integração da curva de distribuição normal de $-\infty$ a $+\infty$, que é interpretada graficamente como o cálculo da área total abaixo da curva de distribuição normal, dá a probabilidade total, que corresponde ao valor 1 (100%).

A integração entre outros limites considerados fornece a probabilidade entre estes limites. Neste tipo de cálculo, entretanto, é conveniente o uso dos desvios da grandeza em unidades $z = (X_i - \mu)/\sigma$, ao invés da própria grandeza.

A Tabela 1.1 relaciona o valor de z com probabilidade de se ter um desvio maior que $\pm z$. Assim, a probabilidade de se ter um desvio maior que 1σ ($z = 1$) é aproximadamente igual a 32%, significando que a integração da curva entre os limites -1σ e $+1\sigma$, corresponde a uma probabilidade de cerca de 68% (a área sob a curva entre os limites -1σ e $+1\sigma$ é $\cong$ 68% da área total).

A Figura 1.4 mostra a fração da área da curva de distribuição normal entre os limites -1σ e $+1\sigma$, -2σ e $+2\sigma$ e -3σ e $+3\sigma$. Isto significa que fazendo-se um grande número de análises, aproximadamente 68% delas apresentarão um resultado dentro do intervalo $\mu - 1\sigma$ e $\mu + 1\sigma$, cerca de 95% estarão entre $\mu - 2\sigma$ e $\mu + 2\sigma$ e 99,7% estarão localizadas entre os limites $\mu - 3\sigma$ e $\mu + 3\sigma$. Em outras palavras, em uma análise, desvios menores ou iguais a $\pm 1\sigma$, $\pm 2\sigma$ e $\pm 3\sigma$ ocorrem com probabilidade de 68%, 95% e 99,7%, respectivamente, ou, se um resultado de uma análise é X, então a média verdadeira está no intervalo $\mu = X \pm 1\sigma$, $\mu = X \pm 2\sigma$ ou $\mu = X \pm 3\sigma$, com 68%, 95% ou 99,7% de probabilidade.

TIPOS DE ERROS

Tabela 1.1 — Probabilidade de ocorrência de desvios em termos de desvios $(X_i - \mu)/\sigma$, baseada na freqüência da distribuição normal.

$z = (X_i - \mu)/\sigma$	Probabilidade de um desvio numericamente (±) maior que z
0,00	1,00
0,10	0,92
0,20	0,84
0,30	0,76
0,40	0,69
0,50	0,62
0,60	0,55
0,70	0,48
0,80	0,42
0,90	0,37
1,00	0,32
1,50	0,13
2,00	0,046
2,50	0,012
3,00	0,0027
4,00	0,00006
5,00	0,0000006

Considere-se o exemplo:

Sabe-se que o teor de cálcio num composto varia de 50 a 60% m/v. Após ter realizado um número muito grande de análises, um analista determinou que o desvio-padrão relativo da determinação é de 3,0 partes por mil. Se o valor do resultado de uma análise isolada foi de 55,30% m/v em Ca^{2+}, qual o intervalo em que deve estar o valor verdadeiro do teor de cálcio nessa amostra, com uma probabilidade de 99,7%. Admite-se a ausência de erros determinados.

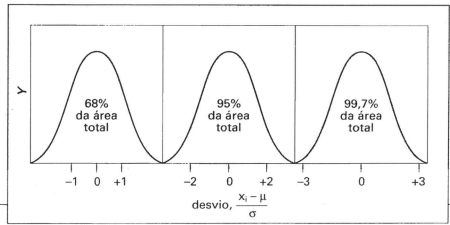

Figura 1.4 — Fração (aproximada) da área sob a curva de distribuição normal entre os limites ± 1σ, ± 2σ e ± 3σ

Pela Tabela 1.1 tem-se que, para uma probabilidade de 99,7%, o valor de z é igual a 3. Então, o intervalo em que deve estar a média da população é $\mu = X \pm 3\sigma$.

Na ausência de erros determinados pode-se escrever que:

$$X_v = X \pm 3\sigma$$

É necessário calcular o valor de σ, desvio-padrão absoluto, a partir do desvio-padrão relativo.

$$\frac{\sigma}{55,30} \times 1.000 = 3,0$$

$$\sigma = \frac{3,0 \times 55,30}{1.000} = 0,17 \ m/v \ (\text{absoluto})$$

Então, $3\sigma = 3 \times 0,17 = 0,51\%$

$X_v = (55,30 \pm 0,51)\%$.

Diz-se, então, que o valor verdadeiro deve estar no intervalo de 54,79% m/v a 55,81% m/v com 99,7% de probabilidade. Para fins práticos, pode-se dizer que, com certeza, o valor verdadeiro está neste intervalo.

6 — Precisão de uma medida

Como já foi discutido, quanto maior a dispersão das medidas menor a precisão das mesmas. A precisão pode ser expressa numericamente de várias maneiras, das quais discute-se aqui o desvio médio e desvio-padrão.

O desvio médio é a média aritmética do valor absoluto dos desvios.

$$\delta = \frac{\Sigma \mid X_i - \mu \mid}{N} \qquad (1.6)$$

e o desvio-padrão, σ, é o desvio cujo quadrado é igual à média dos quadrados dos desvios

$$\sigma = \sqrt{\frac{\Sigma(X_i - \mu)^2}{N}} \qquad (1.7)$$

onde N é o número de medidas. A variância é o valor do desvio-padrão elevado ao quadrado, σ^2.

Na prática, em química analítica, o número de determinações é geralmente pequeno e o que se calcula são as estimativas do desvio médio e do desvio-padrão, representadas pelos símbolos $\overline{d}$ e s, respectivamente.

A estimativa do desvio médio é calculada pela equação

$$\overline{d} = \frac{\Sigma \mid X_i - \overline{X} \mid}{N} \qquad (1.8)$$

PRECISÃO DE UMA MEDIDA

e a estimativa do desvio-padrão é calculada pela equação*:

$$S = \sqrt{\frac{\Sigma(X_i - \overline{X})^2}{N-1}} \quad (1.9)$$

Em química analítica são também muito usados o desvio médio relativo e desvio-padrão relativo, em partes por cem ou em partes por mil.

A estimativa do desvio médio relativo e a estimativa do desvio-padrão relativo em partes por cem são dados por $(\overline{d}/\overline{X}) \times 100$ e $(s/\overline{X}) \times 100$, respectivamente.

A precisão da média é observada através da estimativa do desvio médio da média, $\overline{d}_{\overline{X}}$, dada pela equação:

$$\overline{d}_{\overline{X}} = \frac{\overline{d}}{\sqrt{N}} \quad (1.10)$$

pela estimativa do desvio-padrão da média

$$s_{\overline{X}} = \frac{s}{\sqrt{N}} \quad (1.11)$$

As expressões $(\overline{d}_{\overline{X}}/X) \times 100$ e $(s_{\overline{X}}/X) \times 100$ correspondem à estimativa do desvio médio da média e à estimativa do desvio-padrão da média, em termos relativos.

Considere-se o exemplo:

Na determinação de ferro em uma amostra, realizada segundo um dado método, um analista obteve as seguintes porcentagens do elemento: 31,44; 31,42; 31,36 e 31,38% m/v. Calcular o desvio médio e o desvio-padrão para uma simples medida e a média, em termos absolutos e relativos.

X_i	$|X_i - \overline{X}|$	$(X_i - \overline{X})^2$
31,44	0,04	0,0016
31,42	0,02	0,0004
31,36	0,04	0,0016
31,38	0,02	0,0004

$\overline{X} = 31,40$ $\Sigma|X_i - \overline{X}| = 0,12$ $\Sigma(X_i - \overline{X})^2 = 0,0040$

O desvio médio é dado por:

$$\overline{d} = \frac{0,12}{4} = 0,030\% \text{ (absoluto)}$$

$\overline{X}$ é a média aritmética de um pequeno número de medidas, sendo uma estimativa de μ, a média verdadeira. Quanto maior o número de medidas, melhor é a estimativa.

e, em termos relativos, considerando o valor médio de 31,40:

$$\frac{0,030}{31,40} \times 1.000 \cong 1,0 \text{ parte por mil}$$

A estimativa do desvio-padrão é calculada por:

$$s = \sqrt{\frac{0,0040}{3}} = 0,037\% \text{ (absoluto)}$$

enquanto que o e o desvio-padrão relativo[*], considerando o valor da média é:

$$\frac{0,037}{31,40} \times 1.000 = 1,2 \text{ partes por mil}$$

Desvio médio da média

$$\overline{d}_{\overline{X}} = \frac{0,030}{\sqrt{4}} = 0,015\% \text{ (absoluto)}$$

ou, em termos relativos,

$$\frac{0,015}{31,40} \times 1.000 = 0,48 \text{ partes por mil}$$

O desvio-padrão da média é:

$$s_{\overline{X}} = \frac{0,037}{\sqrt{4}} = 0,019\%$$

e, em termos relativos

$$\frac{0,019}{31,40} \times 1.000 = 0,6 \text{ partes por mil}$$

7 — Limite de confiança da média

Geralmente, em um trabalho analítico, somente um pequeno número de determinações é feito (duplicatas, triplicatas, etc.), tornando-se necessário examinar como estes dados podem ser interpretados de uma maneira lógica. Nestes casos, os valores conhecidos são $\overline{X}$ e s, que são estimativas de μ e σ.

É de interesse saber qual o intervalo em que deve estar a média da população, μ, conhecendo-se a média das determinações, $\overline{X}$. Quando σ é conhecido, esse intervalo é dado pela equação

---

[*] Quanto menor o número de medidas, menos significativo é o valor da estimativa do desvio-padrão. Nestes casos, os resultados devem ser expressos preferencialmente usando-se a distribuição t de Student. O exemplo aqui descrito tem apenas caráter didático.

$$\mu = \overline{X} \pm z\frac{\sigma}{\sqrt{N}} \qquad (1.12)$$

em que N é o número de determinações a partir das quais foi obtida a média $\overline{X}$. O valor de z é tirado da Tabela 1.1. Mostra-se então que:

$$\mu = \overline{X} \pm \frac{\sigma}{\sqrt{N}}, \text{ com probabilidade de 68\%} \qquad (1.13)$$

$$\mu = \overline{X} \pm \frac{2\sigma}{\sqrt{N}}, \text{ com probabilidade de 95\%... etc.} \qquad (1.14)$$

Entretanto, geralmente não se dispõe do desvio-padrão, σ. Conhece-se apenas a sua estimativa, s. Neste caso não é correto usar os valores de z listados na Tabela 1.1, e o problema é resolvido substituindo-os pelos chamados valores t^* (Tab. 1.2).

Tabela 1.2 — Valores para o parâmetro t de Student, em função do número de determinações, para 95% e 99% de probabilidade[*].

Graus de Liberdade (N–1)	95% de Probabilidade	99% de Probabilidade
1	12,71	63,66
2	4,30	9,93
3	3,18	5,84
4	2,78	4,60
5	2,57	4,03
6	2,45	3,71
7	2,37	3,50
8	2,31	3,36
9	2,26	3,25
10	2,23	3,17
11	2,20	3,11
12	2,18	3,06
13	2,16	3,01
14	2,15	2,98
15	2,13	2,95
16	2,12	2,92
17	2,11	2,90
18	2,10	2,88
19	2,09	2,86
∞	1,96	2,58

Tem-se então uma nova equação matemática, análoga à equação (1.12)

$$\mu = \overline{X} \pm t\frac{s}{\sqrt{N}} \qquad (1.15)$$

* O valor de t depende do número de observações. Quando N tende para infinito, os valores de t coincidem com os de z. Este parâmetro é conhecido como t de Student. Ver: E.M. Pugh and G.H. Winslow, The Analysis of Physical Measurements, Addison-Wesley, 1966.

a qual foi desenvolvida por W. S. Gosset em 1908 (que assinava seus trabalhos pelo pseudônimo de Student) para compensar a diferença existente entre t e $\overline{X}$, além de levar em conta que s é simplesmente uma aproximação de σ.

O problema consiste então na determinação do intervalo em que μ deve estar, com certa probabilidade, conhecendo-se $\overline{X}$, s e N, geralmente para N pequeno.

O intervalo $\overline{X} \pm ts/\sqrt{N}$ é chamado de intervalo de confiança da média onde $\overline{X} - ts/\sqrt{N}$ e $\overline{X} + ts/\sqrt{N}$ são os limites de confiança da média. A probabilidade correspondente ao valor t da tabela é chamada de grau de confiança da média.

Exemplo:

Um indivíduo fez quatro determinações de ferro em uma certa amostra e encontrou um valor médio de 31,40% m/v e uma estimativa do desvio-padrão, s, de 0,11% m/v. Qual o intervalo em que deve estar a média da população, com um grau de confiança de 95%?

O valor correspondente a quatro determinações e um grau de confiança de 95%, é igual a 3,18 (Tab. 1.2). Aplicando-se a equação de Student:

$$\mu = \overline{X} \pm t \frac{s}{\sqrt{N}}$$

$$\mu = 31,40 \pm 3,18 \frac{0,11}{\sqrt{4}}$$

$$\mu = (31,40 \pm 0,17)\% \text{ m/v}$$

Determina-se assim que a média da população, μ, deve estar entre os valores 31,23% m/v e 31,57% m/v, com um grau de confiança de 95%.

8 — Teste *F* para comparar conjuntos de dados

Em trabalhos experimentais, especialmente quando se está desenvolvendo um novo procedimento de análise, é comum realizar-se uma avaliação estatística dos resultados obtidos, tentando identificar a existência de uma diferença significativa na precisão entre este conjunto de dados e outro conjunto obtido por um procedimento de referência. Esta avaliação é feita usando-se o teste F. Esse teste usa a razão das variâncias dos dois conjuntos de dados para estabelecer se efetivamente existe uma diferença estatisticamente significativa na precisão usando $N-1$ graus de liberdade para cada variância. O valor de F é calculado pela expressão:

$$F = s_x^2/s_y^2$$

Por convenção, o valor de variância maior é colocado no numerador. Deste modo, o valor de F obtido é comparado a valores críticos calculados supondo-se que serão excedidos puramente com base numa probabilidade de somente 5% de casos (Tab. 1.3). Quando o valor experimental de F excede o valor crítico tabelado, então a diferença em variância ou precisão é tomada como estatisticamente significante.

TESTE F PARA COMPARAR CONJUNTOS DE DADOS

Tabela 1.3 — Valores críticos para F ao nível de 5%.

Graus de Liberdade (denominador)	\multicolumn{7}{c}{Graus de Liberdade (numerador)}
	3	4	5	6	12	20	∞
3	9,28	9,12	9,01	8,94	8,74	8,64	8,53
4	6,59	6,39	6,26	6,16	5,91	5,80	5,63
5	5,41	5,19	5,05	4,95	4,68	4,56	4,36
6	4,76	4,53	4,39	4,28	4,00	3,87	3,67
12	3,49	3,26	3,11	3,00	2,69	2,54	2,30
20	3,10	2,87	2,71	2,60	2,28	2,12	1,84
∞	2,60	2,37	2,21	2,10	1,75	1,57	1,00

Exemplo 1:

A qualidade do trabalho de um analista principiante no laboratório está sendo avaliada mediante comparação de seus resultados com os resultados obtidos por um analista bem experimentado no mesmo laboratório. Com base nos valores abaixo citados, decida se os resultados obtidos pelo principiante indicam uma diferença significativa entre a versatilidade dos dois operadores.

O analista principiante realizou 6 determinações de cálcio em calcário, encontrando uma média de 35,25% m/v de Ca com um desvio-padrão de 0,34%. O analista de referência obteve uma média de 35,35% m/v de Ca com um desvio-padrão de 0,25%, com 5 determinações.

Solução:

Aqui o teste F é usado para comparar os dois valores de desvio-padrão:

$$F_{calc} = 0,34^2/0,25^2 = 1,85$$

Da Tabela 1.3 encontramos que $F_{crit} = 6,26$. Daí, $F_{calc} < F_{crit}$ e, conseqüentemente, não existe diferença significativa nos valores de desvio-padrão comparados ao nível de 95%.

Exemplo 2:

O valor aceito para o teor de sulfato de uma amostra padrão obtida de uma análise prévia extensiva é de 54,20% m/v com um desvio padrão de 0,15%. Cinco análises da mesma amostra foram feitas por um novo procedimento instrumental, obtendo-se os seguintes valores: 54,01; 54,24; 54,05; 54,27; 54,11%. Está este novo método produzindo resultados consistentes com o valor aceito?

Pelo exame preliminar dos resultados não identificamos nenhum que não seja aceitável.

A média e o desvio-padrão são, daí, calculados:

X	$(x - \bar{x})$	$(x - \bar{x})^2$
54,01	−0,13	0,017
54,24	+0.10	0,010
54,05	−0,09	0,009
54,27	+0,13	0,017
54,11	−0,03	0,001
$\sum x = 270{,}68$		$\sum(x - \bar{x})^2 = 0{,}054$
$\bar{x} = 54{,}14$		

$$s = \sqrt{(0{,}054 / 4)} = 0{,}12$$

A seguir o teste F é aplicado para se estabelecer a concordância entre os desvios-padrão:

$$F = 0{,}023/0{,}014 = 1{,}64$$

O valor de F_{crit} para um número infinito de graus no numerador e 4 no denominador é de 5,63. Assim, os desvios padrão não são significativamente diferentes, pois $F_{calc} < F_{crit}$, e o novo método instrumental proporciona os mesmos resultados do que o método de referência.

9 — Propagação de erros

O resultado de uma análise é calculado a partir dos valores de outras grandezas medidas. Considere-se, por exemplo, o caso de uma determinação de cloreto em uma substância. Uma certa massa do material é pesada e dissolvida de maneira adequada e, a seguir, o Cl⁻ é precipitado com íons Ag⁺ e pesado na forma de AgCl. O teor de cloreto na amostra é calculado pela equação[*]:

$$\%Cl \frac{m_{AgCl}}{m_{amostra}} \times \frac{M(Cl^-)}{M(AgCl)} \times 100.$$

No cálculo do teor de Cl⁻ estão envolvidas duas quantidades medidas, quais sejam, a massa de AgCl e a massa da amostra. O problema é saber como os erros envolvidos nas pesagens da amostra e do precipitado AgCl, afetam o resultado final, isto é, deseja-se saber como os erros das grandezas envolvidas afetariam o resultado da análise.

---

[*] Os símbolos M (Cl⁻) e M (AgCl) referem-se às massas molares (massa de um mol) de Cl⁻ e AgCl, respectivamente. A respeito da definição de mol adotado pela IUPAC (União Internacional de Química Pura e Aplicada), assim como recomendações a respeito do uso de termos como: massa molar, equivalente, etc. aconselha-se ler: "O sistema internacional de unidades (SI)", no site ChemKeys [www.chemkeys.com]. Ver também: T.S. West, Recommendations on the usage of the terms "equivalent" and "normal", Pure & Appl. Chem., 1978, 50: 325-338.

PROPAGAÇÃO DE ERROS **21**

Tabela 1.4 — Equações matemáticas utilizadas no cálculo da propagação de erros para as operações de soma, subtração, multiplicação e divisão.

R	Resultado calculado
$A, B, C,$ E_R, E_A, E_B, E_C	Quantidades a partir das quais R é obtido Erros determinados absolutos em R, A, B e C
$\dfrac{E_R}{R}, \dfrac{E_A}{A}, \dfrac{E_B}{B}, \dfrac{E_C}{C}$	Erros determinados relativos em R, A, B e C.
s_R, s_A, s_B, s_C	Estimativa dos desvios-padrão absolutos de R, A, B e C.
$\dfrac{s_R}{R}, \dfrac{s_S}{A}, \dfrac{s_B}{B}, \dfrac{s_C}{C}$	Estimativa dos desvios-padrão relativos de R, A, B e C.

R calculado como soma ou diferença	R calculado como produto ou quociente
$R = A + B - C$	$R = \dfrac{AB}{C}$
Erros determinados*	Erros determinados*
$E_R = E_A + E_B - E_C$	$\dfrac{E_R}{R} = \dfrac{E_A}{A} + \dfrac{E_B}{B} - \dfrac{E_C}{C}$
Erros indeterminados	Erros indeterminados
$S_R = \pm\sqrt{s_A^2 + s_B^2 + s_C^2}$	$\dfrac{S_R}{R} = \pm\sqrt{\left(\dfrac{S_A}{A}\right)^2 + \left(\dfrac{S_B}{B}\right)^2 + \left(\dfrac{S_C}{C}\right)^2}$

Pode-se desenvolver equações para o cálculo da propagação de erros para os mais variados tipos de operações matemáticas. No entanto, serão consideradas neste texto apenas as equações utilizadas no cálculo dos erros determinados e indeterminados envolvidos com as operações mais simples, as quais são, geralmente, suficientes para os cálculos analíticos mais comuns.

Exemplos:

a) Na determinação gravimétrica de ferro contido em uma solução, usou-se nos cálculos um valor do volume da pipeta afetado por um erro de + 1%. Nesta determinação o elemento ferro é determinado gravimetricamente na forma de Fe_2O_3. Entretanto, antes de ser pesado, o precipitado foi calcinado em uma temperatura na qual o óxido retém 2% de umidade. Calcular o erro resultante na concentração de ferro.

---

* Lembrar que E_R representará o erro máximo possível em R na medida em que as fontes de erros determinados, relacionados com as incertezas nas medidas de A, B e C, forem todas somadas. A probabilidade (P) que este erro máximo seja atingido para um resultado único é dada por:

$$P = \left(\tfrac{1}{2}\right)^{r-1}, \text{ onde } r = \text{número de variáveis.}$$

Assim, para uma operação $R = A + B - C$ ou $R = (A \cdot B)/C$, $P = 0{,}25$ ou 25%, para qualquer valor simples de R.

$$C_{Fe}(g/L) = \frac{m_{Fe_2O_3}}{V(mL) \times 10^{-3}} \times \frac{2 \text{ mol Fe}}{\text{mol Fe}_2O_3}$$

onde $V(mL)$ = Volume da pipeta em mililitros. Considerar a razão [2 mol Fe/mol Fe$_2$O$_3$] como uma constante.

Então, os erros das quantidades medidas aqui são erros determinados e a concentração de ferro é calculada a partir de um quociente.

Pela Tabela 1.4 tem-se que neste caso

$$\frac{E_R}{R} = \frac{E_A}{A} - \frac{E_B}{B}$$

em que E_A/A representa o erro determinado relativo na massa de Fe$_2$O$_3$ e E_B/B o erro determinado relativo no volume da pipeta. No problema, como estes erros foram dados em partes por cento:

$$\frac{E_A}{A} \times 100 = +2\%$$

$$\frac{E_B}{B} \times 100 = +1\%$$

$$\frac{E_E}{R} \times 100 = +2 - (+1) = +1\%.$$

O erro relativo na concentração de Fe^{3+} será de + 1% ou + 10 partes por mil.

b) Supondo-se que o desvio-padrão de uma simples leitura na balança analítica é ±0,0001 g, calcular o desvio-padrão da pesagem de uma substância feita nesta balança.

A pesagem de uma substância é calculada pela diferença de duas leituras e pode ser descrita pela equação: $R = A - B$, em que R, representa a massa da substância, B a leitura da massa do recipiente e A a leitura da massa do recipiente com a substância a ser pesada.

Tem-se neste caso a propagação de um erro indeterminado, onde o resultado é obtido pela diferença de duas grandezas medidas. Então, pela Tabela 1.3 tem-se que:

$$s_R = \pm\sqrt{s_A^2 + s_B^2}$$
$$s_R = \pm\sqrt{(0,0001)^2 + (0,0001)^2}$$
$$s_R = \pm 0,00014 \text{ g}$$

c) Sabendo-se que o desvio de uma leitura do menisco de uma bureta de 50,00 mL é de ± 0,01 mL, calcular o desvio-padrão de uma medida de volume com esta bureta.

Como no caso anterior, o volume é obtido pela diferença entre duas leituras, devendo então ser calculado pela equação $R = A - B$. Este exemplo apresenta também a propagação de erro indeterminado.

$$s_R = \pm\sqrt{s_A^2 + s_B^2}$$
$$s_R = \pm\sqrt{(0,0001)^2 + (0,0001)^2}$$
$$s_R = \pm 0,00014 \text{ g}$$

s_R representa o desvio-padrão da medida de volume e s_A e s_B os desvios de cada leitura de menisco.

d) Uma solução de NaOH 0,10 mol L^{-1} é padronizada com biftalato de potássio. Quando se usa 0,8000 g de biftalato de potássio, o volume de NaOH gasto é 40,00 mL e quando se usa 0,0800 g, o volume gasto é 4,00 mL. Calcular o desvio-padrão relativo do resultado em cada caso. Que massa deve ser preferida na padronização da solução de NaOH? Admite-se que o desvio-padrão de uma leitura na balança é de ±0,0001 g e o de uma leitura de menisco é de ±0,01 mL.

A concentração da solução de NaOH, que representa o resultado final da determinação, é obtida pela equação:

$$C_{\text{NaOH}} = \frac{m'}{M(B) \times V \times 10^{-3}} \text{ (mol L}^{-1}\text{)}$$

onde:

m' = massa de biftalato de potássio;
$M(B)$ = massa molar do biftalato de potássio;
V = volume da solução de NaOH gasto na padronização, em mililitros.

Como trata-se de erros indeterminados:

$$\frac{s_R}{R} = \sqrt{\left(\frac{S_A}{A}\right)^2 + \left(\frac{S_B}{B}\right)^2}$$

Onde, no caso:

R = concentração da solução de NaOH;
s_R = desvio-padrão absoluto da concentração da solução NaOH;
A = massa de biftalato de potássio;
s_B = desvio-padrão absoluto da massa de biftalato de potássio;
B = volume da solução de NaOH;
s_B = desvio-padrão absoluto do volume da solução de NaOH.

Através de cálculos idênticos aos desenvolvidos nos exemplos b) e c), determina-se que

$s_A = \pm\ 0,00014$ g
$s_R = \pm\ 0,014$ mL.

Desta forma, para

$A = 0{,}8000$ g e $B = 40{,}00$ mL

$$\frac{s_R}{R} = \pm\sqrt{\left(\frac{0{,}00014}{0{,}8000}\right)^2 + \left(\frac{0{,}014}{40{,}00}\right)^2}$$

$$\frac{s_R}{R} = \pm 4{,}0 \times 10^{-4}$$

Então, o desvio-padrão relativo, em partes por mil, na concentração da solução de NaOH é:

$$\frac{s_R}{R} \times 1.000 = \pm 0{,}4 \text{ partes por mil}$$

Para $A = 0{,}0800$ g e $B = 4{,}00$ mL

$$\frac{s_R}{R} = \pm\sqrt{\left(\frac{0{,}00014}{0{,}0800}\right)^2 + \left(\frac{0{,}014}{40{,}00}\right)^2}$$

$$\frac{s_R}{R} = \pm 3{,}9 \times 10^{-3}$$

ou, tomando-se o desvio-padrão relativo em partes por mil

$$\frac{s_R}{R} \times 1.000 \cong \pm 4 \text{ partes por mil}$$

Este problema mostra que se na padronização do NaOH for tomado 0,0800 g e não 0,8000 g de biftalato de potássio, tem-se um desvio-padrão relativo do resultado dez vezes maior.

Quando dispõe-se de pouco material para análise, torna-se necessário calcular a massa mínima que deve ser tomada para que o desvio-padrão do resultado não ultrapasse um certo valor. As equações matemáticas necessárias para que tais cálculos sejam efetuados podem ser derivadas a partir daquelas contidas na Tabela 1.3.

10 — Rejeição de resultados

Quando são feitas várias medidas de uma mesma grandeza, um resultado pode diferir consideravelmente dos demais. A questão é saber se esse resultado deve ser rejeitado ou não, pois ele afetará a média. Quando o erro pode ser atribuído a algum acidente ocorrido durante a análise o resultado deve ser rejeitado, mas quando o resultado discrepante não pode ser atribuído a nenhuma causa definida de erro, a sua rejeição deve ser decidida por critérios estatísticos.

REJEIÇÃO DE RESULTADOS

Em análises químicas rotineiras, o número de medidas é geralmente pequeno. Dentre os vários testes estatísticos existe um, chamado teste Q, que é utilizado somente quando o número de resultados é inferior a 10, fato que o torna muito útil em química analítica.

O teste Q rejeita valores críticos com um nível de confiança, baseado nos valores críticos do quociente de rejeição, listados na Tabela 1.4.

Sua aplicação é feita da seguinte maneira:

(a) Colocar os valores obtidos em ordem crescente.

(b) Determinar a diferença existente entre o maior e o menor valor da série (faixa).

(c) Determinar a diferença entre o menor valor da série e o resultado mais próximo (em módulo).

(d) Dividir esta diferença (em módulo) pela faixa, obtendo uma valor Q.

(e) Se Q > Q_{tab} (obtido através da Tab. 1.4), o menor valor é rejeitado.

(f) Se o menor valor é rejeitado, determinar a faixa para os valores restantes e testar o maior valor da série.

(g) Repetir o processo até que o menor e o maior valores sejam aceitos.

(h) Se o menor valor é aceito, então o maior valor é testado e o processo é repetido até que o maior e o menor valores sejam aceitos.

(i) Quando a série de medidas é constituída por três valores, aparentemente um valor será duvidoso, de modo que somente um teste precisa ser feito.

Tabela 1.5 — Valores críticos do quociente de rejeição Q, para diferentes limites de confiança[*].

Número de observações (N)	$Q_{90\%}$	$Q_{95\%}$	$Q_{99\%}$
2	—	—	—
3	0,941	0,970	0,994
4	0,765	0,829	0,926
5	0,642	0,710	0,821
6	0,560	0,625	0,740
7	0.507	0,568	0,680
8	0,468	0,526	0,634
9	0,437	0,493	0,598
10	0,412	0,466	0,568

(*) Valores adaptados de D.B. Rorabacher, Anal. Chem. 1991, 63, 139

Exemplo:

Uma análise de latão, envolvendo dez determinações, resultou nos seguintes valores porcentais de cobre:

Cu (% m/v): 15,42; 15,51; 15,52; 15,53; 15,68; 15,52; 15,56; 15,53; 15,54; 15,56.

Determinar quais resultados requerem rejeição.

Ordenando-se os resultados em ordem crescente:

Cu (% m/v): 15,42; 15,51; 15,52; 15,52; 15,53; 15,53; 15,54; 15,56; 15,56; 15,68.

Menor valor = 15,42 $n = 10$

Faixa = 15,68 − 15,42 $Q_{90\%} = 0,412$

$$Q = \frac{|\ 15,42 - 15,51\ |}{15,68 - 1542} = \frac{0,09}{0,26} = 0,35.$$

Como $Q < Q_{90\%}$, o valor 15,42 é aceito

Maior valor = 15,68 $n = 10$

Faixa = 15,68 − 15,42 $Q_{90\%} = 0,412$

$$Q = \frac{|\ 15,68 - 15,56\ |}{15,68 - 15,42} = \frac{0,12}{0,26} = 0,46.$$

Como $Q > Q_{90\%}$, o valor 15,68 é rejeitado.

Com os valores restantes, o menor valor é testado novamente

Maior valor = 15,42 $n = 9$

Faixa = 15,56 − 15,42 $Q_{90\%} = 0,437$

$$Q = \frac{|\ 15,42 - 15,51\ |}{15,56 - 15,42} = \frac{0,09}{0,14} = 0,64$$

Como $Q > Q_{90\%}$, o valor 15,42 é então rejeitado.

Testa-se então o maior valor, que agora é 15,56 % m/v. Como o seu valor mais próximo é 15,56, verifica-se que ele é aceito, porquanto $Q = 0$.

O menor valor da série (agora 15,51% m/v) é então novamente testado.

Menor valor = 15,51 $n = 8$

Faixa = 15,56 − 15,51 $Q_{90\%} = 0,468$

$$Q = \frac{|\ 15,51 - 15,52\ |}{15,56 - 15,51} = \frac{0,01}{0,05} = 0,2.$$

Como $Q < Q_{90\%}$ então o valor 15,51% m/v também é aceito.

O maior e o menor valores foram aceitos pelo teste Q, indicando que a série de medidas não deve conter os valores críticos 15,42 e 15,68, com 90% de confiabilidade.

Tal série de resultados, segundo o teste Q, deverá conter somente os valores:

Cu (% m/v): 15,51; 15,52; 15,52; 15,53; 15,53; 15,54; 15,56; 15,56.

A validade da aceitação ou rejeição dos resultados é uma função do número de medidas da série examinada. Por exemplo, o teste Q tem uma alta tolerância com respeito à aceitação de valores, quando o número de medidas é pequeno, permitindo a aceitação de resultados que diferem significativamente entre si. Para um número maior de medidas ($N > 5$), a tolerância é menor e os resultados aceitos mostram menores diferenças significativas, com relação aos valores associados na série.

Este teste (como qualquer outro) deve ser usado criteriosamente, para evitar conclusões errôneas. Por exemplo, considere-se a seguinte série de resultados:

X: 30,30; 30,30; 30,28.

A simples aplicação do teste Q levaria à rejeição do valor 30,28, que na realidade deve ser retido na série. Às vezes é aconselhável (quando se tem de 3 a 5 dados e há somente um valor duvidoso) usar a mediana[*] dos valores em vez do valor médio, pois a mediana não é influenciada pelo valor discrepante.

Exercícios

1. Estabeleça qual é o número de algarismos significativos para cada um dos seguintes valores numéricos:

   a) 0,01000   b) 2.500   c) 0,0000305   d) 0,2054

   e) 75.400   f) 0,007   g) 809.738.000   h) 0,005550

2. Faça o arredondamento dos seguintes números para que contenham quatro, três e dois algarismos significativos:

   a) 12,9994   b) 3,00828   c) 38.655

   d) 4.702.801   e) 0,0030452

---

*Para a determinação do valor de uma mediana deve-se, inicialmente, ordenar os valores numéricos do conjunto de medidas em ordem crescente (ou decrescente) e, em seguida, verificar se o número de medidas é par ou ímpar. Se for ímpar, a mediana é tomada como sendo o valor central, de modo a se ter o mesmo número de valores acima e abaixo deste valor. Ex.: 4,78; 4,81; 4,89; 4,95; 4,99 – Mediana = 4,89. Se o número de valores for par, então a mediana é tomada como sendo a média entre os dois valores centrais da população. Ex.: 35,44; 35,78; 35,81; 36,04; 36,10; 36,19; 36,38; 36,68; Mediana = $\frac{36,04 + 36,10}{2} = 35,07$.

3. Sabendo que a densidade do clorofórmio é de 1,4832 g mL^{-1} a 20°C, qual seria o volume necessário para ser usado num procedimento extrativo que requer 59,69 g deste solvente?

4. Expresse cada um dos seguintes números em notação científica, e mostre qual será o número de algarismos significativos em cada um deles:

a) 0,0002009   b) 40.883.000   c) 0,020580   d) 8.040

5. Os seguintes cálculos foram realizados por meio de uma calculadora eletrônica, com o visor (*display*) mostrando os valores abaixo. Faça os arredondamentos das respostas dando o número correto de algarismos significativos, e relatando a resposta em notação exponencial:

a) $\dfrac{[(2,1)(0,0821)(295)]}{4,32} = 11,77336806$

b) $\dfrac{[(0,00323)(107,87)]}{1,023} = 0,340586608$

c) $\dfrac{(0,928)(0,00520)}{(0,082056)(297,25)} = 0,000197842$

d) $\dfrac{(9,753)-(9,512)}{(15,9994)} = 0,015063065$

6. Uma amostra de água tem uma massa de 234,9 g numa temperatura de 25,0°C. A densidade da água nesta temperatura é dada como sendo 0,99707 g mL^{-1}. Qual é o volume da água? Expresse a resposta tanto em mililitros quanto em litros, usando o número correto de algarismos significativos.

7. Numa certa planta piloto industrial são produzidos 3,87 g, sinteticamente, de um produto farmacêutico, por minuto. Quantos quilos serão produzidos numa semana de trabalho contínuo?

8. Qual é a massa de uma solução obtida quando 1,46 g de NaCl e 3,74 g de KCl são adicionados a 5,00 × 10^2 g de água?

9. Faça as seguintes operações, dando a resposta com o número correto de algarismos significativos:

a) 4,002 + 15,9 + 0,823 = (?)
b) 1,00797 + 126,90 = (?)
c) 213 – 11,579 = (?)
d) 40,08 + 15,9994 = (?)
e) 137,33 + 32,064 + 63,9976 = (?)
f) 6,3 × 10^4 + 1,28 = (?)
g) 9,80 × 10^{-2} + 4,6 × 10^{-3} = (?)
h) 764,7 – 22,683 = (?)

10. Numa caixa com uma dúzia de ovos, a massa média de um ovo é de 46,49 g. Qual é a massa total desta dúzia de ovos? Expresse sua resposta com o número correto de algarismos significativos.

11. A fim de se determinar experimentalmente o volume de um certo frasco no laboratório, este é inicialmente pesado vazio, e depois é pesado novamente cheio com água destilada. A temperatura da água usada é medida e a densidade desta água é obtida consultando uma tabela adequada. Numa aula experimental, os seguintes dados foram obtidos por um estudante:

peso do frasco cheio de água = 50,0078 g
peso do frasco vazio = 25,0324 g
temperatura da água = 26,0°C
densidade da água a 26,0°C = 0,99681 g mL^{-1}

Com estes dados, calcule corretamente o volume do frasco.

12. O mercúrio é um dos líquidos mais densos conhecido. À temperatura ambiente sua densidade é de 13,594 g cm^{-3}. Algum mercúrio é colocado num tubo com um diâmetro uniforme de 9,0 mm. A altura da coluna de mercúrio formada é de 683 mm. Qual é a massa de mercúrio contido neste tubo?

13. Suponha que é pedido para se calcular o *número de Avogadro*. Para isso usou-se o fato conhecido de que o elemento rádio é um elemento radioativo de ocorrência natural que sofre um processo de decaimento emitindo partículas alfa (α). Uma partícula-α é um núcleo de um átomo de hélio. À medida que cada partícula-α emitida é lançada através do ar, ela assimila dois elétrons e torna-se um átomo neutro de hélio. Deste modo, o gás He pode ser coletado a partir das emissões de uma amostra de rádio. O número de partículas-α emitidas por segundo pode ser obtido contando-se os *flashes* de luz produzidos quando estas partículas-α atingem um anteparo de sulfeto de zinco. Em 1910, Ernest Rutherford determinou o número de Avogadro coletando e medindo a quantidade do gás He emitido por uma amostra de rádio durante 1 ano. Ele também mediu o número de partículas-α emitidas por segundo por uma amostra idêntica de rádio. Num dado experimento, reproduzindo as medidas de Rutherford, $22,0 \times 10^{-3}$ mg de gás He foram coletadas por 1 ano de uma amostra de rádio. Foi observado que esta amostra emite $10,6 \times 10^{10}$ partículas-α por segundo. Nestas condições, calcule (a) a massa de um átomo de hélio, em gramas, e (b) o número de Avogadro, usando somente estes dados e a massa molar do hélio.

Pode-se aproveitar a proposta deste exercício para lembrar que uma molécula é uma combinação de átomos, fortemente ligados, de tal modo que a molécula se comporta como, e pode ser reconhecida como, uma partícula simples. Tanto os átomos quanto as moléculas são tão pequenas que é conveniente *definir uma nova unidade* chamada de *mole*, que contém um número específico, e muito grande, de átomos ou moléculas. Este número é chamado de Número de Avogadro, *N*, e é definido como sendo o número de átomos contidos em exatamente 12 g (ou 0,012 kg) do isótopo ^{12}C. O número de Avogadro é extremamente grande, e tem o valor de 6,022137 × 10²³. Para sentir o impacto da enormidade do número de Avogadro, basta escrevê-lo com todos os seus zeros:

N = 602.213.700.000.000.000.000.000

Vejam que, naturalmente, os zeros após o dígito 7, não são significativos. Para se ter uma idéia mais concreta desta grandeza, considere que se atribuíssemos a cada indivíduo no mundo, hoje com aproximadamente 5×10^9 habitantes, para contar os átomos em um mol de ^{12}C, e que cada pessoa trabalhasse 40 h/semana, 52 semanas/ano, sem descansar, e contasse 1 átomo/s, levar-se-ia 16 milhões de anos para concluir este trabalho!!! O número de Avogadro é assim tão grande porque a massa de um átomo é muito pequena. Por exemplo, a massa de um átomo de ^{12}C é:

$$\frac{12,000 \text{ g mol}^{-1}}{6,02214 \times 10^{23} \text{ átomos mol}^{-1}} = 1,99265 \times 10^{-23} \text{g átomos}^{-1} =$$

$$= 0,0000000000000000000000199265 \text{ g átomo}^{-1}$$

Conhecendo-se o número de Avogadro, é possível determinar a grandeza de uma unidade de massa atômica em gramas:

$$\left(\frac{1 \text{ átomo}^{12}C}{12 \text{ u}}\right) \times \left(\frac{12 \text{ g}}{N \text{ átomos}^{12}C}\right) = \frac{1}{N} = 1,6605402 \times 10^{-24} \text{ g u}^{-1}$$

onde 1 u = 1,6605402 × 10⁻²⁷ kg (unidade de massa atômica unificada).

É claramente mais conveniente escrever massas atômicas* em unidades de massa atômica em vez de expressá-las em gramas ou quilogramas.

14. Para o seguinte conjunto de valores obtidos experimentalmente, calcule a média, o desvio médio, e o desvio-padrão para uma medida simples e o desvio-padrão da média. Dados:

    42,33; 42,28; 42,35; 42,30 mL.

15. Ainda relativo ao exercício anterior, suponha que foi aditado um valor de 42,46 mL ao conjunto original de dados. Decida se este valor deve ser aceito ou rejeitado no conjunto. Se for aceito, qual será a nova média e o desvio médio da uma medida simples? Expresse o erro relativo deste conjunto em partes por mil quando o valor verdadeiro for 42,36 mL. Calcule o desvio-padrão relativo para uma medida simples.

16. Numa experiência prática foi obtido o seguinte conjunto de resultados: 15,30; 15,45; 15,40; 15,45 e 15,50. Calcule (a) a média e o desvio-padrão; (b) o desvio-padrão da média e decida quantas casas decimais devem estar relatadas corretamente: (c) nos resultados individuais, e (d) na média.

---

* Ver "O Sistema Internacional de Unidades", no Apêndice ou no site Chemkeys (www.chemkeys.com). Usa-se 1 u = 1 Da (Dalton), unidade de massa que não é do SI.

EXERCÍCIOS

17. Abaixo são dados diversos conjuntos de resultados obtidos experimentalmente num laboratório de análise. Para cada conjunto calcule: (a) a média; (b) o desvio; (c) o desvio médio; (d) o desvio relativo em partes por mil; (e) o desvio médio relativo em partes por mil; (f) o desvio-padrão, a partir do desvio da média; (g) os limites de confiança da média ao nível de 95%. Dados:

    i)   35,47; 35,49; 35,42; 35,46
    ii) 25,10; 25,20; 25,00
    iii) 63,92; 63,75; 63,90; 63,86; 63,84
    iv) 6,050; 6,048; 6,068; 6,054; 6,056
    v)   50,00; 49,96; 49,92; 50,15

18. Para cada conjunto, no exercício anterior calcule o valor de Q para o resultado "suspeito" e decida se este valor deve ser rejeitado ou não.

19. Numa determinação gravimétrica de ferro em minério, realizada em triplicata, foram obtidos os seguintes resultados para o óxido pesado: 0,3417 g; 0,3426 g; 0,3342 g. Calcule a média e o desvio médio, e determine se algum destes dados podem ser desprezados usando o teste Q com 90% de confiança.

20. Numa determinação de cloreto em água de chuva foram obtidos os seguintes resultados: 67,1 mg/100 mL; 72,5 mg/100 mL; 94,4 mg/100 mL. Decida se alguma dessas medidas deve ser eliminada ao aplicar-se o teste Q com 90% de confiança.

21. Uma pipeta de 25 mL (com erro típico de 0,030 mL) foi usada para transferir uma alíquota de HCl de concentração $(0{,}2081 \pm 0{,}0008)$ mol L^{-1}, para um erlenmeyer. Este ácido necessitou de $(41{,}51 \pm 0{,}05)$ mL de uma solução de NaOH para a neutralização. Calcule a concentração molar do NaOH e a incerteza deste valor.

22. Um trabalho foi desenvolvido para comparar as precisões de medidas analíticas feitas em dois laboratórios diferentes. Uma amostra completamente homogênea foi encaminhada para os dois laboratórios e os seguintes resultados foram obtidos para a % m/v de magnésio, usando o mesmo método em ambos os laboratórios:

Laboratório 1	Laboratório 2
34,97	35,02
34,85	34,96
34,94	34,99
34,88	35,07
	34,85

Comente a respeito da precisão obtida nos dois laboratórios, fundamentando-se em avaliação estatística.

Capítulo 2

Natureza física dos precipitados

Para ser usado em análise gravimétrica, um precipitado deve ser suficientemente pouco solúvel para que as perdas por solubilidade sejam desprezíveis. Esta, entretanto, não é a única propriedade requerida. O precipitado deve ser também facilmente filtrável e lavável e não deve arrastar impurezas da solução em que é formado.

A facilidade com que um precipitado é filtrado, assim como a sua pureza, dependem do tamanho, forma e carga elétrica das partículas, dentre outras propriedades. As partículas devem ser suficientemente grandes de modo a não passarem através dos poros do meio filtrante empregado. O tamanho delas depende do precipitado em particular e também das condições de precipitação.

O sulfato de bário, cloreto de prata e óxido de ferro hidratado exemplificam, respectivamente, os tipos de precipitado cristalino, coagulado e gelatinoso. Estes três tipos de precipitado diferem entre si, principalmente, quanto ao tamanho das partículas.

No caso do sulfato de bário, as partículas crescem até atingirem um tamanho em que podem ser filtradas (de 0,1 a 1,0 µ). Em outros casos o crescimento das partículas não ocorre além de um certo tamanho, e estas passam através dos poros do meio filtrante.

Para que estes precipitados possam ser filtrados é necessário criar condições para tal, de modo que as partículas dispersas se aglomerem em partículas maiores. Nos aglomerados, as partículas são unidas por forças de coesão relativamente fracas e para mantê-las assim é preciso lavá-las com um eletrólito.

Nos precipitados gelatinosos as partículas não crescem além de um certo tamanho. É o caso do óxido de ferro hidratado, cujas partículas medem cerca de 0,02 µ ou menos.

O cloreto de prata também exemplifica um precipitado cujas partículas não crescem além da faixa de medidas características das partículas coloidais, apesar de serem maiores que as do óxido de ferro hidratado. O AgCl é um exemplo de precipitado coagulado que, como no caso dos precipitados gelatinosos, deve ser aglomerado antes da filtração.

1 — Formação dos precipitados

Na formação de um precipitado é necessário considerar duas etapas: a nucleação e o crescimento dos cristais.

A Figura 2.1 mostra esquematicamente como são formados os precipitados. Por este esquema pode-se verificar que para ocorrer precipitação é preciso ter inicialmente uma solução supersaturada da substância de interesse, considerando-se uma certa temperatura T, constante. Sendo uma solução supersaturada instável nesta temperatura, ela tende a precipitar o excesso de soluto até se atingir o estado de equilíbrio (solução saturada).

A primeira etapa da precipitação é a nucleação ou formação dos núcleos primários. A maneira como são formados, assim como o tamanho dos núcleos primários não estão bem definidos ainda. Acredita-se que eles sejam formados por alguns pares de íons.

Os núcleos não são estáveis e crescem até atingirem o tamanho das partículas coloidais e daí em diante, ou param neste estágio (caso do AgCl e do $Fe(OH)_3$) ou continuam a crescer até se formarem cristais grandes, como é observado na precipitação do $BaSO_4$ por meio do caminho I.

Por esta razão é necessário coagular as partículas coloidais para que possam ser filtradas, seguindo-se o caminho III da Figura 2.1.

Na precipitação inadequada do $BaSO_4$ formam-se partículas pequenas que podem passar pelo filtro, mas que, ao mesmo tempo, são muito grandes para serem coaguladas, de acordo com o caminho II da Figura 2.1.

Na realidade, procura-se forçar a marcha da precipitação a seguir um dos caminhos propostos, sem, no entanto, eliminar as outras possibilidades.

2 — Influência das condições de precipitação

O tamanho e o hábito dos cristais, além de dependerem do precipitado em particular, dependem também das condições de formação do precipitado e do envelhecimento ou recristalização do mesmo.

O efeito das condições de precipitação sobre o tamanho das partículas foi estudado pela primeira vez por von Weimarn, que expressou o efeito das concentrações dos reagentes através da equação:

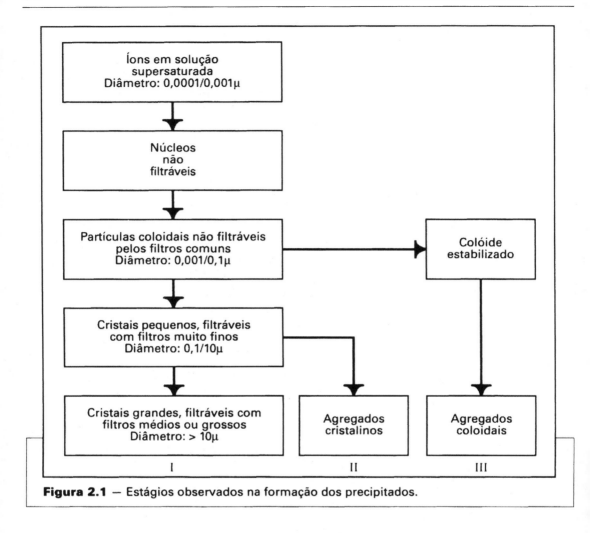

Figura 2.1 — Estágios observados na formação dos precipitados.

$$\text{Grau de dispersão} = \frac{K(Q-S)}{S}$$

onde,

S = solubilidade do precipitado no estado de equilíbrio;
Q = concentração dos íons em solução no instante anterior ao da precipitação;
K = constante;
$(Q-S)$ = grau de supersaturação.

A relação $(Q - S)/S$ é chamada de *grau de supersaturação relativa*. A constante K depende da natureza do precipitado e de outros fatores como temperatura e viscosidade da solução.

Segundo a equação de von Weimarn, quanto maior a concentração dos reagentes, maior o grau de dispersão e menor o tamanho das partículas.

Isto está de acordo com o fato de que para obter-se partículas maiores é necessário misturar soluções diluídas dos reagentes. Por esta razão é comum em análise gravimétrica recomendar-se o uso de solução reagente diluída, e que a mesma seja adicionada lentamente e com agitação. A finalidade deste procedimento é manter o baixo grau de supersaturação durante a precipitação. Obviamente uma maneira para se manter baixo grau de supersaturação é fazer a precipitação em condições em que sua solubilidade seja alta, mas, como isso levaria a perdas do precipitado, o que se faz na prática é realizar a precipitação em condições de alta solubilidade e variar as condições no decorrer da precipitação. Este processo pode ser realizado efetuando-se a maior parte da precipitação a partir de uma solução quente. A seguir a solução é resfriada de tal modo que o fator S diminua e o precipitado se forme quantitativamente.

É possível notar que as etapas seguidas para a formação do precipitado são acompanhadas pela equação de von Weimarn. A taxa pela qual o valor de Q se reduz ao valor de S vai determinar a taxa de formação do precipitado.

Como visto, a precipitação ocorre inicialmente pela agregação de pequenos grupos de íons ou moléculas, que é o processo de nucleação. Este processo pode ocorrer pela agregação de moléculas ou íons mediante um processo de nucleação homogênea ou por nucleação heterogênea, quando a agregação é iniciada por partículas de impurezas contidas na solução.

Enquanto que o primeiro processo depende exponencialmente da supersaturação relativa da solução, o segundo processo é independente desta supersaturação. Após a nucleação, a precipitação continua pelo crescimento das partículas, com mais íons ou moléculas sendo adicionados aos agregados. A taxa de crescimento das partículas também vai depender da supersaturação relativa e da área superficial das partículas, mas não varia tão intensamente quanto a taxa de nucleação homogênea. A relação entre estas taxas e a supersaturação relativa é mostrada na Figura 2.2.

Em um sistema químico em particular, a própria natureza do precipitado será

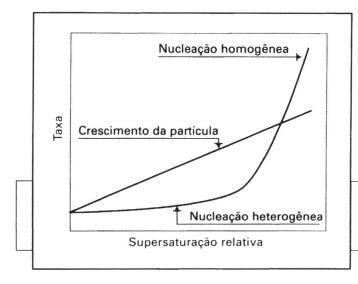

Figura 2.2 — Taxa de nucleação e crescimento de partículas relacionada com a supersaturação relativa.

estabelecida pelas taxas relativas de nucleação e crescimento das partículas. Nos processos nos quais a nucleação predomina, ocorre a formação de pequenas partículas que pode resultar num colóide, enquanto que se ocorrer uma predominância do crescimento das partículas, irá se formar um precipitado com cristais maiores, mais facilmente manipuláveis.

Do ponto de vista prático, a diferença $(Q - S)$ deve ser mantida num valor mínimo. Quando misturam-se as soluções de reagente precipitante e das espécies de interesse, que serão precipitadas, é difícil evitar um valor momentaneamente alto de $(Q - S)$, na região onde há o contato imediato das duas soluções, especialmente se S for pequeno. Ainda mais, é necessário manter um valor baixo de S para se conseguir uma precipitação quantitativa, de tal modo que freqüentemente surge uma situação na qual a taxa da nucleação homogênea excede em muito a taxa de crescimento das partículas. Em conseqüência disto, o próprio analista deverá, com muita freqüência, manipular precipitados coloidais ou suspensões.

Quando S tiver um valor grande, há maior chance de se obter um precipitado cristalino. As suspensões coloidais ocorrem como resultado de repulsões elétricas entre partículas que impedem a aglomeração.

Estas forças repulsivas surgem da presença de íons adsorvidos na superfície do precipitado, o que irá causar a formação de uma dupla camada elétrica.

A camada adsorvida irá conter um excesso do íon precipitado que predomina na solução, enquanto que a camada de contra-íons irá conter um excesso de íons com cargas opostas para manter a neutralidade elétrica global da solução.

Num experimento bastante familiar, íons Cl⁻ são precipitados como AgCl pela adição de um excesso de uma solução de nitrato de prata. Neste caso, a camada adsorvida irá conter um excesso de íons Ag⁺, e a camada de contra-íons terá um excesso de NO_3^-, como visto na Figura 2.3. A adsorção pode ser diminuída por aquecimento ou pela adição de um eletrólito adequado.

Este procedimento favorece a coagulação do precipitado, mas deve ser lembrado que se um precipitado deste tipo, após filtração, for lavado sem o devido cuidado, as partículas serão dispersadas novamente para a forma coloidal e passam através do filtro.

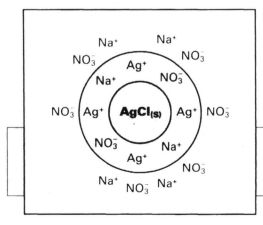

Figura 2.3 — Partícula coloidal de AgCl na presença de excesso de íons Ag⁺, mostrando a primeira camada de adsorção formada por íons Ag⁺ e a região de contra-íons na qual a carga é neutralizada.

Este efeito, conhecido na prática como peptização, pode ser evitado usando soluções de lavagem aquecidas e contendo um eletrólito adequado.

É sabido que precipitados formados por aglomeração coloidal são amorfos e porosos, com enormes áreas superficiais.

Do ponto de vista experimental, os precipitados podem ter suas características melhoradas mediante aquecimento em contato com a solução antes de filtrar. Isto é chamado de digestão e vai proporcionar a formação de partículas maiores com áreas superficiais menores, com os íons melhor arranjados dentro dos cristais, de tal modo que tanto a adsorção superficial quanto a oclusão de impurezas serão minimizadas.

Outra alternativa é precipitar o composto de interesse em um meio mais ácido possível, aumentando-se gradualmente o pH no decorrer da precipitação, de modo que esta seja quantitativa.

Uma aplicação desta técnica é a precipitação do oxalato de cálcio, que se inicia ao se adicionar ácido oxálico a uma solução de cálcio a quente e ácido suficiente para impedir a precipitação. A seguir goteja-se amônia na solução para que o pH aumente lentamente. O precipitado então se forma em condições de alta solubilidade, resultando na formação de partículas grandes.

Uma maneira elegante de se realizar uma precipitação em condições de alta solubilidade, a qual vai sendo reduzida gradualmente até que a precipitação seja quantitativa, é a chamada "precipitação de uma solução homogênea", que será discutida mais adiante. Apesar da importância e da utilidade da equação de von Weimarn deve-se considerar que a mesma só tem significado qualitativo, e não explica o fato de haver um aumento do tamanho das partículas para baixas concentrações dos reagentes, como pode ser visto na Figura 2.4, onde $T_5 > ... > T_1$.

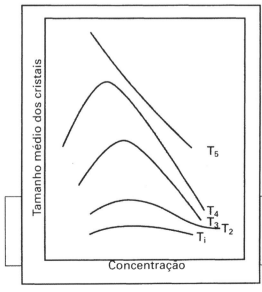

Figura 2.4 — Relação existente entre o tamanho das partículas e a concentração do agente precipitante para várias temperaturas, segundo a equação de von Weimarn.

3 — Envelhecimento dos precipitados

É comum nos procedimentos gravimétricos deixar o precipitado repousar, na presença da água mãe, durante um determinado tempo, antes de ser filtrado. Neste tempo ocorre um envelhecimento do precipitado. Esse envelhecimento foi definido como o conjunto de transformações irreversíveis que ocorrem num precipitado depois que ele se formou e é também chamado de digestão do precipitado.

Durante este processo as partículas pequenas tendem a dissolver-se e a se reprecipitarem sobre a superfície dos cristais maiores. Este fenômeno é chamado "amadurecimento de Ostwald" e ocorre porque as partículas menores são mais solúveis que as maiores, de tal modo que uma solução contendo partículas pequenas é supersaturada em relação a uma solução que contém partículas grandes, o que provoca um crescimento das partículas maiores à custa da dissolução das menores.

Por outro lado, certos precipitados, como o sulfato de chumbo e sulfato de bário, quando recém-precipitados, consistem de partículas imperfeitas e floculosas, mas, após o envelhecimento, tornam-se mais perfeitos e compactos. Neste caso ocorre dissolução de material dos vértices e arestas do cristal que se depositam sobre a superfície do mesmo. Este processo, que em analogia ao caso anterior, é acompanhado de uma redução da área superficial, é chamado de "amadurecimento interno de Ostwald".

Com alguns precipitados não ocorre crescimento das partículas durante a digestão, especialmente compostos de solubilidade muito baixa, como AgCl e $Fe(OH)_3$, que continuam como partículas coloidais.

Para precipitados gelatinosos, como o $Fe(OH)_3$, a solubilidade sendo muito pequena não permite um crescimento do cristal a uma velocidade significativa. Na realidade, há um certo crescimento cristalino nas partículas de $Fe(OH)_3$, mas não chega a ser de utilidade prática, em termos de facilitar a filtração.

Um fato importante a considerar é que os precipitados gelatinosos adsorvem impurezas facilmente, devido à grande área superficial, sendo algumas vezes necessário reprecipitá-los antes de filtrá-los. Durante a reprecipitação, a concentração de impurezas na solução é reduzida a um nível mais baixo e conseqüentemente a adsorção será bem menor.

4 — Contaminação dos precipitados

Os precipitados podem arrastar da solução outros constituintes que são normalmente solúveis e que nem sempre são removidos por simples lavagem, causando assim sua contaminação.

Estas impurezas que acompanham os precipitados constituem a maior fonte de erros na análise gravimétrica. Elas podem se incorporar aos precipitados por meio da coprecipitação ou pela pós-precipitação.

Coprecipitação

A coprecipitação é o processo pelo qual substâncias solúveis se incorporam aos precipitados durante sua formação. Por exemplo, o precipitado de $BaSO_4$, proveniente da mistura de soluções de $BaCl_2$ e Na_2SO_4, pode estar contaminado com sulfato de sódio, ainda que este sal seja bastante solúvel em água.

A coprecipitação pode se dar de duas maneiras:

a) por formação de soluções sólidas;
b) por adsorção na superfície.

a) Coprecipitação por formação de soluções sólidas

Na coprecipitação por formação de uma solução sólida, o íon contaminante é capaz de substituir o ânion ou cátion na rede cristalina do precipitado. Normalmente esta substituição ocorre com íons de mesmo tamanho e mesma carga, por exemplo, $PbSO_4$ e $BaSO_4$ ou ainda $BaSO_4$ e $BaCrO_4$, mas pode envolver também os íons de mesmo tamanho e cargas diferentes, porém com fórmulas químicas semelhantes, tais como $BaSO_4$ e $KMnO_4$.

Se em um processo de precipitação pode ocorrer a contaminação por formação de solução sólida, a purificação do precipitado resultante, geralmente, não é possível. Um modo de se contornar o problema é colocar a substância contaminante sob outra forma química antes da precipitação. Por exemplo, a coprecipitação de $BaCrO_4$ no $BaSO_4$ pode ser evitada se o íon CrO_4^{2-} for reduzido a Cr^{3+}, antes da precipitação.

b) Coprecipitação por adsorção na superfície

Neste tipo de coprecipitação a impureza é adsorvida na superfície do precipitado e, à medida que as partículas crescem, o íon contaminante fica ocluído. Ao contrário do que acontece no caso anterior, estes íons não formam uma parte do retículo, isto é, eles não substituem cátions nem ânions no precipitado normal. Porém, como resultado desta *oclusão*, aparecem imperfeições na estrutura cristalina do precipitado.

Em soluções iônicas a adsorção é de origem elétrica. A superfície das partículas adquire uma carga elétrica e atrai os íons de carga oposta presentes na solução. Existem diferenças básicas na adsorção dos diversos tipos de precipitados. Para o caso da adsorção em precipitados cristalinos considere-se o sulfato de bário. Quando o $BaSO_4$ é precipitado pela adição lenta de íons Ba^{2+} a uma solução de sulfato de sódio, o íon sulfato estará em excesso durante a precipitação, e a primeira camada de adsorção será então de íons sulfato. Dessa maneira a superfície do cristal adquire uma carga negativa que atrai íons Na^+ da solução e o sulfato de bário fica com uma camada de sulfato de sódio adsorvida sobre ele. Se, por outro lado, o $BaSO_4$ estiver imerso numa solução de cloreto de bário, os íons Ba^{2+} adsorvidos primeiramente darão à superfície uma carga positiva que atrairá ânions cloreto da solução, de modo que, ao adicionar-se sulfato de sódio a uma solução de cloreto de bário, o precipitado de $BaSO_4$ estará contaminado com cloreto de bário.

Desta maneira, o tipo de contaminante depende da ordem de adição dos reagentes. Quando se adicionam íons Ba^{2+} a uma solução contendo íons SO_4^{2-}, haverá contaminação com sulfato de algum cátion estranho. Analogamente, adicionando-se íons SO_4^{2-} a uma solução contendo íons Ba^{2+} ocorrerá a adsorção de um sal constituído de um ânion estranho e o cátion Ba^{2+}.

Um fato importante a considerar é que a coprecipitação é tanto maior quanto menor a solubilidade do sal contaminante.

No processo de crescimento dos precipitados cristalinos as impurezas inicialmente vão ficando presas dentro do cristal, e por esta razão não podem ser arrastadas por lavagens dos precipitados.

A adsorção de íons sobre precipitados coagulados, como por exemplo em AgCl, ocorre pelo mesmo mecanismo descrito para precipitados cristalinos. Entretanto, a diferença básica está no fato de que nos precipitados coagulados as partículas não crescem além do tamanho de partículas coloidais e, assim sendo, as impurezas adsorvidas podem ser arrastadas por lavagem do precipitado. A coagulação das partículas envolve uma força de coesão fraca entre elas, de sorte que um líquido de lavagem pode penetrar em todas as partes do sólido. Por exemplo, o AgCl é lavado com ácido nítrico, um eletrólito que evita a peptização do colóide coagulado. Os íons da solução de lavagem substituem os íons originalmente adsorvidos e devem ser facilmente eliminados na secagem do precipitado. No exemplo citado, o HNO_3 é decomposto e volatilizado a 100°C.

A adsorção sobre precipitados gelatinosos pode ser ilustrada considerando-se o óxido de ferro hidratado.

As partículas constituintes destes precipitados são muito pequenas (daí o precipitado possuir uma superfície específica muito grande) e por isso o fenômeno da adsorção adquire uma importância vital na determinação das propriedades e comportamento destas partículas. A quantidade de impurezas adsorvidas é muito grande e não pode ser eliminada por simples lavagem prolongada.

As cargas elétricas destas partículas dependem do pH da solução. O óxido de ferro hidratado está carregado positivamente em pH menores que 8,5 e negativamente em pH maiores que 8,5. Desta maneira a natureza das partículas adsorvidas dependerá do pH da solução.

Assim, o $Fe(OH)_3$ precipitado em pH baixo adsorve fortemente ânions nitrato e sulfato, mas adsorve pouco outros cátions. Acima de pH 10, por outro lado, os cátions são fortemente adsorvidos, mas não os ânions.

Os precipitados gelatinosos devem também ser lavados com eletrólitos para evitar a peptização e ajudar a deslocar as impurezas adsorvidas. Para a lavagem de $Fe(OH)_3$ utiliza-se preferencialmente o NH_4NO_3 porque os íons NO_3^- sendo fortemente adsorvidos deslocam com maior facilidade as impurezas adsorvidas e, além disso, são decompostos com facilidade durante o aquecimento do precipitado.

Pós-precipitação

Algumas vezes, quando o precipitado principal é deixado em repouso em contato com a água mãe, uma segunda substância pode precipitar lentamente por reação com o agente precipitante e depositar-se sobre a superfície das partículas do precipitado de interesse. Este fenômeno é chamado de pós-precipitação.

Um exemplo clássico deste processo ocorre quando o oxalato de cálcio é precipitado na presença de magnésio. O oxalato de magnésio não precipita de imediato porque apresenta uma tendência em formar soluções supersaturadas. Assim, se o precipitado de cálcio for filtrado imediatamente, pouco ou nenhum magnésio será arrastado. Mas, se a solução for deixada em repouso por algum tempo (mais que uma hora) o oxalato de magnésio vai pós-precipitar e contaminar o precipitado de cálcio.

Outro exemplo característico é a pós-precipitação do sulfeto de zinco sobre o sulfeto de cobre (II). O sulfeto de cobre (II) é precipitado quantitativamente em meio ácido, pela adição de um excesso de H_2S, mas nestas condições o sulfeto de zinco não precipita. Numa solução em que coexistam íons Cu^{2+} e Zn^{2+}, o CuS pode ser precipitado e, se filtrado de imediato, estará praticamente livre da contaminação de íons Zn^{2+}. Se, ao contrário, permanecer em contato com a solução durante um período de tempo apreciável, as partículas de CuS serão contaminadas com um precipitado de ZnS. A grandeza da contaminação dependerá, em parte, do tempo, já que a quantidade de impureza pós-precipitada aumenta com o tempo de repouso da solução. O efeito produzido é o mesmo se íons Zn^{2+} estiverem presentes antes da precipitação do CuS ou forem adicionados à solução após a formação do precipitado de CuS.

Neste caso a pós-precipitação é provavelmente um fenômeno de adsorção, já que o CuS é precipitado na presença de um excesso de H_2S e conseqüentemente o íon S^{2-} é adsorvido formando a primeira camada de adsorção. Esta atrai íons Zn^{2+} para formar a camada secundária de íons, de tal modo que o produto de solubilidade de ZnS é alcançado na região do contra-íon e, como resultado, o ZnS precipita sobre as partículas de CuS.

5 — Precipitação de uma solução homogênea

Nos procedimentos gravimétricos clássicos aconselha-se adicionar lentamente uma solução diluída do reagente precipitante, acompanhado de agitação. A finalidade é manter um baixo grau de supersaturação durante a precipitação, o que resultaria na obtenção de partículas maiores, mais perfeitas e mais puras, de acordo com a teoria de von Weimarn.

No entanto, mesmo usando-se este procedimento cria-se uma zona de contato entre duas soluções relativamente concentradas, surgindo inúmeras partículas pequenas.

Para ilustrar melhor o que acontece, considere uma gota de uma solução de nitrato de chumbo sendo colocada numa solução de cromato de potássio, sem agitação. Os íons Pb^{2+} migrarão para a solução de cromato, e os íons CrO_4^{2-} migrarão para a solução de chumbo. Na interface das duas soluções precipita o cromato de chumbo e reduz a concentração dos dois íons. As partículas de cromato de chumbo em contato com a solução de chumbo estarão numa região de excesso de íons Pb^{2+} e, por isso, adsorverão íons Pb^{2+} na primeira camada de adsorção tornando-se carregadas positivamente. Analogamente, as partículas de cromato de chumbo em contato com a solução de cromato adsorverão íons CrO_4^{2-} tornando-se eletricamente negativas. Logo, algumas das partículas tendem a arrastar cátions e outras ânions, de maneira que os dois tipos de impurezas estarão presentes no precipitado formado. Esta situação existe quando os íons migram um na direção do outro para formar mais partículas. Como resultado, os precipitados formados pela mistura de duas soluções são impuros e consistem principalmente de partículas pequenas.

Na técnica de precipitação de uma solução homogênea o reagente precipitante não é adicionado como tal, mas é gerado por meio de uma reação química cineticamente lenta e homogênea em todo o seio da solução, resultando na formação de cristais maiores e mais puros.

Esse tipo de precipitação pode ser aplicado para qualquer sistema no qual o reagente de interesse possa ser gerado lenta e uniformemente. As mudanças físicas do meio que podem ser usadas incluem a volatilização de um solvente orgânico ou da amônia, causando um decréscimo na solubilidade do composto, ou um abaixamento do pH da solução. As reações químicas úteis são aquelas que podem gerar o íon ou composto de interesse ou que produzam íons H^+ ou OH^- a fim de aumentar ou abaixar o pH da solução. É claro que a reação não deve ser muito lenta para não consumir muito tempo na análise, bem como não deve ser tão rápida a ponto de causar uma concentração local e excessiva.

É muito comum neste processo o uso da hidrólise da uréia em solução quente produzindo amônia e dióxido de carbono, aumentando o pH do meio:

$$CO(NH_2)_2 + H_2O \xrightarrow{100^\circ C} 2NH_3 + CO_2$$

Neste processo o CO_2 é eliminado por aquecimento da solução até a ebulição e a geração lenta da amônia vai resultar num aumento gradual do pH da solução.

A uréia é usada na precipitação de hidróxidos de certos metais, e os precipitados assim formados apresentam propriedades mais convenientes para uma análise gravimétrica que o precipitado obtido pela simples adição de amônia. De forma similar, este procedimento pode ser usado para precipitar cálcio na forma de oxalato de cálcio. Inicialmente, a uréia é adicionada a uma solução ligeiramente ácida de Ca^{2+} na presença de íons oxalato. A solução é levada à ebulição cuidadosamente, e o precipitado de oxalato de cálcio vai se formando lentamente, à medida que o pH aumenta:

$$Ca^{2+} + HC_2O_4^- + NH_3 \rightleftharpoons CaC_2O_{4(S)} + NH_4^+$$

Nas condições experimentais otimizadas, mesmo na presença de íons magnésio ou fosfatos, o oxalato de cálcio vai precipitar completamente livre de contaminantes e com partículas grandes suficiente para permitir uma filtração fácil.

De outra forma, a hidrólise do ácido sulfâmico ou do persulfato de potássio pode ser usada para abaixar o pH de uma solução ou para gerar íons sulfatos para a precipitação de íons bário.

$$NH_2SO_3H + 2H_2O \rightarrow NH_4^+ + H_3O^+ + SO_4^{2-}$$
$$S_2O_7^{2-} + 3H_2O \rightarrow 2SO_4^{2-} + 2H_3O^+$$

A hidrólise de ésteres é bastante explorada em precipitação homogênea. Também é útil para causar abaixamento de pH. Exemplos típicos constituem-se a produção homogênea de sulfato, fosfato e oxalato a partir da hidrólise, a quente, do dimetil-sulfato, trimetil-fosfato e dietil-oxalato, respectivamente.

$$(CH_3O)_3PO + 3H_2O \rightarrow 3CH_3OH + H_3PO_4$$
$$(C_2H_5O)_2C_2O_4 + 2H_2O \rightarrow 2C_2H_5OH + H_2C_2O_4$$
$$(CH_3O)_2SO_2 + 2H_2O \rightarrow 2CH_3OH + SO_4^{2-} + 2H^+$$

Ainda, os sulfetos podem ser precipitados homogeneamente a partir da hidrólise da tioacetamida, por aquecimento:

$$CH_3-\underset{\text{Tioacetamida}}{\overset{S}{\underset{\|}{C}}}-NH_2 + H_2O \xrightarrow{\Delta} CH_3-\overset{O}{\underset{\|}{C}}-NH_2 + H_2S$$

Exemplo típico no qual o agente precipitante é produzido *in situ*, pode ser mostrado com a preparação da dimetilglioxima e da 8-hidroxiquinolina:

$$\underset{\text{Biacetila}}{\begin{matrix}CH_3-C=O\\|\\CH_3-C=O\end{matrix}} + 2NH_2OH \xrightarrow{\Delta} \underset{\text{Dimetilglioxima}}{\begin{matrix}CH_3-C=NOH\\|\\CH_3-C=NOH\end{matrix}} + 2H_2O$$

Acetoxiquinolina + $H_2O \xrightarrow{\Delta}$ $CH_3-\underset{\|}{\overset{O}{C}}-OH$ + 8-hidroxiquinolina

Um outro exemplo refere-se à precipitação de íons Pb^{2+} com íons CrO_4^{2-}. Neste caso os íons CrO_4^{2-} são gerados lentamente na solução pela reação entre íons Cr^{3+} e BrO_3^-, representado pela equação:

$$5Cr^{3+} + 3BrO_3^- + 11H_2O \rightleftharpoons + 5HCrO_4^- + {}^3/_2Br_2 + 17H^+$$

Comparando-se o precipitado obtido através desta técnica e o mesmo precipitado obtido pela técnica convencional, isto é, pela adição direta de $K_2Cr_2O_7$, observam-se apreciáveis diferenças entre os mesmos. O precipitado obtido pela técnica da precipitação de uma solução homogênea apresenta o aspecto de grandes agulhas de cor alaranjada escura. Este precipitado é pouco volumoso e fácil de transferir o filtro. Por outro lado, o mesmo precipitado obtido pela precipitação convencional apresenta uma cor amarelo-claro, que por digestão transforma-se em alaranjado claro, e se forma como uma suspensão coloidal coagulada, difícil de ser transferida para o filtro e que tende a aderir nas paredes do béquer.

Finalmente, sobre a aplicação do método, a precipitação de uma solução homogênea é usada para melhorar separações, estudar e reduzir coprecipitações, formar partículas cristalinas grandes, e para produzir precipitados mais puros e fáceis de filtrar.

EXERCÍCIOS

1. O que aconteceria ao complexo de dimetilglioximato de níquel se ele fosse seco a 1000°C? Escreva uma reação para este processo.

2. Por que a solubilidade do complexo de Ni-DMG em misturas de álcool-água aumenta com o aumento na concentração de álcool, enquanto que a solubilidade do $BaSO_4$ diminui?

3. O que é uma precipitação homogênea e por que ela é útil?

4. Qual contém mais íons Ag^+, uma solução saturada de AgCl ou de $Ag_2Cr_2O_7$?

5. Uma amostra de 0,6159 g de $BaCl_2.2H_2O$ impuro foi secada a 250°C e depois pesada, dando um valor de 0,5401 g. Calcular a $\%H_2O$ (m/m) na amostra.

6. Uma massa de 0,150 g de uma liga de magnésio foi dissolvida num ácido adequado. Depois de corretamente preparado o meio, o magnésio foi precipitado quantitativamente como hidroxiquinolinato de magnésio (massa molar de 300,52 g), filtrado, seco até peso constante e pesado. O peso encontrado foi de 0,250 g. Qual era a porcentagem de magnésio (massa atômica de 24,312 g) na amostra original?

7. Numa liga de níquel, este metal pode ser precipitado como dimetilglioximato de níquel (massa molar de 304,98 g), depois de corretamente tratada a amostra original. O precipitado Ni-DMG é filtrado, lavado, seco e pesado como tal. Este mesmo precipitado, Ni-DMG, pode ser filtrado, lavado e calcinado a óxido de níquel, NiO (massa molar de 74,71 g), e daí pesado. Que método deve ser preferido? Dê suas razões para a escolha fundamentando-se em cálculos. Massa atômica do níquel igual a 58,71 g.

8. A digestão de um precipitado ajuda de forma relevante na remoção de impurezas

adsorvidas, especialmente quando trata-se de precipitados cristalinos, mas o mesmo procedimento produz pouca vantagem com precipitados gelatinosos. Explique a razão para tal observação experimental.

9. Num trabalho de laboratório, foi obtido um precipitado coloidal floculado, filtrado e lavado. Para isso é essencial que o líquido de lavagem contenha um eletrólito adequado. Discuta as razões para isso e explique que outras vantagens poderiam ser conseguidas com a escolha do eletrólito usado. Que situação analiticamente indesejada poderia ser introduzida por uma escolha incorreta do eletrólito usado como líquido de lavagem?

10. A separação de bário como sulfato de bário na presença de pequenas quantidades de chumbo irá resultar numa contaminação do precipitado de $BaSO_4$ por íons Pb^{2+} ocluídos no retículo cristalino do sulfato de bário. Discuta esta forma de contaminação e explique por que uma reprecipitação não irá resultar numa purificação significativa do precipitado.

Capítulo 3

Volumetria de neutralização

A volumetria de neutralização ou volumetria ácido-base* é um método de análise baseado na reação entre os íons H_3O^+ e OH^-.

$$H_3O^+ + OH^- \rightleftharpoons 2H_2O$$

cuja extensão é governada pelo produto iônico da água:

$$K_{H_2O} = [H_3O^+][OH^-]$$

À primeira vista pode-se pensar que a reação entre quantidades equivalentes de um ácido e de uma base resultaria sempre em uma solução neutra. No entanto, isto não é sempre verdade, por causa dos fenômenos de hidrólise que acompanham as reações entre ácidos fortes e bases fracas ou ácidos fracos e bases fortes.

Além disso, a detecção do ponto final na volumetria ácido-base pode se tornar difícil devido a efeitos tamponantes gerados no meio reagente, que podem prejudicar a ação dos indicadores.

Estas características dos sistemas ácido-base devem ser bem conhecidas e estar sob controle durante a realização de uma análise por neutralização, razão pela qual o comportamento de tais sistemas será estudado mais detalhadamente a seguir, através das curvas de titulação de alguns sistemas ácido-base mais comuns.

---

* Simplificadamente, $H^+ + OH^- \rightleftharpoons H_2O$; muitos textos usam H_3O^+ para representar a interação da espécie H^+ com a água.

1 — Acidez, basicidade, pH de soluções aquosas, solução tampão

A água pura está tão fracamente dissociada em íons hidrogênios e íons hidroxilas que um litro de água contém somente 0,0000001 g de H⁺ e 0,0000017 g de OH⁻. Esta observação implica em que a concentração de moléculas não ionizadas de água é uma constante em água pura e em soluções diluídas geralmente usadas em análises químicas. Por esta razão, a constante de ionização da água é geralmente estabelecida como a constante do produto iônico, K_{H_2O}, escrito acima. Na temperatura de 25°C, assumida como sendo a temperatura ambiente,

$$K_{H_2O} = [H^+] \times [OH^-] = 1,0 \times 10^{-14}$$

Como nas condições consideradas é possível desprezar o efeito da força iônica e supor que as concentrações analíticas (em mol L⁻¹) sejam iguais, esta expressão pode ser reescrita como

$$K_{H_2O} = [H^+] \times [OH^-] = 1,0 \times 10^{-14} \; (mol \; L^{-1})^2$$

Na água pura é sabido que a concentração de íons hidrogênios é igual à concentração de íons hidroxilas, pois são formados em igual número pela ionização da água, daí:

$$[H^+] = [OH^-] = \sqrt{K_{H_2O}} = 1,0 \times 10^{-7} \; mol \; L^{-1}$$

A água pura é neutra*, pois não existe nenhum excesso de íons H⁺ e nem de íons OH⁻. Quando um ácido é adicionado à água, ocorre a formação de íons H⁺, e consequentemente a concentração destes íons H⁺ numa solução ácida deve ser maior do que na água pura ou maior do que 10^{-7} mol L⁻¹. Analogamente, uma solução de uma base contém mais íons OH⁻ do que na água pura, e novamente, a concentração dos íons OH⁻ é maior do que 10^{-7} mol L⁻¹. Devido ao próprio equilíbrio existente entre as moléculas de água e seus íons, qualquer aumento na concentração de um dos íons irá causar um decréscimo correspondente na concentração do outro. Assim, a concentração de íon OH⁻ numa solução ácida e a concentração de íon H⁺ numa solução básica são menores que 10^{-7} mol L⁻¹. A concentração (mol L⁻¹) de íons H⁺ numa solução neutra ou numa solução básica é um número muito pequeno, daí um método simples e conveniente para se expressar a concentração do íon H⁺ é dada por definição:

$$pH = -\log [H^+],$$

Similarmente, pOH = –log [OH⁻] e $pK_{H_2O} = -\log K_{H_2O}$. Assim, é fácil mostrar que:

$$pH + pOH = pK_{H_2O}$$

---

* Ver conceito de solução neutra em: Baccan, N., Godinho, O. E. S., Aleixo, L. M. e Stein, E., *Introdução à Semimicroanálise Qualitativa*, 3.ª ed., Editora da Unicamp, 2001.

# *Exemplo*:

1. Calcular a concentração das espécies H⁺ e OH⁻, bem como os valores de pH e pOH de uma solução 0,025 mol L⁻¹ de HCl.

    Lembrar que o ácido clorídrico é um ácido forte e totalmente dissociado em meio aquoso diluído, daí:

    $[H^+] = 2{,}50 \times 10^{-2}$ mol L⁻¹,
    $K_{H_2O} = [H^+][OH^-] = 1{,}00 \times 10^{-14} = (2{,}50 \times 10^{-2})[OH^-]$
    $[OH^-] = 4{,}00 \times 10^{-13}$ mol L⁻¹,
    pH = −log $[H^+]$
    pH = −log $(2{,}50 \times 10^{-2}) = 1{,}60$
    pOH = −log $[OH^-]$ = −log $(4{,}00 \times 10^{-13}) = 12{,}4$
    ou
    pH + pOH = 14,00
    pOH = 14,00 − 1,60 = 12,4.

2. Calcular o pH e o pOH para uma solução preparada misturando-se 400 mL de água e 200 mL de NaOH 0,0500 mol L⁻¹.

    $V_{NaOH} \times C_{NaOH} = \text{mmol}_{NaOH}$

    200 mL × 0,0500 mol L⁻¹ = 10,0 mmol

    $$\frac{\text{mmol}_{NaOH}}{V_{NaOH} + V_{H_2O}} = C_{NaOH}$$

    $$\frac{10{,}0\,\text{mmol}}{200\,\text{mL} + 400\,\text{mL}} = 1{,}67 \times 10^{-2}\ \text{mol L}^{-1}$$

    $[OH^-] = 1{,}67 \times 10^{-2}$ mol L⁻¹

    pOH = −log$(1{,}67 \times 10^{-2}) = 1{,}78$

    14,00 = pH + pOH;   pH = 14,00 − 1,78 = 12,22

3. Calcular a concentração das espécies H⁺ e OH⁻, bem como os valores de pH e pOH de uma solução $5{,}00 \times 10^{-8}$ mol L⁻¹ de ácido clorídrico. (Observar que o pH desta solução não pode ser 7,30 {pH = −log $5{,}00 \times 10^{-8}$}, o que seria básico, mas a solução foi preparada com HCl.)

    HCl → H⁺ + Cl⁻
    H₂O ⇌ H⁺ + OH⁻ $K_{H_2O} = [H^+][OH^-]$
    $[H^+] = [Cl^-] + [OH^-]$ (condição de eletroneutralidade da solução)
    $[H^+] = 5{,}00 \times 10^{-8} + K_{H_2O}/[H^+]$
    $[H^+]^2 - 5{,}00 \times 10^{-8}[H^+] - 1{,}00 \times 10^{-14} = 0$,

    é uma equação quadrática e só interessa a raiz positiva, pois é um valor de concentração de H⁺, e o valor negativo não tem sentido físico.

    $$[H^+] = \frac{-(-5{,}00 \times 10^{-8}) \pm \sqrt{(-5{,}00 \times 10^{-8})^2 + 4(1)(1{,}00 \times 10^{-14})}}{2}$$

    $$[H^+] = \frac{5{,}00 \times 10^{-8} \pm 2{,}06 \times 10^{-7}}{2}$$

$$[H^+] = \frac{5,00 \times 10^{-8} + 2,06 \times 10^{-7}}{2} \text{ (raiz positiva)}$$

$[H^+] = 1,28 \times 10^{-7} \text{ mol L}^{-1}$

$pH = -\log[H^+]; \quad pH = -\log(1,28 \times 10^{-7}) = 6,89$

$K_{H_2O} = [H^+][OH^-]; \quad 1,00 \times 10^{-14} = (1,28 \times 10^{-7})[OH^-]$

$[OH^-] = 7,81 \times 10^{-8}, \quad pOH = -\log[OH^-] = -\log(7,81 \times 10^{-9}) = 7,11$

Dentro dos muitos aspectos analíticos, a estes conceitos de acidez, basicidade e pH, são aditados outros conceitos relevantes, constituídos por solução tampão e controle do pH. É freqüentemente necessário controlar o pH de uma solução em situações onde íons H⁺ estão sendo gerados ou consumidos num processo. Na prática, muitas reações químicas são afetadas por mudanças que ocorrem no pH do meio reacionante. Não são poucas as vezes nas quais o rendimento de um produto varia consideravelmente se o pH for mudado. Outras vezes, até mesmo a natureza do produto pode mudar, se o pH variar durante o processo. Sistemas bioquímicos, em particular, são geralmente muito sensíveis a mudanças no pH. Por exemplo, o pH do sangue humano deve permanecer dentro de um intervalo bem estreito de valores, 7,38 a 7,42 a fim de que a pessoa esteja saudável. Do ponto de vista médico, qualquer mudança, mesmo que seja da ordem de ±0,05 unidades de pH, estará indicando um distúrbio metabólico de acidose ou alcalose, como resultado da incidência de diferentes doenças. Desta forma, qualquer aumento significativo na concentração de íons H⁺, irá causar uma respiração acelerada e violenta por parte do sistema pulmonar humano. Uma pessoa fica doente se o pH de seu sangue cai para baixo de 7,4 (acidose) ou experimenta um aumento no pH para cima de 7,5 (alcalose). Os processos metabólicos funcionam bem apenas se os fluidos dentro do organismo mantêm um valor de pH aproximadamente constante no intervalo entre 7,38 e 7,42. Todos os organismos têm sistemas químicos de ocorrência natural que servem para manter constantes o pH de seus fluidos vitais. De maneira análoga, num laboratório pode-se preparar soluções que resistam a uma mudança no pH. Tal solução é chamada de *tampão*. Com palavras simples, um tampão é qualquer coisa que serve para amortecer um choque ou suportar o impacto de forças opostas. Em química, um tampão é uma solução que mantém um pH aproximadamente constante quando são feitas pequenas adições de ácido ou base. Este efeito é mostrado mais à frente, quando for considerada a titulação de um ácido fraco (acético) com uma base forte (NaOH) e também durante a titulação de uma base fraca (amônia) com um ácido forte (clorídrico). Na titulação complexométrica de cálcio e ainda em muitos sistemas nos quais haja a formação de quelatos metálicos, como na complexação dos íons Ni²⁺ com dimetilglioxima (DMG), onde o precipitado formado é filtrado e pesado como tal depois de seco em estufa, adiciona-se um tampão. Neste último caso há liberação de íons H⁺ que vão aumentando em concentração à medida que o complexo está se formando, como mostra a reação na descrição experimental da determinação de níquel com DMG a partir de uma precipitação de uma solução homogênea. Na determinação gravimétrica de Ca²⁺ com oxalato irá ocorrer a liberação de íons H⁺ que se acumulam, impedindo uma precipitação quantitativa se não forem removidos por uma solução tampão:

$$CaC_2O_4 \text{ (s)} \rightleftharpoons Ca^{2+} + C_2O_4^{2-}$$

$$C_2O_4^{2-} + H^+ \rightleftharpoons HC_2O_4^-$$

$$HC_2O_4^- + H^+ \rightleftharpoons H_2C_2O_4$$

O tipo mais comum de solução tampão é preparado pela dissolução de um ácido fraco e um sal do mesmo ácido em água ou dissolvendo uma base fraca e um sal da mesma base fraca em água. Como exemplo, considere o primeiro caso onde a dissociação irá ocorrer de acordo com a seguinte reação:

$$HA \rightleftharpoons H^+ + A^-$$

Se um sal, NaA, do ácido fraco for adicionado, a concentração de H^+ vai diminuir (pH aumenta) como é previsto pelo Princípio de Le Chatelier, isto é, o equilíbrio será deslocado para a esquerda. Se um ácido forte for introduzido nesta solução, haverá uma associação com o ânion A^-, revertendo a reação mostrada acima. E desde que há um excesso de A^-, apenas uma pequena variação do pH será observada experimentalmente. Se, no entanto, for introduzida uma base forte nesta solução, vai ocorrer a neutralização do íon H^+ formado na reação acima. Para substituir os íons H^+ consumidos mais HA será dissociado e como existe também uma concentração alta desta espécie o pH irá variar muito pouco. De forma similar é possível tirar as mesmas conclusões quando se considera um tampão feito de uma base fraca (BOH) e seu sal (BX):

$$BOH \rightleftharpoons B^+ + OH^-$$

Este mecanismo de ação tampão pode ser ilustrado considerando-se o tampão fisiológico bicarbonato/carbonato (HCO_3^-/CO_3^{2-}), preparado dissolvendo-se $NaHCO_3$ e Na_2CO_3 em água. Lembrar que um tampão similar é produzido comercialmente para uso no tratamento rápido de indigestões ácidas. O equilíbrio envolvido na ação tamponante é:

$$HCO_{3\,(aq)}^- \rightleftharpoons CO_{3\,(aq)}^{2-} + H_{(aq)}^+$$

A constante de dissociação ácida para o íon bicarbonato é:

$$K_a^{HCO_3^-} = \frac{[CO_3^{2-}][H^+]}{[HCO_3^-]}$$

que pode ser rearranjada,

$$[H^+] = K_a \frac{[HCO_3^-]}{[CO_3^{2-}]}$$

e aqui sabe-se que K_a é constante. Daí nota-se que é a razão da concentração do íon bicarbonato para a concentração do íon carbonato que determina $[H^+]$, isto é, a acidez da solução. É possível controlar $[H^+]$ simplesmente ajustando-se esta razão $[HCO_3^-] / [CO_3^{2-}]$. Mais uma vez, o interesse está no valor do pH da solução, daí toma-se o logaritmo desta última expressão, obtendo-se:

$$\log[H^+] = \log K_a + \log \{[HCO_3^-]/[CO_3^{2-}]\}$$

multiplicando-se esta expressão por –1 e usando as propriedades dos logaritmos, obtém-se:

$$pH = pK_a + \log\{[CO_3^{2-}]/[HCO_3^-]\},$$

e esta expressão mostra que o pH de uma solução contendo altas quantidades de íons HCO_3^- e de CO_3^{2-} irá permanecer aproximadamente constante desde que a razão $[CO_3^{2-}]/[HCO_3^-]$ permaneça aproximadamente constante.

2 — Titulação de ácidos fortes com bases fortes[1]

a) Construção das curvas de titulação

As curvas de titulação, no caso das reações de neutralização, são obtidas tomando-se os valores de pH da solução em função do volume do titulante ou da fração titulada. A obtenção dos dados para a construção de tais curvas é feita calculando-se o pH da solução após cada adição do titulante.

Nestes cálculos admite-se que a reação entre o ácido e a base é completa e considera-se a solução resultante como uma mistura do ácido ou da base em excesso e do sal formado, dependendo da localização dos pontos considerados (antes ou depois do ponto de equivalência). Obviamente no ponto de equivalência[*], o problema se resume no cálculo do pH de uma solução contendo o sal formado pela reação entre o ácido forte e a base forte.

Considere-se a titulação de 50,00 mL de solução de HCl $1,000 \times 10^{-1}$ mol L^{-1} com uma solução de NaOH $1,000 \times 10^{-1}$ mol L^{-1}. Calcular o pH da solução, após a adição de 25,00 mL, 50,00 mL e 100,00 mL da solução padrão de base. Calcular também o pH inicial da solução ($V_b = 0$ mL).

Antes de a titulação ser iniciada (($V_b = 0$ mL) necessita-se novamente calcular o pH de uma solução $1,000 \times 10^{-1}$ mol L^{-1} de HCl. Neste caso a concentração hidrogeniônica é calculada pela equação[**]

$$[H^+] = C_{HCl} \qquad (3.1)$$

Como

$$C_{HCl} = 1,000 \times 10^{-1} \text{ mol } L^{-1}$$

segue-se que

$$[H^+] = 1,000 \times 10^{-1} \text{ mol } L^{-1},$$

---

[*] *Ponto de equivalência é a designação que se dá ao ponto onde a reação se completa totalmente, para uma dada estequiometria da reação. Em uma titulação pode-se ter mais de um ponto de equivalência, como no caso da titulação de ácidos polopróticos.*

[**] *Mais rigorosamente, seria necessário considerar a equação $[H^+] = C_{Cl^-} + [OH^-]$, onde C_{Cl^-} é a concentração analítica do cloreto, que no caso vem a ser igual à concentração analítica de $HCl(C_{HCl})$. Entretanto, como neste caso $[OH^-] \ll C_{HCl}$, a equação acima pode ser aproximadamente para $[H^+] = C_{HCl}$. Como concentração analítica (C) entende-se a real quantidade de matéria (em massa ou em mol) adicionada a um determinado volume de solvente para formar uma solução de concentração conhecida. Não confundir com concentração no equilíbrio, que é designada entre colchetes.*

e portanto
$$pH = 1,00.$$

O cálculo do pH da solução após a adição de 25,00 mL da base (V_b = 25,00 mL) ilustra a maneira de se determinar o pH para os pontos que ocorrem antes do ponto de equivalência. Nestes casos tem-se uma solução contendo excesso de ácido e o sal formado na reação. O problema então se resume em calcular a concentração de ácido clorídrico da solução resultante, uma vez que NaCl não tem efeito sobre o pH do meio.

$$C_{HCl} = \frac{n^*_{HCl}}{V} \quad (3.2)$$

em que n^*_{HCl} é a **quantidade de substância** de HCl (antigamente conhecida como número de moles) que restou sem reagir e V é o volume total da solução.

Mas
$$n^*_{HCl} = n_{HCl} - n_{NaOH}, \quad (3.3)$$

em que n_{HCl} corresponde à quantidade de substância do HCl presentes inicialmente, e n_{NaOH} corresponde à quantidade de substância de NaOH adicionada.

Substituindo-se a Eq. (3.3) na Eq. (3.2).

$$C_{HCl} = \frac{n_{HCl} - n_{NaOH}}{V} \quad (3.4)$$

Por outro lado,
$$n_{HCl} = V_a C_a \quad (3.5)$$

$$n_{NaOH} = V_b C_b \quad (3.6)$$

e
$$V = V_a + V_b \quad (3.7)$$

onde V_a e C_a correspondem, respectivamente, ao volume e à concentração em mol L^{-1} do ácido, V_b e C_b ao volume e à concentração em mol L^{-1} da base e V ao volume total da solução.

Substituindo-se as Eqs. (3.5), (3.6) e (3.7) na Eq. (3.4), tem-se

$$C_{HCl} = \frac{V_a C_a - V_b C_b}{V_a + V_b} \quad (3.8)$$

Assim, de acordo com a equação (3.1) tem-se que:

$$[H^+] = \frac{V_a C_a - V_b C_b}{V_a + V_b}. \quad (3.9)$$

Resolvendo-se numericamente a Eq. (3.9) para o caso em questão, obtém-se

$$[H^+] = \frac{(50,00 \times 0,1000 - 25,00 \times 0,1000) \times 10^{-3}}{(50,00 + 25,00) \times 10^{-3}}$$

$$[H^+] = 3,38 \times 10^{-2} \text{ mol L}^{-1}$$

$$pH = 1,48$$

Ao se adicionar 50,00 mL de NaOH atinge-se o ponto de equivalência do sistema. Neste ponto da titulação tem-se que

$$V_a C_a = V_b C_b \tag{3.10}$$

e, portanto, a quantidade de substância de NaOH adicionados é igual à quantidade de substância de HCl originalmente presente. Assim sendo tem-se uma solução de NaCl, onde,

$$[Na^+] = [Cl^-] = \frac{50,00 \times 0,1000}{100,00} = 5,00 \times 10^{-2} \text{ mol L}^{-1}$$

Como todo íon H^+ e todo íon OH^- desta solução provém da dissociação da água, tem-se que

$$[H^+] = [OH^-] \tag{3.11}$$

Substituindo-se a expressão de $[OH^-]$ da Eq. (3.11) na expressão do produto da água

$$[H^+][OH^-] = 1,00 \times 10^{-14} \tag{3.12}$$

tem-se

$$[H^+]^2 = 1,00 \times 10^{-14}$$
$$[H^+] = 1,00 \times 10^{-7} \text{ mol L}^{-1}$$
$$pH = 7,00$$

O cálculo do pH da solução após a adição de 75,00 mL da base padrão (V_b = 75,00 mL) ilustra a maneira de calcular o pH nos pontos da curva que ocorrem após o ponto de equivalência da titulação. Como neste caso tem-se uma solução contendo excesso da base e o sal formado na reação, o problema resume-se em calcular a concentração de NaOH da solução resultante. Sendo uma base forte, pode-se escrever

$$[OH^-] = C_{NaOH} \tag{3.13}$$

por sua vez,

$$C_{NaOH} = \frac{n^*_{NaOH}}{V} \tag{3.14}$$

onde n^*_{NaOH} é a quantidade de substância de NaOH que restou sem reagir e que pode ser calculada através da equação

$$n^*_{NaOH} = n_{NaOH} - n_{HCl} \tag{3.15}$$

em que n_{NaOH} e n_{HCl} têm o mesmo significado que na Eq. (3.3). Substituindo-se Eq. (3.15) na Eq. (3.14) chega-se a

$$C_{NaOH} = \frac{n_{NaOH} - n_{HCl}}{V} \tag{3.16}$$

Levando-se os valores de n_{HCl}, n_{NaOH} e V das Eqs. (3.5), (3.6) e (3.7) na Eq. (3.6) tem-se:

$$C_{NaOH} = \frac{V_b C_b - V_a C_a}{V_a + V_b} \qquad (3.17)$$

Substituindo-se o valor de C_{NaOH} da Eq. (3.17) na Eq.(3.13)

$$[OH^-] = \frac{V_b C_b - V_a C_a}{V_a + V_b} \qquad (3.18)$$

No caso particular em questão

$$[OH^-] = \frac{(75,00 \times 0,1000 - 50,00 \times 0,1000) \times 10^{-3}}{(75,00 + 50,00) \times 10^{-3}}$$

$[OH^-] = 2,00 \times 10^{-2}$ mol L^{-1}

pOH = 1,70

pH = 14,00 − 1,70

pH = 12,30

Na Tabela 3.1 são mostrados os valores de pH calculados para outros volumes de titulante.

Tabela 3.1 — Variação do pH* durante a titulação de 50,00 mL de HCl 1,000 x 10^{-1} mol L^{-1} com NaOH 1,000 x 10^{-1} mol L^{-1}

V_{NaOH}(mL)	pH	V_{NaOH}(mL)	pH
0	1,0	50,1	10,0
10	1,2	50,5	10,7
20	1,4	51	11,0
25	1,5	52	11,3
30	1,6	55	11,7
40	2,0	60	12,0
45	2,3	70	12,2
48	2,7	75	12,3
49	3,0	80	12,4
49,5	3,3	90	12,5
49,9	4,0	100	12,5
50,00	7,0		

Quando os dados da Tabela 3.1 são colocados em um gráfico, obtém-se a curva da titulação mostrada na Figura 3.1.

---

* Para efeito de simplificação, os valores dos volumes e dos pH nas tabelas e figuras deste e dos demais capítulos, serão expostos na forma mostrada nesta Tabela 3.1. Entretanto, os cálculos efetuados no texto incluem os algarismos significativos devidos.

TITULAÇÃO DE ÁCIDOS FORTES COM BASES FORTES 55

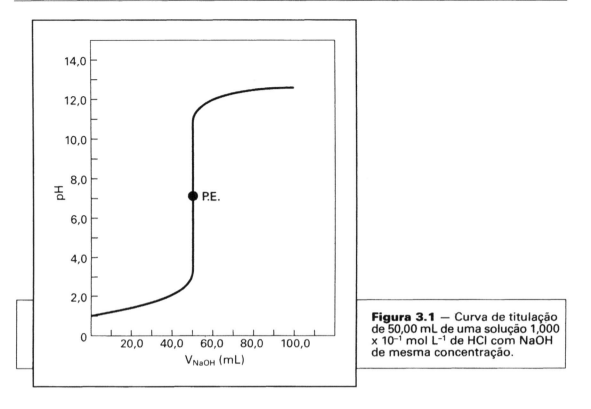

Figura 3.1 — Curva de titulação de 50,00 mL de uma solução 1,000 × 10^{-1} mol L^{-1} de HCl com NaOH de mesma concentração.

A grande variação de pH observada nas proximidades do ponto de equivalência é bem evidenciada pela curva de titulação.

b) Fundamento do uso dos indicadores

Uma das maneiras usadas para detectar o ponto final de titulações baseia-se no uso da variação de cor de algumas substâncias chamadas indicadores. No caso particular das titulações ácido-base, os indicadores são ácidos ou bases orgânicas (fracos) que apresentam colorações diferentes, dependendo da forma que se encontram em solução (forma ácida ou forma básica).

O conceito de ácido e base aqui utilizado é o de Brönsted e Lowry. Designa-se como HIn a forma ácida e como In^- a forma básica. Tem-se, então, o seguinte equilíbrio:

$$HIn \rightleftharpoons H^+ + In^-$$

Cor da forma ácida (A)   Cor da forma básica (B)

cuja constante de dissociação é dada pela equação:

$$K = \frac{[H^+][In^-]}{[HIn]}$$

Como K é constante, observa-se que a relação entre as concentrações da forma ácida e da forma básica depende do valor da concentração hidrogeniônica, pois

$$\frac{K}{[H^+]} = \frac{[In^-]}{[HIn]} = \frac{[\text{Forma com a cor (B)}]}{[\text{Forma com a cor (A)}]} \qquad (3.19)$$

Suponha-se que a cor da forma ácida é vermelha e a cor da forma básica, amarela. Na prática, se a relação entre as concentrações da forma ácida e da forma básica for 10 (ou maior que 10), verifica-se que a cor ácida predomina em solução, como se todo o indicador estivesse na forma ácida. Se

$$\frac{[HIn]}{[In^-]} = 10, \qquad (3.20)$$

então,
$$\frac{[H^+]}{K} = 10,$$

e, portanto,
$$pH = pK - 1.$$

Por outro lado, quando a relação entre as concentrações da forma básica e forma ácida for igual a 10 (ou maior que 10), observa-se a predominância da cor básica, como se todo o indicador estivesse nesta forma. Assim, quando

$$\frac{[In^-]}{[HIn]} = 10 \qquad (3.20a)$$

de acordo com a Eq. (3.19), $K/[H^+] = 10$ e, como conseqüência,

$$pH = pK + 1.$$

Resumindo, quando o pH do meio for igual ou menor que $pK - 1$ a cor predominante em solução será a da forma ácida do indicador e quando $pH \geq pK + 1$ a cor observada será a da forma básica. No intervalo entre esses valores, observam-se cores intermediárias.

Por esta razão o intervalo de pH que vai de $(pK - 1)$ a $(pK + 1)$ é chamado de intervalo de viragem do indicador e é representado por

$$pH = pK \pm 1. \qquad (3.21)$$

Na realidade, os limites do intervalo de pH de viragem dos indicadores não são descritos com rigor pela Eq. (3.21), pois dependem do indicador e do próprio observador. A limitação desta expressão deve-se ao fato de que algumas mudanças de cores são mais fáceis de serem vistas do que outras, e desse modo as aproximações geralmente feitas na derivação desta expressão nem sempre são aceitas.

Entretanto, os limites indicados por esta equação são considerados uma boa aproximação do que realmente ocorre. Os valores de pK e os intervalos de pH de viragem para alguns indicadores ácido-base são mostrados no apêndice 3.VIII.

Estruturalmente, os indicadores formam três grupos principais:
- i) ftaleínas; ex.: fenolftaleína
- ii) sulfoftaleínas; ex.: vermelho de fenol
- iii) azo compostos; ex.: alaranjado de metila

As estruturas envolvidas nos equilíbrio são mostradas a seguir:

i) fenolftaleína: $pK_{In} = 9{,}6$; intervalo de pH: 8,3 a 10,0

ii) vermelho de fenol: $pK_{In} = 1{,}5$; intervalo de pH: 0,5 a 2,5
$pK_{In} = 7{,}9$; intervalo de pH: 6,8 a 8,4

(das duas mudanças de cores sofridas por este indicador somente aquela de pH 6,8 a 8,4 é a mais usada)

iii) alaranjado de metila: pK_{In} = 3,7; intervalo de pH: 3,1 a 4,4

Deve-se observar que para selecionar um indicador para uma titulação ácido-base é necessário conhecer antes o valor do pH do ponto final, usando a Eq. (3.21) ou a tabela de indicadores.

c) A escolha do indicador

Uma das causas de erro no uso dos indicadores é o fato de a viragem dos mesmos ser gradual e se dar em um certo intervalo de pH. Quanto mais a curva de titulação se afastar da perpendicularidade ao redor do ponto de equivalência, mais gradual será a mudança de cor do indicador. Nestes casos, mesmo que se use o indicador adequado, aparece um erro indeterminado devido à dificuldade em se decidir quando exatamente a viragem ocorre.

Outra causa de erro é devido ao fato de a mudança de cor do indicador ocorrer em um pH diferente do pH do ponto de equivalência, fazendo com que o volume do titulante no ponto final seja diferente do volume do titulante no ponto de equivalência da titulação. Isso resulta no chamado erro de titulação, que é um erro determinado e pode ser calculado pela equação.

$$\text{Erro de titulação} = \frac{V_{PF} - V_{PE}}{V_{PE}}, \quad (3.22)$$

em que V_{PF} representa o volume do titulante no ponto final e V_{PE} o volume do titulante no ponto de equivalência da titulação. Na prática procura-se escolher um indicador que cause o menor erro de titulação possível. É necessário frisar que não há necessidade de se eliminar o erro de titulação, isto é, não é preciso fazer com que o ponto final coincida exatamente com o ponto de equivalência. No caso da titulação de um ácido forte com uma base forte esta coincidência existiria se o ponto final da titulação ocorresse em pH 7,00. Quando se observa num mesmo gráfico a curva de titulação e o intervalo de viragem de um dado indicador, é possível decidir se o mesmo é ou não adequado para esta titulação.

Para fins de ilustração, considere-se na Figura 3.2 o intervalo de pH de viragem do indicador alaranjado de metila e a curva de titulação de HCl 1,000×10^{-2} mol L^{-1} com NaOH 1,000 × 10^{-2} mol L^{-1}. Observa-se que o início da viragem do indicador (que ocorre em pH ~3,0) se dá quando o volume do titulante é cerca de 45 mL. No limite superior do intervalo de viragem do indicador (pH 4,40), o volume do titulante será da ordem de 49 a 49,5 mL.

Neste caso, uma desvantagem no uso deste indicador reside no fato de a viragem ser muito gradual, pois entre o início e o fim da viragem o volume do titulante varia de 45 a 49,5 mL. Além disso, o limite superior de pH de viragem deste indicador (que corresponde a um volume de titulante de 49 a 49,5 mL) provoca erros de titulação de –2% a –1%[*] respectivamente.

Considere-se agora, conjuntamente, o intervalo de viragem do indicador vermelho de metila e a curva de titulação de HCl $1,000 \times 10^{-1}$ mol L^{-1} com NaOH $1,000 \times 10^{-1}$ mol L^{-1}. Observa-se pela Figura 3.2 que a viragem do indicador deve ser bem abrupta, por causa da grande declividade da curva de titulação no intervalo de pH de viragem do indicador. O início da viragem do indicador se dá em pH ~4,0 (que corresponde a um volume de titulante de 49,90 mL) e o fim da viragem ocorre em pH ~6,0). Considerando-se que a viragem do indicador ocorra em pH 4,00 e que o volume de titulante correspondente é de 49,90 mL, o erro de titulação resultante é de –2 partes por mil. Admitindo-se que a viragem deste indicador ocorra em pH 5,00 e que o volume de titulante correspondente seja de 49,99 mL, o erro de titulação será de 0,2 partes por mil.

Isto ilustra o fato de que o pH do ponto final não precisa coincidir com o pH do ponto de equivalência quando se escolhe um indicador. A escolha ou não de um determinado indicador, ou a necessidade de se fazer ou não correções para o uso deste indicador, depende obviamente da exatidão desejada.

d) Cálculo do erro de titulação

Nos exemplos discutidos o volume do titulante no ponto final da titulação foi estimado graficamente. Serão apresentados em seguida alguns exemplos em que o volume no ponto final é calculado algebricamente, a partir do pH no ponto final da Situação.

Considere-se o seguinte problema:

Um volume de 50,00 mL de HCl $1,000 \times 10^{-1}$ mol L^{-1} é titulado com NaOH $1,000 \times 10^{-1}$ mol L^{-1} e uma solução de vermelho de metila é usada como indicador. Calcular o erro de titulação admitindo-se pH = 5,00 no ponto final.

Para resolver este problema é necessário calcular o volume de titulante no ponto final da titulação. Como neste caso o ponto final ocorre antes do ponto de equivalência, deve-se usar a Eq. (3.9) para este tipo de cálculo.

$$[H^+]_{PF} = \frac{V_a C_a - V_{PF} C_b}{V_a + V_{PF}}$$

---

[*] *Para calcular o erro de titulação basta substituir os valores de V_{PF} e V_{PE} na Eq. 3.22. Por exemplo, se o volume no ponto de equivalência for 50,00 mL, substituindo-se estes valores na Eq. 3.22 tem-se um erro de –1 ×10^{-2} ou –1%. Este tópico será tratado mais detalhadamente em seguida.*

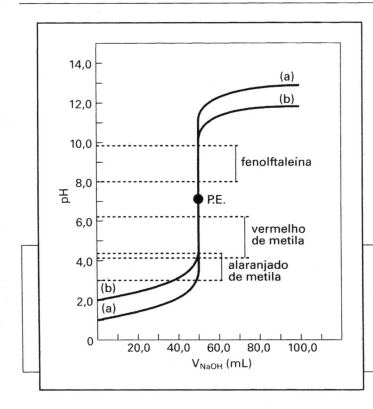

Figura 3.2 — Curvas de titulação de um ácido forte com uma base forte e intervalo de pH de viragem de alguns indicadores:
(a) Titulação de 50,00 mL de HCl 1,000x10⁻¹ mol L⁻¹ com NaOH 1,000x10⁻¹ mol L⁻¹
(b) Titulação de 50,00 mL de HCl 1,000x10⁻² mol L⁻¹ com NaOH 1,000x10⁻² mol L⁻¹

Rearranjando-se esta equação chega-se à seguinte expressão, que é utilizada para se calcular V_{PF}.

$$V_{PF} = \frac{V_a C_a - [H^+]_{PF}(V_a + V_{PF})}{C_b}$$

Fazendo-se a aproximação

$$V_a + V_{PF} \cong 100,00 \text{ mL,}$$

e substituindo-se os demais dados do problema na equação acima tem-se que:

$$V_{PF} = 50,00 - 1,0 \times 10^{-2}$$

$$V_{PF} = 49,99 \text{ mL.}$$

Erro de titulação:

$$\frac{49,99 - 50,00}{50,00} \times 100 \cong -0,02\%.$$

Considere-se outro problema:

Um volume de 50,00 mL de HCl 1,000 × 10⁻¹ mol L⁻¹ é titulado com NaOH 1,000 × 10⁻¹ mol L⁻¹ usando-se fenolftaleína como indicador. Calcular o erro da titulação tomando-se o pH no ponto final como sendo igual a 9,00.

Como no problema anterior, deve-se obter uma expressão para o cálculo do volume de titulante no ponto final da titulação. Neste caso parte-se da Eq. (3.18), que é usada para o cálculo da concentração de íons hidroxila após o ponto de equivalência.

$$[OH^-]_{PF} = \frac{V_{PF}C_b - V_aC_a}{V_a + V_{PF}}$$

A partir desta equação chega-se à seguinte expressão, que pode ser usada para calcular o volume de titulante no ponto final.

$$V_{PF} = \frac{V_aC_a + [OH^-]_{PF}(V_a + V_{PF})}{C_b}$$

Se pH = 9,00

$$[OH^-]_{PF} = 1,00 \times 10^{-5}.$$

Aproximando-se

$$V_a + V_{PF} \cong 100,00 \text{ mL}$$

e substituindo-se os demais valores na equação de V_{PF} tem-se:

$$V_{PF} = 50,00 + 1,0 \times 10^{-1}$$

$$V_{PF} = 50,10 \text{ mL}$$

Erro de titulação:

$$\frac{50,10 - 50,00}{50,00} \times 100 = +\, 0,2\%.$$

3 — Titulação de ácidos fracos com bases fortes

Como no caso anterior, aqui também é necessário saber como o pH solução varia em função do volume do titulante. A partir da curva de titulação é possível saber como o pH da solução varia nas proximidades do ponto de equivalência e, conseqüentemente, decidir se a titulação é possível ou não. Ela permite também a escolha do indicador mais adequado para a titulação, isto é, aquele que apresenta a viragem menos gradativa e que induz um menor erro de titulação.

Construção das curvas de titulação

A obtenção dos dados usados na construção de uma curva de titulação de um ácido fraco com uma base forte será exemplificada considerando-se titulação de 50,00 mL de ácido acético (HAc)* 1,000 × 10⁻¹ mol L⁻¹ com solução padrão de hidróxido de sódio padrão 1,000 × 10⁻¹ mol L⁻¹, após a adição de 25,00 mL, 50,0 mL e 75,00 mL da base. Considerar $K_a = 1,80 \times 10^{-5}$ para o ácido acético.

---

* HAc é usado de forma simplificada para representar CH_3COOH; o mesmo se aplica para NaAc (CH_3COONa).

Para a construção da curva de titulação são necessários mais pontos que os aqui mencionados, mas o raciocínio a ser seguido é o mesmo.

Antes da adição de qualquer quantidade de base ($V_b = 0$ mL), o pH da solução $1,000 \times 10^{-1}$ mol L^{-1} de ácido acético pode ser calculado da seguinte maneira:

Espécies presentes na solução:

$$H^+, Ac^-, HAc, OH^-.$$

São necessárias quatro equações para a solução do problema.

$$[H^+][Ac^-] = K_a[HAc], \tag{3.23}$$

$$[H^+][OH^-] = K_{H_2O}, \tag{3.24}$$

$$[HAc] + [Ac^-] = C_{HAc}, \tag{3.25}$$

$$[H^+] = [Ac^-] + [OH^-], \tag{3.26}$$

onde C_{HAc} é a concentração analítica de HAc.

A Eq. (3.25) representa o balanceamento de material sobre o ácido acético e a Eq. (3.26) o balanceamento de carga da solução. Estas equações, no caso, admitem as seguintes aproximações:

$$[HAc] = C_{HAc}, \tag{3.25a}$$

$$[H^+] = [Ac^-]. \tag{3.26a}$$

Substituindo-se a expressão de [HAc] [Eq. (3.25a)] e a expressão de [Ac$^-$] [Eq. (3.26a)] na Eq. (3.23) tem-se:

$$[H^+]^2 = K_a C_{HAc}.$$

Como

$$C_{HAc} = 1,000 \times 10^{-1} \text{ mol L}^{-1}$$
$$[H^+]^2 = (1,80 \times 10^{-5}) \times 1,000 \times 10^{-1}$$
$$[H^+] = 1,34 \times 10^{-3}$$
$$pH = 2,87$$

Admitindo-se uma reação completa entre HAc e NaOH, após a adição de 25,00 mL de base ($V_b = 25,00$ mL), considera-se que a solução resultante é uma mistura de HAc que restou sem reagir e de NaAc formado na reação. Desta forma o problema se resume em calcular o pH de uma solução-tampão, pois tem-se uma solução contendo uma mistura de um ácido fraco e um sal deste ácido.

$$C_{HAc} = \frac{V_a C_a - V_b C_b}{V_a + V_b} \tag{3.27}$$

$$C_{HAc} = \frac{(50,00 \times 0,100 - 25,0 \times 0,100) \times 10^{-3}}{(50,00 + 25,00) \times 10^{-3}} = \frac{2,50}{75,0}$$

$$C_{HAc} = 3,33 \times 10^{-2} \text{ mol L}^{-1}.$$

A Eq. (3.27) é obtida de maneira idêntica à Eq. (3.8) quando foi considerada a titulação de ácido forte com base forte.

A concentração analítica de acetato, que é igual à concentração de íons Na⁺, é calculada pela equação:

$$C_{Ac^-} = \frac{V_b C_b}{V_a + V_b}$$

$$C_{Ac^-} = \frac{(25{,}00 \times 0{,}1000) \times 10^{-3}}{(50{,}00 + 25{,}00) \times 10^{-3}}$$

$$C_{Ac^-} = 3{,}33 \times 10^{-2} \, mol \, L^{-1}$$

Portanto,

$$C_{HAc} = 3{,}33 \times 10^{-2} \, mol \, L^{-1}$$
$$C_{Ac^-} = 3{,}33 \times 10^{-2} \, mol \, L^{-1}.$$

Espécies presentes na solução: HAc, H⁺, Ac⁻, OH⁻, Na⁺

$$[Na^+] = 3{,}33 \times 10^{-2} \, mol \, L^{-1}.$$

Neste caso, as quatro equações necessárias para a solução do problema são:

$$[H^+][Ac^-] = K_a[HAc]; \tag{3.28}$$

$$[H^+][OH^-] = K_{H_2O} \tag{3.29}$$

$$[HAc] + [Ac^-] = C_{HAc} + C_{Ac^-} \tag{3.30}$$

$$[H^+] + [Na^+] = [Ac^-] + [OH^-] \tag{3.31}$$

A Eq. (3.30) corresponde ao balanceamento de material sobre as espécies acetato, e a Eq. (3.31) ao balanceamento de carga da solução.

Da Eq. (3.30) tem-se que:

$$C_{Ac^-} = [HAc] + [Ac^-] - C_{HAc}.$$

Substituindo este valor na Eq. (3.31) e sabendo-se que

$$[Na^+] = C_{Ac^-},$$

tem-se que

$$[H^+] + [HAc] + [Ac^-] - C_{HAc} = [Ac^-] + [OH^-]$$

$$[H^+] + [HAc] = C_{HAc} + [OH^-]. \tag{3.32}$$

Aproximando a Eq. (3.32) pode-se escrever que

$$[HAc] = C_{HAc}. \tag{3.32a}$$

Substituindo na Eq. (3.30) tem-se que:

$$[Ac^-] = C_{Ac^-}. \tag{3.33}$$

Substituindo os valores de HAc e [Ac⁻] obtidos através das Eqs. (3.32a) e (3.33) na Eq. (3.28) tem-se:

$$C_{Ac^-}[H^+] = K_a C_{HAc}$$

$$[H^+] = K_a \frac{C_{HAc}}{C_{Ac^-}} \tag{3.34}$$

Substituindo os valores numéricos de C_{HAc} e C_{Ac^-} na Eq.(3.34)

$$[H^+] = 1,80 \times 10^{-5} \times \frac{3,33 \times 10^{-2}}{3,33 \times 10^{-2}}$$

$$[H^+] = 1,80 \times 10^{-5}$$

$$pH = 4,75$$

A Eq. (3.34) é utilizada para calcular os valores de pH antes do ponto de equivalência, pois em todos estes pontos tem-se mistura de HAc e NaAc (exceto quando $V_b = 0$ mL). Notar que esta equação não é válida para regiões ao redor do ponto de equivalência, porque neste caso equilíbrio da água não pode ser desprezado.

No ponto de equivalência, $V_b = 50,0$ mL. Assim, após a adição deste volume de titulante, tem-se uma solução $5,00 \times 10^{-2}$ mol L^{-1} em NaAc, uma vez que

$$C_{Ac^-} = [Na^+] = \frac{V_a C_a}{V_a + V_a} = \frac{V_b C_b}{V_a + V_b} = \frac{(50,00 \times 0,1000) \times 10^{-3}}{100,00 \times 10^{-3}} = 5,00 \times 10^{-2} \text{ mol L}^{-1}$$

O cálculo do pH neste ponto da titulação consiste na determinação do pH de um sal de ácido fraco e base forte.

$$Ac^- + H_2O \rightleftharpoons HAc + OH^-$$

$$K_h = \frac{[HAc][OH^-]}{[Ac^-]}$$

A constante de hidrólise é calculada pela equação:

$$K_h = \frac{K_{H_2O}}{K_a}$$

$$K_h = \frac{1,00 \times 10^{-14}}{1,8 \times 10^{-5}} = 5,56 \times 10^{-10}$$

Espécies presentes na solução: H^+, Ac^-, HAc, OH^-, Na^+.

O sistema de equações necessário para solução do problema é o seguinte:

$$[Ac^-] K_h = [HAc][OH^-]; \tag{3.35}$$

$$[H^+][OH^-] = K_{H_2O}; \tag{3.36}$$

$$[HAc] + [Ac^-] = C_{Ac^-}; \tag{3.37}$$

$$[H^+] + [Na^+] = [Ac^-] + [OH^-]. \tag{3.38}$$

A Eq. (3.37) representa o balanceamento de material sobre os íons acetato e a Eq. (3.38) representa o balanceamento de carga da solução.

Por outro lado, sabendo-se que:

$$C_{Ac^-} = [Na^+]$$

e substituindo-se C_{Ac^-} da Eq. (3.37) na equação (3.38) tem-se

$$[H^+] + [HAc] + [Ac^-] = [Ac^-] + [OH^-]$$

$$[H^+] + [HAc] = [OH^-]. \tag{3.39}$$

A Eq. (3.39) pode ser aproximada para

$$[HAc] = [OH^-] \tag{3.39a}$$

e a Eq. (3.37) pode ser aproximada para

$$[Ac^-] = C_{Ac^-} \tag{3.37a}$$

Substituindo-se o valor de [HAc] da Eq. (3.39a) e o valor de [Ac⁻] da Eq. (3.37a) na Eq. (3.35) chega-se a:

$$C_{Ac^-} K_h = [OH^-]^2$$
$$[OH^-]^2 = (5{,}56 \times 10^{-10}) \times (5{,}00 \times 10^{-2})$$
$$[OH^-]^2 = 2{,}78 \times 10^{-11}$$
$$[OH^-] = 5{,}27 \times 10^{-6}$$
$$pOH = 5{,}28$$
$$pH = 14{,}00 - 5{,}28 = 8{,}72,$$

que é o pH no ponto de equivalência.

O cálculo do pH da solução após a adição de 75,00 mL de base ilustra a maneira de calcular o pH para pontos da curva de titulação que ocorrem depois do ponto de equivalência. Para estes casos tem-se em solução uma mistura de NaAc (formado na reação) e NaOH em excesso.

$$C_{NaOH} = \frac{V_b C_b - V_a C_a}{V_a + V_b} \tag{3.40}$$

A Eq. (3.40) é idêntica à Eq. (3.17), considerada no tópico referente à titulação de ácidos fortes com bases fortes

$$C_{NaOH} = \frac{(75{,}00 \times 0{,}1000 - 50{,}00 \times 0{,}1000) \times 10^{-3}}{(75{,}00 + 50{,}00) \times 10^{-3}}$$

$$C_{NaOH} = 2{,}00 \times 10^{-2} \text{ mol L}^{-1}$$

$$[OH^-] = C_{NaOH}$$

$$pOH = 1{,}70$$

$$pH = 14{,}00 - 1{,}70 = 12{,}30$$

Na Tabela 3.2 são apresentados os valores de pH para os outros pontos da titulação e, para efeito de comparação, os valores numéricos de pH obtidos na titulação de 50,00 mL de um ácido genérico HA com uma constante de dissociação igual a $1,00 \times 10^{-7}$.

Quando os dados da Tabela 3.2 são colocados em um gráfico obtém-se a curva de titulação mostrada na Figura 3.3.

Embora não se tenha calculado o erro de titulação, é fácil perceber por estes gráficos que indicadores cujos intervalos de viragem estão na região ácida (como alaranjado de metila e vermelho de metila) não devem ser usados na titulação de ácidos fracos com bases fortes, enquanto que a fenolftaleína mostra-se adequada para esta titulação.

Tabela 3.2 — Variação do pH durante a titulação de 50,00 mL de ácido acético (HAc) $1,000 \times 10^{-1}$ mol L^{-1} e 50,00 mL de um ácido HA ($K_a = 1,00 \times 10^{-7}$) com NaOH $1,000 \times 10^{-1}$ mol L^{-1}.

V_{NaOH} (mL)	(HAc: $K_a = 1,80 \times 10^{-5}$) pH	(HA: $K_a = 1,00 \times 10^{-7}$) pH
0	2,9	4,0
5	3,8	6,0
25	4,8	7,0
45	5,7	8,0
49,5	6,8	9,0
49,9	7,5	9,6
49,95	7,8	9,7
50,00	8,7	9,9
50,05	9,7	10,0
50,10	10,0	10,2
50,5	10,7	10,7
55	11,7	11,7
75	12,3	12,3
100	12,5	12,5

A Figura 3.4 mostra curvas de titulação de um ácido forte (HCl) e de ácidos fracos com constantes de dissociação variando entre 10^{-2} a 10^{-10} com uma base forte, para fins de comparação. É fácil perceber que quanto mais fraco o ácido, mais desfavorável se torna a titulação. Na realidade, ácidos com constantes de dissociação menores que 10^{-7} não podem ser satisfatoriamente titulados em concentrações ao redor de $1,000 \times 10^{-1}$ mol L^{-1}.

Certamente que este não é um limite rígido. Usando-se uma solução contendo a mesma quantidade de indicador utilizado na titulação, e um pH igual ao pH do ponto de equivalência do sistema, pode-se, por comparação de cores, titular uma solução de um ácido de $K_a \sim 10^{-8}$ com um erro não maior que 0,2%. Se forem usadas soluções mais concentradas, será possível estender os limites para ácidos ainda mais fracos.

TITULAÇÃO DE ÁCIDOS FRACOS COM BASES FORTES

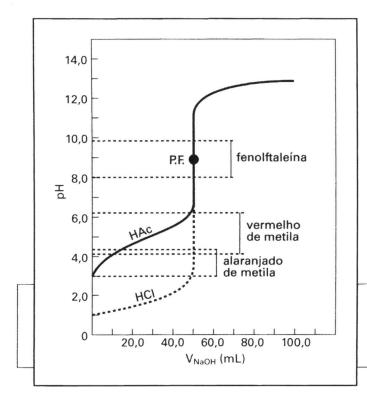

Figura 3.3 — Curva de titulação de 50,00 mL de ácido acético $1,000 \times 10^{-1}$ mol L^{-1} com NaOH de mesma concentração. A curva tracejada mostra a titulação de HCl com NaOH.

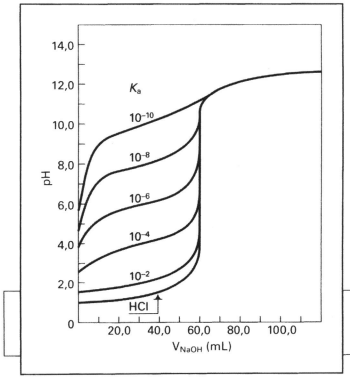

Figura 3.4 — Curvas de titulação típicas para ácido forte e ácidos fracos (com K_a variando de 10^{-2} a 10^{-10}) com base forte.

4 — Titulação de bases fracas com ácidos fortes

Como no caso anterior, é necessário saber como o pH da solução varia em função do volume do titulante, para se ter informações sobre a viabilidade ou não da titulação. Esta variação nos permite também escolher o indicador mais adequado para a titulação, isto é, aquele que apresenta uma viragem menos gradativa e que conduza a um menor erro de titulação.

Construção das curvas de titulação

Como na titulação de ácidos fracos com bases fortes, para cada ponto da titulação discutido serão indicados o sistema de equações exatas necessárias para a solução do problema, as aproximações feitas, e a equação final usada na resolução numérica do problema. Da mesma forma, dispondo das equações exatas pode-se testar se a precisão dos dados está de acordo com a desejada. A titulação de NH_3 com HCl será utilizada no desenvolvimento das equações que são usadas no cálculo do pH nos vários pontos de uma titulação de uma base fraca com um ácido forte. Assim sendo, considere-se o caso onde 50,00 ml de uma solução de NH_3 1,000 × 10^{-1} mol L^{-1} são titulados com solução 1,000 × 10^{-1} mol L^{-1} de HCl. Calcular o pH da solução quando 25,00 mL, 50,00 mL e 75,00 mL de HCl são adicionados ao frasco de titulação. Calcular também o pH inicial da solução de NH_3. Considerar a constante de dissociação da amônia, $K_b = 1{,}80 \times 10^{-5}$.

O pH inicial da solução de NH_3 1,000 × 10^{-1} mol L^{-1} é convenientemente calculado da seguinte maneira:

Espécies presentes na solução: NH_3, NH_4^+, OH^-, H^+

Como existem quatro incógnitas, serão necessárias quatro equações para a solução do problema.

$$[NH_4^+][OH^-] = K_b[NH_3]; \qquad (3.41)$$

$$[H^+][OH^-] = K_{H_2O}; \qquad (3.42)$$

$$[NH_3] + [NH_4^+] = C_{NH_3}; \qquad (3.43)$$

$$[NH_4^+] + [H^+] = [OH^-]. \qquad (3.44)$$

A Eq. (3.43) representa o balanceamento de material sobre a amônia e a Eq. (3.44) representa o balanceamento de carga da solução. Fazendo-se aproximações nas Eqs. (3.43) e (3.44), tem-se:

$$[NH_3] = C_{NH_3}; \qquad (3.43a)$$

$$[NH_4^+] = [OH^-]. \qquad (3.44a)$$

Substituindo-se as expressões de $[NH_3]$ da Eq. (3.43a) e de [ ] da Eq. (3.44a) na Eq. (3.41), chega-se à seguinte equação:

$$[OH^-]^2 = K_b C_{NH_3} \qquad (3.45)$$

Substituindo na Eq. (3.45) os valores apropriados de K_b e C_{NH_3}, dados no problema, tem-se:

$$[OH^-]^2 = 1{,}80 \times 10^{-5} \times 1{,}000 \times 10^{-1} \text{ mol L}^{-1}$$
$$[OH^-] = 1{,}34 \times 10^{-3} \text{ mol L}^{-1}$$
$$pOH = 2{,}87$$
$$pH = 11{,}13.$$

O cálculo do pH após a adição de 25,00 mL de ácido (V_a = 25,00 mL) ilustra a maneira de calcular o pH antes do ponto de equivalência da titulação. Considera-se a reação entre NH_3 e HCl como completa e depois trata-se a solução resultante como uma mistura de NH_3 que restou sem reagir e NH_4Cl formado na reação. Recai-se então no problema de calcular o pH de uma solução tampão.

Deduz-se de modo análogo à Eq. (3.17), que:

$$C_{NH_3} = \frac{V_b C_b - V_a C_a}{V_a + V_b}$$

$$C_{NH_3} = \frac{(50{,}00 \times 0{,}1000 - 25{,}00 \times 0{,}1000) \times 10^{-3}}{(50{,}00 + 25{,}00) \times 10^{-3}}$$

$$C_{NH_3} = 3{,}33 \times 10^{-2} \text{ mol L}^{-1}$$

$$C_{NH_4^+} = [Cl^-] = \frac{V_a C_a}{V_a + V_b}$$

Como a concentração analítica de íons NH_4^+ é igual à de íons Cl^-,

$$C_{Cl^-} = [Cl^-] = 3{,}33 \times 10^{-2} \text{ mol L}^{-1}$$

Conhecendo-se as concentrações analíticas de NH_3 de NH_4^+ e de Cl^- solução resultante, pode-se resolver o problema.

Espécies presentes na solução: NH_3, NH_4^+, H^+, OH^-, Cl^-.

O sistema de equações necessárias para a solução do problema será o seguinte:

$$[NH_4^+][OH^-] = K_b[NH_3] \tag{3.46}$$

$$[H^+][OH^-] = K_{H_2O} \tag{3.47}$$

$$[NH_3] + [NH_4^+] = C_{NH_3} + C_{NH_4^+} \tag{3.48}$$

$$[H^+] + [NH_4^+] = [Cl^-] + [OH^-]. \tag{3.49}$$

em que a Eq.(3.48) representa o balanceamento de material sobre a amônia e a Eq.(3.49) o balanceamento de carga de solução. Tirando o valor de $C_{NH_4^+}$ na Eq.(3.48) chega-se a

$$C_{NH_4^+} = [NH_3] + [NH_4^+] - C_{NH_3} \tag{3.50}$$

e levando-se em conta que:

$$NH_4^+ = [Cl^-]$$

pode-se substituir o valor de NH_4^+ da Eq. (3.50) na Eq. (3.49)

$$[H^+] + [NH_4^+] = [NH_3] + [NH_4^+] - C_{NH_3} + [OH^-],$$

donde obtém-se

$$[H^+] + C_{NH_3} = [NH_3] + [OH^-] \tag{3.51}$$

Fazendo-se as devidas aproximações na Eq. (3.51) chega-se à equação

$$[NH_3] = C_{NH_3}. \tag{3.51a}$$

Substituindo-se a expressão de $[NH_3]$ da Eq. (3.51a) na Eq. (3.48), tem-se que

$$[NH_4^+] = C_{NH_4^+}. \tag{3.52}$$

Substituindo-se os valores de $[NH_3]$ da Eq. (3.51a) e de $[NH_4^+]$ da Eq. (3.52) na Eq. (3.46):

$$C_{NH_4^+}[OH^-] = K_b C_{NH_3}$$

$$[OH^-] = K_b \frac{C_{NH_3}}{C_{NH_4^+}}$$

Esta equação é usada para calcular $[OH^-]$ nos pontos antes do ponto de equivalência, com exceção do ponto em que V_a é igual a zero e ao redor do ponto de equivalência, onde o equilíbrio da água deve ser também considerado.

No caso particular do problema proposto:

$$[OH^-] = (1,80 \times 10^{-5}) \times \frac{3,33 \times 10^{-2}}{3,33 \times 10^{-2}}$$

$$pOH = 4,75$$

$$pH = 14,00 - 4,75$$

$$pH = 9,25$$

Atinge-se o ponto de equivalência da titulação após a adição de 50,00 mL de ácido (V_a = 50,00 mL). Neste ponto da titulação tem-se uma solução $5,00 \times 10^{-2}$ mol L^{-1} de NH_4Cl, concentração está calculada através da equação

$$C_{NH_4^+} = [Cl^-] = \frac{V_a C_a}{V_a + V_b} = \frac{V_b C_b}{V_a + V_b}$$

$$C_{NH_4^+} = \frac{(50,00 \times 0,1000) \times 10^{-3}}{100,00 \times 10^{-3}}$$

$$C_{NH_4^+} = 5,00 \times 10^{-2} \text{ mol L}^{-1}$$

$$[Cl^-] = 5,00 \times 10^{-2} \text{ mol L}^{-1}$$

Tem-se que calcular então o pH de uma solução de um sal de ácido forte e base fraca (ou simplesmente do ácido NH_4^+). Considerando-se a equação química simplificada,

$$NH_4^+ \rightleftharpoons NH_3 + H^+$$

$$K_h = \frac{[NH_3][H^+]}{[NH_4^+]}$$

$$K_h = \frac{1,00 \times 10^{-14}}{1,80 \times 10^{-5}}$$

$$K_h = 5,56 \times 10^{-10}$$

Espécies presentes na solução: NH_3, NH_4^+, H^+, OH^-, Cl^-.

Sistema de equações usadas para solução do problema:

$$[NH_4^+] K_h = [NH_3][H^+] \tag{3.53}$$

$$[H^+][OH^-] = K_{H_2O} \tag{3.54}$$

$$[NH_3] + [NH_4^+] = C_{NH_4^+} \tag{3.55}$$

$$[NH_4^+] + [H^+] = [Cl^-] + [OH^-]. \tag{3.56}$$

A Eq. (3.55) representa o balanceamento de material sobre a amônia e a Eq. (3.56) o balanceamento de carga da solução.

Como $[Cl^-] = C_{NH_4^+}$ pode-se substituir o valor de $C_{NH_4^+}$ da Eq. (3.55) na Eq. (3.56)

$$[NH_4^+] + [H^+] = [NH_3] + [NH_4^+] + [OH^-]$$

$$[H^+] = [NH_3] + [OH^-]. \tag{3.57}$$

Fazendo as devidas aproximações nas Eqs. (3.57) e (3.55), tem-se:

$$[H^+] = [NH_3] \tag{3.57a}$$

$$[NH_4^+] = C_{NH_4^+} \tag{3.55a}$$

Substituindo-se $[NH_3]$, $[NH_4^+]$ e os valores numéricos de K_h e $C_{NH_4^+}$ na Eq. (3.53) tem-se:

$$[H^+]^2 = (5,56 \times 10^{-10}) \times (5,00 \times 10^{-2})$$
$$[H^+] = 5,27 \times 10^{-6} \text{ mol L}^{-1}$$
$$pH = 5,28.$$

O cálculo do pH após a adição de 75,00 mL de ácido ilustra a maneira de calcular os valores de pH após o ponto de equivalência. Nesta região da curva de titulação a $[H^+]$ é calculada depois de se determinar a concentração do HCl da solução resultante. Pode-se deduzir, de modo análogo à Eq. (3.8), que:

$$C_{HCl} = \frac{V_b C_b - V_a C_a}{V_a + V_b}$$

$$C_{HCl} = \frac{(75,00 \times 0,1000 - 50,00 \times 0,1000) \times 10^{-3}}{(75,00 + 50,00) \times 10^{-3}}$$

$$C_{HCl} = [H^+] = 2,00 \times 10^{-2} \text{ mol L}^{-1}$$

$$[H^+] = C_{HCl}$$

$[H^+] = 2,00 \times 10^{-2}$ mol L^{-1}; daí: pH = 1,70

Na Tabela 3.3 apresentam-se os valores de pH calculados para uma série de pontos desta titulação. Usando-se estes valores pode-se construir a curva de titulação mostrada na Figura 3.5, que é comparada com a curva de titulação de uma base forte com ácido forte.

Tabela 3.3 — Variação do pH durante a titulação de 50,00 mL de uma solução de NH_3 1,000 x 10^{-1} mol L^{-1} com HCl de mesma concentração.

V_{HCl}(mL)	pH
0	11,1
5	10,2
25	9,3
45	8,3
49,5	7,3
49,9	6,6
49,95	6,3
50,00	5,3
50,05	4,3
50,1	4,0
50,5	3,3
55	2,3
75	1,7
100	1,5

Verifica-se facilmente através da Figura 3.5 que indicadores com intervalo de pH de viragem na região alcalina, tal como a fenolftaleína, são adequadas para titulação de uma base forte, mas não o são para uma titulação de NH_3 com solução de HCl. Indicadores com intervalo de viragem na região ácida, como vermelho de metila ou mesmo alaranjado de metila, seriam adequados para esta titulação.

A Figura 3.6 mostra os perfis das curvas de titulação de bases cujos valores de K_b variam de 10^{-2} a 10^{-10}, com HCl 1,000 × 10^{-1} mol L^{-1}. Para fins de comparação, indica-se também nesta figura a curva de titulação de NaOH 1,000 × 10^{-1} mol L^{-1} com HCl de mesma concentração.

Verifica-se que quanto mais fraca é a base, mais desfavorável é a titulação, porque menor é a inclinação da curva nas proximidades do ponto de equivalência. Na realidade, bases com K_b menor que 10^{-7} não são satisfatoriamente tituladas em concentração 1,000 × 10^{-1} mol L^{-1}.

TITULAÇÃO DE BASES FRACAS COM ÁCIDOS FORTES

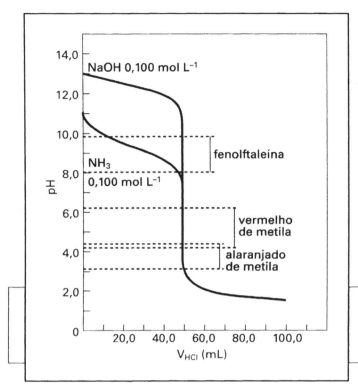

Figura 3.5 — Comparação entre as curvas de titulação de uma solução de NH$_3$ e de NaOH 1,000 × 10^{-1} mol L^{-1} com HCl de mesma concentração.

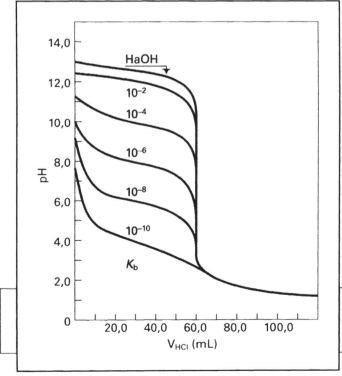

Figura 3.6 — Curvas de titulação típicas para base forte e bases fracas (K_b entre 10^{-2} a 10^{-10}) com ácido forte.

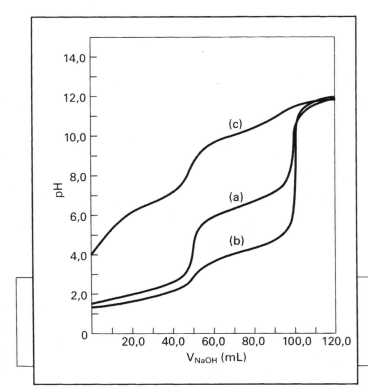

Figura 3.7 — Curvas de titulação de ácidos dipróticos com base forte:
(a) Ácido maléico;
(b) Ácido oxálico;
(c) Ácido carbônico.

5 — Titulação de ácidos polipróticos

Os ácidos polipróticos contêm mais de um átomo de hidrogênio substituível por molécula. As curvas de titulação de alguns ácidos polipróticos com bases fortes serão apresentadas neste contexto, mas não serão discutidas as equações utilizadas no cálculo do pH no decorrer das referidas titulações.

Quando se titula um ácido poliprótico (ex.: ácido diprótico) surgem as seguintes perguntas:

- Será possível titular apenas um, ou os dois átomos de hidrogênio substituíveis?

- No caso de ser possível titular ambos os átomos de hidrogênio substituíveis por molécula, será possível titulá-los separadamente?

- Em cada caso, que indicador deverá ser usado? Estas perguntas podem ser respondidas mediante observação das curvas de titulação destes ácidos.

A Figura 3.7 mostra as curvas de titulação dos ácidos carbônicos, maléico e oxálico (ácidos dipróticos) e a Tabela 3.4 mostra os valores das suas constantes de ionização e a relação entre a primeira e a segunda constante para cada caso.

De um modo geral, para que se possa titular o primeiro hidrogênio ionizável separadamente do segundo, a relação K_{a1}/K_{a2} deve-se situar, pelo menos, ao redor de 10^4. Assim, no caso do ácido carbônico é possível titular separadamente o primeiro hidrogênio ionizável, porque a relação K_{a1}/K_{a2} é cerca de 10^4, mas o segundo átomo de hidrogênio da molécula não pode ser titulado porque K_{a2} é muito pequeno (Fig. 3.7, curva (c)).

No caso do ácido maléico é possível titular separadamente os dois átomos de hidrogênio ionizáveis da molécula (Fig. 3.7, curva (a)). Para o ácido oxálico, sendo a relação K_{a1}/K_{a2} igual a $1,1 \times 10^3$, a pequena variação de pH nas proximidades do primeiro ponto de equivalência faz com que somente o segundo ponto de equivalência tenha importância analítica (Fig. 3.7, curva (b)).

Tabela 3.4 — Alguns exemplos de ácidos polipróticos e os valores aproximados de suas constantes de dissociação.

Ácido	K_{a1}	K_{a2}	K_{a1}/K_{a2}
maléico	$1,5 \times 10^{-2}$	$2,6 \times 10^{-7}$	$5,8 \times 10^4$
carbônico	$4,6 \times 10^{-7}$	$5,6 \times 10^{-11}$	$8,2 \times 10^3$
oxálico	$5,6 \times 10^{-2}$	$5,2 \times 10^{-5}$	$1,1 \times 10^3$
fosfórico	$7,5 \times 10^{-3}$	$6,2 \times 10^{-5}$	$1,2 \times 10^5$

A Figura 3.8 apresenta a curva de titulação do H_3PO_4, um ácido triprótico, com NaOH. Neste caso é possível determinar o primeiro e o segundo ponto de equivalência separadamente, pois as relações K_{a1}/K_{a2} e K_{a2}/K_{a3} são maiores que 10^4.

Quando um ácido diprótico, H_2A, é dissolvido em água, existirão três espécies em solução: H_2A, HA^- e A^{2-}. Deseja-se calcular o pH de uma solução de um ácido diprótico com uma certa concentração, e as concentrações de todas as espécies presentes no equilíbrio.

Como exemplo típico considere-se o caso do ácido carbônico, que é uma solução do gás CO_2. É sabido que a água contida num recipiente deixado aberto exposto à atmosfera vai tornar-se levemente ácida devido à absorção do CO_2 atmosférico, que se dissolve na água e reage com ela até certa extensão. O CO_2 no ar está em equilíbrio com o CO_2 na água:

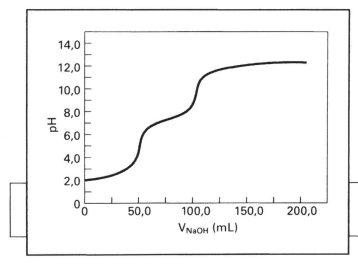

Figura 3.8 — Perfil da curva de titulação de uma solução de H_3PO_4 com solução de NaOH.

$$CO_2(g) \rightleftharpoons CO_2(aq) \tag{3.58}$$

E a constante de equilíbrio para esta reação é chamada de constante de distribuição, porque vai descrever quanto CO_2 está distribuído entre a fase líquida e a fase gasosa,

$$K_{dist} = [CO_2]/P_{CO_2} = 3{,}405 \times 10^{-7}\ mol\ L^{-1}\ Pa^{-1} \tag{3.59}$$

Rearranjando esta expressão para calcular a pressão de CO_2 obtém-se:

$$P_{CO_2} = (1/K_{dist})\ [CO_2] = K'\ [CO_2] = 2{,}94 \times 10^{+6}\ Pa \tag{3.59a}$$

Lembrar que esta Eq. (3.59a) é uma forma da Lei de Henry, que pode ser estabelecida como "a pressão parcial de um gás em equilíbrio com uma solução é diretamente proporcional à concentração do gás em solução". Assim, quando CO_2 dissolve em água, a seguinte reação ocorre até uma certa extensão:

$$CO_2(aq) + H_2O \rightleftharpoons H_2CO_3(aq) \tag{3.60}$$

No entanto, a maior parte do material em solução ainda consiste de moléculas de CO_2, de tal modo que o primeiro estágio de dissociação do ácido carbônico,

$$H_2CO_3(aq) + H_2O \rightleftharpoons HCO_3^- + H_3O^+(aq) \tag{3.61}$$

é melhor representado por

$$CO_2(aq) + 2\ H_2O \rightleftharpoons HCO_3^- + H_3O^+(aq) \tag{3.61a}$$

A primeira constante de dissociação deste ácido carbônico ($CO_2 + H_2O$) é

$$K_1 = \{[HCO_3^-][H_3O^+]\}/[CO_2] = 4{,}6 \times 10^{-7}\ a\ 25°C \tag{3.62}$$

O segundo estágio de dissociação é dado por

$$HCO_3^-(aq) + H_2O \rightleftharpoons CO_3^{2-}(aq) + H_3O^+(aq) \tag{3.63}$$

E tem uma constante de dissociação ácida dada por

$$K_2 = \{[CO_3^{2-}][H_3O^+]\}/[HCO_3^-] = 5{,}6 \times 10^{-11}\ a\ 25°C \tag{3.64}$$

Pode-se notar que K_1 é aproximadamente 10.000 vezes maior do que K_2.

Neste ponto é possível estabelecer a composição de uma solução aquosa de CO_2. Esta solução aquosa hipotética contém os íons HCO_3^-, CO_3^{2-}, H_3O^+ e OH^-, assim como moléculas de CO_2, H_2CO_3 e H_2O. Notar que existe apenas um íon positivo nesta solução, H_3O^+, enquanto que existem três íons negativos. A solução deve ser, naturalmente, neutra. Conseqüentemente, usando o balanceamento de cargas:

$$[H_3O^+] = [HCO_3^-] + [OH^-] + 2[CO_3^{2-}] \tag{3.65}$$

Aqui existe um fator "2" multiplicando $[CO_3^{2-}]$ nesta equação porque tem-se duas cargas negativas associadas a cada íon CO_3^{2-}. Observar que todos os íons carbonato em solução são resultantes do segundo estágio de dissociação do ácido carbônico. Como K_2 é muito menor do que K_1, o termo $[CO_3^{2-}]$ é muito pequeno comparado com $[HCO_3^-]$. Para qualquer ácido diprótico para o qual K_1 é pelo menos 500 vezes maior do que K_2, é possível desprezar o segundo estágio de dissociação em relação ao primeiro numa solução contendo nada mais do que este ácido dipró-

TITULAÇÃO DE ÁCIDOS POLIPRÓTICOS

tico e água. Os íons OH⁻ na solução resultam da autodissociação da água, que também ocorre numa pequena extensão por duas razões: (a) K_{H_2O} é muito pequeno, $1,0 \times 10^{-14}$, e (b) a presença dos íons H_3O^+ provenientes do primeiro estágio de dissociação do ácido carbônico dificulta esta autodissociação da água. Como resultado, o termo [OH⁻] é também pequeno comparado com [HCO₃⁻]. Se for desprezado tanto o segundo estágio de dissociação do ácido carbônico quanto a autodissociação da água em relação ao primeiro estágio de dissociação do ácido carbônico (pois K_{H_2O} e K_2 são muito pequenos comparados à K_1), a Eq. (3.65) pode ser simplificada para uma solução aquosa de CO_2,

$$[H_3O^+] = [HCO_3^-]. \tag{3.66}$$

Assim, de forma simplificada, pode-se tratar o problema de encontrar o pH de uma solução de ácido carbônico como se este ácido fosse monoprótico. Veja os exemplos a seguir.

Exemplo 1:

Deseja-se calcular o pH da água em equilíbrio com o CO_2 atmosférico.

Considerando-se o valor médio da pressão de CO_2 no ar como sendo 30,39 Pa, calcular o pH da água em equilíbrio com o ar a 25°C, e a concentração de todas as espécies presentes nesta solução.

A concentração de CO_2 na água em equilíbrio com o ar é obtida da Eq. (3.59):

$[CO_2] = 0{,}0337\, P_{CO_2} = (3{,}405 \times 10^{-7}\ \text{mol L}^{-1}\ \text{Pa}^{-1})\,(30{,}39\ \text{Pa})$

$[CO_2] = 1{,}0 \times 10^{-5}\ \text{mol L}^{-1}$.

Como visto, K_1 é quase 10.000 vezes maior do que K_2, daí pode-se desprezar o segundo estágio de dissociação do ácido carbônico e tem-se

$[H_3O^+] = [HCO_3^-]$

e a Eq. (3.62) para a primeira constante de dissociação do ácido carbônico pode ser simplificada:

$$K_1 = 4{,}6 \times 10^{-7} = \frac{[HCO_3^-][H_3O^+]}{[CO_2]} = \frac{[H_3O^+]^2}{1{,}0 \times 10^{-5}}$$

de tal modo que

$[H_3O^+]^2 = 4{,}6 \times 10^{-12}$ e $[H_3O^+] = 2{,}2 \times 10^{-6}\ \text{mol L}^{-1}$.

Notar que neste exemplo, $[CO_2]$ é uma constante, $1{,}0 \times 10^{-5}\ \text{mol L}^{-1}$, porque o CO_2 na solução está em equilíbrio com o ar, que tem uma pressão parcial de CO_2, de 30,39 Pa. É possível verificar a suposição feita quando foi desprezado o segundo estágio de dissociação simplesmente calculando o valor de $[CO_3^{2-}]$ nesta solução, usando K_2.

$$K_2 = \frac{[H_3O^+][CO_3^{2-}]}{[HCO_3^-]} = 5{,}6 \times 10^{-11}$$

se $[H_3O^+] = [HCO_3^-]$, obtém-se $[CO_3^{2-}] = K_2 = 5,6 \times 10^{-11}$.

Como $5,6 \times 10^{-11}$ é muito pequeno comparado com $2,2 \times 10^{-6}$, é correto admitir que $[CO_3^{2-}]$ é desprezível comparado com $[HCO_3^-]$. Ainda pode-se verificar também se a autodissociação da água desprezada é justificável, calculando-se para isso o valor de $[OH^-]$.

$$[OH^-] = \frac{K_{H_2O}}{[H_3O^+]} = \frac{1,0 \times 10^{-14}}{2,2 \times 10^{-6}} = 4,8 \times 10^{-9} \text{ mol L}^{-1}$$

Como $[OH^-] \ll [HCO_3^-]$, e também $2[CO_3^{2-}] \ll [HCO_3^-]$, é válido supor que o lado direito da Eq. (3.65) seja igual a $[HCO_3^-]$.

Desta forma, pode-se resumir as concentrações de todas as espécies pedidas:

$[CO_2] = 1,0 \times 10^{-5}$ mol L^{-1}
$[H_3O^+] = [HCO_3^-] = 2,2 \times 10^{-6}$ mol L^{-1}
$[CO_3^{2-}] = 5,6 \times 10^{-11}$ mol L^{-1}
$[OH^-] = 4,8 \times 10^{-9}$ mol L^{-1}.

E o pH = $-\log [H_3O^+] = -\log (2,2 \times 10^{-6}) = 6 - \log (2,2) = 5,7$

Assim, o pH da água pura exposta ao ar é de 5,7.

Experimentalmente, na titulação de uma solução de ácido carbônico com NaOH, no primeiro ponto de equivalência tem-se uma solução de NaHCO$_3$ e no segundo ponto de equivalência tem-se uma solução de Na$_2$CO$_3$. Os métodos de cálculos mostrados nos dois exemplos a seguir permitem determinar o valor do pH nestes dois pontos de equivalências.

Exemplo 2:

Calcular a concentração de todas as espécies presentes em uma solução de NaHCO$_3$ 0,1000 mol L^{-1}.

O íon bicarbonato, HCO$_3^-$, é um anfólito, isto é, se comporta tanto como ácido quanto como base. A própria solução de NaHCO$_3$ é básica, pela hidrólise do ânion. A constante de acidez para o HCO$_3^-$, que é a segunda constante de dissociação do ácido carbônico, é $5,6 \times 10^{-11}$. Quando o HCO$_3^-$ atua como uma base, seu ácido conjugado é o ácido carbônico, ou simplesmente CO$_2$ dissolvido. A hidrólise básica do bicarbonato é dada pela reação:

$$HCO_3^-(aq) \rightleftharpoons CO_2 (aq) + OH^-(aq) \qquad (3.67)$$

Que é a combinação das duas seguintes reações:

$HCO_3^-(aq) + H_2O \rightleftharpoons H_2CO_3 (aq) + OH^-(aq)$ e
$H_2CO_3(aq) \rightleftharpoons CO_2 (aq) + H_2O$

A constante de basicidade da Eq. (3.67) é dada por:

$$K_b(HCO_3^-) = \frac{[CO_2][OH^-]}{[HCO_3^-]} = \frac{[CO_2][OH^-][H_3O^+]}{[HCO_3^-][H_3O^+]} =$$

$$= \frac{K_{H_2O}}{K_1(H_2O + CO_2)} = \frac{1,0 \times 10^{-14}}{4,6 \times 10^{-7}} = 2,2 \times 10^{-8}$$

como $K_b(HCO_3^-) > K_a(HCO_3^-)$, uma solução de $NaHCO_3$ é básica.

O valor de $[H_3O^+]$ numa solução de $NaHCO_3$ pode ser obtido usando a relação:

$$[H_3O^+] = (K_1 K_2)^{1/2}, \qquad (3.68)$$

pois

$$K_{total} = K_1 K_2 = \{[H_3O^+]^2 [CO_3^{2-}]/[H_2CO_3]\}$$

mas, $[CO_3^{2-}] \cong [H_2CO_3]$, pois neste sistema temos a seguinte equação para o balanço de carga:

$$[H_3O^+] + [Na^+] = [HCO_3^-] + [OH^-] + 2[CO_3^{2-}]$$

e vale o seguinte balanço de massa, para uma concentração genérica C mol L^{-1}:

$$C = [H_2CO_3] + [HCO_3^-] + [CO_3^{2-}],$$

e como $[Na^+] = C$, substituindo na expressão do balanço de carga:

$$[H_3O^+] + C = [HCO_3^-] + [OH^-] + 2[CO_3^{2-}].$$

Substitui-se aqui C pelo balanço de massa:

$$[H_3O^+] + [H_2CO_3] = [OH^-] + [CO_3^{2-}],$$

e como C é suficientemente grande, vale a aproximação:

$$[H_2CO_3] \gg [H_3O^+] \quad e \quad [CO_3^{2-}] \gg [OH^-],$$

de tal modo que:

$$[H_2CO_3] \cong [CO_3^{2-}],$$

da maneira que foi considerado antes.

Portanto, da Eq. (3.68), $[H_3O^+] = 5,1 \times 10^{-9}$ mol L^{-1}, e daí o valor do

pH = 8,30.

A concentração inicial de HCO_3^- é 0,1000 mol L^{-1}, mas no equilíbrio $[HCO_3^-]$ é um pouco menor do que 0,1000 mol L^{-1}, pois tanto CO_3^{2-} quanto CO_2 estão se formando à medida que o HCO_3^- reage com a água, como um ácido e como uma base. Pelo balanço de massa,

$$0,1000 = [HCO_3^-] + [CO_3^{2-}] + [CO_2]$$

Somando-se as equações químicas de dissociação ácida e dissociação básica do HCO_3^-:

$$2HCO_3^-(aq) \rightleftharpoons CO_3^{2-}(aq) + CO_2(aq) + H_2O \qquad (3.69)$$

que é a combinação das duas seguintes reações:

$$HCO_3^-(aq) + H_2O \rightleftharpoons H_2CO_3(aq) + OH^-(aq) \quad e$$
$$HCO_3^-(aq) + H_2O \rightleftharpoons CO_3^{2-}(aq) + H_3O^+(aq)$$

De acordo com a Eq. (3.69): $[CO_2] = [CO_3^{2-}]$, da mesma forma usada no exemplo anterior. Usando ainda o balanço de massa, obtém-se:

$$0,1000 = [HCO_3^-] + 2[CO_3^{2-}] = [HCO_3^-] + 2[CO_2],$$

e isto pode ser rearranjado para tirar o valor de $[HCO_3^-]$:

$$[HCO_3^-] = 0,1000 - 2[CO_3^{2-}] = 0,1000 - 2[CO_2]$$

A constante de equilíbrio para a reação principal (3.69) é dada por:

$$K_{princ.} = \frac{[CO_2][CO_3^{2-}]}{[HCO_3^-]^2} = \frac{[CO_2]}{[H_3O^+][HCO_3^-]} \frac{[CO_3^{2-}][H_3O^+]}{[HCO_3^-]} = \frac{K_1}{K_2}$$
$$= (5,6 \times 10^{-11})/(4,6 \times 10^{-7}) = 1,2 \times 10^{-4}$$

Supondo-se $x = [CO_2] = [CO_3^{2-}]$ na solução de $NaHCO_3$ 0,1000 mol L^{-1},
Então:

$$[HCO_3^-] = 0,1000 - 2x$$

E daí,

$$K_{princ.} = 1,2 \times 10^{-4} = \frac{x^2}{(0,1000 - 2x)^2}.$$

Extraindo-se a raiz quadrada dos dois lados desta equação, obtém-se:

$$1,1 \times 10^{-2} = \frac{x}{(0,1000 - 2x)},$$

que pode ser resolvida para x:

$x = [CO_2] = [CO_3^{2-}] = 1,0 \times 10^{-3}$ mol L^{-1}, e

$[HCO_3^-] = 0,1000 - 2(0,1000) = 9,8 \times 10^{-3}$ mol L^{-1}.

Como já foi encontrado o valor de $[H_3O^+] = 5,1 \times 10^{-9}$ mol L^{-1}, então

$[OH^-] = K_{H_2O}/[H_3O^+] = (1,0 \times 10^{-14})/(5,1 \times 10^{-9}) = 2,0 \times 10^{-6}$ mol L^{-1}.

e como tanto $[H_3O^+]$ quanto $[OH^-]$ são muito menores do que $1,0 \times 10^{-3}$ mol L^{-1}, a aproximação $[H_2CO_3] \approx [CO_3^{2-}]$ é válida para esta solução.

Os cálculos mostrados no exemplo a seguir complementam este feito até agora, dando a abrangência do sistema aquoso de carbonato sob titulação.

Exemplo 3:

Neste segmento, pede-se para calcular as concentrações de todas as espécies presentes numa solução de Na_2CO_3 0,0500 mol L^{-1}.

O íon carbonato é uma base, e a reação principal numa solução de Na_2CO_3 é dada por:

$$CO_3^{2-}(aq) + H_2O \rightleftharpoons HCO_3^-(aq) + OH^-(aq)$$

A constante de dissociação básica do íon carbonato é

$$K_b(CO_3^{2-}) = \frac{[HCO_3^-][OH^-]}{[CO_3^{2-}]} = \frac{K_{H_2O}}{K_a(HCO_3^-)} = \frac{1,0 \times 10^{-14}}{5,6 \times 10^{-11}} = 1,8 \times 10^{-4} \text{ mol L}^{-1}$$

Mas, do exemplo 2 (anterior) foi determinado $K_b(HCO_3^-) = 2,2 \times 10^{-8}$; este valor é muito menor do que $1,8 \times 10^{-4}$, de tal modo que é possível desprezar a basicidade do HCO_3^- comparado com a basicidade do CO_3^{2-}, e supor que $[HCO_3^-] = [OH^-]$ na solução de Na_2CO_3.

Para esta solução o balanço de massa é:

$$0,0500 = [CO_3^{2-}] + [HCO_3^-] + [CO_2]$$

Novamente, $[CO_2] \ll [CO_3^{2-}]$ e também $[CO_2] \ll [HCO_3^-]$, porque ele é formado na hidrólise básica do HCO_3^-, e $K_b(HCO_3^-)$ é bem menor do que $K_b(CO_3^{2-})$. Por isso pode-se desprezar $[CO_2]$ na equação do balanço de massa e rearranjar para tirar $[CO_3^{2-}]$,

$$[CO_3^{2-}] = 0,0500 - [HCO_3^-]$$

Fazendo-se $y = [HCO_3^-] + [OH^-]$ na solução de Na_2CO_3 0,0500 mol L^{-1},

tem-se que $[CO_3^{2-}] = 0,05000 - y$

E a equação da constante de equilíbrio é

$$K_b(CO_3^{2-}) = 1,8 \times 10^{-4} = \frac{y^2}{0,0500 - y}$$

Pode-se fazer a aproximação de $0,0500 - y \cong 0,0500$, daí

$y^2 = 0,0500 \ (1,8 \times 10^{-4}) = 9,0 \times 10^{-6}$ e então, $y = 3,0 \times 10^{-3}$.

Como $3,0 \times 10^{-3}$ não é muito menor do que 0,0500, pode-se fazer uma segunda aproximação:

$0,0500 - y = 0,0500 - 0,0030 = 0,0470$,

Daí, a equação da constante de equilíbrio fica:

$1,8 \times 10^{-4} = y^2/(4,70 \times 10^{-2})$ ou $y = 2,9 \times 10^{-3}$.

Fazendo-se uma terceira aproximação,

$0,0500 - y = 0,0500 - 0,0029 = 0,0471$

e agora y continua valendo $2,9 \times 10^{-3}$ quando se resolve a expressão da constante de equilíbrio. Desde que duas aproximações sucessivas dão o mesmo valor, esta é uma resposta correta. Daí,

$[OH^-] = [HCO_3^-] = 2{,}9 \times 10^{-3}$ mol L^{-1}.

$[CO_3^{2-}] = 0{,}0500 - 0{,}0029 = 0{,}0470$ mol L^{-1}.

$[H_3O^+] = K_{H_2O}/[OH^-] = 3{,}4 \times 10^{-12}$ mol L^{-1} e pH = 12 −log(3, 4) = 11,46.

Pode-se calcular o valor de $[CO_2]$, usando o K_1 para o ácido carbônico:

$$K_1 = 4{,}6 \times 10^{-7} = \frac{[H_3O^+][HCO_3^-]}{[CO_2]} = \frac{(3{,}4 \times 10^{-12})(2{,}9 \times 10^{-3})}{[CO_2]}$$

$[CO_2] = 2{,}1 \times 10^{-8}$ mol L^{-1}

Como este valor de $[CO_2]$ é desprezível quando comparado com $[CO_3^{2-}]$ e com $[HCO_3^-]$, então é válido desprezar $[CO_2]$ na equação do balanço de massa, como foi feito.

Observar que o exemplo 2 dá o valor do pH no primeiro ponto de equivalência, quando se titula uma solução de ácido carbônico e o exemplo 2 dá o valor do pH no segundo ponto de equivalência; notar que foram usados valores de concentrações diferentes para o NaHCO$_3$ (0,1000 mol L^{-1}) e Na$_2$CO$_3$ (0,0500 mol L^{-1}), mas a partir destes exemplos é possível calcular tantos pontos quantos necessários para se traçar uma curva de titulação deste ácido diprótico, similar àquela mostrada na Figura 3.7.

Comentários

(1) Pela concepção clássica desenvolvida por Arrhenius (entre 1880 e 1890), ácidos (ou bases) são substâncias que, em solução aquosa, produzem íons H$_3$O$^+$ (ou OH$^-$). Esta teoria foi defendida por muitos químicos contemporâneos, mas, apesar de bem aceita, ela apresentava várias falhas. Uma limitação séria de teoria de Arrhenius é a de não levar em conta o papel do solvente em um processo de dissociação.

Na tentativa de contornar este problema, Brönsted e Lowry, independentemente, em 1923, propuseram um conceito de ácido e base mais geral, pelo qual define-se ácidos (bases) como substâncias (eletricamente neutras ou iônicas) que, em solução, são capazes de doar (aceitar) prótons. Em outras palavras, os ácidos e as bases são definidas como doadores e aceitadores de prótons, respectivamente.

De acordo com esta concepção a dissociação clássica de um ácido deve ser escrita como uma reação ácido-base

$$\begin{array}{ccccccc}
\text{HCl} & + & \text{H}_2\text{O} & \rightleftharpoons & \text{H}_3\text{O}^+ & + & \text{Cl}^- \\
\text{ácido 1} & & \text{base 2} & & \text{ácido 2} & & \text{base 1}
\end{array}$$

bem como a reação de autoprotólise da água

$$\begin{array}{ccccccc}
\text{H}_2\text{O} & + & \text{H}_2\text{O} & \rightleftharpoons & \text{H}_3\text{O}^+ & + & \text{OH}^- \\
\text{ácido 1} & & \text{base 2} & & \text{ácido 2} & & \text{base 1}
\end{array}$$

onde ácido1/base 1 e ácido 2/base 2 são os pares ácido-base (ácidos e bases conjugados) do processo.

Outros solventes, além da água, são também considerados por esta teoria. Ex.:

$$HClO_4 + H_3C\text{---}COOH \rightleftharpoons H_3COOH_2^+ + ClO_4^-$$
$$\text{ácido 1} \qquad \text{base 2} \qquad\qquad \text{ácido 2} \qquad \text{base 1}$$

Uma generalização ainda maior a respeito de ácidos e bases foi introduzida por Lewis, que definiu um ácido como uma espécie aceitadora de pares de elétrons e uma base como uma espécie doadora de pares de elétrons. Esta concepção fez-se necessária para explicar o comportamento de certas substâncias que não possuem prótons, mas apresentam propriedades e sofrem reações próprias de ácidos e bases. Ex.:

$$F_2B + :NH_3 \rightleftharpoons F_3B:NH_3$$

onde F_3B é um ácido de Lewis e $:NH_3$ uma base de Lewis.

Estes não são os únicos conceitos ácido-base existentes, mas por serem os mais conhecidos e utilizados serão os únicos enfocados neste texto.

EXERCÍCIOS

1. Considere uma solução aquosa de NH_3 de concentração 0,1000 mol L^{-1} e calcule a concentração dos íons OH^- e H^+; calcule também o pH desta solução. Use $k_b = 1,80 \times 10^{-5}$.

2. Calcular a concentração dos íons OH^-, H^+, e o pH de uma solução aquosa de acetato de sódio de concentração analítica igual a 0,1000 mol L^{-1}.

3. Calcular a concentração dos íons H^+ e o pH de uma solução aquosa de NH_4Cl de concentração analítica igual a 0,1000 mol L^{-1}.

4. Calcular a concentração de H^+ e o pH de um tampão preparado misturando-se 0,1000 mol de NH_3 e 0,1000 mol de NH_4Cl e depois diluindo-se a 1 litro de solução. Use $k_b = 1,80 \times 10^{-5}$.

5. Numa solução tampão preparada pela mistura de NH_3/NH_4Cl, calcular a razão das concentrações (mol L^{-1}) de NH_3/NH_4^+ para um pH igual a 10,0. Se esta solução contém 10,0 g de NH_3, e um volume exato de 500 mL, calcular também quantas gramas de NH_4Cl devem ter sido adicionadas a esta mistura.

6. Calcular o valor do pH de uma solução tampão preparada misturando-se 100 mL de HCl 0,5000 mol L^{-1} e 50 mL de etanolamina 0,2000 mol L^{-1} ($k_b = 4,0 \times 10^{-5}$).

7. Lembrando que o vinagre é uma solução aquosa de ácido acético produzida principalmente pela fermentação do vinho e sabendo-se que uma alíquota de 25,00 mL de um vinagre foi transferida para um erlenmeyer, diluído e titulado

com 30,73 mL de uma solução de NaOH 0,2500 mol L^{-1} usando fenolftaleína como indicador, pede-se calcular quantos gramas de ácido acético existem em 100 mL deste vinagre.

8. Uma amostra de soda de 0,1269 g foi titulada até o ponto final, usando o alaranjado de metila como indicador, gastando-se para isso 45,42 mL de uma solução padrão de HCl. Este padrão de HCl foi padronizado mediante titulação de 0,1435 g de Na_2CO_3 puro, gastando-se 24,50 mL até o mesmo ponto final (mesmo indicador). Calcular a porcentagem de CO_2 na amostra.

9. Uma amostra de 0,9344 g de leite de magnésia [suspensão de $Mg(OH)_2$] necessitou de 37,95 mL de uma solução de HCl 0,1522 mol L^{-1} para a neutralização completa. Calcular a porcentagem de MgO na amostra.

10. Uma amostra de 0,4860 g de leite em pó foi totalmente digerida com H_2SO_4, seguindo um procedimento analítico convencional. A seguir foi adicionado cuidadosamente um excesso de uma solução de NaOH e o NH_3 destilado foi coletado em 25,00 mL de HCl. O ácido remanescente necessitou de 14,15 mL de uma solução de NaOH 0,0800 mol L^{-1} para titulação completa. Se 25,00 ml do mesmo HCl foram completamente titulados com 15,73 mL da solução de NaOH, calcular a porcentagem de nitrogênio da amostra.

11. Uma solução aquosa de fenol de concentração 0,0100 mol L^{-1} está 0,05% dissociada à temperatura ambiente. Qual é o pK_a deste ácido?

12. Calcular o pH de uma solução preparada dissolvendo-se 1,000 g de acetato de sódio e 1,000 g ácido acético, para um volume final de 100 mL.

13. Qual é o pH de uma solução saturada de $Mg(OH)_2$?

14. Uma amostra de biftalato de potássio necessitou de 25,22 mL de uma solução de NaOH para a neutralização completa. Qual é a concentração do NaOH, em mol L^{-1}?

15. Uma amostra de 0,2050 g de ácido oxálico puro ($H_2C_2O_4.2H_2O$) necessitou de 25,52 mL de uma solução de KOH para completa neutralização. Qual é a concentração, em mol L^{-1}, desta solução de KOH? Se uma amostra de 0,3025 g de um oxalato desconhecido necessitou de 22,50 mL da mesma solução de KOH, qual é a porcentagem de $H_2C_2O_4$ na amostra?

16. Uma amostra de 0,4390 g de salitre do Chile ($NaNO_3$ natural) foi devidamente aquecida com uma liga de Devarda (50% Cu, 45% Al, 5% Zn) para a redução do nitrato e o gás NH_3 desprendido foi coletado em 50,00 mL de HCl. O excesso de ácido necessitou de 14,55 ml de uma solução de NaOH 0,1300 mol L^{-1} para neutralização. Se 25,00 ml do HCl foi neutralizado com 27,12 mL do NaOH, qual é a %$NaNO_3$ (m/v) na amostra original?

EXERCÍCIOS

17. O ácido oxálico é um ácido muito usado para fins analíticos, industrial e aplicações veterinárias. Sendo que uma amostra de 0,2255 g de um ácido oxálico foi pesada e titulada completamente com 23,97 mL de uma solução de NaOH de concentração 0,1500 mol L^{-1}, qual é a porcentagem de pureza deste ácido, supondo que ele é um dihidrato?

18. A aspirina (ácido acetilsalicílico, massa molar = 180,16 g), pode ser determinada analiticamente num laboratório, mediante sua hidrólise com uma quantidade conhecida de um excesso de uma base forte, tal como NaOH, fervendo-se por 10 minutos e depois titulando-se a base remanescente com um ácido padrão.

$$\text{[ácido acetilsalicílico]} + 2\text{NaOH} \longrightarrow CH_3COO^- + Na^+ + C_6H_4(OH)COO^-Na^+$$

Considerando que uma amostra de 0,2775 g foi originalmente pesada, e que 50,00 ml de uma solução de NaOH 0,1000 mol L^{-1} foram usados no procedimento de hidrólise, e que 12,05 mL de uma solução de HCl 0,2000 mol L^{-1} foram necessários para titular o excesso da base, usando-se o vermelho de fenol como indicador, qual é a porcentagem de pureza da amostra?

19. Um estudante está titulando uma alíquota de 25,00 mL de um HCl 0,01000 mol L^{-1} com uma solução padrão de NaOH de concentração 0,01000 mol L^{-1}, usando o indicador verde de bromocresol. Quando 24,85 mL da base foram adicionadas, a solução mudou de amarelo para verde, e a titulação foi parada. Qual é o pH e o erro desta titulação assim descrita?

20. Qual é o pH e a concentração de todas as espécies presentes numa solução aquosa de Na$_2$CO$_3$ 0,0500 mol L^{-1}? Lembrar que íon CO$_3^{2-}$ é uma base, e que a reação principal em solução é:

$$CO_3^{2-}{}_{(aq)} + H_2O \rightleftharpoons HCO_3^-{}_{(aq)} + OH^-{}_{(aq)}$$
Considerar $K_a^{HCO_3^-} = 4,7 \times 10^{-11}$.

21. O azul de timol é um indicador ácido-base. A forma ácida deste indicador é amarela, a forma básica é azul. Se o valor de K_a para este indicador é $1,6 \times 10^{-9}$, que cor será uma solução contendo várias gotas de azul de timol nos seguintes valores de pH:
a) pH = 6,5   b) pH = 7,5   c) pH = 8,5   d) pH = 9,5

22. Um estudante está titulando uma alíquota de 40,00 mL de uma solução de HCl de concentração desconhecida, usando NaOH 0,1000 mol L^{-1}. Acidentalmente, o estudante deixou passar o ponto final desta titulação, isto é, mais base foi adicionada do que a necessária para alcançar o ponto de equivalência. Para compensar este erro o estudante foi instruído pelo professor a adicionar exatamente 5,00 mL de um HCl 0,1000 mol L^{-1} no frasco de titulação e continuar

titulando. O novo ponto de equivalência ocorreu depois que 46,72 mL da base tinham sido adicionadas. Qual era a concentração original do ácido deste estudante?

23. Numa aula prática de análise volumétrica, um estudante está titulando uma alíquota de 50,00 mL de uma solução aquosa de ácido ascórbico de concentração 0,0600 mol L^{-1} com uma solução padrão de NaOH 0,1000 mol L^{-1}. O ácido ascórbico (vitamina C) é um ácido diprótico com K_1 de 6,76 × 10^{-5}, e K_2 de 2,69 × 10^{-12}.
    a) Qual será o valor do pH no primeiro ponto de equivalência?
    b) Qual seria um bom indicador para assinalar este primeiro ponto de equivalência da titulação?
    c) Qual será o volume (mL) da base necessário para atingir este primeiro ponto de equivalência?
    d) Qual será o volume (mL) da base necessário para atingir o segundo ponto de equivalência?

24. Uma solução saturada de H_2S em água a 25°C e sob pressão de 1,013 × 10^{+5} Pa é, aproximadamente, de 0,10 mol L^{-1}. Qual será a concentração da espécie HS- nesta solução? Os valores das constantes de dissociações podem ser encontrados em tabelas no final do livro.

25. Durante um processo de seleção de candidatos para uma vaga numa indústria química, o empregador está entrevistando 3 estudantes para um trabalho de técnico de laboratório de controle analítico e pede para cada um descrever como preparar uma solução tampão com o valor de pH entre 8,8 e 9,0.
    O estudante 1 diz que misturaria soluções de ácido acético e acetato de potássio.
    O estudante 2 diz que misturaria soluções de bicarbonato de sódio e carbonato de sódio.
    O estudante 3 diz que misturaria soluções de amônia e nitrato de amônio.
Qual dos 3 fez uma proposta correta? Explique sua resposta, e o que está errado com os outros dois procedimentos impróprios.

26. Uma amostra de carbonato de sódio industrial de 2,000 g foi dissolvida em água e diluída a 100 mL num balão volumétrico. Uma alíquota de 25,00 mL foi transferida com uma pipeta calibrada para um erlenmeyer e titulada com HCl até o ponto final, com fenolftaleína como indicador. Outra alíquota de 25,00 mL foi titulada com o mesmo HCl até o ponto final, mas agora com o indicador de alaranjado de metila. Sabendo-se que na titulação com fenolftaleína gastaram-se 24,63 mL do HCl de concentração 0,1450 mol L^{-1} e com o alaranjado de metila foram gastos 49,26 mL deste mesmo HCl, indique se o produto analisado é puro ou está contaminado com $NaHCO_3$, e qual é a porcentagem de cada composto presente.

Capítulo 4

Volumetria de precipitação

Os métodos volumétricos que se baseiam na formação de um composto pouco solúvel são chamados de titulações de precipitação. Essas titulações são usadas principalmente para a determinação de haletos e de alguns íons metálicos. Para que uma reação de precipitação possa ser usada, é preciso que ela se processe em tempo relativamente curto e que o composto formado seja suficientemente insolúvel.

Entretanto, a maneira mais conveniente para se saber se uma dada titulação é viável ou não, ou mesmo para se avaliar o erro cometido pelo uso de um determinado indicador, é através da curva de titulação. Por esta razão discutem-se a seguir os cálculos que devem ser feitos para a construção de uma curva de titulação de precipitação.

1 — Construção da curva de titulação

Através de um exemplo específico pretende-se ilustrar o modo de se construir uma curva de titulação de precipitação, a qual é essencialmente similar às de titulação ácido-base descritas no Capítulo 3. O exemplo a ser mencionado é o da titulação de Cl^- com íons Ag^+. Nesse caso a curva de titulação pode ser obtida tomando-se pAg ou pCl em função do volume do titulante. Considere-se então o exemplo: 50,00 mL de NaCl $1,000 \times 10^{-1}$ mol L^{-1} são titulados com solução de $AgNO_3$ de mesma concentração. Calcular os valores de $[Ag^+]$ e o pAg da solução quando os seguintes volumes de uma solução de $AgNO_3$ são adicionados: a) 0 mL; b) 25,00 ml; c) 50,00 mL e d) 75,00 mL.

a) $V_{Ag^+} = 0$ mL

Neste ponto tem-se uma solução $1{,}000 \times 10^{-1}$ mol L^{-1} de NaCl e portanto a concentração de íons Cl⁻ é igual a

$$[Cl^-] = 1{,}000 \times 10^{-1} \text{ mol L}^{-1}$$
$$pCl = -\log[Cl^-]$$
$$pCl = 1{,}00.$$

b) $V_{Ag^+} = 25{,}00$ mL

Este ponto ilustra a maneira de calcular a [Ag$^+$] antes do ponto de equivalência da titulação. É conveniente calcular a concentração do íon em excesso, que, neste caso, é o íon cloreto. Admite-se para fins de cálculo que a reação é total, isto é, que todos os íons Ag$^+$ são consumidos para formar o precipitado, e, em seguida, raciocina-se como se o precipitado estivesse na presença dos íons em excesso. Nesta situação a concentração total de Cl⁻ é igual à concentração de cloreto que restou sem reagir mais o cloreto proveniente da solubilidade do precipitado. Isto é descrito pela equação:

$$[Cl^-] = [Cl^-]_{exc.} + [Cl^-]_{sol.} \tag{4.1}$$

onde

$[Cl^-]_{exc.}$ = concentração de cloreto em excesso
$[Cl^-]_{sol.}$ = concentração de cloreto proveniente da solubilidade do precipitado

Como os íons Ag$^+$ e Cl⁻ reagem "mol a mol", tem-se que:

$$[Cl^-]_{exc.} = \frac{(V_{Cl^-} \times C_{Cl^-}) - (V_{Ag^+} \times C_{Ag^+})}{(V_{Cl^-}) + (V_{Ag^+})}, \tag{4.2}$$

onde V_{Cl^-} e C_{Cl^-} representam o volume e a concentração de íons Cl⁻ da solução titulada e V_{Ag^+} e C_{Ag^+} ao volume e concentração de íons Ag$^+$ da solução titulante.

Por outro lado, tem-se que:

$$[Cl^-]_{sol.} = [Ag^+], \tag{4.3}$$

uma vez que cada mol de Cl⁻ dissolvido corresponde à dissolução de um mol de Ag$^+$.

Substituindo-se as Eqs. (4.2) e (4.3) na Eq. (4.1) tem-se:

$$[Cl^-] = \frac{(V_{Cl^-} \times C_{Cl^-}) - (V_{Ag^+} \times C_{Ag^+})}{(V_{Cl^-}) + (V_{Ag^+})} \tag{4.4}$$

Levando-se em conta que, no caso em questão, $[Cl^-]_{sol.} \ll [Cl^-]_{exc.}$, a Eq. (4.4) pode ser aproximada(*) para:

---

* Notar que estes cálculos aproximados só valem para situações em que exista grande excesso de cloreto. Esta aproximação não é apropriada para pontos muito próximos do ponto de equivalência.

$$[Cl^-] = \frac{(V_{Cl^-} \times C_{Cl^-}) - (V_{Ag^+} \times C_{Ag^+})}{(V_{Cl^-}) + (V_{Ag^+})} \qquad (4.4a)$$

Esta equação aproximada pode ser usada, na maioria dos casos, para o cálculo da concentração de íons Cl⁻, quando os mesmos estão em excesso.

$$[Cl^-] = \frac{(50,00 \times 0,1000 - 25,00 \times 0,1000) \times 10^{-3}}{(50,00 + 25,00) \times 10^{-3}}$$

$$[Cl^-] = 3,33 \times 10^{-2} \text{ mol L}^{-1}$$

Para calcular [Ag⁺] substitui-se o valor da concentração de Cl⁻ na expressão do produto de solubilidade (K_{ps}) do cloreto de prata.

$$K_{s^0} = [Ag^+][Cl^-]$$

$$[Ag^+] = \frac{K_{s^0}}{[Cl^-]}.$$

Como K_{s^0} (AgCl) = 1,56 × 10⁻¹⁰ (é o K_{ps} extrapolado para força iônica zero).

$$[Ag^+] = \frac{1,56 \times 10^{10}}{3,33 \times 10^{-2}} = 4,68 \times 10^{-9}$$

$$pAg = -\log[Ag^+]$$

$$pAg = -\log 4,68 \times 10^{-9}$$

$$pAg = 8,33$$

Da mesma forma

$$pCl = -\log 3,33 \times 10^{-2}$$
$$pCl = 1,48.$$

c) V_{Ag^+} = 50,00 mL

Este ponto ilustra a maneira de calcular as concentrações de Ag⁺ e Cl⁻ no ponto de equivalência da titulação. Neste ponto, como todo Cl⁻ e toda Ag⁺ provêm somente da solubilidade de precipitado, estas concentrações são iguais, isto é:

$$[Ag^+] = [Cl^-]. \qquad (4.5)$$

Substituindo a Eq. (4.5) na expressão do produto de solubilidade tem-se:

$$[Ag^+]^2 = K_{s^0}.$$

Donde

$$[Ag^+]^2 = 1,56 \times 10^{-10}$$
$$[Ag^+] = [Cl^-] = 1,25 \times 10^{-5} \text{ mol L}^{-1}$$

e $\qquad$ pAg = pCl = 4,90.

d) V_{Ag^+} = 75,00 mL

Este ponto mostra a maneira de calcular as concentrações de Ag⁺ e Cl⁻ nos pontos que ocorrem após o ponto de equivalência da titulação. É conveniente calcular inicialmente a concentração de íons Ag⁺, pois são estes íons que estão em excesso após o ponto de equivalência. A concentração total dos íons Ag⁺ na solução será igual à concentração de íons Ag⁺ em excesso, mais a concentração de íons Ag⁺ proveniente da solubilidade do precipitado AgCl.

$$[Ag^+] = [Ag^+]_{exc.} + [Ag^+]_{sol.} \tag{4.6}$$

em que $[Ag^+]_{exc.}$ é a concentração de íons Ag⁺ em excesso e $[Ag^+]_{sol.}$ a concentração de íons Ag⁺ proveniente de solubilidade do precipitado. Assim,

$$[Ag^+]_{exc.} = \frac{(V_{Ag^+} \times C_{Ag^+}) - (V_{Cl^-} \times C_{Cl^-})}{(V_{Ag^+}) + (V_{Cl^-})}. \tag{4.7}$$

Uma vez que para cada mol de íons Ag⁺ dissolvidos ocorre a dissolução de um mol de íons Cl⁻, tem-se

$$[Ag^+]_{sol.} = [Cl^-]. \tag{4.8}$$

Substituindo-se as Eqs. (4.7) e (4.8) na Eq. (4.6)

$$[Ag^+] = \frac{(V_{Ag^+} \times C_{Ag^+}) - (V_{Cl^-} \times C_{Cl^-})}{(V_{Ag^+}) + (V_{Cl^-})} \tag{4.9}$$

Neste caso, sabe-se que

$$[Ag^+]_{exc.} \gg [Ag^+]_{sol.}$$

De modo que a Eq. (4.9) pode ser aproximada(*) para

$$[Ag^+] = \frac{(V_{Ag^+} \times C_{Ag^+}) - (V_{Cl^-} \times C_{Cl^-})}{(V_{Ag^+}) + (V_{Cl^-})}. \tag{4.9a}$$

Substituindo-se os valores numéricos:

$$[Ag^+] = \frac{(75,00 \times 0,1000 - 50,00 \times 0,1000) \times 10^{-3}}{(75,00 + 50,00) \times 10^{-3}}$$

$$[Ag^+] = 2,00 \times 10^{-2} \text{ mol L}^{-1}$$

$$pAg = 1,70$$

---

* Da forma similar ao caso anterior (V_{Ag^+} = 25,00 mL), estes cálculos aproximados só valem para situações onde exista um grande excesso de íons prata. Não são apropriados para regiões próximas do ponto de equivalência.

Substituindo-se este valor na expressão do produto de solubilidade tem-se

$$[Cl^-] = \frac{K_{s^0}}{[Ag^+]}$$

$$[Cl^-] = \frac{1,56 \times 10^{-10}}{2,00 \times 10^{-2}} = 7,8 \times 10^{-9} \text{ mol L}^{-1}$$

$$pCl = 8,11$$

Na Tabela 4.1 são mostrados os valores de pAg e pCl para outros pontos da titulação. Estes pontos foram usados para construir a curva de titulação mostrada na Figura 4.1. O raciocínio usado para cálculo dos pontos que ocorrem antes do ponto de equivalência foi o mesmo desenvolvido no item b) e o raciocínio utilizado para o cálculo dos pontos que ocorrem após o ponto de equivalência foi o mesmo descrito no item d) do problema discutido.

Tabela 4.1 — Titulação de 50,00 mL de uma solução de NaCl 1,000 x 10^{-1} mol L^{-1} com solução de $AgNO_3$ de mesma concentração.

Volume de $AgNO_3$ (mL)	pAg	pCl
0	-	1,00
10,00	8,63	1,18
20,00	8,43	1,37
30,00	8,20	1,60
40,00	7,85	1,95
45,00	7,53	2,28
47,50	7,22	2,59
49,00	6,81	3,00
49,90	5,81	4,00
50,00	4,90	4,90
50,10	4,00	5,81
51,00	3,00	6,80
52,50	2,61	7,19
55,00	2,32	7,48
75,00	1,70	8,11

Os resultados indicam uma rápida mudança do pAg (ou pCl) na região do ponto de equivalência. De fato, quando são adicionados de 49,90 a 50,10 mL da solução padrão de $AgNO_3$ observa-se uma variação de pAg igual a 2,81 unidades. Esta é certamente uma mudança relativa bastante grande.

Quanto maior for esta variação mais favorável é a titulação, porque isto provoca um menor erro de titulação para uma dada diferença entre pAg no ponto final, e o pAg no ponto de equivalência.

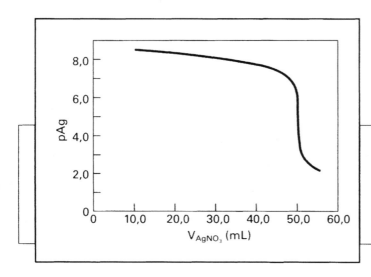

Figura 4.1 — Curva de titulação de uma solução $1,000 \times 10^{-1}$ mol L^{-1} de NaCl com uma solução de $AgNO_3$ de mesma concentração. Para efeito de simplificação, nesta e nas figuras seguintes, os algarismos significativos não estão sendo grafados, mas são considerados no texto.

2 — Fatores que afetam a curva de titulação

O perfil das curvas de titulação é grandemente afetado pelas concentrações dos reagentes. Como pode ser visto pela Figura 4.2, a variação de pAg nas proximidades do ponto de equivalência é muito mais acentuado na curva de titulação de uma solução de NaCl $1,000 \times 10^{-1}$ mol L^{-1} com $AgNO_3$ $1,000 \times 10^{-1}$ mol L^{-1} do que na curva de titulação da solução de NaCl $1,00 \times 10^{-3}$ mol L^{-1} com solução de $AgNO_3$ $1,00 \times 10^{-3}$ mol L^{-1}. Quanto maior a concentração das soluções, mais favorável é a titulação.

A solubilidade do precipitado formado é outro fator de importância. A Figura 4.3 mostra as curvas de titulação de soluções $1,000 \times 10^{-1}$ mol L^{-1} de NaI (curva (a)), NaCl (curva (b)) e $NaBrO_3$ (curva (c)) com $AgNO_3$ $1,000 \times 10^{-1}$ mol L^{-1}.

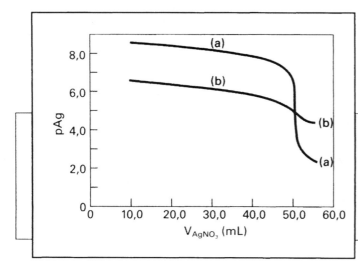

Figura 4.2 — Dependência do perfil da curva de titulação para com a concentração dos reagentes.
a) Titulação de NaCl $1,000 \times 10^{-1}$ mol L^{-1} com $AgNO_3$ $1,000 \times 10^{-1}$ mol L^{-1}
b) Titulação de NaCl $1,000 \times 10^{-3}$ mol L^{-1} com $AgNO_3$ $1,000 \times 10^{-3}$ mol L^{-1}

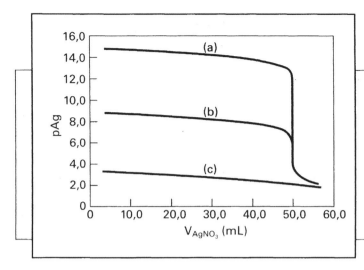

Figura 4.3 — Dependência da curva de titulação para com a solubilida-de do precipitado formado:
a) Titulação de NaI 1,000x10⁻¹ mol L⁻¹ com AgNO₃ 1,000x10⁻¹ mol L⁻¹
b) Titulação de NaCl 1,000x10⁻¹ mol L⁻¹ com AgNO₃ 1,000x10⁻¹ mol L⁻¹
c) Titulação de NaBrO₃ 1,000x10⁻¹ mol L⁻¹ com AgNO₃ 1,000x10⁻¹ mol L⁻¹

É possível observar, comparando as curvas de titulação, que a variação de pAg nas proximidades do ponto de equivalência é tanto mais acentuada quanto menor a possibilidade do precipitado formado (os valores dos produtos de solubilidade do AgI, AgCl e AgBrO₃ são, respectivamente, $8{,}3 \times 10^{-17}$, $1{,}56 \times 10^{-10}$ e $5{,}7 \times 10^{-5}$).

3 — Detecção do ponto final

Uma das maneiras usadas para detectar o ponto final de uma titulação de precipitação é através da formação de um precipitado colorido. Por exemplo, pode-se determinar o ponto final da titulação de NaCl com AgNO₃ fazendo-se a titulação na presença de K_2CrO_4. Após a precipitação do Cl⁻ como AgCl ocorre a precipitação do Ag_2CrO_4, um precipitado vermelho, que indica o ponto final. Este é o fundamento do chamado método de Mohr.

Considere-se a titulação de 50,00 mL de uma solução $1{,}000 \times 10^{-1}$ mol L⁻¹ em NaCl com solução de AgNO₃ de mesma concentração, à qual foi adicionado 1,0 mL de solução de K_2CrO_4, 0,10 mol L⁻¹ como indicador.

O cálculo da concentração de Ag⁺ e o valor de pAg no ponto final da titulação é feito da seguinte maneira:

Tomando-se o produto de solubilidade do $Ag_2CrO_4 = 1{,}3 \times 10^{-12}$ e levando-se em conta que o volume no ponto final é aproximadamente 100 mL, tem-se:

$$[CrO_4^{2-}] = 1{,}0 \times 10^{-3} \text{ mol L}^{-1}$$

Então, substituindo-se este valor na expressão do produto da solubilidade:

$$[Ag^+]^2[CrO_4^{2-}] = K_{s^0}$$

$$[Ag^+] = \sqrt{\frac{K_{s^0}}{[CrO_4^{2-}]}}$$

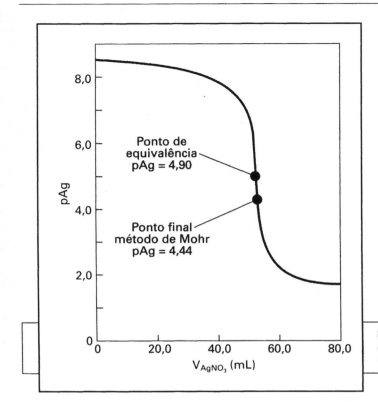

Figura 4.4 — Erro de titulação observado na determinação de Cl⁻ pelo método de Mohr.

$$[Ag^+] = \sqrt{\frac{1,3 \times 10^{-12}}{1,0 \times 10^{-3}}}$$

$$[Ag^+] = 3,6 \times 10^{-5} \text{ mol L}^{-1}$$

$$pAg = 4,44$$

Observe na Figura 4.4 que, embora o ponto final ocorra após o ponto de equivalência, eles estão bastante próximos. Levando-se em conta a definição de erro de titulação (Eq. 3.22), conclui-se que tal erro é muito pequeno.

Outra maneira usada na determinação do ponto final de uma titulação de precipitação é baseada na formação de um complexo colorido.

Uma solução padrão de SCN⁻ pode ser usada para titular uma solução de Ag⁺, utilizando-se íons Fe^{3+} como indicador. No ponto final, os íons SCN⁻ reagem com íons Fe^{3+} formando um complexo que confere à solução uma cor vermelha.

Esta é a base do chamado método de Volhard. Ele é usado, por exemplo, na determinação de haletos. Neste caso, deixando de lado os detalhes, a solução de haletos é tratada com excesso de íons Ag⁺ e este excesso é titulado com uma solução padrão de SCN⁻, usando Fe^{3+} como indicador.

$$Ag^+ + SCN^- \rightleftharpoons AgSCN \quad \text{(titulação)}$$

$$Fe^{3+} + SCN^- \rightleftharpoons \underset{\text{(vermelho)}}{Fe(SCN)^{2+}} \quad \text{(indicador do ponto final)}$$

Das considerações sobre equilíbrio químico, sabe-se que outros complexos de ferro-tiocianato podem se formar, mas isto requer uma concentração mais alta de SCN⁻ do que a que está presente no ponto final da titulação. A própria constante de equilíbrio para a reação de formação do complexo de ferro(III)-tiocianato não é muito favorável, mas a cor deste complexo é bem intensa, de tal modo que mesmo em pequenas concentrações é fácil detectá-lo. Experimentalmente, é possível fazer uma estimativa da concentração mínima do complexo $Fe(SCN)^{2+}$ em solução que irá permitir ser detectado pela vista humana, e obtém-se um valor de $6,5 \times 10^{-6}$ mol L⁻¹, com uma concentração de Fe^{3+} da ordem de 10^{-2} mol L⁻¹ no ponto final. Para evitar a precipitação do $Fe(OH)_3$, a titulação é feita em meio ácido. No ponto de equivalência desta titulação, não exatamente no ponto final da titulação, a concentração de íons SCN⁻ é dada pelo produto de solubilidade do AgSCN:

$$[SCN^-] = \sqrt{K_{s^0}^{(AgSCN)}} = \sqrt{1,1 \times 10^{-12}} = 1,1 \times 10^{-6} \text{ mol L}^{-1}$$

Neste ponto da titulação a concentração do complexo vermelho $[Fe(SCN)^{2+}]$ em solução será dada pela equação da constante de estabilidade da espécie:

$$K_{est} = 1,4 \times 10^2 = \frac{[Fe(SCN)^{2+}]}{[Fe^{3+}][SCN^-]}$$

de tal modo que:

$$\begin{aligned}[Fe(SCN)^{2+}] &= (1,4 \times 10^2)[Fe^{3+}][SCN^-] \\ &= (1,4 \times 10^2)(10^{-2})(1,1 \times 10^{-6}) \\ &= 1,5 \times 10^{-6} \text{ mol L}^{-1}.\end{aligned}$$

Esta concentração mostra um valor bem mais baixo do que o necessário para a identificação visual da cor do complexo em solução. Assim, o ponto de equivalência ocorre antes do ponto final. No ponto final propriamente, onde foi estabelecida a concentração de $6,5 \times 10^{-6}$ mol L⁻¹ como desejável para $[Fe(SCN)^{2+}]$, deve existir uma concentração maior de SCN⁻ para compensar o equilíbrio, e isto é conseguido mediante adição de algumas gotas a mais da solução de KSCN titulante; assim, tem-se:

$$[SCN^-] = \frac{[Fe(SCN)^{2+}]}{[Fe^{3+}]K_{est}} = \frac{6,5 \times 10^{-6}}{10^{-2} \times 1,4 \times 10^{+2}} = 4,6 \times 10^{-6} \text{ mol L}^{-1}$$

A concentração do titulante, em excesso, necessária para atingir o ponto final é dada por:

$$[SCN^-] = [Fe(SCN)^{2+}] + [SCN^-] + [AgSCN]$$

Nesta expressão, tanto $[Fe(SCN)^{2+}]$ quanto $[AgSCN]$ são formados após o ponto de equivalência e são assim encontrados:

[Fe(SCN)$^{2+}$] = (6,5 × 10^{-6} mol L^{-1}) − (1,5 × 10^{-6} mol L^{-1}) = 5,0 × 10^{-6} mol L^{-1}.
[AgSCN] = [Ag$^+$]$_{PE}$ − [Ag$^+$]$_{PF}$

No ponto de equivalência [Ag$^+$] = [SCN$^-$], e no ponto final [Ag$^+$] é dada pela equação do produto de solubilidade do AgSCN, assim:

$$[AgSCN] = 1,1 \times 10^{-6} \text{ mol L}^{-1} - \frac{K_{s^0}^{(AgSCN)}}{[SCN^-]}$$

$$[AgSCN] = 1,1 \times 10^{-6} \text{ mol L}^{-1} - \frac{1,1 \times 10^{-12}}{4,6 \times 10^{-6}}$$

$$[AgSCN] = 1,1 \times 10^{-6} \text{ mol L}^{-1} - 2,4 \times 10^{-7} \text{ mol L}^{-1}$$

$$[AgSCN] = 8,7 \times 10^{-7} \text{ mol L}^{-1}$$

Portanto,

[SCN$^-$] = (5,0 × 10^{-6} mol L^{-1}) + (4,6 × 10^{-6} mol L^{-1}) + (8,6 × 10^{-7} mol L^{-1})
[SCN$^-$] = 1,1 × 10^{-5} mol L^{-1}.

Se este valor se refere à titulação de 25,00 mL de íons Ag$^+$ com uma solução padrão de KSCN 0,1000 mol L^{-1}, o volume final será 50,00 mL; daí,

$V_{KSCN} \times 0,1000 = 1,1 \times 10^{-5} \times 50,00$
$V_{KSCN} = 0,01$ mL

Isto significa que o branco do indicador nesta titulação será equivalente a 0,01 mL. Como foi suposto que aproximadamente 25,00 mL da solução de KSCN 0,1000 mol L^{-1} foram usados na titulação, este valor representa um erro de titulação de aproximadamente 0,2‰ (ou 0,02%). Do ponto de vista experimental este erro é desprezível, pois é bem menor do que a incerteza da própria bureta usada para a titulação (± 0,02 mL).

Quando este método de Volhard é usado para a titulação indireta de haletos, é conveniente comparar os valores do produto de solubilidade:

$$K_{s^0}^{(AgSCN)} = 1,1 \times 10^{-12}$$

$$K_{s^0}^{(AgCl)} = 1,6 \times 10^{-10}$$

$$K_{s^0}^{(AgBr)} = 7,7 \times 10^{-13}$$

$$K_{s^0}^{(AgI)} = 8,3 \times 10^{-17}$$

Assim, na titulação indireta de cloreto, parte do precipitado de AgCl vai dissolver-se para a formação de AgSCN, que é menos solúvel, após titular o excesso de Ag$^+$ com SCN$^-$. Mas, para a titulação de brometo e de iodeto, não se espera nenhum erro significativo, pois estes íons formam sais de prata menos solúveis do que o AgSCN. Mesmo assim o método de Volhard pode ser usado para a titulação de cloreto, desde que se tomem alguns cuidados. Numa primeira estratégia, o precipitado de AgCl é filtrado, deixando o excesso de íons Ag$^+$ na solução, de modo que a titulação com SCN$^-$ padrão possa ser realizada com mais segurança.

Como este procedimento inclui uma operação demorada, uma forma mais rápida foi proposta* e usa adicionar nitrobenzeno na solução; este solvente orgânico cobre as partículas do precipitado de AgCl, e o resultado é como se este precipitado tivesse sido removido por filtração. Na prática esta é uma operação relativamente rápida. Uma outra estratégia** experimental que pode ser usada constitui-se no uso de um excesso grande de íons Fe^{3+}. Observou-se que se a concentração de Fe^{3+} for da ordem de 0,7 mol L^{-1}, a titulação é conduzida de forma satisfatória, obtendo-se um ponto final que pode ser visualizado sem maiores dificuldades.

Os dois exemplos a seguir mostram aplicações de cálculos envolvidos neste método de Volhard.

Exemplo 1:

Pede-se calcular a porcentagem de prata numa liga e para tal uma amostra de 0,2025 g foi pesada e dissolvida adequadamente. A amostra em solução foi transferida para um erlenmeyer e titulada com uma solução padrão de KSCN 0,1000 mol L^{-1}. Foram gastos 15,25 mL deste padrão para atingir o ponto final da titulação.

$Ag^+ + SCN^- \rightleftharpoons AgSCN_{(s)}$

A razão da reação é de 1:1, portanto:

C_{Ag^+} = {$(ml_{SCN^-}) \times ([KSCN]) \times (razão) \times (Ag_{Massa\ molar}) \times 100$}/$(mg_{amostra})$%

= {15,25 mL × 0,1000 mmol mL^{-1} × 1/1 x 107,9 mg $mmol^{-1}$ × 100}/202,5 mg

C_{Ag^+} = 81,26%

Exemplo 2:

Para fins de diagnóstico, muitas vezes um laboratório clínico é solicitado a proceder à determinação de cloreto em urina coletada de pacientes sob tratamento médico. Sabe-se que um adulto em condições normais de saúde excreta de 75 a 200 mmol de cloreto na urina por um período de 24 h. Para isso, uma alíquota de uma solução padrão de nitrato de prata é adicionada à amostra contendo cloreto para precipitar o AgCl. Os íons Ag^+ em excesso são titulados com KSCN. Na prática a urina é coletada durante o período de 24 h, evaporada e diluída a 1000 mL num balão volumétrico. Uma alíquota de 25,00 mL é transferida para um erlenmeyer de 250 mL e a seguir adicionam-se 50,00 mL de uma solução de $AgNO_3$ 0,1200 mol L^{-1}. O excesso desta prata foi titulado com uma solução padrão de KSCN 0,1000 mol L^{-1}; na titulação gastaram-se 25,42 mL desta solução de KSCN. Calcular a quantidade de cloreto excretado por este paciente nas 24 h.

$Cl^- + Ag^+_{(excesso)} \rightarrow AgCl(s)$

---

* J.R.Caldwell and H.V.Moyer, Ind. Eng. Chem., Anal. Ed., **7**, 38 (1935)
** E.H.Swift, G.H.Arcand, R.Lutwack and D.J.Meyer, Anal. Chem., **22**, 306 (1950)

$$Ag^+_{(excesso)} + SCN^- \rightarrow AgSCN_{(s)}$$

Como foi visto no exemplo anterior a razão da reação é 1/1:

massa Cl⁻ = [(50,00 mL × 0,1200 mol L^{-1}) − (25,42 mL × 0,1000 mol L^{-1})] × 1/1 × 35,45 g mol^{-1}

massa Cl⁻ = 122,6 mg

n_{Cl^-} = [massa$_{Cl^-}$]/[Cl⁻] = 122,6/35,45 = 3,458 mmol Cl⁻.

Como a titulação foi realizada com uma alíquota de 25,00 mL, este valor encontrado refere-se à quantidade de cloreto neste volume. Para determinar a quantidade nos 1000 mL, que é o volume que contém o total de cloreto excretado nas 24 h, faz-se:

n_{Cl^-} = 3,458 mmol × [(1000 mL)/(25 mL)] = 138,3 mmol Cl⁻/24h.

Na prática, além deste procedimento clássico proposto por Volhard, existe também a facilidade de uso do método de Fajans, que se baseia no aparecimento ou desaparecimento de uma cor na superfície de um precipitado. Desde que este processo envolve a adsorção ou dessorção do indicador, estes indicadores são chamados de indicadores de adsorção. Por si só a ação do indicador é reversível. Assim, na titulação de íons cloreto com uma solução padrão de prata, usando por exemplo fluoresceína como indicador, se uma quantidade suficiente da solução dos íons cloreto for adicionada à solução que já ultrapassou o ponto final, e daí já contém o precipitado de AgCl com uma cor vermelha-rosada, formado com a fluoresceína agindo como contra-íon dos íons Ag⁺ na primeira camada de adsorção, a cor vermelha-rosada desaparece, sendo o In⁻ deslocado pelos íons Cl⁻. Este é um processo inteiramente de superfície envolvendo adsorção, pois a solubilidade do sal de prata com o ânion fluoresceína não é ultrapassada. Evidentemente, o sucesso no uso deste indicador de adsorção requer um procedimento experimental que favoreça adsorção superficial. Este fato é contrário ao processo gravimétrico típico, onde toda tentativa é feita para minimizar a adsorção em superfícies, para diminuir impurezas.

A ênfase principal destes três métodos, Mohr, Volhard e Fajans, está voltada para a titulação de íons haletos com Ag⁺, porém existe uma variedade de outras reações de precipitação que também são úteis em análise química.

EXERCÍCIOS

1. É uma prática em laboratórios de análise clínica, proceder à determinação de cloreto em soro pelo método de Volhard. Para isso, uma amostra de 5,00 mL de soro foi tratada com 8,450 mL de uma solução de AgNO$_3$ 0,1000 mol L^{-1} e o excesso de íons prata foi titulado com 4,250 mL de uma solução de KSCN 0,1000 mol L^{-1} usando uma solução de Fe^{3+} como indicador. Calcular quantos mg de cloreto existem por mL de soro.

EXERCÍCIOS

2. Uma amostra de salmoura (NaCl em solução aquosa) é entregue para um analista para análise. Esse analista transferiu uma alíquota de 10,00 mL da amostra para um erlenmeyer e titulou com 32,75 mL de uma solução de $AgNO_3$ 0,1000 mol L^{-1}. Calcular a quantidade de NaCl (em g L^{-1}) na salmoura.

3. Num típico laboratório que analisa material de interesse agrário, o analista usa um procedimento argentimétrico para determinar o teor de malation (inseticida) em um produto industrial de grau técnico. A reação que ocorre é a seguinte:

$$\begin{array}{c} CO_2CH_2CH_3 \\ | \\ HCSP(S)(OCH_3)_2 + 3KOH \rightarrow (CH_3O)_2P(S)SK + \begin{array}{c} CHCO_2K \\ | \\ CHCO_2K \end{array} + 2CH_3CH_2OH + H_2O \\ | \\ CO_2CO_2CH_2CH_3 \\ \text{Malation} \end{array}$$

$$(CH_3O)P(S)S^- + Ag^+ \rightarrow (CH_3)_2P(S)SAg_{(s)}$$

Se para uma amostra de 1,000 g do produto analisado foram gastos 32,25 mL de uma solução de $AgNO_3$ 0,1000 mol L^{-1}, qual é a porcentagem (% m/m) de malation na amostra?

4. Um laboratório de análise química recebeu uma amostra bruta de sal marinho (NaCl) contendo impurezas naturais. Pesou-se 0,5050 g da amostra seca em estufa, dissolveu-se em água e titulou-se, pelo método de Mohr, gastando-se 42,28 mL de uma solução padrão de $AgNO_3$ 0,1000 mol L^{-1}. Calcular a porcentagem (% m/m) de cloreto na amostra original.

5. Amostras de um minério de potássio (KCl – silvita) são dissolvidas em água e analisadas pelo método de Fajans para a determinação do teor de cloreto. Para efeito de simplificação dos cálculos nas análises de rotinas repetitivas, deseja-se que os volumes da solução padrão de $AgNO_3$ usada nestas titulações sejam numericamente iguais à porcentagem de cloreto quando amostras de 0,5000 g são tomadas para a análise. Nestas condições, qual deve ser a concentração, em mol L^{-1}, da solução padrão de $AgNO_3$?

6. Um laboratório de análise ambiental recebeu uma amostra de água para determinar o seu teor de potássio. O analista tomou 2,00 litros desta água e evaporou-a lenta e cuidadosamente até obter um volume de aproximadamente 10 mL. A seguir tratou esta água com excesso de uma solução de tetrafenilborato de sódio. O precipitado de tetrafenilborato de potássio formado foi filtrado e depois dissolvido num pouco de acetona. Depois a análise foi conduzida pelo método de Mohr, gastando-se 14,80 mL de uma solução de $AgNO_3$ 0,1000 mol L^{-1}.

$$KB(C_6H_5)_4 + Ag^+ \rightleftharpoons AgB(C_6H_5)_4(s) + K^+$$

Calcular o teor de potássio na amostra original e dar o resultado em mg de potássio por litro de solução.

7. Um adoçante sintético líquido, à base de sacarina, é descrito como 4 gotas (~ 200 μL) sendo equivalentes a uma colherinha de chá de açúcar. Para uma análise, o analista transferiu 10,00 mL do adoçante para um béquer de 100 mL e adicionou 10 mL de água para depois precipitar a sacarina com 50,00 mL de uma solução de $AgNO_3$ 0,2000 mol L^{-1}.

$$\text{Sacarina-N-Na} + Ag^+ \longrightarrow \text{Sacarina-N-Ag} + Na^+$$

Sacarina (massa molar = 205,17 g mol^{-1})

A seguir, o sólido precipitado foi filtrado e cuidadosamente lavado, sendo as alíquotas de água de lavagem coletadas juntas com o filtrado inicial contendo o excesso de solução de nitrato de prata. Este filtrado combinado foi titulado com uma solução de KSCN 0,1000 mol L^{-1}. Foram gastos 25,50 mL. Calcular o teor médio de sacarina, em mg, contido em cada 4 gotas do produto.

8. Considerando que no método de Mohr a grandeza do erro da titulação depende da quantidade dos íons CrO_4^{2-} usados como indicador, da concentração do titulante, do volume final da mistura (titulante mais titulado) no ponto final e também dos fatores que afetam as constantes dos produtos de solubilidades, tais como temperatura e força iônica do meio, pede-se calcular a concentração do íon cromato que deve estar presente no ponto final da titulação de 50,00 mL de uma solução de KBr 0,0200 mol L^{-1} com uma solução de $AgNO_3$ 0,0100 mol L^{-1}, se o erro teórico máximo para a titulação for de 1,0%.

9. Considere uma titulação realizada pelo método de Volhard na qual 50,00 mL de uma solução de $AgNO_3$ 0,1200 mol L^{-1} são titulados com uma solução padrão de KSCN 0,1000 mol L^{-1}, usando uma solução de Fe^{3+} como indicador. Calcular o erro teórico da titulação numa situação em que a concentração inicial de Fe^{3+} presente seja de 0,0100 mol L^{-1} e a concentração de $FeSCN^{2+}$ no ponto final seja de $2,4 \times 10^{-6}$ mol L^{-1}.

10. Numa titulação pelo método de Volhard, 50,00 mL de uma solução de $AgNO_3$ 0,1000 mol L^{-1} são adicionados a 25,00 mL de uma solução de NaCl 0,0500

mol L^{-1} e a seguir o excesso de íons Ag$^+$ foi titulado com uma solução de KSCN 0,1000 mol L^{-1} na presença de íons Fe^{3+} 0,028 mol L^{-1}. Calcular o erro teórico da titulação se a concentração de FeSCN^{2+} no ponto final for de 2,8 × 10^{-6} mol L^{-1}.

11. Deseja-se determinar o teor de chumbo numa liga de chumbo-estanho usada para soldagens. Para isso um analista pesou 1,1210 g da amostra e tratou-a cuidadosamente para dissolvê-la e deixá-la em condição de titulação, tendo todo chumbo na forma de íons Pb^{2+}. A amostra foi titulada com uma solução de molibdato de amônio 0,1000 mol L^{-1}, usando eosina como indicador de adsorção, gastando 28,50 mL da solução titulante para atingir o ponto final. Considerando a incidência de incertezas de ±0,0001 g na pesagem da amostra e de ±0,01 mL no volume do titulante, pede-se calcular a porcentagem de chumbo na solda.

12. Um laboratório de análise ambiental recebeu uma amostra de água residual de uma indústria de fabricação de papel, contendo um teor desconhecido de sulfeto. Para descartar esta água a indústria tem de destruir este sulfeto por um tratamento com peróxido de hidrogênio e para isso necessita saber quanto existe de sulfeto dissolvido. Para a análise, uma amostra de 50,00 mL desta água foi alcalinizada e o sulfeto titulado com 3,50 mL de uma solução de AgNO$_3$ 0,1000 mol L^{-1}, sendo a reação dada por:

    $$2\,Ag^+ + S^{2-} \rightleftharpoons Ag_2S_{(s)}$$

    Determine a concentração de sulfeto na amostra original.

13. O inseticida Neguvon, amplamente usado para controle de pragas na agricultura e no controle de parasitas em animais domésticos, mostra uma alta solubilidade em água (154 g L^{-1} a 25°C) e seu controle analítico pode ser feito por meio da titulação potenciométrica, ou pelo uso do método de Volhard, do íon cloreto resultante da hidrólise do composto com uma solução de etanolamina em álcool etílico.

    Uma amostra de 1,5680 g do produto técnico foi convenientemente preparada, e a seguir adicionaram-se 50,00 mL de uma solução de AgNO$_3$ 0,1000 mol L^{-1}. O excesso de íons Ag$^+$ foi titulado com uma solução de KSCN 0,05000 mol L^{-1}, gastando 12,50 mL para atingir o ponto final da titulação. Determinar a porcentagem de pureza do produto analisado. (Neguvon — massa molar = 257,32 g mol^{-1})

14. Defensivos agrícolas são intensamente usados na proteção das plantações. A concentração do produto aplicado prescrita por agrônomos depende da pureza do produto. O Captan é um fungicida de contato de excelente ação protetiva que dura de 7 a 14 dias, e usado como substituto da calda bordalesa numa formulação de 0,5%. É especialmente eficiente contra a praga da ferrugem. Na sua forma pura é uma substância cristalina branca, com ponto de fusão de 175°C, pouco solúvel em água (menos que 0,5 mg L^{-1} a 25°C, mas bem solúvel em acetona e etanol). Um produto de grau técnico, de cor acinzentada, com ponto de fusão de 164°C, foi levado a um laboratório químico para análise. Uma amostra de 0,5500 g foi pesada e corretamente manipulada para se proceder à hidrólise e subseqüente liberação dos íons cloretos. A seguir foi cuidadosamente tratada com 50,00 ml de uma solução padrão de $AgNO_3$ 0,1000 mol L^{-1}. O excesso destes íons Ag^+ foi titulado com outra solução padrão de KSCN 0,0500 mol L^{-1}, gastando-se 8,50 mL até se atingir o ponto final da titulação. Com estes valores qual era o grau (%) de pureza do produto técnico? (Captan – massa molar = 292,53 g mol^{-1}).

Captan + $2H_2O$ → Tetrahidroftalimida + $3HCl + CO_2 + S$

Capítulo 5

Volumetria de óxido-redução

Quando numa reação química ocorre transferência de elétrons, a ela dá-se o nome de reação de oxidação-redução, reação de óxido-redução ou simplesmente de reação redox.

Um grande número de métodos de análise baseia-se em reações deste tipo, incluindo vários métodos volumétricos, razão pela qual torna-se necessário aqui um estudo um pouco mais detalhado destes processos químicos.

1 — O processo de oxidação e redução

O processo de oxidação envolve a perda de elétrons por parte de uma substância, enquanto que a redução envolve um ganho de elétrons para a espécie química em consideração. Esta perda ou ganho de elétrons, formalmente, é indicada pela variação do número de oxidação das várias espécies envolvidas na reação considerada.

Para melhor esclarecimento, considerem-se os processos abaixo:

a) $Zn^0 + Cu^{2+} \rightleftharpoons Zn^{2+} + Cu^0$
O número de oxidação do zinco variou de 0 para +2.
O número de oxidação do íon cobre variou de +2 para 0.
Este é o caso em que íons "simples" estão envolvidos.

b) $Cr_2O_7^{2-} + 14H^+ + 6Fe^{2+} \rightleftharpoons 2Cr^{3+} + 6Fe^{3+} + 7H_2O$
O número de oxidação do crômio variou de +6 para +3.
O número de oxidação do íon ferro variou de +2 para +3.
Este é o caso em que ocorre a variação do número de oxidação de um átomo em agrupamentos iônicos (refere-se ao Cr no $Cr_2O_7^{2-}$).

c) $C + O_2 \xrightarrow{\Delta} CO_2$

O número de oxidação do carbono variou de 0 para +4.
O número de oxidação de oxigênio variou de 0 para -2.
Neste caso estão envolvidas substâncias moleculares, sólidas e gasosas.

Em qualquer reação de óxido-redução, o número de elétrons perdidos pela espécie química que sofre oxidação deve ser sempre igual ao número de elétrons ganhos pela espécie que sofre redução, de modo a se manter a neutralidade de carga do meio. A relação entre a quantidade de matéria das substâncias reduzida e oxidada é fixada pelo balanceamento da reação.

2 — As semi-reações

Pode-se separar uma reação redox em dois componentes, os quais são denominados de semi-reações. Este é um modo muito conveniente de indicar claramente qual espécie ganha elétrons e qual espécie perde elétrons. Quando "somadas" as semi-reações, os elétrons nelas simbolizados devem ser cancelados.

Para exemplificar, considere-se a reação que ocorre quando o zinco metálico é imerso em uma solução que contém íons Cu^{2+}.

$$Zn^0 + Cu^{2+} \rightleftharpoons Zn^{2+} + Cu^0 \tag{5.1}$$

As semi-reações, convencionalmente escritas na forma de redução, a serem consideradas no caso seriam:

$$Zn^{2+} + 2e^- \rightleftharpoons Zn^0 \tag{5.2}$$

$$Cu^{2+} + 2e^- \rightleftharpoons Cu^0 \tag{5.3}$$

A "soma" da Eq. (5.2), "invertida", com a Eq. (5.3) fornece diretamente a Eq. (5.1), onde a neutralidade de cargas é observada. Para se escrever corretamente as semi-reações, de modo a descrever um processo químico termodinamicamente permitido, é necessário ter-se conhecimento da tendência das várias substâncias em ganhar ou perder elétrons.

Os reagentes oxidantes possuem uma forte afinidade por elétrons e podem fazer com que outras substâncias sejam oxidadas, retirando delas os elétrons que necessitam para se reduzir. Por outro lado, os agentes redutores facilmente cedem elétrons às espécies oxidantes, reduzindo-as.

Como regra geral, pode-se escrever:

Agentes oxidantes

- reduzem-se;
- retiram elétrons das substâncias redutoras;
- têm seus números de oxidação diminuídos na reação.

Agentes redutores
- oxidam-se
- fornecem elétrons às substâncias oxidantes;
- têm seus números de oxidação aumentados na reação.

Como exemplo, considere-se a reação

$$MnO_4^- + 5Fe^{2+} + 8H^+ \rightleftharpoons Mn^{2+} + 5Fe^{3+} + 4H_2O \tag{5.4}$$

cujas semi-reações seriam:

$$Fe^{3+} + e^- \rightleftharpoons Fe^{2+} \tag{5.5}$$

que deve ser multiplicada por 5 para satisfazer a estequiometria da Eq. 5.4

$$MnO_4^- + 8H^+ + 5e^- \rightleftharpoons Mn^{2+} + 4H_2O \tag{5.6}$$

Tem-se que:

MnO_4^-: substância oxidante; retira elétrons dos íons Fe^{2+}; o número de oxidação do manganês varia de +7 no MnO_4^- para +2 no Mn^{2+}.

Fe^{2+}: substância redutora; fornece elétrons ao manganês do MnO_4^-; o número de oxidação do ferro varia de +2 para +3.

3 — Pilhas ou células galvânicas

As reações redox podem ocorrer pela transferência direta de elétrons do doador (agente redutor) para o aceitador (agente oxidante), pelo contato íntimo das duas espécies, ou pela transferência dos elétrons por meio de um condutor metálico externo, sem que as duas espécies reagentes entrem em contato. Este último fato revela um aspecto único destas reações de oxidação-redução.

Para exemplificar, considerem-se os dois casos abaixo:

a) Transferência direta de elétrons

Ao ser mergulhada numa solução contendo íons Hg^{2+}, uma lâmina de cobre torna-se "prateada" pela deposição de mercúrio metálico em sua superfície. A reação é indicada por:

$$Hg^{2+} + Cu^0 \rightleftharpoons Hg^0 + Cu^{2+}$$

Tanto neste caso como naquele em que o zinco metálico reduz os íons Cu^{2+}, os íons (agentes oxidantes) migram até a placa metálica (agente redutor) onde, na sua superfície, são reduzidos e depositados na forma metálica.

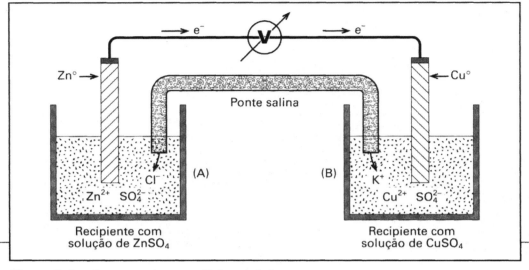

Figura 5.1 — Esquema de uma célula galvânica.

b) Transferência indireta de elétrons

Considere-se, dentre tantas outras, a reação

$$Zn^0 + Cu^{2+} \rightleftharpoons Cu^0 + Zn^{2+}$$

Pode-se construir um sistema onde as semi-reações envolvidas no processo ocorram sem que as espécies reagentes estejam em contato direto. Este sistema é chamado de Pilha ou Célula Galvânica e está descrito esquematicamente na Figura 5.1.

No recipiente (A) observa-se que a placa de zinco se dissolve formando íons Zn^{2+}. Os elétrons liberados são conduzidos pelo condutor externo até o recipiente (B) onde os íons Cu^{2+} são reduzidos, depositando-se sobre a placa de cobre. Considerando-se as semi-reações[*] do processo redox, pode-se escrever então que:

$$
\begin{array}{rl}
\text{(I)} & Zn^0 \rightleftharpoons Zn^{2+} + 2e^- \\
\text{(II)} & Cu^{2+} + 2e^- \rightleftharpoons Cu^0 \\ \hline
& Cu^{2+} + Zn^0 \rightleftharpoons Cu^0 + Zn^{2+}
\end{array}
$$

Entre os dois recipientes é necessário a existência de uma ponte salina. Ela é constituída de um tubo (geralmente na forma de U) contendo uma solução concentrada de um eletrólito forte (usualmente KCl) embebida em uma matriz gelatinosa para prevenir o sifonamento da solução de um recipiente para outro.

A função da ponte salina é efetuar o contato elétrico entre as duas cubas, de modo a manter a neutralidade de cargas do sistema.

---

[*] *Para melhor esclarecimento, é preciso citar que as semi-reações são também conhecidas como reações de meia-célula ou simplesmente meia-célula, quando se considera o processo indireto de transferência de elétrons. No texto, os dois termos serão considerados indistintamente.*

A deposição de Cu^{2+} na cuba (B) deixa um excesso de duas cargas negativas na solução de Cu^{2+} e a formação dos íons Zn^{2+} causa excesso de duas cargas positivas na solução de Zn^{2+}. Estas cargas são neutralizadas pelo movimento de íons através da ponte salina (vide Fig. 5.1).

4 — Potencial de eletrodo e força eletromotriz de meia-célula

Dentre as várias substâncias que poderiam estar envolvidas em reações redox, a tendência em se reduzir ou se oxidar varia bastante e é medida por um número denominado Potencial Padrão de Eletrodo.

Em uma pilha galvânica onde cada meia-célula é constituída por soluções iônicas de mesma concentração (mol L^{-1}), a direção do fluxo de elétrons depende da composição das duas meias-células, ou seja, das duas semi-reações envolvidas e, por conseqüência, dos seus potenciais.

Cada meia-célula (semi-reação) tem um Potencial Padrão de Eletrodo (em volts) medido em relação a um padrão de referência, o qual precisa ser de fácil construção, exibir comportamento reversível e produzir potenciais constantes e reprodutíveis. Um eletrodo que preenche estas condições é o Eletrodo Padrão de Hidrogênio (EPH), razão pela qual foi escolhido como referência.

A semi-reação envolvida é:

$$H_{2(g)} \rightleftharpoons 2H^+ + 2e^- \qquad E^0 = 0 \text{ volt}$$

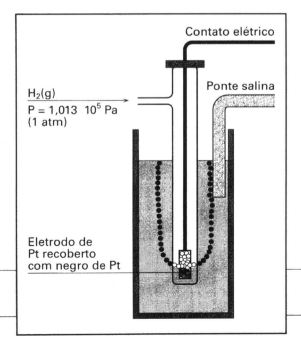

Figura 5.2 — Eletrodo padrão de hidrogênio.

Admite-se que este processo é dividido em 2 estágios

$$H_{2(g)} \rightleftharpoons H_2 \text{ (sol. sat.)} \qquad (5.7)$$

$$\underline{H_2 \text{ (sol. sat.)} \rightleftharpoons 2H^+ + 2e^-} \qquad (5.8)$$

$$H_{2(g)} \rightleftharpoons 2H^+ + 2e^- \qquad (5.9)$$

onde na Eq. (5.7) tem-se a dissolução do gás na solução para, em seguida ocorrer a transferência de elétrons. A este padrão foi atribuído um Potencial de Redução zero ($E^0 = 0$ volt).

A convenção de IUPAC[*] estabelece que o Potencial Padrão de Eletrodo (ou mais exatamente o Potencial Padrão de Eletrodo Relativo) e o seu sinal, será aplicado às semi-reações escritas como semi-reações de Redução, daí o nome Potencial Padrão de Redução. De acordo com esta nomenclatura, os termos Potencial Padrão de Eletrodo e Potencial Padrão de Redução são sinônimos.[**]

Às meias-células que "forçam" a espécie H^+ a aceitar elétrons (reduzem H^+ a $H_{2(g)}$) são atribuídos $E^0 < 0$ e àquelas que aceitam elétrons da semi-reação de redução do $H_{2(g)}$ (oxidam $H_{2(g)}$ a H^+) são atribuídos $E^0 > 0$. Generalizando, entre duas semi-reações, aquela que possuir menor Potencial de Redução força a outra a receber elétrons.

As reações de óxido-redução são espontâneas (termodinamicamente permitidas) se o Potencial da reação total é maior que zero.

Exemplo:

$$Cu^{2+} + 2e^- \rightleftharpoons Cu^0 \qquad E_1^0 = +0,337 \text{ volt} \qquad (5.10)$$

$$Zn^{2+} + 2e^- \rightleftharpoons Zn^0 \qquad E_2^0 = -0,763 \text{ volt} \qquad (5.11)$$

Invertendo-se (5.11)[***]

$$Zn^0 \rightleftharpoons Zn^{2+} + 2e^- \qquad E_2^{0'} = +0,763 \text{ volt} \qquad (5.12)$$

Somando-se (5.10) e (5.12) tem-se

$$Cu^{2+} + Zn^0 \rightleftharpoons Zn^{2+} + Cu^0 \qquad E_T^0 = 1,100 \text{ volt}$$

onde $E_T^0 = E_1^0 + E_2^{0'}$. Como $E_T^0 > 0$, a reação é espontânea (ocorre da esquerda para a direita).

Por outro lado, se a Eq. (5.10) fosse invertida (em vez da Eq. (5.11)) a situação seria:

$$Cu^0 \rightleftharpoons Cu^{2+} + 2e^- \qquad E_1^{0'} = -0,337 \text{ volt} \qquad (5.13)$$

$$\underline{Zn^{2+} + 2e^- \rightleftharpoons Zn^0} \qquad E_2^0 = -0,763 \text{ volt} \qquad (5.14)$$

$$Zn^{2+} + Cu^0 \rightleftharpoons Zn^0 + Cu^{2+} \qquad E_T^0 = -1,100 \text{ volt} \qquad (5.15)$$

onde $E_T^0 = E_1^{0'} + E_2^0$.

Isto significa que a reação entre cobre e íons zinco não é espontânea.

---

[*] International Union of Pure and Applied Chemistry.
[**] Escrevendo-se a semi-reação como oxidação, inverte-se o sinal E^0, o qual pode ser chamado "força eletromotriz de meia-célula", mas não pode ser chamada de "potencial padrão de eletrodo".
[***]Este é um modo simplista de se visualizar o sistema químico e deve ser tratado com cuidado. Ver comentário (1), no final do capítulo.

5 — A equação de Nernst

O potencial de qualquer pilha depende não somente dos componentes do sistema reagente, isto é, das meias-células, mas também das suas concentrações. Verifica-se que uma pilha composta por duas meias-células de zinco produzirá uma corrente elétrica se as concentrações de íons Zn^{2+} forem diferentes nas duas meias-células.

A equação que relaciona o potencial real de uma meia-célula com as concentrações das espécies oxidadas e reduzidas (reagentes e produtos da semi-reação) é conhecida como equação de Nernst.

Seja considerada a reação de meia-célula:

$$aA + bB + ne^- \rightleftharpoons cC + dD$$

A equação de Nernst, em termos exatos, para a semi-reação acima citada seria:

$$E = E^0 + \frac{RT}{nF} \ln \frac{(aA)^a (aB)^b}{(aC)^c (aD)^d} = E^0 - \frac{RT}{nF} \ln \frac{(aC)^c (aD)^d}{(aA)^a (aB)^b}$$

onde:

E = Potencial real da meia-célula.

E^0 = Constante característica da semi-reação em questão (Potencial Padrão de Eletrodo, em volts)[2].

R = Constante universal dos gases = 8,314 J K^{-1} mol^{-1}

T = Temperatura da experiência em Kelvin.

n = número de elétrons que participa da reação, definido pela equação que descreve a meia-célula.

F = Faraday = 96485 C mol^{-1}.

ℓn = logaritmo natural = 2,303 $\log_{10}$.

(aA), (aB), (aC), (aD) = atividade dos reagentes e produtos da reação.

Usando-se logaritmo na base 10 e os valores de R e F, pode-se escrever que:

a) Para $T = 25°C$ ($T = 298$ K)

$$E = E^0 - \frac{2,303\ RT}{nF} \log \frac{(aC)^c (aD)^d}{(aA)^a (aB)^b}$$

$$= E^0 - \frac{0,059}{n} \log \frac{(aC)^c (aD)^d}{(aA)^a (aB)^b}$$

b) Para $T = 30°C$ ($T = 303$ K)

$$E = E^0 - \frac{0,060}{n} \log \frac{(aC)^c (aD)^d}{(aA)^a (aB)^b}$$

Algumas simplificações podem ser feitas, no que diz respeito ao conceito de atividade. Sabe-se que:

a) para íons e/ou moléculas em soluções diluídas, a atividade é aproximadamente igual à concentração em mol L^{-1};

b) para o solvente em soluções diluídas, a atividade é igual à fração em mol do solvente, que é aproximadamente a unidade (por isso, para soluções aquosa diluídas $a_{H_2O} \approx 1$);

c) para sólidos ou líquidos puros em equilíbrio com a solução, a atividade é exatamente a unidade;

d) para gases em equilíbrio com a solução, a atividade é igual à pressão parcial do gás, em pascal (1 atm = 101,325 kPa) e

e) para mistura de líquidos, a atividade é aproximadamente igual à sua fração em mol.

Os seguintes casos são citados como exemplos:

Semi-reação* (T = 25 °C)

(a) $Zn^{2+} + 2e^- \rightleftharpoons Zn^0$ $\qquad E = E^0 - \dfrac{0,059}{2} \log \dfrac{1}{[Zn^{2+}]}$

(b) $Fe^{3+} + e^- \rightleftharpoons Fe^{2+}$ $\qquad E = E^0 - \dfrac{0,059}{1} \log \dfrac{[Fe^{2+}]}{[Fe^{3+}]}$

(c) $2H^+ + 2e^- \rightleftharpoons H_{2(g)}$ $\qquad E = E^0 - \dfrac{0,059}{2} \log \dfrac{pH_2}{[H^+]^2}$

(d) $AgCl + e^- \rightleftharpoons Ag^0 + Cl^-$ $\qquad E = E^0 - \dfrac{0,059}{1} \log \dfrac{[Cl^-] \cdot 1}{1}$

(e) $Cr_2O_7^{2-} + 14H^+ + 6e^- \rightleftharpoons 2Cr^{3+} + 7H_2O$ $\quad E = E^0 - \dfrac{0,059}{6} \log \dfrac{[Cr^{3+}]^2 \cdot 1}{[Cr_2O_7^{2-}][H^+]^{14}}$

Pelo exemplo (e) verifica-se que alguns potenciais dependem do pH do meio.

De um modo geral, pode-se descrever tais sistemas com a equação química:

$$Ox + mH^+ + ne^- \rightleftharpoons Red$$

Aplicando a equação de Nernst:

$$E = E^0 - \dfrac{2.303RT}{nF} \log \dfrac{[Red]}{[Ox][H^+]^{m'}}$$

considerando-se as devidas aproximações, se permitidas[*]. Ver comentário (2).

---

* Lembrar que as semi-reações e seus Potenciais Padrão de Eletrodo são relativos ao Eletrodo Padrão de Hidrogênio ($E^0 = 0$ V).

6 — Cálculo do potencial da meia-célula usando os valores de E^0

Este tipo de cálculo será ilustrado usando-se o par redox MnO_4^-/Mn^{2+} em meio ácido.

Problema:

Calcular o potencial real de uma solução de permanganato de potássio, onde $[MnO_4^-] = 10^{-1}$ mol L^{-1}, $[Mn^{2+}] = 10^{-4}$ mol L^{-1} e pH = 1.

Considerar $T = 30°C$ e = 1,51 V

$$MnO_4^- + 8H^+ + 5e^- \rightleftharpoons Mn^{2+} + 4H_2O$$

$$E_{MnO_4^-/Mn^{2+}} = E^0_{MnO_4^-/Mn^{2+}} - \frac{0,060}{n} \log \frac{[Mn^{2+}] \cdot 1}{[MnO_4^-][H^+]^8}$$

$$E_{MnO_4^-/Mn^{2+}} = 1,51 - \frac{0,060}{5} \log \frac{(10^{-4})}{(10^{-1})(10^{-1})^8}$$

$$E_{MnO_4^-/Mn^{2+}} = 1,51 + \frac{0,060}{5} \log \frac{(10^{-1})(10^{-1})^8}{(10^{-4})}$$

$$E_{MnO_4^-/Mn^{2+}} = 1,51 = 0,012 \log 10^{-5}$$

$$E_{MnO_4^-/Mn^{2+}} = 1,45 \text{ V (em pH = 1)}$$

Em pH = 3 o valor do Potencial de Redução seria:

$$E_{MnO_4^-/Mn^{2+}} = 1,51 + 0,012 \log \frac{(10^{-1})(10^{-3})^8}{(10^{-4})}$$

$$E_{MnO_4^-/Mn^{2+}} = 1,51 + 0,012 \log 10^{-21}$$

$$E_{MnO_4^-/Mn^{2+}} = 1,26 \text{ V}$$

O mesmo esquema de cálculo é válido para outras semi-reações, considerando-se as devidas aproximações, quando válidas.

7 — Curvas de titulação

a) Considerações gerais

O curso de uma reação ácido-base pode ser seguido através de uma curva do pH *versus* o volume do titulante. Analogamente, no caso de uma reação redox, faz-se o mesmo através de uma curva do Potencial (*E*) *versus* o volume do titulante (V).

Para ter-se uma idéia geral do problema, suponha-se inicialmente uma reação redox hipotética, composta pelas semi-reações abaixo mencionadas:

$$Ox_1 + n_1e^- \rightleftharpoons Red_1 \qquad (5.16)$$

$$Ox_2 + n_2e^- \rightleftharpoons Red_2 \qquad (5.17)$$

Para ter-se um sistema redox (total) com as cargas balanceadas, considera-se como uma possibilidade:

$$Red_1 \rightleftharpoons Ox_1 + n_1e^- \qquad (Xn_2) \qquad (5.18)$$
$$\underline{Ox_2 + n_2e^- \rightleftharpoons Red_2 \qquad (Xn_1) \qquad (5.19)}$$
$$n_2Red_1 + n_1Ox_2 \rightleftharpoons n_2Ox_1 + n_1Red_2 \qquad (5.20)$$

Supondo-se que nesta reação Red_1 é a amostra, Ox_2 o titulante e que a reação é espontânea, pode-se calcular o valor de E (Potencial Real do sistema total) para cada ponto da titulação de Red_1 com Ox_2 e, com estes valores, construir um gráfico Potencial *versus* Volume.

A curva de titulação, por conveniência, pode ser dividida em três seções principais:

(a.1) A região antes do Ponto de Equivalência.
(a.2) A região no Ponto de Equivalência.
(a.3) A região após o ponto de Equivalência.

(a.1) — Na região antes do ponto de Equivalência (PE), o Potencial E é convenientemente calculado a partir da razão entre as concentrações (conhecidas) dos componentes do par redox da amostra, aplicando-se a equação de Nernst:

$$E = E_1^0 - \frac{RT}{n_1F} \ell n \frac{[Red_1]}{[Ox_1]}$$

Se a amostra está inicialmente na forma reduzida (Red_1) e se X é a porcentagem de oxidante (Ox_2) adicionado, para $0 < X < 100$ pode-se escrever

$$E = E_1^0 - \frac{RT}{n_1F} \ell n \frac{100 - X}{X}$$

Quando $X = 50$, isto é, ao adicionar-se a metade da quantidade de Ox_2 necessária para se atingir o Ponto de Equivalência, tem-se que:

$$E = E_1^0 - \frac{RT}{n_1F} \ell n 1$$

ou seja, $E = E_1^0$.

(a.2) — No Ponto de Equivalência da reação descrita pela Eq. (5.20), n_1 mol de Ox_2 (titulante) foram adicionados a n_2 mol de Red_1 (amostra).

Para a semi-reação da amostra, $Ox_1 + n_1e^- \rightleftharpoons Red_1$, pode-se escrever:

$$E_{eq} = E_1^0 - \frac{RT}{n_1F} \ell n \left(\frac{[Red_1]}{[Ox_1]} \right)_{eq} \quad (A)$$

e para a do titulante, $Ox_2 + n_2e^- \rightleftharpoons Red_2$,

$$E_{eq} = E_2^0 - \frac{R}{n_2F} \ell n \left(\frac{[Red_2]}{[Ox_2]} \right)_{eq} \quad (B)$$

Por consideração estequiométrica, no Ponto de Equivalência é válida a igualdade

$$\left(\frac{[Red_1]}{[Ox_1]} \right)_{eq} = \left(\frac{[Ox_2]}{[Red_2]} \right)_{eq} \quad (C)$$

Multiplicando-se (A) por n_1, (B) por n_2 e somando-se as equações, levando-se em consideração a igualdade (C), tem-se que:

$$(n_1 + n_2)E_{eq} = n_1E_1^0 + n_2E_2^0$$

$$E_{eq} = \frac{n_1E_1^0 + n_2E_2^0}{(n_1 + n_1)}$$

Assim sendo, no Ponto de Equivalência do sistema, o Potencial é uma média aritmética ponderada dos Potenciais Padrão dos dois pares redox envolvidos na titulação.

Se $n_1 = n_2 = n$, $E_{eq} = (E_1^0 + E_2^0)/2$. Nestas condições a curva de titulação é simétrica nas vizinhanças do ponto de Equivalência, se os efeitos de diluição forem desprezíveis.

(a.3) — Após o Ponto de Equivalência, para calcular o Potencial Real da solução resultante, aplica-se a equação de Nernst ao sistema (par) redox do titulante (Eq. 5.17):

$$E = E_2^0 - \frac{RT}{n_2F} \ell n \frac{[Red_2]}{[Ox_2]}$$

Admitindo-se reação total entre Red_1 e Ox_2, pode-se escrever que $[Red_2]/[Ox_2]$ = 100/(X − 100), onde $[Red_2]$ = 100 (100%), porque todo Ox_2 (titulante) transformou-se em Red_2 durante a titulação de Red_1, e $[Ox_2]$ = X − 100, onde X é a quantidade (em porcentagem) de Ox_2 adicionada, a qual indica claramente quanto de Ox_2 tem-se em excesso na solução.

Assim sendo, quando X = 200 (isto é, adicionou-se o dobro de Ox_2 necessário para titular Red₁), $E = E_2^0$. Portanto, após o Ponto de Equivalência, o Potencial estará situado na região de E_2^0.

Além destas considerações, é necessário citar que, aplicando-se convenientemente a equação de Nernst, é possível a determinação das quantidades de cada espécie química em equilíbrio, em qualquer instante da titulação.

b) Construção das curvas de titulação

Exemplo 1

Titulação de 25,00 mL de uma solução de $FeSO_4$ 0,1000 mol L⁻¹ com solução 0,1000 mol L⁻¹ de Ce^{4+} em meio sulfúrico. Considere-se a temperatura da titulação como sendo $T = 25°C$.

Semi-reações:

$$Ce^{4+} + e^- \rightleftharpoons Ce^{3+} \qquad E^0 = +1,44 \text{ V} \qquad (5.21)$$

$$Fe^{3+} + e^- \rightleftharpoons Fe^{2+} \qquad E^0 = +0,77 \text{ V} \qquad (5.22)$$

Invertendo-se (5.22) e somando-se com (5.21) tem-se

$$Ce^{4+} + e^- \rightleftharpoons Ce^{3+} \qquad (5.23)$$

$$Fe^{2+} \rightleftharpoons Fe^{3+} + e^- \qquad (5.24)$$

Reação total:

$$Ce^{4+} + Fe^{2+} \rightleftharpoons Ce^{3+} + Fe^{3+} \qquad E^0 > 0 \text{ V} \quad \text{Comentários (1) e (2)} \qquad (5.25)$$

Seja considerada a região da curva antes do Ponto de Equivalência.

Antes de a titulação ser iniciada ($V = 0$ mL).

Neste ponto, teoricamente, somente íons Fe^{2+} estariam presentes na solução. Entretanto, na realidade, tem-se também uma certa quantidade de íons Fe^{3+} em solução, devido à oxidação do Fe^{2+} a Fe^{3+} pelo oxigênio do ar dissolvido na água. Assim sendo, do ponto de vista teórico, pode-se calcular o Potencial inicial através da equação de Nernst. Isto não é feito, entretanto, porque é difícil uma avaliação da concentração de Fe^{3+} presente, antes da adição de qualquer quantidade de Ce^{4+}. O Potencial inicial, neste caso, deve ser, necessariamente, medido. De um modo geral, o Potencial não é calculado para o ponto inicial da titulação, mas sim logo após a adição de uma pequena quantidade de titulante, sendo este o potencial inicial (de referência) para o processo.

Após a adição de 5,00 mL de titulante ($V = 5,00$ mL).

Após a adição de uma certa quantidade de íons Ce^{4+}, pode-se calcular as concentrações dos vários outros íons presentes em solução. Durante os cálculos, deve-se considerar as concentrações em mol L^{-1} das espécies. Sendo assim, pode-se escrever que:

Quantidade de matéria inicial da amostra =
$n^0\text{Fe}^{2+}$ = 25,00 × 10^{-3} × 0,1000 = 2,500 mmol.

Quantidade de matéria (íons Fe^{2+}) que reagiu
= $n\text{Ce}^{4+}$ = $n\text{Fe}^{3+}$ = 5,00 × 10^{-3} × 0,1000 = 0,500 mmol.

Quantidade de matéria (íons Fe^{2+}) que não reagiu
= $n\text{Fe}^{2+}$ = ($n^0\text{Fe}^{2+}$ = ($n^0\text{Fe}^{2+}$ − $n\text{Ce}^{4+}$) = 2,00 mmol.

Tem-se então que:

$$E_{\text{Fe}^{3+}/\text{Fe}^{2+}} = E^0_{\text{Fe}^{3+}/\text{Fe}^{2+}} - \frac{0,059}{1} \log \frac{[\text{Fe}^{2+}]}{[\text{Fe}^{3+}]}$$

ou

$$E = E_{\text{Fe}^{3+}/\text{Fe}^{2+}} + \frac{0,059}{1} \log \frac{[\text{Fe}^{3+}]}{[\text{Fe}^{2+}]}$$

No presente caso, pode-se escrever que

$$E = E^0_{\text{Fe}^{3+}/\text{Fe}^{2+}} + \frac{0,059}{1} \log \frac{(n\text{Fe}^{3+}/V_{\text{total}})}{(n\text{Fe}^{2+}/V_{\text{total}})}$$

$$E = E^0_{\text{Fe}^{3+}/\text{Fe}^{2+}} + \frac{0,059}{1} \log \frac{(n\text{Fe}^{3+})}{(n\text{Fe}^{2+})}$$

Assim,

$$E = E^0_{\text{Fe}^{3+}/\text{Fe}^{2+}} + \frac{0,059}{1} \log \frac{0,500}{2,00} = 0,77 + 0,060 \log 0,250$$

$E = 0,73$ V

Após a adição de 12,50 mL de titulante

$n^0\text{Fe}^{2+} = 2,500$ mmol

$n\text{Ce}^{3+} = n\text{Fe}^{3+} = 12,50 \times 10^{-3} \times 0,1000 = 1,250$ mmol

$(n^0\text{Fe}^{2+} - n\text{Ce}^{4+}) = n\text{Fe}^{2+} = 1,250$ mmol

$E = 0,77 + 0,059 \log \dfrac{1,250}{1,250}$

$E = 0,77$ volt

Deve-se observar que após a adição da metade da quantidade de titulante necessária para que o Ponto de Equivalência seja atingido, o Potencial do sistema é igual ao Potencial de Eletrodo do par redox da amostra, no caso, Fe^{3+}/Fe^{2+}.

Usando-se a mesma sistemática de cálculo, obtêm-se os valores $E = 0,81$ V e $E = 0,91$ V após a adição de 20,00 mL e 24,90 mL do titulante, respectivamente.

No Ponto de Equivalência ($V = 25{,}00$ mL)

Para a reação redox genérica

$$n_2\text{Red}_1 + n_1\text{Ox}_2 \rightleftharpoons n_2\text{Ox}_1 + n_1\text{Red}_2 \qquad (5.20)$$

tem-se que

$$E_{eq} = \frac{n_1 E_1^0 + n_2 E_2^0}{n_1 + n_2}$$

onde n_1 e n_2 indicam o número de elétrons transferidos em cada semi-reação.

Assim sendo, para a reação:

$$\text{Ce}^{4+} + \text{Fe}^{2+} \rightleftharpoons \text{Ce}^{3+} + \text{Fe}^{3+}$$

tem-se que

$$E_{eq} = \frac{E^0_{\text{Fe}^{3+}/\text{Fe}^{2+}} + E^0_{\text{Ce}^{4+}/\text{Ce}^{3+}}}{1+1}$$

$$E_{eq} = \frac{1{,}44 + 0{,}77}{2} = \frac{2{,}21}{2} = 1{,}11 \text{ V}$$

Depois do Ponto de Equivalência, a equação de Nernst deve ser escrita em termos do valor do Potencial Padrão do par redox do titulante. Tem-se então,

$$E = E^0_{\text{Ce}^{4+}/\text{Ce}^{3+}} + \frac{0{,}059}{1}\log\frac{n\text{Ce}^{4+}}{n\text{Ce}^{3+}}$$

considerando-se que

$$\frac{[\text{Ce}^{4+}]}{[\text{Ce}^{3+}]} = \frac{(n\text{Ce}^{4+}/V_{total})}{(n\text{Ce}^{3+}/V_{total})} = \frac{n\text{Ce}^{4+}}{n\text{Ce}^{3+}}$$

Para $V = 25{,}10$ mL

$n\text{Ce}^{3+}$ = quantidade de substância (íons Ce^{3+}) formada =
 $= n^0\text{Fe}^{3+} = 2{,}500$ mmol

$n^0\text{Ce}^{4+}$ = quantidade de substância (íons Ce^{4+}) adicionada =
 $= 25{,}10 \times 10^{-3} \times 0{,}100 = 2{,}510$ mmol

$n\text{Ce}^{4+}$ = quantidade de substância (íons Ce^{4+}) que não reagiu =
 $= 0{,}010$ mmol

Assim sendo,

$$E = E^0_{\text{Ce}^{4+}/\text{Ce}^{3+}} + \frac{0{,}059}{1}\log\frac{n\text{Ce}^{4+}}{n\text{Ce}^{3+}} = 1{,}44 + 0{,}060\log\frac{0{,}010}{2{,}500}$$

$$E = 1{,}44 + 0{,}059\log\frac{0{,}010}{2{,}500}$$

$$E = 1{,}30 \text{ volt}$$

CURVAS DE TITULAÇÃO 117

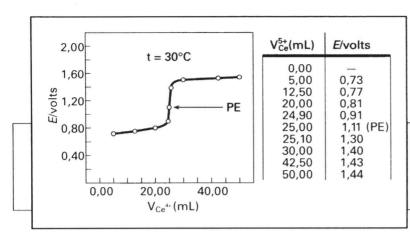

Figura 5.3 — Curva de titulação de 25,00 mL de uma solução de Fe^{2+} 0,1000 mol L^{-1} com solução 0,1000 mol L^{-1} de Ce^{4+}.

Fazendo-se o mesmo tipo de raciocínio, pode-se calcular o valor do Potencial E após a adição de 30,00, 42,50 e 50,00 mL da solução de Ce^{4+}. Os valores de E calculados são respectivamente 1,40, 1,43 e 1,44 volt.

Deve-se observar que para V = 50,00 mL (o dobro do volume de titulante necessário para se atingir o Ponto de Equivalência) o valor do Potencial do sistema é igual ao do par Ce^{4+}/Ce^{3+}.

Colocando-se os valores calculados em um gráfico, tem-se a curva descrita pela Figura 5.3.

Exemplo 2

Titulação de 100,00 mL de uma solução de Fe^{2+} 0,1000 mol L^{-1} com uma solução 0,0200 mol L^{-1} de permanganato de potássio, em meio ácido (H_2SO_4). A temperatura agora considerada é de 25°C.

Semi-reações envolvidas

$$Fe^{3+} + e^- \rightleftharpoons Fe^{2+} \quad E^0 = +0,77 \text{ V} \tag{5.26}$$

$$MnO_4^- + 8H^+ + 5e^- \rightleftharpoons Mn^{2+} + 4H_2O \quad E^0 = +1,51 \text{ V} \tag{5.27}$$

Invertendo-se e multiplicando-se (5.26) por 5 tem-se:

$$5Fe^{2+} \rightleftharpoons 5Fe^{3+} + 5e^- \tag{5.28}$$

$$MnO_4^- + 8H^+ + 5e^- \rightleftharpoons Mn^{2+} + 4H_2O \tag{5.27}$$

Reação total:

$$MnO_4^- + 8H^+ + 5Fe^{2+} \rightleftharpoons 5Fe^{3+} + Mn^{2+} + 4H_2O \tag{5.29}$$

Para os cálculos e a construção da curva Potencial *versus* Volume deste sistema, a atividade a_{H^+} será considerada igual à concentração [H⁺] e mantida constante (1,00 mol L⁻¹) durante a titulação, para tornar o exemplo mais claro e didático.

Na região da curva antes do Ponto de Equivalência não existem problemas de cálculos. Estes devem ser feitos exatamente do mesmo modo como foram efetuados para o sistema Ce^{4+}/Fe^{2+}. As observações feitas anteriormente continuam válidas. Mesmo assim, para melhor ilustrar, considere-se o ponto da curva onde foi adicionada a metade da quantidade de MnO_4^- necessária para atingir o Ponto de Equivalência do sistema, isto é, $V = 50,00$ mL.

Considerando-se a Eq. (5.26) pode-se escrever:

$$E = E^0_{Fe^{3+}/Fe^{2+}} - \frac{0,059}{1} \log \frac{[Fe^{2+}]}{[Fe^{3+}]}$$

$$E = E^0_{Fe^{3+}/Fe^{2+}} - \frac{0,059}{1} \log \frac{(nFe^{2+}/V_{total})}{(nFe^{3+}/V_{total})}$$

$$E = E^0_{Fe^{3+}/Fe^{2+}} - \frac{0,059}{1} \log \frac{(nFe^{2+})}{(nFe^{3+})}$$

onde nFe^{2+} é a quantidade de substância (íons Fe^{2+}) que não reagiu.

A quantidade de substância da amostra inicial é $n^0Fe^{2+} = 100,0 \times 10^{-3} \times 0,100 = 10,0$ mmols e a concentração do titulante é $C_{MnO_4^-} = 0,0200$ mol L⁻¹. Assim, ao se adicionar 50,00 mL de solução de MnO_4^-, 1,0 mmol deste regente estará sendo introduzido no sistema.

Pela estequiometria da reação (Eq. (5.29)) sabe-se que as quantidades de matéria envolvidas são de 1 mol de MnO_4^- para 5 mol de Fe^{2+} e portanto a quantidade de íons Fe^{2+} que reagiu (que é igual à quantidade de íons Fe^{3+} formada) foi 5,0 mmol. Sendo assim, a quantidade de substância da amostra (íons Fe^{2+}) que não reagiu será $nFe^{2+} = 10,0 - 5,0 = 5,0$ mmol.

Aplicando a equação de Nernst:

$$E = 0,77 - \frac{0,059}{1} \log \frac{(5,0)}{(5,0)}$$

$$E = E^0_{Fe^{3+}/Fe^{2+}} = 0,77 \text{ V}$$

Observe que este é realmente o resultado esperado.

No ponto de Equivalência, para casos em que íons H⁺ estão envolvidos em uma das semi-reações, é preciso tecer algumas outras considerações, apesar de o raciocínio ser idêntico ao caso mais simples discutido anteriormente.

Já foi visto que, para o caso em que os íons H⁺ não participam de nenhuma das duas semi-reações,

$$E_{eq} = \frac{n_1 E^0_1 + n_2 E^0_2}{n_1 + n_2}$$

Esta equação, entretanto, pode-se tornar mais geral se as semi-reações abaixo forem consideradas:

$$Ox_1 + mH^+ + n_1e^- \rightleftharpoons Red_1 + m/2\,H_2O$$

$$Ox_2 + nH^+ + n_2e^- \rightleftharpoons Red_2 + n/2\,H_2O$$

Com um raciocínio semelhante ao já discutido, chega-se à conclusão que, em $T = 25°C$ e no ponto de equivalência do sistema:

$$Ox_1 + mH^+ + n_1e^- \rightleftharpoons Red_1 + m/2\,H_2O$$

$$Ox_2 + nH^+ + n_2e^- \rightleftharpoons Red_2 + n/2\,H_2O$$

onde m e/ou n pode(m) ser igual(is) a zero. Se $m = n = 0$, então

$$E_{eq} = \frac{n_1 E_1^0 + n_2 E_2^0}{n_1 + n_2}$$

No caso em questão, onde somente a semi-reação do permanganato envolve íons H$^+$, pode-se escrever que

$$E = E_{eq} = \frac{E^0_{Fe^{3+}/Fe^{2+}} + 5E^0_{MnO_4^-/Mn^{2+}}}{6} - \frac{0,059}{6} \log \frac{[Fe^{2+}]\,[Mn^{2+}]}{[MnO_4^-]\,[Fe^{3+}][H^+]^8}$$

Mas, de acordo com a estequiometria no ponto de equivalência, tem-se que

$$[Fe^{3+}] = 5[Mn^{2+}]$$

$$[Fe^{2+}] = 5[MnO_4^-]$$

e, em conseqüência disto,

$$\frac{[Fe^{2+}]\,[Mn^{2+}]}{[Fe^{3+}]\,[MnO_4^-]} = 1$$

Desta forma,

$$E = E_{eq} = \frac{E^0_{Fe^{3+}/Fe^{2+}} + 5E^0_{MnO_4^-/Mn^{2+}}}{6} - \frac{0,059}{6} \log \frac{1}{[H^+]^8}$$

$$E = E_{eq} = \frac{+0,77 + 5(+1,51)}{6} - \frac{0,059}{6} \log \frac{1}{(1,00)^8}$$

$$E_{eq} = +1,39 \text{ volt}$$

Depois do Ponto de Equivalência, a semi-reação utilizada para o cálculo do Potencial é a do Permanganato. A título de exemplo, considere-se o caso em que o volume de titulante adicionado é $V_{MnO_4^-} = 200,00$ mL.

$$E = E^0_{MnO_4^-/Mn^{2+}} - \frac{0,059}{5} \log \frac{[Mn^{2+}]}{[MnO_4^-][H^+]^8}$$

lembrando que:

$$[H^+] = 1,00 \text{ mol L}^{-1} = \text{constante}, \quad [Mn^{2+}] = \frac{nMn^{2+}}{V_{total}} \quad e$$

$$[MnO_4^-] = \frac{nMnO_4^-}{V_{total}}$$

onde

nMn^{2+} é a quantidade de substância em íons Mn^{2+} formada na reação e $nMnO_4^-$ é a quantidade de substância em íons MnO_4^- em excesso. Assim:

$$\frac{[Mn^{2+}]}{[MnO_4^-]} = \frac{nMn^{2+}}{nMnO_4^-}$$

Pela estequiometria da reação, verifica-se que a quantidade de substância em íons Mn^{2+} formada é igual à quantidade de substância em íons MnO_4^- usada para oxidar os íons Fe^{2+}. A quantidade de substância de MnO_4^- usada para oxidar os íons Fe^{2+} pode ser calculada da seguinte maneira:

$nMn^{2+} = nMnO_4^-$ que reagiram = $100,00 \times 10^{-3} \times 0,0200 = 2,00$ mmol.

A quantidade de substância de MnO_4^- em excesso é:

$nMnO_4^- = 100,00 \times 10^{-3} \times 0,0200 = 2,00$ mmol.

Aplicando a equação de Nernst:

$$E = 1,51 - \frac{0,059}{5} \log \frac{(2,00)}{(2,00)(1,00)^8}$$

$$E = E_{MnO_4^-/Mn^{2+}} = 1,51 \text{ volts}$$

Este é o resultado esperado. Usando-se o mesmo raciocínio pode-se calcular os potenciais dos outros pontos da curva, resultando no gráfico descrito pela Figura 5.4.

8 — Detecção do ponto final

Uma titulação envolvendo reações de óxido-redução é caracterizada por uma mudança pronunciada do Potencial de Redução do sistema ao redor do seu Ponto de Equivalência.

A indicação do Ponto Final da titulação pode ser feita por três métodos:

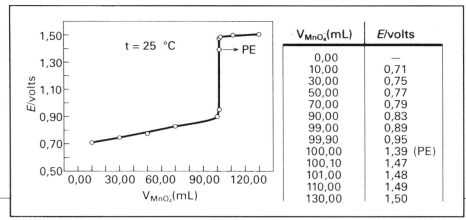

Figura 5.4 — Curva de titulação de 100,00 mL de uma solução de Fe^{2+} 0,1000 mol L^{-1} com uma solução 0,0200 mol L^{-1} de KMnO$_4$.

(a) Visualmente, sem adição de indicadores.
(b) Visualmente, com a adição de indicadores.
(c) Por métodos eletroanalíticos (ex.: Potenciometria), os quais não serão discutidos neste texto.

Em algumas titulações redox, o próprio titulante ou um produto da reação pode agir como indicador do Ponto Final da titulação, bastando para isto que tal espécie química provoque uma mudança rápida e perceptível na cor da solução titulada no ponto de Equivalência do sistema redox.

Um exemplo desta situação é a titulação de uma amostra de ácido oxálico em solução aquosa, com solução de permanganato de potássio, em meio ácido. Atinge-se o Ponto Final desta titulação quando a cor da solução titulada mudar de incolor para violeta claro (ligeiro excesso de íon MnO$_4^-$).

Em muitos outros casos, a indicação do Ponto Final de uma titulação redox é obtida com a ajuda de indicadores apropriados, que se dividem em dois tipos:

Indicadores específicos

São substâncias que reagem de um modo específico com um dos participantes (reagentes ou produtos) da titulação, para produzir uma mudança de cor.

Este é o caso do amido, usado em titulações redox envolvendo o par I$_2$/I$_3^-$. O amido forma um complexo azul-escuro com os íons I$_3^-$ e serve como indicador do Ponto Final de titulações onde o iodo é produzido ou consumido.

Outro exemplo é o KSCN, empregado como indicador na titulação de Fe(III) com solução de Ti(III). Considere-se que o Ponto Final desta titulação foi atingido quando do desaparecimento da coloração devido ao complexo FeSCN^{2+}.

Indicadores verdadeiros

Existem indicadores redox que são sistemas de oxidação-redução reais, os quais possuem um comportamento que depende somente da mudança do Potencial do sistema e não da mudança da concentração dos reagentes. Sua aplicação é mais ampla que a dos indicadores específicos.

Para tais indicadores pode-se, de um modo geral, supor uma semi-reação do tipo

$$\underset{\text{cor 1}}{I_{Ox}} + sH^+ + ne^- \rightleftharpoons \underset{\text{cor 2}}{I_{Red}}$$

pois somente para alguns indicadores de oxidação-redução verdadeiros não se observa o envolvimento de íons H^+ em sua semi-reação. Para esta semi-reação reversível é válida a expressão:

$$E_I = E_I^0 - \frac{0,059}{n} \log \frac{[I_{Red}]}{[I_{Ox}][H^+]^s}$$

Considerando-se (de modo análogo ao caso dos indicadores ácido-base), que para $[I_{Red}]/[I_{Ox}] \geq 1/10$ a predominância é da cor da espécie na forma oxidada (cor 1), pode-se escrever que, no limite:

$$\frac{[I_{Red}]}{[I_{Ox}]} = \frac{1}{10}$$

$$E_I = E_I^0 - \frac{0,059}{n} \log \frac{1}{10[H^+]^s}$$

$$E_I = E_I^0 + \frac{0,059}{n} - \frac{0,059 \, s}{n} \log \frac{1}{[H^+]}$$

Por outro lado, quando

$$\frac{[I_{Red}]}{[I_{Ox}]} \geq 10$$

Tem-se que, no limite:

$$\frac{[I_{Red}]}{[I_{Ox}]} = 10$$

$$E_I = E_I^0 - \frac{0,059}{n} \log \frac{10}{[H^+]^s}$$

$$E_I = E_I^0 - \frac{0,059}{n} - \frac{0,059 \, s}{n} \log \frac{1}{[H^+]}$$

Sob uma mesma forma

$$E_I = E_I^0 \pm \frac{0,059}{n} - \frac{0,059}{n} \log \frac{1}{[H^+]}$$

Como a concentração do indicador é pequena, supõe-se, para maior simplicidade, que a sua semi-reação não altera o pH do meio. Sendo constante o pH, pode-se escrever que:

$$E_I = E_I^0 - \frac{0,059\,s}{n}\log\frac{1}{[H^+]} \pm \frac{0,059}{n}$$

$$E_I = E_I^{0'} \pm \frac{0,059}{n}$$

onde

$$E_I^{0'} = f([H^+]) = E_I^0 - \frac{0,059\,s}{n}\log\frac{1}{[H^+]}$$

Se $s = n$, então:

$$E_I^{0'} = E_I^0 - 0,059\log\frac{1}{[H^+]}$$

Se a titulação for realizada em pH zero, então $E_I^{0'} = E_I^0$ e o potencial real do sistema indicador toma uma forma matemática idêntica àquela onde os íons H^+ não participam da semi-reação de redução do indicador, isto é:

$$I_{Ox} + ne^- \rightleftharpoons I_{Red}$$

$$E_I = E_I^0 - \frac{0,059}{n}\log\frac{[I_{Red}]}{[I_{Ox}]}$$

onde, considerando-se as condições para a viragem do indicador, $[I_{Red}]/[I_{Ox}] = 10$ e $[I_{Red}]/[I_{Ox}] = 1/10$, tem-se:

$$E_I = E_I^0 \pm \frac{0,059}{n}$$

onde E_I^0 é o Potencial Padrão de Redução da semi-reação do indicador.

Tanto $E_I^{0'}$ como E_I^0 são chamados de Potencial de Transição do indicador (em volt). Se o Ponto de Equivalência da titulação for próximo do Potencial de Transição do indicador (E_I^0 ou $E_I^{0'}$, dependendo do envolvimento ou não de íons H^+ na semi-reação do indicador), então a mudança de cor ocorrerá num intervalo de $0,118/n$ volt, centrado no valor do Potencial de Transição (E_I^0 ou $E_I^{0'}$), sendo este o critério de escolha de um indicador redox.

Um grupo importante de indicador redox é derivado da 1,10-fenantrolina (orto-fenantrolina), que forma um complexo 3:1 com Fe(II). Este complexo, conhecido como *ferroína*, sofre uma reação redox reversível, seguida de uma mudança de cor bem distinta:

$$\left[\begin{array}{c}\text{phen}\\ \end{array}\right]_3 Fe^{3+} + e^- \rightleftharpoons \left[\begin{array}{c}\text{phen}\\ \end{array}\right]_3 Fe^{2+}$$

Azul $E_I^0 = +1,06$ V   Vermelho

Esse indicador funciona bem, proporcionando uma mudança aguda de cor e é bem resistente à decomposição oxidativa do meio.

Um segundo grupo importante de indicador inclui os indicadores derivados da difenilamina. Na presença de um agente oxidante forte, a difenilamina é irreversivelmente convertida a difenilbenzidina. Esta, por sua vez, sofre uma reação redox reversível acompanhada de uma mudança drástica de cor:

2 Ph–NH–Ph ⇌ Ph–NH–C6H4–C6H4–NH–Ph + 2 H⁺ + 2 e⁻

difenilamina (incolor)   difenilbenzidina (incolor)

$\updownarrow E_I^0 = +0,76$ V

Ph–N=C6H4=C6H4=N–Ph + 2 H⁺ + 2 e⁻

difenilbenzidina (violeta)

A baixa solubilidade da difenilamina e da difenilbenzidina em água, cria uma dificuldade que pode ser contornada pelo uso de derivados sulfônicos, tais como difenilamina sulfonato de sódio ou difenilbenzidina sulfonato de sódio. Este último deve ser preferido, eliminando assim a etapa da dimerização difenilamina-difenilbenzidina. Quando um dos dois derivados sulfônicos é usado, o potencial de transição é de 0,85 V a 25°C e pH = 0. Cuidados devem ser tomados durante o uso destes indicadores, pois ambos são carcinogênicos e também por formarem tungstatos pouco solúveis e por isso não devem ser usados na presença de íons tungstato.

A Tabela 5.1, mostra as características de alguns indicadores redox selecionados.

Comentários

(1) As reações são termodinamicamente permitidas quando o potencial do sistema $E^0_T = \Sigma E^0 > 0$.

Exemplo:

$Cu^{2+} + 2e^- \rightleftharpoons Cu^0$ $E_1^0 = +0,337$ volt

$Zn^{2+} + 2e^- \rightleftharpoons Zn^0$ $E_2^0 = -0,763$ volt

Tabela 5.1 — Alguns indicadores redox

Indicador	Cor forma oxidada	Cor forma reduzida	Potencial de Transição (volts), pH = 0
Nitroferroína(*)	azul pálido	vermelho	+ 1,25
Ácido 2,3-difenilamino-dicarboxílico	azul violeta	incolor	+ 1,12 (7–10 mol L^{-1} H$_2$SO$_4$)
Ferroína(**)	azul pálido	vermelho	+ 1,11
Ácido aminossulfônico	púrpura	incolor	+ 0,85
Difenilamina	violeta	incolor	+ 0,76
Difenilbenzidina	violeta	incolor	+ 0,76
Azul de metileno	azul	incolor	+ 0,53

(*) Complexo de Fe (II) com 5-nitro-1,10-fenantrolina.
(**) Complexo de Fe (II) com 1,10-fenantrolina

Assim:

$$Cu^{2+} + Zn^0 \rightleftharpoons Zn^{2+} + Cu^0 \qquad E_T^0 = 1,100 \text{ volt}$$

Aparentemente inverteu-se E_2^0 ao se inverter a semi-reação do zinco, mas não se pode inverter os sinais dos potenciais, porque estes são potenciais padrão. Na verdade, E_T^0 nada mais é do que a Força Eletromotriz (FEM) da pilha, que não depende apenas da sua composição, mas também das concentrações envolvidas. Isto é o que diz a equação de Nernst, usando a atividade a para cada espécie:

$$E = E^0 - \frac{2{,}303RT}{nF} \log \frac{(aC)^c (aD)^d}{(aA)^a (aB)^b}$$

Ou
$$E = E^0 - \frac{0{,}059}{n} \log \frac{(aC)^c (aD)^d}{(aA)^a (aB)^b} \qquad \text{(para T = 298 K)}$$

Considerando-se então as semi-reações acima, pode-se escrever que para a pilha correspondente

$$E_{\text{pilha}} = +0{,}337 - \frac{0{,}059}{2} \log \frac{1}{[Cu^{2+}]} - \left(-0{,}763 - \frac{0{,}059}{2} \log \frac{1}{[Zn^{2+}]}\right)$$

$$E_{\text{pilha}} = 1{,}100 - \frac{0{,}059}{2} \log \frac{[Zn^{2+}]}{[Cu^{2+}]}$$

onde $aCu^{2+} = aZn^{2+} = 1$ e $aCu^{2+} \approx [Cu^{2+}]$; $aZn^{2+} \approx [Zn^{2+}]$.

Notar que $E_{\text{pilha}} = 1{,}100$ V somente quando $[Zn^{2+}] = [Cu^{2+}]$ = constante e que este valor pode ser obtido sem inverter o sinal da semi-reação do zinco.

(2) Como a concentração de 1 mol/litro não corresponde precisamente a uma atividade de 1 mol/litro, e como o Potencial Padrão, E^0, é definido em termos de atividade padrão para todas as espécies envolvidas, tem-se que os valores medidos e calculados de E^0 diferem entre si. Para que isto não ocorra, todas as concentrações em mol L^{-1} (ou pressões de gases, se for o caso) que aparecem na equação de Nernst devem ser transformadas em atividades, o que é muito trabalhoso e nem sempre possível.

Além deste fator, o Potencial Padrão de uma semi-reação depende também das condições da solução, pois além dos efeitos de força iônica, algumas substâncias presentes no meio reagente podem complexar espécies químicas envolvidas no processo redox. Se a(s) forma(s) química(s) do(s) complexo(s) fosse(m) conhecida(s), seria possível escrever uma outra semi-reação e determinar o valor do seu Potencial Padrão, mas geralmente, este não é o caso.

Para contornar tais situações define-se o chamado Potencial Formal de Eletrodo, E^f, que é o Potencial Padrão de uma semi-reação determinado experimentalmente. Acompanhando o valor de E^f deve-se assinalar as condições nas quais ele foi medido.

Exemplos:

O par Ce^{4+}/Ce^{3+} apresenta apenas valores de E^f

$$Ce^{4+} + e^- \rightleftharpoons Ce^{3+}$$

em solução perclórica: $E^f = 1{,}70$ V   ($HClO_4$ 1 mol L^{-1}),
em solução nítrica: $E^f = 1{,}61$ V   (HNO_3 1 mol L^{-1}),
em solução sulfúrica: $E^f = 1{,}44$ V   (H_2SO_4 1 mol L^{-1}),
em solução clorídrica: $E^f = 1{,}28$ V (HCl 1 mol L^{-1}).

O par Fe^{3+}/Fe^{2+}, entretanto, apresenta um valor de E^0 e vários outros referentes a E^f, a saber:

$$Fe^{3+} + e^- \rightleftharpoons Fe^{2+}$$

$E^0 = 0{,}771$ V,
$E^f = 0{,}700$ V   ($HClO_4$ 1 mol L^{-1}),
$E^f = 0{,}732$ V   (HCl 1 mol L^{-1}),
$E^f = 0{,}68$ V   (H_2SO_4 1 mol L^{-1}),
$E^f = 0{,}61$ V   (H_2SO_4 1 mol L^{-1}/H_3PO_4 0,5 mol L^{-1}),

Em solução perclórica, o efeito principal está relacionado com a diferença existente entre a atividade e a concentração (em mol L^{-1}), pois o íon ClO_4^- não é um bom agente complexante. Entretanto, os íons Cl^-, HSO_4^- e HPO_4^{2-}, além destes efeitos, formam complexos mais fortes com o Fe^{3+} que com Fe^{2+} alterando a razão Fe^{3+}/Fe^{2+}, que por sua vez influi no valor de E^0.

Exercícios

1. A titulação direta de As(III) com solução de iodo é geralmente usada como método para a determinação de arsênio ou para a própria padronização da solução de iodo. A semi-reação para o arsênio é dada por:

$$H_3AsO_3 + 3H_2O + 2e^- \rightleftharpoons H_3AsO_4 + 2H_3O^+$$

$$E^0_{As(V)/As(III)} = 0,58 V \text{ em HCl 1 mol L}^{-1} \text{ a 25°C}$$

Num meio ácido, o equilíbrio para esta semi-reação está fortemente deslocado para a esquerda. O valor de $E^0_{I_2}$ é 0,535 V, indicando que o As(III) não pode ser oxidado a As(V) pelo sistema I_2/I^- numa solução ácida. Mas, abaixando a concentração de H_3O^+, a semi-reação do arsênio será induzida a deslocar-se para a direita, num pH 8, onde $E_{As(V)/As(III)}$ vale – 0,10 V. Conseqüentemente, num meio de pH 8 a separação de $E_{As(V)/As(III)}$ e $E^0_{I_2/I^-}$ é suficientemente grande para permitir a conversão quantitativa de As(III) para As(V) pelo I_2. Nestas condições a reação será dada por:

$$H_3AsO_3 + I_2 + 5H_2O \rightleftharpoons HAsO_4^{2-} + 2I^- + 4H_3O^+$$

No laboratório, um estudante pesou 0,5020 g de uma amostra de As_2O_3 impuro e dissolveu cuidadosamente o material, mantendo-o em pH 8. O As(III) foi, a seguir, titulado com uma solução de iodo de concentração 0,1010 mol L^{-1}, usando amido como indicador. Até o ponto final foram adicionados 22,44 mL da solução de iodo. Nestas condições, qual será a porcentagem de As_2O_3 presente no material impuro original?

2. Usando os valores de uma tabela de potenciais padrão de redução, identifique quais das seguintes reações se pode esperar que ocorram espontaneamente:

   a) $Cu^+ + Ce^{4+} \rightleftharpoons Cu^{2+} + Ce^{3+}$
   b) $2Fe^{2+} + Br_{2(aq)} \rightleftharpoons 2Fe^{3+} + 2Br^-$
   c) $Pb^0 + 2Cr^{3+} \rightleftharpoons Pb^{2+} + 2Cr^{2+}$
   d) $2Ce^{3+} + H_3AsO_4 + 2H_3O^+ \rightleftharpoons 2Ce^{4+} + HAsO_2 + 4H_2O$

3. A um estudante é dada uma amostra em pó contendo uma mistura de As_2O_3 e As_2O_5, junto com outras impurezas inertes. O estudante pesou 1,0150 g desta amostra e dissolveu cuidadosamente em uma solução ácida, tamponou em pH 8, e titulou com uma solução de iodo 0,0510 mol L^{-1}. A viragem da cor do amido aconteceu com 28,50 mL da solução de iodo. Em seguida, a solução é tornada fortemente ácida com HCl e um excesso de KI é adicionado. O iodo liberado foi titulado com uma solução padrão de tiossulfato de sódio 0,4550 mol L^{-1}, gastando-se 12,50 mL para se atingir o ponto final com a viragem de cor do amido. Quais são as porcentagens de As_2O_3 e As_2O_5 na amostra?

4. Uma amostra de bronze é dada a um analista para que determine o teor de cobre. Foram pesados 0,5500 g do bronze e dissolvidos em ácido nítrico 8 mol L^{-1}. Esta solução foi adequadamente tratada e depois foi adicionado excesso de KI para liberar I$_2$ e deixar um resíduo de I$^-$ de 0,8 mol L^{-1}. Este iodo liberado foi titulado com uma solução de Na$_2$S$_2$O$_3$ 0,1055 mol L^{-1}. Foram gastos 15,35 mL desta solução, até a viragem de cor do amido. Qual é a porcentagem de cobre na amostra?

5. Uma amostra de 1,2520 g de um minério contendo CaO e outras substâncias inertes é dissolvida corretamente, e a seguir o cálcio é precipitado na forma de oxalato de cálcio, a partir de uma solução homogênea. Este precipitado foi dissolvido em ácido sulfúrico diluído e a solução resultante titulada com uma solução de permanganato de potássio 0,02020 mol L^{-1}. Gastaram-se 38,50 mL da solução de KMnO$_4$ até se alcançar o ponto final. Qual é a porcentagem de cálcio no minério analisado?

6. Um alvejante em pó, para uso industrial, é constituído por uma mistura cujo constituinte principal é o hipoclorito de cálcio, CaCl(OCl) ou CaOCl$_2$. Quando tratado com ácido sulfúrico diluído ocorre a seguinte reação, onde o Cl$_2$ representa o "cloro disponível":

$$CaCl(OCl) + 2H_3O^+ \rightleftharpoons Ca^{2+} + Cl_2 + 3H_2O$$

Na presença do íon iodeto e ácido sulfúrico diluído ocorre a reação:

$$CaCl(OCl) + 2I^- + 2H_3O^+ \rightleftharpoons Ca^{2+} + I_2 + 2Cl^- + 3H_2O$$

Aqui, o iodo liberado é equivalente ao cloro disponível. Para a análise, foi pesado 1,000 g da amostra, que foi transferida para um almofariz contendo um pouco de água e misturado até formar uma pasta. Essa pasta foi transferida cuidadosamente para um balão volumétrico de 100,0 mL e depois foi adicionada água até a marca, agitando-se fortemente para obter-se uma suspensão homogênea. Uma alíquota de 25,00 mL desta suspensão, foi pipetada para um erlenmeyer de 250 mL, juntaram-se 1,0 g de KI e 15,0 mL de H$_2$SO$_4$ 10% (v/v). O iodo liberado foi titulado com uma solução de tiossulfato de sódio 0,2020 mol L^{-1} usando o amido como indicador. Até o ponto final gastaram-se 14,35 mL da solução de Na$_2$S$_2$O$_3$. Qual é a porcentagem de cloro disponível? Qual é a porcentagem de CaCl(OCl) na amostra?

7. Sabendo-se que 20,00 mL de uma solução de ácido oxálico (H$_2$C$_2$O$_4$) pode ser titulado com 15,00 mL de uma solução de NaOH 0,4000 mol L^{-1}, e que os mesmos 20,00 mL do mesmo H$_2$C$_2$O$_4$ necessitam de 32,00 ml de uma solução de KMnO$_4$, qual é a concentração desta solução de permanganato de potássio, em mol L^{-1}?

8. Uma amostra de 0,1650 g de L-cisteína impura, HSCH$_2$CHNH$_2$COOH (massa molar = 121,20 g mol^{-1}), foi convenientemente tratada com 25,00 mL de uma

solução de iodo. O excesso do iodo necessitou 14,25 mL de uma solução de tiossulfato de sódio 0,01010 mol L^{-1} até a viragem de cor do amido. Um ensaio em branco gastou 30,25 mL do titulante. Calcular a porcentagem de pureza da L-cisteína.

$$2 \text{ L—SH} + I_2 \rightarrow \text{L—S—S—L} + 2I^- + 2H^+$$

9. Uma amostra de 0,5020 g de óxido de ferro (Fe_2O_3) foi dissolvida e depois titulada com uma solução de Ce^{4+} 0,1005 mol L^{-1}, gastando-se 15,80 mL até o Ponto Final da titulação. Qual é a porcentagem de pureza do Fe_2O_3?

10. Pesticidas arsenicais podem ser analisados para se determinar o teor de As mediante tratamento da amostra com ácido clorídrico à ebulição na presença de um agente redutor. Nestas condições forma-se $AsCl_3$ que é volátil e, ao ser destilado, é coletado adequadamente em meio ácido. Depois é titulado com uma solução padrão de iodo. Sabendo-se que foram gastos 28,55 mL de uma solução de iodo 0,1010 mol L^{-1} para titular uma amostra de 0,5002 g do pesticida, qual é a porcentagem de As nesta amostra?

11. Calcular a constante de equilíbrio para a reação:

$$5Fe^{2+} + MnO_4^- + 8H^+ \rightleftharpoons 5Fe^{3+} + Mn^{2+} + 4H_2O$$

    Considerar que em meio ácido $E^0_{Fe^{3+}/Fe^{2+}} = 0,76 \text{ V}$ e $E^0_{MnO_4^-/Mn^{2+}} = +1,5 \text{ } V$.

12. O ácido salicílico, $C_7H_6O_3$ (massa molar = 138,10 g mol^{-1}), pode ser oxidado com permanganato de potássio, que será reduzido a MnO_2, em meio alcalino, formando água e íons carbonato. Quantos miligramas de ácido salicílico vão reagir com 1,00 mL de uma solução de permanganato de potássio contendo 8,000 g de $KMnO_4$ (massa molar = 158,00 g mol^{-1}) em um volume de 500,0 mL?

13. Calcular a porcentagem de pirolusita (MnO_2) num mineral, sabendo-se que uma amostra de 0,1225 g após correto tratamento, gastou 25,30 mL de uma solução de tiossulfato de sódio 0, 1005 mol L^{-1}. A reação que ocorre é a seguinte:

$$MnO_{2(s)} + 4H^+ + 2I^- \rightleftharpoons Mn^{2+} + I_2 + 2H_2O$$

14. Uma amostra de 1,2000 g de uma pomada cicatrizante contendo zinco quelado como um dos princípios ativos, foi cuidadosamente calcinada para decompor toda matéria orgânica e a cinza remanescente de ZnO foi dissolvida em ácido. À solução devidamente preparada foi adicionada uma solução de oxalato de amônio [$(NH_4)_2C_2O_4$] e o precipitado de ZnC_2O_4 formado foi filtrado, lavado, e a seguir, dissolvido em ácido diluído. O ácido oxálico liberado foi titulado com 32,95 mL de $KMnO_4$ 0,2040 mol L^{-1}. Calcular a porcentagem de ZnO na pomada analisada.

Capítulo 6

Titulações complexométricas

Muitos íons metálicos formam complexos estáveis, solúveis em água, com um grande número de aminas terciárias contendo grupos carboxílicos. A formação destes complexos serve como base para a titulação complexométrica.

Apesar de existir um grande número de compostos usados na complexometria, a discussão teórica que se segue será limitada a complexos formados com o ácido etilenodiaminotetraacético (EDTA), um dos complexantes mais comuns e mais empregados.

1 — Variação das espécies de EDTA em função do pH da solução aquosa

O EDTA é um ácido fraco para o qual $pK_1 = 2,00$; $pK_2 = 2,66$; $pK_3 = 6,16$ e $pK_4 = 10,26$. Estes valores mostram claramente que os dois primeiros hidrogênios são mais facilmente dissociáveis do que os outros dois restantes.

Nesta discussão o EDTA será representado pelo símbolo H_4Y, onde o "H_4" refere-se aos quatro hidrogênios dissociáveis dos quatro grupo carboxílicos.

Os quatro valores de pK dados acima, correspondem às dissociações:

$$H_4Y \rightleftharpoons H^+ + H_3Y^- \quad K_1 = 1,0 \times 10^{-2} = \frac{[H^+][H_3Y^-]}{[H_4Y]} \quad (6.1)$$

$$H_3Y^- \rightleftharpoons H^+ + H_2Y^{2-} \quad K_2 = 2,2 \times 10^{-3} = \frac{[H^+][H_2Y^{2-}]}{[H_3Y^-]} \quad (6.2)$$

$$H_2Y^{2-} \rightleftharpoons H^+ + HY^{3-} \quad K_3 = 6,9 \times 10^{-7} = \frac{[H^+][HY^{3-}]}{[H_2Y^{2-}]} \tag{6.3}$$

$$HY^{3-} \rightleftharpoons H^+ + Y^{4-} \quad K_4 = 5,5 \times 10^{-11} = \frac{[H^+][Y^{4-}]}{[HY^{3-}]} \tag{6.4}$$

Em soluções aquosas o EDTA dissocia-se produzindo quatro espécies aniônicas; a fração de cada espécie de EDTA em função do pH é mostrada na Figura 6.1.

Através desta Figura 6.1 observa-se que somente para valores de pH acima de 10 é que a maior parte do EDTA em solução existe na forma da espécie Y^{4-}. Para valores de pH abaixo de 10, predominam as outras espécies protonadas HY^{3-}, H_2Y^{2-} e H_4Y. Nestes casos pode-se considerar que o íon H^+ compete com o íon metálico pelo EDTA. Então, a tendência para formar o quelato metálico num determinado valor de pH não é discernível diretamente a partir do valor da constante de formação absoluta (K_{abs}) do quelato em questão.

$$M^{n+} + Y^{4-} \rightleftharpoons MY^{-(4-n)} \quad K_{abs} = \frac{[MY^{-(4-n)}]}{[M^{n+}][Y^{4-}]} \tag{6.5}$$

onde K_{abs} = constante de formação absoluta ou *constante de estabilidade absoluta* do complexo.

Pode-se ver na Figura 6.1 que, em pH 4, a espécie predominante em solução é H_2Y^{2-} e sua reação com um metal, por exemplo com o zinco, pode ser descrita pela seguinte equação:

$$Zn^{2+} + H_2Y^{2-} \rightleftharpoons ZnY^{2-} + 2H^+$$

É evidente que à medida que o pH diminui, este equilíbrio se desloca no sentido

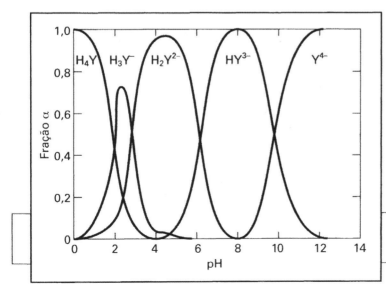

Figura 6.1 — Composição de uma solução de EDTA em função do pH.

de impedir a formação do quelato ZnY^{2-}, e é óbvio que deverá existir um valor de pH abaixo do qual a titulação do zinco com EDTA não poderá ser realizada. O valor deste pH pode ser calculado e o cálculo envolve o valor da constante de estabilidade absoluta (K_{abs}), bem como os valores apropriados das constantes de dissociação do EDTA.

A expressão que dá a fração de EDTA na forma de Y^{4-} pode ser obtida através da equação que relaciona a concentração total das espécies de EDTA não complexadas, C_a, no equilíbrio:

$$C_a = [Y^{4-}] + [HY^{3-}] + [H_2Y^{2-}] + [H_3Y^-] + [H_4Y] \tag{6.6}$$

Substituindo-se nesta equação as concentrações das várias espécies em termos das suas constantes de dissociação, tem-se:

$$\frac{[Y^{4-}]}{C_a} = \frac{K_1 K_2 K_3 K_4}{[H^+]^4 + K_1[H^+]^3 + K_1 K_2[H^+]^2 + K_1 K_2 K_3[H^+] + K_1 K_2 K_3 K_4} \tag{6.7}$$

$$\frac{[Y^{4-}]}{C_a} = \alpha_4 \quad \text{ou} \quad [Y^{4-}] = \alpha_4 C_a \tag{6.8}$$

onde α_4 é a fração de EDTA na forma Y^{4-}. As frações de EDTA existentes sob as outras formas (H_4Y, H_3Y^-, H_2Y^{2-} e HY^{3-}), correspondentes aos valores de α_0 a α_3, podem ser calculadas de modo análogo. Isto, trabalhado apropriadamente, resulta na distribuição descrita na Figura 6.1. Os valores de α podem ser calculados em qualquer pH, para qualquer ligante cujas constantes de dissociação sejam conhecidas.

No exemplo acima, para efeito de cálculo, é possível efetuar algumas simplificações; por exemplo, quando se titula uma solução em pH muito alto é claro que o termo $[H^+]^4$ será desprezível.

Como os valores de α se estendem sobre um intervalo muito amplo de magnitude, na prática pode-se fazer um gráfico de $-\log \alpha_4$ vs pH. Tal gráfico para o EDTA é mostrado na Figura 6.2 e foi traçado a partir dos dados da Tabela 6.1.

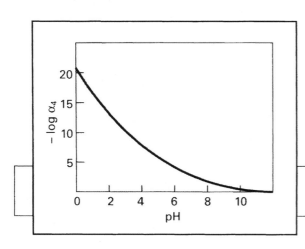

Figura 6.2 — Variação de $-\log \alpha_4$ com o pH, para o EDTA.

Substituindo-se o valor de $\alpha_4 C_a$ na expressão da constante de estabilidade absoluta, dada por (6.5), tem-se:

$$K_{abs} = \frac{[MY^{-(4-n)}]}{[M^{n+}]\alpha_4 C_a}$$

$$K_{abs}\,\alpha_4 = \frac{[MY^{-(4-n)}]}{[M^{n+}]C_a} = K' \qquad (6.9)$$

onde K' é chamada de *constante de estabilidade condicional*. Ao contrário da K_{abs}, K' varia com o pH, pois está na dependência de α_4, que varia com o pH. A vantagem de se trabalhar com K' em vez de K_{abs}, está no fato de que K' mostra a tendência real para ocorrer a formação do quelato metálico num determinado valor de pH. Os valores de K' são facilmente obtidos a partir dos valores de K_{abs} e de α_4.

Tabela 6.1 — Valores de α_4 para o EDTA

pH	α_4	$-\log \alpha_4$
2,00	$3{,}7 \times 10^{-14}$	13,44
2,50	$1{,}4 \times 10^{-12}$	11,86
3,00	$2{,}5 \times 10^{-11}$	10,60
4,00	$3{,}3 \times 10^{-9}$	8,48
5,00	$3{,}5 \times 10^{-7}$	6,45
6,00	$2{,}2 \times 10^{-5}$	4,66
7,00	$4{,}8 \times 10^{-4}$	3,33
8,00	$5{,}1 \times 10^{-3}$	2,29
9,00	$5{,}1 \times 10^{-2}$	1,29
10,00	0,35	0,46
11,00	0,85	0,07
12,00	0,98	0,00

Note-se que à medida que o pH diminui o α_4 também diminui, e conseqüentemente o valor de K' diminui. Como α_4 é a fração de EDTA na forma Y^{4-}, em pH acima de 12, onde o EDTA está completamente dissociado, o valor de α_4 aproxima-se da unidade ($-\log \alpha_4$ tende a zero), e daí K' se aproxima de K_{abs}.

2 — Curvas de titulação

Para efeito de ilustração considere-se a titulação de íons cálcio com EDTA

$$Ca^{2+} + Y^{4-} \rightleftharpoons CaY^{2-}$$

Antes do ponto de equivalência, a concentração de íons Ca^{2+} é quase igual à concentração de cálcio que não reagiu com o ligante, pois a dissociação do quelato é pequena. No ponto de equivalência e além dele, pCa é determinado a partir da dissociação do quelato num determinado pH, usando-se os valores da constante de estabilidade absoluta e da constante de estabilidade condicional.

Como exemplo, considere-se a titulação de 50,00 mL de uma solução de Ca^{2+} 0,0100 mol L^{-1} com EDTA 0,0100 mol L^{-1}. A solução de Ca^{2+} é inicialmente tamponada em pH 10. Pede-se calcular os valores de pCa nos vários estágios da titulação e traçar a curva de titulação teórica.

a) Cálculo da constante de estabilidade condicional

A constante de estabilidade condicional para o complexo Ca–EDTA em pH 10,00 pode ser calculada a partir da constante de estabilidade absoluta do complexo (Tab. 6.2) e do valor α_4 para o EDTA em pH 10,00 (Tab. 6.1).

$$K'_{CaY^{2-}} = K_{absCaY^{2-}} \cdot \alpha_4 = 5,0 \times 10^{10} \times 0,35$$

$$\therefore K'_{CaY^{2-}} = 1,8 \times 10^{10}$$

Tabela 6.2 — Constante de Formação para Complexos de EDTA

Cátion	K_{MY}	logK_{MY}	Cátion	K_{MY}	logK_{MY}
Ag^+	2 x 10^7	7,30	Cu^{2+}	6,3 x 10^{18}	18,80
Mg^{2+}	4,9 x 10^8	8,69	Zn^{2+}	3,2 x 10^{16}	16,50
Ca^{2+}	5,0 x 10^{10}	10,70	Cd^{2+}	2,9 x 10^{16}	16,46
Sr^{2+}	4,3 x 10^8	8,63	Hg^{2+}	6,3 x 10^{21}	21,80
Ba^{2+}	5,8 x 10^7	7,76	Pb^{2+}	1,1 x 10^{18}	18,04
Mn^{2+}	6,2 x 10^{13}	13,79	Al^{3+}	1,3 x 10^{16}	16,13
Fe^{2+}	2,1 x 10^{14}	14,33	Fe^{3+}	1 x 10^{25}	25,10
Co^{2+}	2,0 x 10^{16}	16,31	V^{3+}	8 x 10^{25}	25,90
Ni^{2+}	4,2 x 10^{18}	18,62	Th^{4+}	2 x 10^{23}	23,20

Extraído de: G. Schwarzembach, *Complexometric Titrations*, N.Y., Interscience Publishers, Inc., 1957, p.8; (T = 20°C e força iônica 0,1).

b) No início da titulação

$$[Ca^{2+}] = 0,0100 \text{ mol } L^{-1}$$

$$\therefore pCa = -\log[Ca^{2+}] = 2,00$$

c) Após a adição de 20,00 mL do titulante

Como neste ponto da titulação existe ainda um excesso considerável de íons Ca^{2+} e sendo o valor da constante de equilíbrio da ordem de 10^{10}, pode-se considerar que a concentração de Ca^{2+}, devido à dissociação do complexo CaY^{2-}, é desprezível em relação à concentração de Ca^{2+} não complexado, ou seja,

$$[Ca^{2+}] = \frac{(0,500 - 0,200) \text{ mmol}}{70,00} = 4,29 \times 10^{-3} \text{mol } L^{-1}$$

$$pCa = 2,37$$

Por meio de cálculos análogos, pode-se obter os valores de pCa para qualquer qualquer ponto da curva antes do ponto de equivalência.

d) No ponto de equivalência da titulação

Aqui a solução será $5,00 \times 10^{-3}$ mol L^{-1} em CaY^{2-} e qualquer íon Ca^{2+} livre surgirá da dissociação do complexo. É evidente que a concentração de íons Ca^{2+} é idêntica à soma das concentrações das espécies de EDTA não complexadas. Logo,

$$[Ca^{2+}] = C_a$$

$$[CaY^{2-}] = \frac{0,500 \text{ mmol}}{100,00 \text{ mL}} = 5,00 \times 10^{-3} \text{ mol L}^{-1}$$

$$K' = \frac{[CaY^{2-}]}{[Ca^{2+}] C_a} = \frac{5,00 \times 10^{-3}}{[Ca^{2+}]^2} = 1,8 \times 10^{10}$$

$$[Ca^{2+}] = 5,2 \times 10^{-7}$$

$$pCa = 6,28$$

e) Após a adição de 60,00 mL do titulante

Tem-se agora um excesso de EDTA igual a 0,100 mmol (despreza-se Y^{4-} proveniente da dissociação do CaY^{2-}).

$$C_a = \frac{0,100 \text{ mmol}}{110,00 \text{ mL}} = 9,09 \times 10^{-4} \text{ mol L}^{-1}$$

$$[CaY^{2-}] = \frac{0,500 \text{ mmol}}{110,00 \text{ mL}} = 4,55 \times 10^{-3} \text{ mol L}^{-1}$$

$$K'_{CaY^{2-}} = \frac{4,55 \times 10^{-3}}{[Ca^{2+}] \times 9,09 \times 10^{-4}} = 1,8 \times 10^{10}$$

$$\therefore [Ca^{2+}] = 2,8 \times 10^{10}$$

$$\therefore pCa = 9,55$$

A Figura 6.3 mostra as curvas de titulação de 50,00 mL de uma solução de Ca^{2+} 0,0100 mol L^{-1} com EDTA 0,0100 mol L^{-1} em pH 8, 10 e 12. Os dados utilizados na construção da curva em pH 10 encontram-se na Tabela 6.3.

Deve-se notar que a inflexão maior é obtida em valores de pH mais alto, pois a constante de estabilidade condicional é maior em soluções de baixa concentração de íons H$^+$. A Figura 6.4 mostra os valores de pH mínimos, nos quais se obtém boa detecção de ponto final na titulação de vários íons metálicos, na ausência de outros agentes complexantes.

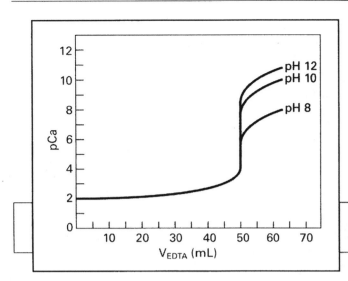

Figura 6.3 — Titulação de 50,00 mL de Ca^{2+} 0,0100 mol L^{-1} com EDTA 0,0100 mol L^{-1}.

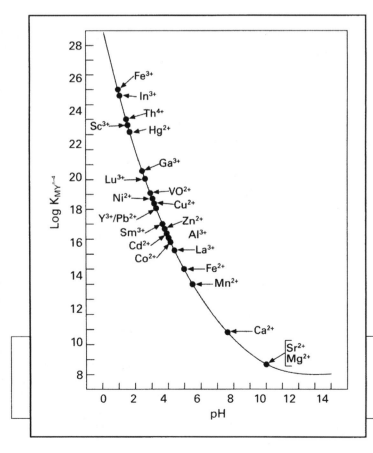

Figura 6.4 — Valor de pH mínimo necessário para a titulação de vários íons metálicos com EDTA, segundo C. N. Reilly e R. W. Schmid - *Anal. Chem.*, **30**, 947 (1958).

Tabela 6.3 — Titulação de 50,00 mL de Ca^{2+} 0,0100 mol L^{-1} com EDTA 0,0100 mol L^{-1} em pH 10

mL EDTA	[Ca^{2+}]	pCa
0	0,0100	2,00
5,00	0,0081	2,09
10,00	0,0067	2,17
20,00	0,0043	2,37
25,00	0,0033	2,48
30,00	0,0025	2,60
40,00	0,0011	2,96
49,00	$1,0 \times 10^{-4}$	4,00
50,00	$5,2 \times 10^{-7}$	6,28
51,00	$2,7 \times 10^{-9}$	8,56
55,00	$5,5 \times 10^{-10}$	9,25
60,00	$2,8 \times 10^{-10}$	9,55

3 — Efeito de tampões e agentes mascarantes

Além do titulante (EDTA), certas substâncias presentes em solução podem formar complexos com os íons metálicos e, como conseqüência, competir com a reação básica da titulação. Estes complexantes são algumas vezes adicionados propositadamente para eliminar interferências e, neste caso, são chamados de agentes mascarantes.

Por exemplo, o níquel forma um complexo de alta estabilidade com íons cianeto, enquanto que o chumbo não forma. Na prática, o chumbo pode ser titulado com EDTA em presença de cianeto, sem sofrer interferência do níquel, ainda que as constantes de estabilidade dos íons considerados, com EDTA, sejam muito próximas:

NiY^{2-} $\log K_{abs} = 18,62$

PbY^{2-} $\log K_{abs} = 18,04$

Durante a titulação de certos íons metálicos com EDTA, pode ser necessário adicionar, além de agentes mascarantes e do tampão, um complexante auxiliar para impedir a precipitação do metal na forma de seu hidróxido.

Geralmente este complexante auxiliar é um dos componentes do próprio tampão, colocado em excesso. Por exemplo, na titulação de íons Zn^{2+} com EDTA, a solução é fortemente tamponada com solução de amônia e cloreto de amônio que, além de tamponar o meio, evita a precipitação do $Zn(OH)_2$, através da formação de complexos amin-zinco.

Os íons Zn^{2+} formam quatro complexos com a amônia:

$$Zn^{2+} + NH_3 \rightleftharpoons Zn(NH_3)^{2+} \qquad K_1 = 1,8 \times 10^2 \qquad (6.10)$$

$$Zn(NH_3)^{2+} + NH_3 \rightleftharpoons Zn(NH_3)_2^{2+} \qquad K_2 = 2,2 \times 10^2 \qquad (6.11)$$

$$Zn(NH_3)_2^{2+} + NH_3 \rightleftharpoons Zn(NH_3)_3^{2+} \qquad K_3 = 2,5 \times 10^2 \qquad (6.12)$$

$$Zn(NH_3)_3^{2+} + NH_3 \rightleftharpoons Zn(NH_3)_4^{2+} \qquad K_4 = 1,1 \times 10^2 \qquad (6.13)$$

Chamando de C_{Zn} a concentração analítica de todas as espécies contendo o íon zinco, tem-se

$$C_{Zn} = [Zn^{2+}] + [Zn(NH_3)^{2+}] + [Zn(NH_3)_2^{2+}] + [Zn(NH_3)_3^{2+}] + [Zn(NH_3)_4^{2+}] \quad (6.14)$$

substituindo-se em termos das constantes de equilíbrio:

$$C_{Zn} = [Zn^{2+}]\{1 + K_1[NH_3] + K_1K_2[NH_3]^2 + K_1K_2K_3[NH_3]^3 + K_1K_2K_3K_4[NH_3]^4\} \quad (6.15)$$

Chamando-se de β_4 a fração de íons Zn^{2+} não complexados,

$$\beta_4 = \frac{[Zn^{2+}]}{C_{Zn}}$$

$$\therefore [Zn^{2+}] = \beta_4 C_{Zn} \quad (6.16)$$

onde β_4 está representando o inverso do termo entre chaves na Eq. (6.15) e pode ser calculado a partir dos valores das constantes de equilíbrio, K_1, K_2, K_3, K_4 e da concentração de NH_3.

Da reação dos íons Zn^{2+} com EDTA na presença de amônia, tem-se:

$$Zn^{2+} + Y^{4-} \rightleftharpoons ZnY^{2-}$$

$$K_{abs} = \frac{[ZnY^{2-}]}{[Zn^{2+}][Y^{4-}]}$$

substituindo-se o valor de $[Zn^{2+}]$ da Eq. (6.16) e o valor de $[Y^{4-}]$ da Eq. (6.8), tem-se

$$K_{abs} = \frac{[ZnY^{2-}]}{\beta_4 C_{Zn} \alpha_4 C_4} \quad (6.17)$$

$$\therefore K_{abs}\alpha_4\beta_4 = K' = \frac{[ZnY^{2-}]}{C_{Zn}C_a} \quad (6.18)$$

A título de ilustração, seja considerado como exemplo o cálculo da constante de estabilidade condicional (K'), na titulação de zinco com EDTA numa solução contendo amônia e tamponada em pH 9.

Para tal devem-se usar os valores de K_1, K_2, K_3 e K_4 para a reação de Zn^{2+} com amônia, e ainda, o valor da constante de estabilidade absoluta (K_{abs} para a reação de Zn^{2+} com EDTA (da Tab. 6.2; $3,2 \times 10^{16}$) e o valor do α_4 para pH 9 (da Tab. 6.1; $5,1 \times 10^{-2}$). Supondo-se também que a concentração da amônia livre no tampão é de 0,100 mol L^{-1}.

$$\beta_4 = \frac{1}{1 + 18,0 + 396 + 9.900 + 109 \times 10^3}$$

$$\therefore \beta_4 = 8,3 \times 10^{-6}$$

Mas, da Eq. (6.18)

$$K'_{ZnY^{2-}} = K_{abs}\alpha_4\beta_4$$
$$K'_{ZnY^{2-}} = (3,2 \times 10^{16}) \times (5,1 \times 10^{-2}) \times (8,3 \times 10^{-6})$$
$$\therefore K'_{ZnY^{2-}} = 1,4 \times 10^{10}$$

A partir deste valor de $K'_{ZnY^{2-}}$ pode-se construir a curva de titulação teórica de 50,00 mL de uma solução de íons Zn^{2+} 0,0010 mol L^{-1} com EDTA 0,0010 mol L^{-1} em pH 9.

A Figura 6.5 mostra duas curvas, obtidas para concentrações diferentes de amônia em solução.

Pode-se ver que o salto na inflexão da curva no ponto de equivalência é menor na presença da maior concentração de amônia. Isto mostra que durante a titulação deve-se evitar uma quantidade muito grande do tampão, o que levaria a uma maior dificuldade na determinação do ponto final.

Da forma mencionada, a outra razão para se empregar um agente complexante auxiliar é para mascarar o efeito de uma espécie interferente. Assim, tanto zinco quanto magnésio formam complexos estáveis com EDTA em pH 10 e podem ser titulados em soluções tamponadas neste pH. Se ambos estiverem presentes numa titulação em que interessasse apenas o magnésio, o zinco e muitos outros metais pesados vão interferir. Porém, os metais pesados em geral formam complexos estáveis com cianeto ($K_4 \cong 10^{20}$), de tal modo que a adição de cianeto de sódio ou de potássio à solução que está sendo titulada vai competir com a reação de complexação com o EDTA, fazendo com que os íons metálicos não reajam com o EDTA numa extensão significativa. Entretanto, o magnésio forma um complexo muito fraco com cianeto e pode, então, ser titulado sem interferências. Por exemplo, no caso do zinco, as constantes de formações parciais dos complexos com cianeto são: $K_1 = 3 \times 10^5$; $K_2 = 1,3 \times 10^5$; $K_3 = 4,3 \times 10^4$; $K_4 = 3,5 \times 10^3$, donde, usando-se uma expressão similar à Eq.(6.15), e $\beta_4 \cong 10^{-19}$ quando $[CN^-]$= 0,100 mol L^{-1}, calcula-se daí o valor

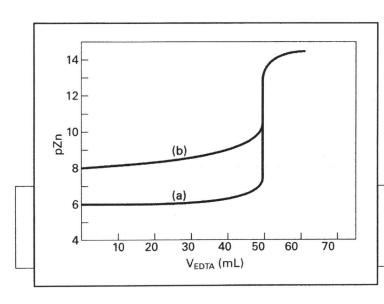

Figura 6.5 — Curvas de titulação de 50,00 mL de Zn^{2+} 0,0010 mol L^{-1} com EDTA 0,0010 mol L^{-1} em pH 9.
a) 0,010 mol L^{-1} em NH_3
b) 0,100 mol L^{-1} em NH_3

da constante de estabilidade condicional, K', para o complexo Z_nY^{2-}, obtendo-se $1,1 \times 10^{-3}$. Isto indica que a presença do cianeto efetivamente evita a formação do complexo de zinco com o EDTA. O desmascaramento numa etapa subseqüente, a fim de que o zinco possa ser também determinado, pode ser efetuado pela adição de uma mistura formaldeído-ácido acético, causando a seguinte reação:

$$Zn(CN)_4^{2-} + 4H^+ + 4HCOH \rightleftharpoons Zn^{2+} + 4HOCH_2CN$$

O hidrato de cloral (Cl_3CCHO) pode também ser usado em reações de desmascaramento.

No caso de complexos com fluoreto, o íon metálico pode ser liberado mediante adição de um sal de borato:

$$4F^- + BO_3^{3-} + 3H^+ \rightarrow BF_4^- + 3OH^-$$

Considere a seguir alguns cálculos envolvendo equilíbrio de complexos fundamentados no tratamento feito até agora.

Exemplo 1

Calcular a concentração de íons Ag^+ em uma solução obtida misturando-se $1,0 \times 10^{-2}$ moles de $AgNO_3$ e $0,10$ moles de NH_3, de modo a se ter um litro de solução final. Usar $\log k_1 = 3,20$ e $\log k_2 = 3,83$ para os valores das constantes de formação parciais do complexo $Ag(NH_3)_2^+$.

Neste caso o NH_3 está presente em excesso, daí pode-se supor que essencialmente todos os íons Ag^+ estão na forma de $Ag(NH_3)_2^+$. Conseqüentemente, a concentração de NH_3 livre será de:

$$0,10 - (2 \times 10^{-2}) = 0,08 \text{ mol L}^{-1}; \text{ daí, } -\log [NH_3] = 1,10.$$

O balanço de massa para NH_3 será:

$$0,10 = [NH_3] + [NH_4^+] + [Ag(NH_3)^+] + 2[Ag(NH_3)_2^+]$$

e o balanço de massa para Ag^+ será:

$$0,01 = [Ag^+] + [Ag(NH_3)^+] + [Ag(NH_3)_2^+]$$

Como $[NH_3]$ está em excesso, $[Ag(NH_3)_2^+] \gg [Ag(NH_3)^+] \gg [Ag^+]$,

Então,

$$0,01 = [Ag(NH_3)_2^+].$$

A partir destas aproximações e supondo que $[NH_4^+]$ é desprezível, pois a dissociação é menor que 5%, nestas condições, então:

$$[NH_3] = 0,10 - (2 \times 10^{-2}) = 0,08 \text{ mol L}^{-1}.$$

Como $[NH_3]$ e $[Ag(NH_3)_2^+]$ são conhecidos, pode-se usar a expressão da constante de formação total para a espécie $Ag(NH_3)_2^+$:

$$K' = k_1 k_2 = \frac{[Ag(NH_3)^+]}{[Ag^+][NH_3]^2}$$

$$10^{3,20} \times 10^{3,83} = \frac{0,01}{[Ag^+] \times (0,08)^2}$$

conseqüentemente, $[Ag^+] = 10^{-7,0}$ mol L^{-1}.

Notar que, se o NH_3 não estivesse presente em largo excesso, as simplificações consideradas não poderiam ser usadas e seria necessário resolver o problema de forma exata.

Exemplo 2

Calcular a concentração de íons Zn^{2+} numa solução contendo $Zn(NO_3)_2$ $1,0 \times 10^{-3}$ mol L^{-1} e NH_3 livre (não complexada) 0,030 mol L^{-1}, num pH 9,0. Considerar os valores das constantes de formação parciais dos complexos de $Zn-NH_3$ como sendo: $\log k_1 = 2,25$; $\log k_2 = 2,34$; $\log k_3 = 2,40$; $\log k_4 = 2,04$; $pK_a(NH_4^+) = 9,26$.

$$[Zn^{2+}] = \beta_4 C_M; \qquad \alpha_1 = \frac{10^{-9,26}}{10^{-9,26} + 10^{-9,0}} = 0,36, \qquad \text{pois } \alpha_1 = \frac{K_a}{K_a + [H^+]}$$

sendo $\beta_4 = [Zn^{2+}]/C_{Zn^{2+}}$;

$$\beta_4 = \frac{1}{1 + k_1[NH_3] + k_1 k_2 [NH_3]^2 + \ldots + k_1 k_2 k_3 k_4 [NH_3]^4}$$

$$\beta_4 = 1/[1 + 10^{2,25}(0,36 \times 0,030) + 10^{2,25} \times 10^{2,34}(0,36 \times 0,030)^2 +$$
$$+ 10^{2,25} \times 10^{2,34} \times 10^{2,40}(0,36 \times 0,030)^3 +$$
$$+ 10^{2,25} \times 10^{2,34} \times 10^{2,40} \times 10^{2,04}(0,36 \times 0,030)^4$$

$$\beta_4 = 1/34,35 = 2,91 \times 10^{-2}; \text{ daí, } [Zn^{2+}] = \beta_4 \times 1,0 \times 10^{-3} = 2,91 \times 10^{-5} \text{ mol } L^{-1}$$

Exemplo 3

Calcular a concentração dos íons Ni^{2+} numa solução contendo uma concentração total de EDTA não complexado, C_{H_4Y}, de $1,2 \times 10^{-2}$ mol L^{-1} e a concentração total de Ni^{2+} de $2,0 \times 10^{-4}$ mol L^{-1}, num pH 6,0. Considerar $\log K_{Ni\text{-}EDTA} = 18,62$ e $-\log \alpha_4$ (pH 6) = 4,66.

Como o complexo Ni-EDTA tem uma estequiometria de 1:1, a expressão de equilíbrio é dada por:

$$K_{abs} = \frac{[NiY^{2-}]}{[Ni^{2+}][Y^{4-}]}$$

onde $[Y^{4-}] = \alpha_4 C_{H_4Y}$, levando na expressão do K_{abs},

Tem-se a constante de estabilidade condicional, $K'_{NiY^{2-}}$,

$$k'_{NiY^{4-}} = k_{abs}\alpha_4 = \frac{[NiY^{2-}]}{[Ni^{2+}][C_{H_4Y}]}$$

Sendo que o balanço de massa para o níquel é:

$$2,0 \times 10^{-4} = [Ni^{2+}] + [NiY^{2-}],$$

que pode ser simplificada para $2,0 \times 10^{-4} = [NiY^{2-}]$, pois a constante de estabilidade condicional é muito grande ($K_{NiEDTA} = 4,2 \times 10^{18}$)

$$k'_{NiY^{4-}} = 10^{18,62} \times 10^{-4,66} = 10^{13,96}$$

$$[Ni^{2+}] = \frac{[NiY^{2-}]}{[Ni^{2+}][Y^{4-}]} = \frac{2,0 \times 10^{-4}}{10^{13,96} \times 1,2 \times 10^{-2}} = 1,83 \times 10^{-16} \text{ mol L}^{-1}$$

Exemplo 4

Calcular a concentração total de íons Ni^{2+} que não reagiram com EDTA numa solução contendo uma concentração total de EDTA livre (C_{H_4Y}) de 0,006 mol L^{-1}, uma concentração total de Ni^{2+} de $1,1 \times 10^{-2}$ mol L^{-1} e NH_3 0,10 mol L^{-1}, e tendo NH_4Cl suficiente para proporcionar um pH de 9,0. Os valores dos logaritmos das constantes de formação parciais dos complexos de níquel com NH_3 são: 2,67; 2,12; 1,61; 1,07; 0,71; e –0,01. Log $K_{Ni\text{-}EDTA}$ = 18,62.

Atentar para o fato de que este exemplo difere do anterior, pois deve-se considerar a presença dos complexos de $Ni^{2+} - NH_3$, além dos simples íons de níquel hidratados.

Novamente, o uso do parâmetro b, representando as frações das concentrações das espécies contendo o metal hidratado para a concentração de níquel não complexado com EDTA,

$$\beta_4 = \frac{[Ni^{2+}]}{C_{Ni} - [NiY^{2-}]},$$

incorporando este valor na expressão da constante de formação absoluta, teremos:

$$K_{abs} = \frac{[NiY^{2-}]}{\beta_4\{C_{Ni} - [NiY^{2-}]\}\alpha_4 C_{H_4Y}} \quad \text{ou}$$

$$K'_f = K_{abs}\alpha_4\beta_4 = \frac{[NiY^{2-}]}{(C_{Ni} - [NiY^{2-}])C_{H_4Y}}$$

O termo ($C_{Ni} - [NiY^{2-}]$) é usado no lugar da concentração total de níquel, C_{Ni}, porque o complexo Ni-EDTA é muito estável (K'_f muito grande), em comparação com os complexos de Ni-NH$_3$, de tal forma que é suposto que todo níquel estará na forma NiY^{2-}; assim, $C_{Ni} \cong [NiY^{2-}]$. Como sempre, esta aproximação deve ser testada no final dos cálculos. Da Tabela 6.1, $\alpha_4 = 10^{-1,29}$ para pH = 9.

Assim, usando os valores dados para as diferentes constantes de estabilidades,
$$\beta_4 = 1/[1 + 56 + 492 + 4.350 + 6.160 + 320] = 10^{-4,17}$$
Daí, $K_f' = 10^{18,62} \times 10^{-1,29} \times 10^{-4,17} = 10^{13,15}$, conseqüentemente,

$$10^{13,15} = \frac{[NiY^{2-}]}{\{C_{Ni} - [NiY^{2-}]\}C_{H_4Y}} = \frac{1,1 \times 10^{-2}}{\{C_{Ni} - [NiY^{2-}]\} \times 0,006}.$$

Finalmente, a concentração de íons níquel que não reagiram com EDTA:

$$C_{Ni} - [NiY^{2-}] = 1,3 \times 10^{-13} \text{ mol L}^{-1}, \text{ que é o valor pedido.}$$

Supor ainda que seja desejável conhecer o valor de $[Ni^{2+}]$, o que será dado pela expressão:

$$[Ni^{2+}] = \beta_4 \{C_{Ni^{2+}} - [NiY^{2-}]\} = 10^{-4,17} \times (1,3 \times 10^{-13}) = 8,8 \times 10^{-18} \text{ mol L}^{-1}.$$

4 — Indicadores metalocrômicos

Basicamente, os indicadores metalocrômicos são compostos orgânicos coloridos que formam quelatos com os íons metálicos. O quelato tem uma cor diferente daquela do indicador livre. Para se conseguir uma boa detecção do ponto final da titulação, deve-se evitar a adição de grandes quantidades do indicador. No processo, o indicador libera o íon metálico, que será complexado pelo EDTA num valor de pM mais próximo possível do ponto de equivalência.

O comportamento de tais indicadores é um tanto complicado pelo fato de que a sua cor depende do pH da solução. Eles podem reagir com íons H⁺, assim como o fazem com um cátion, apresentando um comportamento análogo ao de um indicador ácido-base.

O Negro de Eriocromo *T* e o Calcon são dois indicadores metalocrômicos típicos usados em laboratório. Suas estruturas são as seguintes:

Ério *T*
(Negro de Eriocromo *T*)

Calcon
(Azul de Eriocromo *R*)

Na formação do quelato metálico, o Ério *T* liga-se ao metal pelos dois átomos de oxigênio dos grupos fenólicos que perdem os hidrogênios e pelo grupo azo.

A molécula do Ério *T* é geralmente representada também de modo abreviado como um ácido triprótico, H_3In. Os três hidrogênios dissociáveis envolvidos são: um hidrogênio do grupo sulfônico (HO_3S-) e os hidrogênios dos dois grupos fenólicos. A função do grupo sulfônico é aumentar a solubilidade do composto em água. Este grupo é fortemente ácido e encontra-se dissociado em meio aquoso, independentemente do pH. A estrutura proposta para esta forma química do indicador é a do íon H_2In^-, que apresenta uma coloração vermelha em solução. O valor do pK, para a dissociação do H_2In^- formando HIn^{2-} é de 6,3. Esta espécie HIn^{2-} é azul. O valor do pKa para a ionização do HIn^{2-} formando In^{3-} é de 11,6. A espécie In^{3-} é de cor laranja-amarelada.

O Ério T forma com os íons metálicos, complexos estáveis de estequiometria 1:1, de cor vermelho-vinho.

Geralmente as titulações com EDTA, tendo o Ério T como indicador, são realizadas num intervalo de pH de 8 a 10, no qual predomina a forma azul o indicador, HIn^{2-}.

A reação que resulta na mudança de cor pode ser escrita como:

$$H_2In^- \rightleftharpoons HIn^{2-} \rightleftharpoons In^{3-}$$
$$\text{vermelho} \leftarrow\text{pH6-7}\rightarrow \text{azul} \leftarrow\text{ph11-12}\rightarrow \text{laranja}$$
(6.19)

O processo básico que ocorre durante uma titulação com EDTA, empregando o Ério T como indicador, pode ser descrito pelos seguintes eventos: uma pequena quantidade do indicador é adicionada à solução do íon metálico, de tal modo que apenas uma pequena parte do metal se combina com o indicador produzindo o complexo que dará a cor vermelho-vinho à solução. À medida que a solução de EDTA é adicionada, este agente complexante se combina com os íons metálicos livres em solução. Quando todo íon metálico livre estiver complexado, uma gota a mais da solução de EDTA deslocará o metal que se encontra complexado com indicador, provocando o aparecimento da coloração azul do indicador livre, que assinala o ponto final da titulação.

Para que este processo ocorra na prática, é necessário que a estabilidade do complexo metal-indicador seja menor do que a estabilidade do complexo metal-EDTA. Se isto não acontecer, o EDTA não conseguirá deslocar o metal do complexo com o indicador.

É claro que os íons metálicos que formam complexos mais estáveis com o indicador do que com o EDTA não podem ser titulados usando-se este como indicador do ponto final da titulação. Neste caso diz-se que o indicador está "bloqueado".

Por exemplo, muitos íons metálicos, como cobre, níquel, cobalto e ferro bloqueiam o Ério T na titulação de íons magnésio com o EDTA. Este efeito de bloqueio pode ser evitado mediante a adição de cianeto de potássio, que forma complexos mais estáveis com estes íons.

A Figura 6.6 mostra as variações de cores no sistema constituído por íons Mg^{2+} e o Ério T.

O complexo metálico é formado pelas espécies In^{3-} cuja concentração depende do pH. Na Figura 6.6 pode-se ver que a curva de estabilidade da espécie $MgIn^-$ apresenta uma inclinação que depende da espécie representada na região adjacente,

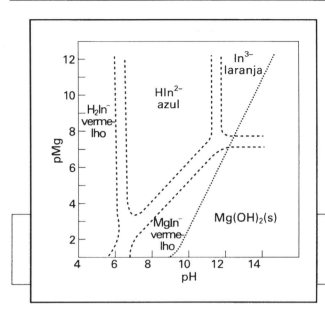

Figura 6.6 — Variação da cor do Ério T em função do pH e do pMg. (*Complexometric Titrations* - G. Schwarzenbach e H. Flaschka, Mathuen & Co. Ltd., p. 80, 1969.)

isto é, para In^{3-} a inclinação é zero, para HIn^{2-} a inclinação é 1 e para H$_2$In$^-$ a inclinação é 2. As regiões entre as linhas pontilhadas representam regiões de transição entre as espécies. A região de estabilidade do Mg(OH)$_2$ mostra uma tendência para este composto formar soluções supersaturadas, de tal modo que o Mg(OH)$_2$ pode não precipitar tão logo o valor do produto de solubilidade se iguale ao produto iônico [Mg^{2+}] · [OH$^-$]^2.

A Figura 6.6 mostra também que em pH abaixo de 7 não existe mudança de cor na transição da forma não complexada H$_2$In$^-$ para o complexo metálico MgIn$^-$. Em pH muito acima de 11 a diferença de cor entre a forma não complexada In^{3-}, de cor laranja, e a do MgIn$^-$, vermelho-vinho, não pode ser distinguida com facilidade. No entanto, a mudança de cor de vermelho-vinho (MgIn$^-$) para azul (HIn^{2-}) no ponto final da titulação é mais pronunciada quanto maior for a quantidade do Ério T não complexado presente na forma de HIn^{2-}. Deste modo uma faixa de pH de 8 a 10, na qual o indicador existe quase que totalmente na forma de HIn^{2-}, favorece enormemente a titulação.

Além destes dois indicadores, Ério T e Calcon, existe um número muito grande de outros compostos orgânicos recomendados para diferentes elementos ao serem titulados com EDTA ou complexantes similares. A murexida (purpurato de amônio) foi inicialmente proposta como um bom indicador para titulação de cálcio[*] em 1949. Foi observado que em meio fortemente alcalino mostra uma cor violeta-azulada que muda para vermelho-violeta num pH abaixo de 9. Pela adição de íons cálcio à solução alcalina contendo a murexida forma-se uma cor salmão-rósea, devido à presença do complexo cálcio-murexida. Este quelato é menos estável do que aquele formado entre cálcio-EDTA. Esta reação se processa da seguinte forma:

---

[*] *G. Schwarzembach and H. Gysling*, Helv. Chim. Acta, **32**, 1314 (1949)

$$\text{[estrutura da murexida]} + Ca^{2+} \longrightarrow \text{[complexo Ca-murexida]}^+$$

Quando o EDTA é adicionado a uma solução alcalina contendo murexida, os íons de cálcio livres são complexados primeiro, a seguir, no ponto de equivalência, o cálcio é removido do complexo Ca-murexida ocasionando a mudança de cor:

$$[\text{Ca - murexida}]^+ + Y^{4-} \rightleftharpoons CaY^{2-} + [\text{murexida}]^-$$
$$\text{rosa} \qquad\qquad\qquad\qquad\qquad \text{violeta-azulado}$$

As titulações de cálcio nas quais a murexida é usada como indicador são geralmente feitas em soluções alcalinizadas com NaOH (pH ~ 12). O ponto final conseguido nestas condições não é muito satisfatório, mas sob um controle cuidadoso de iluminação e com experiência na observação da mudança de cor pode-se proporcionar resultados razoáveis. A murexida é muito instável em solução e é geralmente usada na forma de uma dispersão 0,2% (m/m) em cloreto de sódio.

O magnésio forma um complexo muito fraco com este indicador; é incolor e decompõe-se no pH usado para titulações de cálcio. Como o complexo Ca-EDTA é mais estável do que o complexo Mg-EDTA, e considerando-se que o hidróxido de magnésio é pouco solúvel em pH 12, é então possível titular cálcio na presença de magnésio usando-se murexida como indicador. Do ponto de vista prático, observou-se que pode ocorrer um erro nesta determinação, pois se muito NaOH for adicionado para elevar o pH até 12 (ou mais), obtêm-se baixos valores de recuperação para o cálcio. Atribui-se este fato à coprecipitação do hidróxido de cálcio com o hidróxido de magnésio. A adição de glicerol ou de manitol evita este erro experimental, formando um complexo com o cálcio. Analiticamente, hoje a murexida tem apenas um interesse histórico.

Sem entrar em detalhes experimentais, pode-se citar ainda muitos outros indicadores metalocrômicos de interesse analítico: calmagita; berilon II; glioxal *bis*-(2-hidroxianil); calcicromo; 1-(2-piridilazo)-2-naftoll (PAN); 4-(2-piridilazo)-resorcinol (PAR); naftil-azoxina; vermelho de eriocromo B; zincon; thoron; arsenazo; tiron; violeta de pirocatecol; vermelho de pirogalol; alizarina S; eriocromo cianina; cromo azurol S; hematoxilina; alaranjado de xilenol, e muitos outros.

5 — Escolha do titulante

Para a titulação de um íon metálico com um complexante, a constante de formação do complexo deve ser grande, de tal modo que a reação que ocorre na titulação seja estequiométrica e quantitativa. No caso de ligantes monodentados que formam vários complexos com o íon metálico, freqüentemente a constante total (produto das constantes das etapas intermediárias) é alta, mas as constantes intermediárias propriamente ditas são baixas. Como resultado tem-se uma mudança gradual na concentração do íon metálico à medida que o ligante é adicionado. No entanto, para que uma reação de titulação seja de importância analítica, deve existir uma mudança rápida na concentração do íon metálico no ponto de equivalência da titulação.

Poucos ligantes multidentados formam complexos 1:1 bastante estáveis e em uma única etapa com os mais variados íons metálicos de tal modo a produzir uma mudança brusca nas suas concentrações, no ponto de equivalência. Dentre outros exemplos de ligantes multidentados úteis na titulação complexométrica de íons metálicos, incluem-se o EDTA (ácido etilenodiaminotetracético) e compostos relacionados, tais como o NTA (ácido nitrilo-triacético), e poliaminas como a Trien (trietilenotetramina).

```
HOOC—H₂C                    CH₂—COOH        NH—CH₂—CH₂—NH₂
         \                 /                 |
          N—CH₂—CH₂—N                        CH₂
         /                 \                 |
HOOC—H₂C                    CH₂—COOH        CH₂
                                              |
            EDTA                             NH—CH₂—CH₂—NH₂
                                                    Trien
```

A trien é um ligante quadridentado que se coordena a um metal através de cada um de seus átomos de nitrogênio. É útil para a titulação de íons metálicos como o Cu(II), Hg(II) e Ni(II) em solução alcalina. Em meio ácido a trien perde suas propriedades quelantes devido à protonação dos átomos de nitrogênio.

O ligante EDTA é sem dúvida o mais importante para as titulações complexométricas. Ele pode ser considerado um ligante hexadentado, ligando-se através de seus quatro grupos carboxílicos e dos dois átomos de nitrogênio. A Figura 6.7 mostra a estrutura proposta para o complexo Ca-EDTA, onde o ligante apresenta-se hexacoordenado. Muitos dos íons metálicos não usam todas estas posições coordenantes.

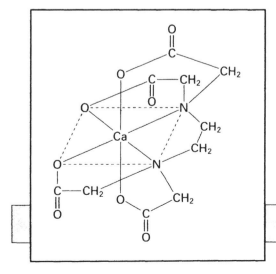

Figura 6.7 — Estrutura proposta para o complexo Ca-EDTA.

O mais importante, entretanto, é que o EDTA sempre reage com íons metálicos na razão molar de 1:1, provavelmente devido ao grande volume do ligante que gera impedimento espacial. Todos os complexos formados são solúveis em água e a maioria deles são incolores ou levemente coloridos.

A forma ácida do EDTA é geralmente representada por H_4Y, onde estão indicados os quatro hidrogênios dissociáveis do ácido. Quando se adiciona uma base forte, tal como NaOH, a uma solução de EDTA, a neutralização ocorre nas seguintes etapas: H_3Y, H_2Y^{2-}, HY^{3-} e Y^{4-}.

O ácido livre, H_4Y e também o sal monossódico, NaH_3Y, não são suficientemente solúveis em água, porém o sal dissódico, Na_2H_2Y, é bastante solúvel, pode ser usado sem maiores problemas. Durante o processo de titulação são liberados íons H^+. Por exemplo:

$$Mg^{2+} + H_2Y^{2-} \rightarrow MgY^{2-} + 2H^+$$
$$Fe^{3+} + H_2Y^{2-} \rightarrow FeY^- + 2H^+$$

Devido a esta liberação de íons H^+, a solução deve ser inicialmente tamponada, para se evitar uma variação muito grande no pH durante a titulação.

Um grande número de outros reagentes contendo grupamentos amino e carboxílicos substituídos são usados também na prática, mas de forma limitada.

O comportamento geral é muito similar ao do EDTA, mas os complexos formados com diferentes íons metálicos podem ser mais fortes ou mais fracos do que os complexos formados dos mesmos íons com o EDTA. Fortes agentes complexantes, como DTPA e DCTA, podem estender a abrangência das titulações complexométricas aos elementos que não são complexados adequadamente com EDTA e, por outro lado, os complexos mais fracos formados com NTA podem mostrar uma melhor seletividade analítica.

A Tabela 6.4 mostra alguns reagentes deste tipo, sem discussões em detalhes.

6 — Métodos de titulação envolvendo ligantes polidentados

Na literatura moderna já existem procedimentos para a determinação de quase todos os metais com EDTA. Naturalmente, nem sempre é possível efetuar a titulação direta de determinados íons metálicos com EDTA usando um indicador visual, mas já se dispõe de numerosas técnicas alternativas que podem ser utilizadas nestes casos. Tais técnicas são mencionadas a seguir:

a) Determinação por titulação direta

Este é o procedimento que será usado na determinação do Mg(II) com EDTA, empregando o Negro de Eriocromo T (Ério T) como indicador. Tampona-se a solução contendo os íons metálicos a um pH adequado, adicionam-se agentes mascarantes (quando se fizer necessário), a seguir o indicador, e titula-se a solução com EDTA padrão até a mudança de cor, no ponto final.

b) Determinação por titulação indireta (titulação de retorno ou retrotitulação)

Metais como Cr(III), Fe(III), Al(III) e Ti(IV) reagem muito lentamente com EDTA, resultando em um tempo relativamente longo para a titulação direta de qualquer um destes íons. Sendo assim, foram desenvolvidos métodos indiretos para a dosagem destes metais, que consistem na adição de um excesso de EDTA e na retrotitulação deste excesso com uma solução padrão de zinco ou magnésio.

c) Determinação pela titulação dos íons hidrogênios liberados

Como já foi visto, na reação de íons metálicos com EDTA ocorre a liberação de dois íons H^+, os quais, depois de liberados, podem ser titulados com uma solução padrão de NaOH para se determinar, indiretamente, a quantidade de cátions metálicos presentes na amostra.

d) Determinação por titulação de deslocamento

Neste caso, adiciona-se um excesso de uma solução do complexo de magnésio, Mg-EDTA, a uma solução de íons metálicos capazes de formar um complexo Metal-EDTA mais estável do que o Mg-EDTA. Os íons Mg^{2+} deslocados serão titulados com solução padrão de EDTA.

Considere-se como exemplo a adição de uma solução de Mg-EDTA a uma solução de íons ferro(lll). Os íons Fe(lll) substituem o Mg(II) no complexo:

$$Fe^{3+} + MgY^{2-} \rightarrow FeY^- + Mg^{2+}$$

Em seguida o Mg(II) liberado é titulado com uma solução padrão de EDTA. Este método só é usado quando não se dispõe de um indicador adequado para o metal que se quer determinar.

Tabela 6.4 — Diferentes ligantes aminocarboxílicos

DCTA – Ácido 1,2-diaminociclohexano-N,N,N',N'-tetraacético

$$\begin{array}{c}\text{cyclohexane}\\ \diagdown N \diagup\!\!\!\begin{array}{c}CH_2-COOH\\ CH_2-COOH\end{array}\\ \diagdown N \diagup\!\!\!\begin{array}{c}CH_2-COOH\\ CH_2-COOH\end{array}\end{array}$$

DTPA – Ácido dietilenotriamino-N,N,N',N',N'-pentaacético

$$\begin{array}{c}HOOCCH_2\diagdown\quad\quad CH_2-COOH\quad\quad\diagup CH_2-COOH\\ NCH_2CH_2NCH_2CH_2N\\ HOOCCH_2\diagup\quad\quad\quad\quad\quad\quad\diagdown CH_2-COOH\end{array}$$

NTA – Ácido nitrilo-triacético

$$HOOCCH_2-N\diagup\!\!\!\begin{array}{c}CH_2-COOH\\ CH_2-COOH\end{array}$$

HMDTA – Ácido hexametilenodiaminotetraacético

$$\begin{array}{c}HOOCCH_2\diagdown\quad\quad\quad\diagup CH_2-COOH\\ N(CH_2)_6N\\ HOOCCH_2\diagup\quad\quad\quad\diagdown CH_2-COOH\end{array}$$

EXERCÍCIOS

1. Uma solução de íons Mg^{2+} de concentração $1,0 \times 10^{-3}$ mol L^{-1} é tamponada em pH 10 e titulada com uma solução padrão de EDTA 0,1000 mol L^{-1}. Nestas condições,
   a) calcular a constante de formação condicional para o complexo Mg-EDTA.
   b) calcular o valor de pMg para as seguintes porcentagens da quantidade de EDTA adicionadas: 0, 25, 50, 75, 100, 125 (%v/v).
   c) construir a curva de titulação.

2. Uma amostra de $MgCO_3$ puro, pesando 0,1225 g, foi adequadamente dissolvida em um mínimo de HCl diluído, o pH ajustado e tamponado, e daí titulado com EDTA usando o Eriocromo T como indicador. Gastaram-se 19,72 mL da solução de EDTA. Calcular a concentração, em mol L^{-1}, desta solução de EDTA.

3. Algumas pomadas são comercializadas como de uso para auxiliar na cicatrização de ferimentos e têm como princípio ativo uma mistura de $ZnO-ZnSO_4$. Uma amostra de 5,5000 g de tal pomada foi dissolvida e o material cuidadosamente transferido para um balão volumétrico de 250 mL e depois acertado o volume com água destilada. Uma alíquota de 50,00 mL desta solução foi transferida para um erlenmeyer de 250 mL, o pH ajustado corretamente, e daí titulado com 12,35 mL de uma solução de EDTA 0,0500 mol L^{-1}. Pede-se calcular a porcentagem de zinco (%m/m) na pomada.

4. Sob solicitação médica, o teor de cálcio no soro sangüíneo pode ser determinado num laboratório clínico por meio de uma microtitulação com EDTA. No procedimento geral, 100 mL do soro são cuidadosamente transferidos para um frasco de vidro adequado, adicionando-se em seguida duas gotas de KOH 2 mol L^{-1}, e o indicador. A mistura é titulada com uma solução de EDTA de concentração $1,000 \times 10^{-3}$ mol L^{-1}, usando uma microbureta. Considerando-se que foram gastos 0,3250 mL do titulante, calcular quantos mg de Ca por 100,0 mL de soro existem na amostra analisada. Lembrar que o soro de pessoas adultas saudáveis contém de 9 a 11 mg Ca por 100,0 mL de soro.

5. O mesmo procedimento analítico usado no exercício anterior pode ser usado para se determinar o teor de cálcio na urina. Este fluido biológico contém também magnésio, que pode ser mascarado mediante adição de 100–200 µL de uma solução de citrato de amônio de concentração 0,05 mol L^{-1}. Como o teor de cálcio na urina é enormemente dependente da dieta alimentar e das condições patológicas de cada pessoa, um adulto saudável excreta em média 100–300 mg Ca num período de 24 h. Para a análise, uma amostra de urina é coletada durante estas 24 h e depois diluída até 1000,0 mL num balão volumétrico. Uma alíquota de 10,0 mL é retirada e tratada de forma similar ao procedimento do exercício anterior e depois titulada com 4,85 mL de uma solução de EDTA de concentração $1,100 \times 10^{-2}$ mol L^{-1} para a microtitulação. Calcular o teor de cálcio, em mg, excretado neste período de 24 h.

6. Geralmente o teor de sulfato em amostras de sais impuros pode ser determinado por meio de uma titulação indireta com EDTA. Uma amostra de 0,4520 g de um sulfato solúvel foi dissolvida, acidulada com HNO_3, e a esta solução foi adicionado excesso de uma solução de $Pb(NO_3)_2$. O $PbSO_4$ precipitado foi filtrado, lavado e depois dissolvido em uma solução contendo NH_3 pela adição de 50,00 mL de EDTA $1,000 \times 10^{-2}$ mol L^{-1}. A seguir o excesso do EDTA foi titulado em pH 10 com 10,50 mL de uma solução de $Zn(NO_3)_2$ mol L^{-1}, usando Eriocromo T como indicador. Calcular a porcentagem de sulfato (%m/m) na amostra analisada.

7. Uma alíquota de 25,00 mL de uma água natural é titulada, em condições otimizadas, com uma solução de EDTA de concentração $1,000 \times 10^{-2}$ mol L^{-1}. Foram gastos 16,45 mL do titulante para atingir o ponto final, considerado como coincidente com o ponto de equivalência. Qual é a dureza desta água expressa em mg mL^{-1} de $CaCO_3$?

8. Um medicamento em pó, à base de sulfas e contendo o ZnO como auxiliar cicatrizante que protege a pele absorvendo a umidade e secando-a, deve ser analisado para seu controle farmacêutico. Para sua análise foram pesados 1,000 g do pó, devidamente dissolvido e tamponado, e titulado com 20,55 mL de EDTA $2,000 \times 10^{-2}$ mol L^{-1}. Calcular a porcentagem de ZnO (% m/m) na amostra.

9. Um produto farmacêutico é popularmente indicado para tratamento de irritações da pele e produzido com uma composição à base de ZnO e Fe_2O_3. Uma amostra de 1,000 g do medicamento seco foi dissolvida adequadamente em ácido e diluída a 250,0 mL num balão volumétrico. Uma alíquota de 10,0 mL foi transferida para um erlenmeyer e a ela adicionada uma solução de fluoreto de potássio para mascarar o ferro. O pH foi ajustado e a amostra titulada com 32,50 mL de EDTA $1,000 \times 10^{-2}$ mol L^{-1}. Uma outra alíquota de 25,00 mL foi tratada e tamponada, e gastou 5,20 mL de uma solução $1,0000 \times 10^{-3}$ mol L^{-1} de ZnY^{2-}. A reação que ocorre é a seguinte:

$$Fe^{3+} + ZnY^{2-} \rightleftharpoons FeY^{-} + Zn^{2+}$$

Calcular a porcentagem de ZnO e de Fe_2O_3 (% m/m) na amostra.

10. Um complexo genérico, MY, tem uma constante de estabilidade de $6,0 \times 10^{+6}$. Qual será a concentração do íon metálico livre em uma solução $1,8 \times 10^{-3}$ mol L^{-1} do complexo e $2,00 \times 10^{-1}$ mol L^{-1} do agente complexante?

11. Suponha que a um estudante sejam dados 25,0 mL de uma solução de NH_3 de concentração $4,5 \times 10^{-2}$ mol L^{-1}. A essa solução o estudante juntou 6,00 mL de uma solução de $CuSO_4$ de concentração $1,00 \times 10^{-3}$ mol L^{-1}. Calcular a concentração do íon Cu(II) livre nesta solução.

EXERCÍCIOS

12. A um estudante é pedido para calcular quanto $CaCl_2$ (massa molar = 110,99 g mol^{-1}) em mg, existe numa amostra que necessitou de 20,25 mL de uma solução de EDTA de concentração 1,400 × 10^{-2} mol L^{-1} para realizar a titulação usando Erio T como indicador.

13. Um estudante usou uma solução de EDTA de concentração 2,00 × 10^{-1} mol L^{-1} para titular exatamente 100 mL de uma solução de $ZnCl_2$ (massa molar = 136,30 g mol^{-1}). Na titulação foram gastos 50,0 mL do EDTA, usando Erio T para detectar o ponto final. Nestas condições, qual será a porcentagem (% m/v) do sal de zinco na solução?

14. A concentração normal de cálcio (massa molar = 40,10 g mol^{-1}) no soro sangüíneo é de 9 a 11 mg Ca por 100 mL de soro (9 – 11% m/v). Soro com valores de 7% m/v ou abaixo disso, ou soro com teor de Ca de 13% m/v ou acima disso, é um forte sinal de que está ocorrendo uma situação anormal do paciente. Se uma amostra de soro de 1,00 mL foi convenientemente tratada e depois titulada com uma solução padrão de EDTA 1,500 × 10^{-3} mol L^{-1} para se determinar o teor de cálcio presente, gastando 3,25 mL do EDTA para atingir o ponto final. Nestas condições pede-se:
   a) expressar o resultado da titulação em mg% Ca na amostra.
   b) com vista ao resultado, é possível identificar alguma condição anormal?
   c) normalmente a concentração é dada em miliequivalente (meq) de cálcio por litro de soro, com um equivalente sendo tomado aqui como o mol/2. Expressar o resultado da titulação usando esta unidade, comum em laboratórios de análise clínica.

15. Um laboratório clínico assume que o teor normal de magnésio (massa molar = 24,30 g mol^{-1}) no soro sangüíneo está compreendido entre os valores de 2 a 3% m/v (2-3 mg Mg por 100 mL soro).
   a) quantos gramas de EDTA, na forma do sal dissódico dihidratado (massa molar = 372,20 g mol^{-1}) devem ser dissolvidos em água e diluídos a um volume de 100,0 mL para se obter uma solução da qual 0,100 mL seja equivalente a 0,25% m/v Mg quando 1,00 mL da amostra do soro é tratada e titulada com o EDTA após a remoção do cálcio na forma de oxalato?
   b) Qual é a concentração desta solução de EDTA em mol L^{-1}?
   c) Descreva as condições, identificando o indicador usado para a titulação do magnésio. Qual seria o resultado da titulação do magnésio se o cálcio não tivesse sido removido antes da titulação? Explicar.

Capítulo 7

Técnicas básicas de laboratório

1 — Pesagem e balança analítica

1.1 — História da pesagem

Ainda que, em relação a outros instrumentos mais sofisticados, a balança analítica não se constitua em um instrumento de primeiro plano num laboratório moderno, ela tem uma ascendência que remonta a épocas além das quais pouco se conhece. Já os antigos egípcios, por volta de 3.000 anos atrás, usavam sistemas de balança no comércio e em seus rituais místicos. Por exemplo, a Figura 7.1 mostra um ritual no qual os egípcios "pesavam" a alma dos mortos, no chamado "Templo da Justiça Perfeita".

Nesta figura ilustrativa o ritual demonstra o fato de que os egípcios tinham uma crença bem elaborada e complexa sobre o que acontecia à alma depois da morte do corpo físico. O templo da deusa Maat era onde se procedia ao julgamento do morto. Isto era feito mediante pesagem do coração, representando a consciência

Figura 7.1 — Ritual de pesagem efetuado pelos antigos egípcios.

do falecido, contra a "pena de Maat", que representa a verdade e a justiça. Observa-se Anubis fazendo a pesagem na balança contra a pena de Maat para ver se Hunefer é digno de se juntar aos deuses nos Campos de Paz. Ammut (com cabeça de crocodilo) também está presente, como um demônio esperando para devorar o coração de Hunefer se este for considerado indigno. O deus Thot permanece de pé à direita da balança registrando os resultados. Tendo passado pelo teste, Hunefer é conduzido por Hórus ao encontro do rei da morte, Osíris. O trono de Osíris repousa sobre uma piscina de água da qual emerge uma flor de lótus, sobre esta estão os quatro filhos de Hórus. Atrás do trono de Osíris estão de pé Isis e sua irmã Nephthys.

Retrocedendo-se no tempo, vê-se que a história da balança é realmente a própria história de seus fulcros e de seus braços, já que as primeiras balanças consistiam de uma barra suspensa, pelo ponto médio, por uma corda. As massas a serem comparadas eram simplesmente penduradas por cordas fixadas nos extremos da barra transversal.

Estas balanças grosseiras foram usadas por muitos anos, porém a utilização deste instrumento numa forma adequada e digna de confiança para trabalhos de precisão ocorreu somente no século dezoito, quando Antoine Lavoisier (1743-1794) reconheceu a necessidade da precisão nas pesagens para um melhor entendimento do comportamento da matéria.

Idealmente, os fulcros ou pontos de apoio de uma balança deveriam ser livres de qualquer atrito e os braços e seus acessórios deveriam ser infinitamente leves, o que não ocorre na prática.

Dentro dos mais importantes requisitos para qualquer instrumento de medida, deve-se incluir a sensibilidade e exatidão. No caso da balança analítica a exatidão depende da qualidade do conjunto de pesos disponíveis. Uma balança será de pouca utilidade se não apresentar boa sensibilidade e precisão.

Muitas tentativas foram feitas no sentido de se construir balanças de um prato, porém até algum tempo atrás as balanças de precisão se enquadravam quase que inteiramente dentro de uma variedade de balanças de dois pratos, em concordância com o fato de que o termo "balança", por si só, implica o uso de dois pratos.

As balanças de substituição modernas (balanças de um prato) tornaram-se populares somente a partir de 1946 quando Erhart Mettler introduziu o primeiro modelo comercial prático no mercado científico, que se expandia rapidamente, após o fim da Segunda Guerra Mundial.

Sem dúvida o custo destas balanças era muito mais alto do que as de dois pratos, mas as conveniências por elas apresentadas tornaram-nas tão populares que atualmente estas balanças de um prato único substituem as de dois pratos, em quase todos os laboratórios químicos. Seguindo uma tendência contínua de desenvolvimento instrumental, as balanças em uso hoje, na maioria dos laboratórios, são eletrônicas, com melhores facilidades de operação e desempenho prático.

1.2 — Massa e peso

Quase toda análise química envolve uma operação de pesagem, tanto para medir a quantidade de uma amostra, como para preparar soluções-padrão.

Em química analítica trabalha-se com massas muito pequenas, da ordem de poucos gramas até alguns miligramas ou menos.

Na realidade, trabalha-se com massas e não com pesos. O peso de um objeto é a força exercida sobre ele pela atração gravitacional da Terra. Esta força difere em distintos locais da Terra.

A massa, por outro lado, é a quantidade de matéria da qual o objeto é composto, e não varia. Para uma apreciação detalhada dos conceitos de peso e de massa, o estudante deve consultar um livro de física fundamental.

A balança analítica nada mais é do que uma alavanca de primeira classe que compara massas. Embora, na prática, o que se determina seja a massa, a razão delas é igual à razão dos pesos, quando se usa uma balança. Como as massas estão sendo medidas em um mesmo instrumento e no mesmo local, pode-se considerar os termos "peso" e "massa" indistintamente pois, nessas condições, a aceleração da gravidade é constante e, como conseqüência, a razão entre as massas e pesos também é constante. Por isso é costume empregar o termo "peso" em vez de "massa" e falar da operação como sendo uma "pesagem". Assim, quando se fala que uma amostra tem um peso de 2,1011 g, significa que ela tem uma massa de 2,1011 g.

As massas conhecidas com as quais compara-se o objeto a ser pesado são chamadas de pesos padrões.

1.3 — Teoria da pesagem

A balança analítica tem sido, por muitos anos, uma importante ferramenta em tarefas de metrologia, inspeção, e produção em processos químicos diversos. Ainda que seu projeto tenha mudado de maneira radical nos últimos dois séculos, desde sua introdução, os princípios de operação e manutenção mudaram pouco neste período.

Como já foi mencionado, existem dois tipos de balanças clássicas usadas na maioria dos laboratórios analíticos. A balança de dois pratos foi o tipo mais popular durante muito tempo, mas foi substituída pela balança de prato único ou balança de substituição com operação mecânica, a qual evoluiu para a balança eletrônica.

As Figuras 7.2 e 7.3 mostram diagramas esquemáticos de uma balança de dois pratos e de prato único, respectivamente.

Para se determinar o peso de uma amostra para uso analítico é possível empregar vários tipos de balanças que operam de maneiras bem distintas. Assim, o grau de estiramento de uma mola ou o torque aplicado numa barra de torção podem ser medidos e relacionados com o peso pretendido. Uma balança analítica opera com o *princípio do torque,* ou seja com o momento de torção exercido por uma força tangencial atuando a uma certa distância de um eixo de rotação. O torque em si é calculado de acordo com a fórmula, $\tau = rF \operatorname{sen} \phi$, onde τ simboliza o torque, **r** é a distância do eixo de rotação, F é a força aplicada, e ϕ é o ângulo de aplicação da força. Por exemplo, se uma força de 45 N atua com um ângulo de 60° a uma distância de 5 m do eixo de rotação, ela irá gerar um torque de 194,85 N·m. De uma forma mais prática e compatível com as operações experimentais num laboratório

PESAGEM E BALANÇA ANALÍTICA

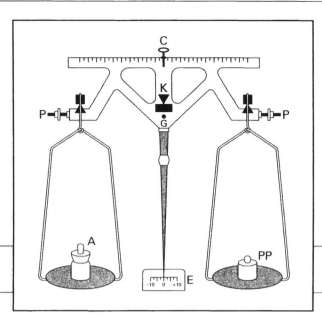

P   parafusos de ajuste
C   cavaleiro
K   ponto de apoio central
G   centro de gravidade
E   escala
A   amostra
PP   peso padrão

Figura 7.2 — Esquema de uma balança de dois pratos.

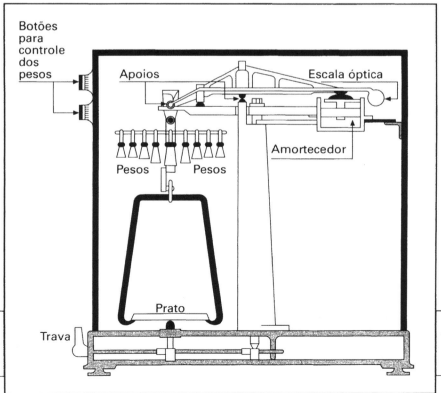

Figura 7.3 — Esquema de uma balança de prato único.

de análise química, o princípio de uma alavanca equilibrada sobre um ponto de apoio é comumente usado. No caso de uma balança analítica tradicional, a massa do objeto sob estudo exerce uma força sobre o braço da balança. Esta força pode ser expressa como um torque. Numa balança simples de dois pratos, contrapesos são adicionados a um prato idêntico, colocado a uma igual distância, mas em posição oposta do objeto até que a balança atinja novamente o equilíbrio. Isto é, até que o torque do objeto que está sendo examinado seja contrabalanceado por um torque igual, mas em sentido oposto. Numa balança de prato único, o centro de gravidade do braço da balança pode ser variado pelo movimento dos contrapesos (cavaleiros), neutralizando assim o torque exercido. Nas balanças analíticas eletrônicas modernas, que foram introduzidas de forma pioneira por volta de 1950, o contratorque é criado por um campo magnético produzido por um indutor. Nos modelos mais antigos, o campo magnético era ajustado manualmente, porém, nos modelos mais recentes o campo magnético é controlado por um processador interno.

O princípio do uso de uma balança típica de laboratório está baseado na teoria de uma alavanca de primeira classe, na qual o ponto de apoio se localiza na posição média da barra.

Esta teoria é melhor entendida quando se usa uma balança de dois pratos para explicá-la, mas o princípio é o mesmo para uma balança de prato único. Em seguida será feita uma breve discussão desta teoria dedicada à balança de dois pratos.

De forma geral, para assegurar uma exatidão nas leituras obtidas com a balança analítica, estas são mantidas em caixas de vidro ou de plástico para isolar o prato de pesagem de eventuais correntes de ar. Alguns modelos são realmente selados de forma hermética para permitir que se façam leituras sob vácuo ou para uso em análises químicas (termobalanças), como na decomposição de uma substância por aquecimento ou combustão. Observar que todas as balanças modernas têm um dispositivo para nivelamento (bolha de nível) e suportes que absorvem choques nas bases para assegurar que vibrações estranhas ou superfícies não niveladas possam afetar as medidas analíticas. Idealmente, como será descrito, as pesagens devem ser realizadas numa sala especial, separada e isolada do laboratório para não afetar as leituras. Naturalmente, protocolos apropriados para o uso correto e cuidados com a balança devem ser estabelecidos para assegurar a exatidão pretendida na realização de tais análises. No item 1.7 serão oferecidos maiores detalhes.

Para efeito de ilustração será feito um breve tratamento da teoria básica de uma pesagem, considerando aspectos relevantes relacionados com a balança típica de dois pratos, para se ter uma visão prática de uma pesagem de materiais como operação unitária numa análise química.

Em uma balança de dois pratos o objeto a ser pesado é colocado no prato do lado esquerdo, representado por M_x na Figura 7.4, e os pesos padrões M_p, são colocados do lado direito.

As forças que atuam nos dois braços da balança são:

$$F_x = M_x g \quad \text{e} \quad F_p = M_p g, \tag{7.1}$$

onde g é a aceleração da gravidade.

Na Figura 7.4, a posição de equilíbrio é representada por AOB. Nesta posição os momentos são iguais.

Usando a lei dos momentos pode-se escrever:

$$F_x L_x = F_p L_p \tag{7.2}$$

Substituindo-se a Eq. (7.1) em (7.2), tem-se

$$M_x g L_x = M_p g L_p \tag{7.3}$$

Mas $L_x = L_p$ e g é constante, logo: $M_x = M_p$.

Quando existir um excesso de massa a em um dos pratos, por exemplo, M_0 na Figura 7.4, a força adicional $F_o L_p$ vai causar uma deflexão do braço no sentido horário com relação ao ponto de apoio O. Existe um torque restaurador devido à massa do fiel (ponteiro) M_f atuando no centro de gravidade G', que causa a parada e inverte seu movimento quando a força do torque excede a força que está causando a deflexão. O fiel estacionará finalmente na posição P' de tal modo que a adição da massa M_0 causa realmente num deslocamento do centro de gravidade através do arco GG'.

A partir da Figura 7.4, pode-se demonstrar que:

$$\operatorname{tg}\alpha = \frac{M_0 L_P}{M_B d} \cong \alpha$$

onde

- M_0 = carga que causa a deflexão do braço,
- L_p = comprimento do braço,
- M_B = massa do braço,
- d = distância do centro de gravidade do sistema (G') até o ponto de apoio (O).

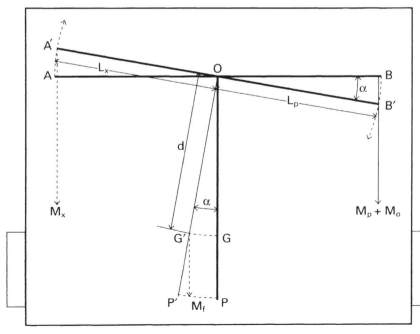

Figura 7.4 — Deslocamento de sistema oscilante de uma balança de dois pratos.

Isto é, se o ângulo α for muito pequeno, sua tangente aproxima-se do seu próprio valor, o qual por sua vez é proporcional à distância PP' percorrida pelo fiel sobre a escala graduada.

A sensibilidade da balança é uma medida da quantidade de massa necessária para ocasionar um deslocamento do centro de gravidade do sistema, que é dado pelo valor de α.

A balança de substituição ou de prato único é uma modificação da balança de braços iguais que usa um peso fixo num dos braços e pesos removíveis no outro, tendo o comprimento dos braços e o peso total do sistema de braços ajustados de tal modo que os momentos dos dois braços sejam iguais.

Para uma balança de prato único, a Eq. (7.2) assume a seguinte forma:

$$F_g d_g = F_{bp} d_{bp}$$

para o qual $F_{bp} = P_s\, g$ e $P_s = P_a + P_b + P_c$

onde:

F_g força gravitacional sobre o braço com o peso fixo
d_g comprimento do braço com o peso fixo
F_{bp} força gravitacional sobre o braço com o prato
d_{bp} comprimento do braço com o prato
P_s peso total do braço com o prato e Pc
P_a peso dos braços da balança
P_b peso do prato e sistema de suspensão
P_c soma dos pesos removíveis

Como $F_s d_g$ é constante e $F_{bp} d_{bp}$ deve ser sempre o mesmo quando a balança está em equilíbrio, a única variável em $F_g d_g$ é P_c que pode ser mudada pela remoção dos pesos. Conseqüentemente os pesos são removidos numa balança de um prato, em contraste ao fato de que são adicionados numa balança de dois pratos.

1.4 — Balança de prato único

Como uma balança de braços iguais, a balança de prato único também é uma alavanca de primeira classe, com os pesos e o prato de um só lado do ponto de apoio e o contrapeso do outro lado. Note-se que o prato de pesagem e o conjunto de pesos estão suspensos num ponto em comum do braço. Quando um objeto é colocado sobre o prato, pesos individuais são removidos desta extremidade do braço para restaurar o equilíbrio. Estes pesos correspondem ao peso do objeto.

Na prática, os braços não atingem realmente o estado de equilíbrio completo, pois os pesos são removidos somente até 0,1 g. A deflexão do braço é registrada óptica e automaticamente sobre uma escala, por meio de um feixe de luz refletido de uma escala óptica gravada na extremidade do próprio braço da balança contendo o peso fixo.

A sensibilidade de uma balança varia com a carga sobre os pratos, pois ela depende do centro de gravidade do braço. A balança de substituição tem a característica básica de operar com carga constante, o que resulta no fato de que a sensibilidade permanecerá constante em qualquer pesagem.

1.5 — Propriedades de uma balança

É importante considerar de início que o ponto zero de uma balança não é constante, de tal modo que uma vez acertado possa ser esquecido. O ponto zero muda em conseqüência de um certo número de razões, incluindo variações na temperatura, umidade, eletricidade estática, e por isso deve ser aferido constantemente durante o período de uso da balança.

Esta, por sua vez, deve ser precisa e reprodutível, isto é, se forem feitas pesagens repetidas do mesmo objeto, a balança deve registrar sempre um mesmo valor, o qual deve representar exatamente a massa do objeto em questão.

Para a balança ser exata, várias características devem ser controladas cuidadosamente. Como já foi mencionado para a balança de dois pratos, os seus braços devem ser iguais e atingir o equilíbrio em tempo razoavelmente pequeno.

A balança deve ser estável e a condição de estabilidade é alcançada quando o centro de gravidade do sistema oscilante está abaixo do plano de suporte. Além disso, a balança deve ser também sensível, isto é, deve dar uma resposta razoavelmente rápida a pequenas diferenças de pesos.

A sensibilidade (menor massa necessária para deslocar o ponteiro da balança) é:

a) diretamente proporcional ao comprimento do braço da balança;
b) inversamente proporcional à distância entre o plano do suporte e o centro de gravidade do sistema oscilante;
c) inversamente proporcional à massa do sistema oscilante (braços, pratos e carga); se esta massa aumenta, a sensibilidade diminui e como resultado as balanças de prato único operam a uma sensibilidade constante.

Além disso, o atrito nas partes móveis deve ser mínimo. À medida que o atrito aumenta, a sensibilidade diminui; todos os pontos da balança nos quais pode haver atrito devem ser mantidos sempre limpos.

1.6 — Erros na pesagem

Existem alguns erros nas pesagens que devem ser evitados ou corrigidos a fim de se obter pesos corretos numa balança analítica.

Estes erros podem ser de origem instrumental, devido à eletricidade estática e efeitos atmosféricos ou, ainda, efeito de empuxo do ar.

Os erros instrumentais incluem qualquer erro devido à construção ou manipulação da balança ou dos pesos usados.

Efeitos da estática elétrica são produzidos sobre o vidro quando é atritado com um pano ou pedaço de papel. Quando estas peças de vidro (tais como, béquer, erlenmeyer, pesafiltro, vidro de relógio, etc.) eletrificadas estaticamente são colocadas sobre o prato de uma balança, uma parte da carga é lentamente dissipada na atmosfera e a outra é conduzida pelas estruturas metálicas da balança, criando duas ou mais zonas de cargas iguais sobre ela. Como cargas iguais se repelem mutuamente, haverá uma força atuando sobre os pratos, causando um erro no peso medido.

Para contornar tal problema, deve-se deixar passar um tempo razoável entre o instante da limpeza dos vidros e a operação de pesagem, a fim de que qualquer carga possa se dissipar completamente.

Com relação a efeitos atmosféricos deve-se considerar o fato de que alguns materiais ganharão peso quando expostos ao ar, enquanto outros perderão peso. Isso pode ser causado por absorção ou perda de água, dióxido de carbono, etc. Por isso, objetos quentes devem ser deixados resfriar dentro de um dessecador antes da pesagem, evitando com isso que ele venha a absorver água ao se resfriar na atmosfera ambiente. É necessário considerar ainda o efeito da temperatura do objeto que está sendo pesado, a qual se apresenta como uma enorme fonte de erro, causando mudanças na leitura do peso devido ao surgimento de correntes de convecção no ar dentro da câmara de pesagem da balança.

Erros devido ao *empuxo* surgem pelo fato de que qualquer objeto colocado num fluido sofre a ação de uma força de baixo para cima, em concordância com o princípio de Arquimedes.

As pesagens que são feitas em uma balança indicam, naturalmente, o peso do objeto no ar. Se a densidade dos pesos padrões e a densidade do objeto que está sendo pesado forem iguais, então forças iguais atuarão sobre eles e conseqüentemente o peso registrado será igual ao peso no vácuo, onde não existe empuxo. Se as densidades forem diferentes, então as diferenças nos empuxos levarão a um erro na pesagem, pois forças diferentes atuarão sobre eles. o que resultará num desequilíbrio do sistema. A pesagem de objetos de alta densidade, como o mercúrio (d = 13,6), ou objetos leves de grande volume, como a água ($d \approx 1$), requer correção com respeito ao empuxo.

O peso de um objeto no vácuo pode ser calculado pela Eq. (7.6), que é deduzida da seguinte maneira:

Considere-se como sendo $P_{obj.vac.}$ o peso do objeto no vácuo e $d_{obj.}$ sua densidade. O empuxo sobre o objeto é igual a seu volume multiplicado pela densidade do ar, isto é, $(d_{ar} \cdot P_{obj.vac.})/d_{obj.}$, onde d_{ar} = 0,0012 g/mL. O peso aparente do objeto, que é seu peso no ar, $P_{obj.ar}$, é igual ao peso padrão que o está contrabalançando, e o empuxo sobre ele é $(d_{ar} \cdot P_{bj.ar})/d_p$, onde d_p é a densidade dos pesos.

$$P_{\text{real do obj. no ar}} = P_{obj.vac.} - E_{obj.}$$

$$P_{\text{pesos ar}} = P_{\text{pesos vac.}} - E_p.$$

Aqui E_{obj} e E_p referem-se ao empuxo sobre o objeto e sobre o peso padrão.

Na condição de equilíbrio tem-se que

$$P_{\text{real obj.ar}} = P_{\text{pesos ar}}$$

$$\therefore P_{obj.vac} - E_{obj.} = P_{\text{pesos vac.}} - E_p$$

$$\therefore P_{obj.vac} - P_{obj.vac}\frac{d_{ar}}{d_{obj.}} = P_{\text{pesos vac.}} - P_{\text{pesos vac.}}\frac{d_{ar}}{d_p}$$

mas, $P_{\text{pesos vac.}} = P_{\text{aparente do obj. no ar}}$, que é o peso lido na balaça. Como os pesos

PESAGEM E BALANÇA ANALÍTICA

padrões da balança são pesos calibrados e corrigidos para o vácuo, pode-se escrever que:

$$P_{obj.vac.} - \left(\frac{d_{ar}}{d_{obj.}} \times P_{obj.vac.}\right) = P_{obj.ar} - \left(\frac{d_{ar}}{d_p} \times P_{obj.ar}\right), \quad (7.4)$$

$$P_{obj.vac.} = P_{obj.ar} + d_{ar}\left(\frac{P_{obj.vac}}{d_{obj.}} - \frac{P_{obj.ar}}{d_p}\right), \quad (7.5)$$

Geralmente a diferença entre $P_{obj.vac.}$ e $P_{obj.ar}$ é pequena, e neste caso o valor de $P_{obj.vac.}$ pode ser substituído por $P_{obj.ar}$ no termo entre parênteses, de tal modo que

$$P_{obj.vac.} \cong P_{obj.ar} + P_{obj.ar}\left(\frac{d_{ar}}{d_{obj.}} - \frac{d_{ar}}{d_p}\right) \quad (7.6)$$

Uma dedução mais precisa pode ser feita resolvendo-se a Eq. (7.4) para $P_{obj.vac.}$:

$$P_{obj.vac} = P_{obj.ar}\left(1 - \frac{d_{ar}}{d_p}\right)\left(1 - \frac{d_{ar}}{d_{obj.}}\right)^{-1} \quad (7.7)$$

Quando o objeto a ser pesado é um sólido ou um líquido, a razão $d_{ar}/d_{obj.}$ é muito pequena comparada com a unidade, isto é, $\frac{d_{ar}}{d_{obj.}} \ll 1$, e por isso é válida a aproximação:

$$\left(1 - \frac{d_{ar}}{d_{obj.}}\right)^{-1} \approx 1 + \frac{d_{ar}}{d_{obj.}}$$

Deste modo,

$$P_{obj.vac.} \approx P_{obj.ar}\left(1 - \frac{d_{ar}}{d_p}\right)\left(1 + \frac{d_{ar}}{d_{obj}}\right) \quad (7.8)$$

Efetuando-se a multiplicação dos termos entre parênteses e desprezando-se o fator $d_{ar}^2/(d_p \times d_{obj.})$ que é muito pequeno comparado com a unidade, chega-se novamente à Eq. (7.6). Se, no entanto, o objeto a ser pesado é um gás, deve-se usar a Eq. (7.7) para obter-se um valor mais preciso.

O exemplo abaixo mostrará como um peso no ar pode ser corrigido para o correspondente peso no vácuo.

Calcular o peso no vácuo, de 1.000,0 g aparentes de água.

A densidade do ar pode ser tomada como 0,0012 g/mL e a densidade[*] dos pesos de aço igual a 7,88 g/mL. Embora a densidade do ar varie com a pressão atmosférica e a umidade, essas variações não precisam ser levadas em conta para nosso objetivo. Considerar ainda a densidade da água igual a 1,0 g/mL.

---

[*] *Rigorosamente, a unidade de densidade deveria ser g/cm³, mas pode-se usar g/mL como uma boa aproximação para fins práticos.*

$$P_{vac.} = 1000,0 \times \left(1,0 + 0,0012 - \frac{0,0012}{7,88}\right)$$

$$P_{vac.} = 1000,0 \times (1,0 + 0,0012 - 0,00015)$$

$$P_{vac.} = 1000,0 \times (1,0011)$$

$$P_{vac.} = 1001,1 \text{ g}$$

Deve-se notar que quanto maior a diferença entre as densidades dos pesos e do objeto, maior será a correção a ser feita. No caso em que a densidade do objeto é menor que a densidade dos pesos, a correção para o empuxo será positiva, como no exemplo acima. Se a densidade do objeto for maior que a densidade dos pesos, a correção será negativa.

Para trabalhos quantitativos que requeiram precisão de uma parte por mil, os pesos medidos para a maioria dos líquidos necessitam da correção do empuxo. Entretanto, para a maioria dos objetos pesados, os erros devido ao empuxo podem ser desprezados.

1.7 — Pesagem e cuidados com uma balança de prato único

Considerando-se que existem vários modelos de balanças analíticas, e que as técnicas de operação diferem de acordo com o fabricante, não se pretende discutir o modo de manipulação de cada tipo existente, mas é necessário citar alguns conselhos genéricos úteis a respeito do uso das balanças (qualquer tipo) que são considerados a seguir.

A balança deve ficar protegida de qualquer incidência de choque, a fim de evitar danos às suas partes mais sensíveis, como por exemplo, os pontos de apoio do sistema oscilante. Ela deve ficar protegida de poeira e corrosão e colocada onde não haja correntes de ar.

Algumas regras importantes com as quais deve-se familiarizar antes de se trabalhar com qualquer tipo de balança analítica, são:

a) Nunca tocar com as mãos os objetos a serem pesados. Estes objetos devem ser manipulados com uma pinça ou com um pedaço de papel limpo.

b) Todo objeto deve ser pesado à temperatura ambiente para se evitar erros devidos à formação de correntes de convecção.

c) Nunca colocar reagentes diretamente sobre os pratos da balança, mas pesá-los em recipientes adequados, tais como pesafiltro, béquer pequeno, vidro de relógio ou até mesmo em papel apropriado para pesagem (papel acetinado). Sempre que alguma substância química cair acidentalmente sobre o prato da balança, este deve ser imediatamente limpo com um pincel macio.

d) Manter sempre as laterais da câmara de pesagem fechadas quando se faz a leitura, pois qualquer corrente de ar externa pode causar erro.

e) Nunca colocar ou retirar objetos do prato de uma balança sem que esta esteja travada.

f) Nunca deixar pesos na balança após a pesagem. Voltar o marcador para a posição zero sempre que terminar esta operação.

Ainda dentro dos aspectos de pesagens e cuidados gerais nestas operações, deve ser lembrado que a pesagem de uma amostra não se realiza diretamente sobre o prato de uma balança, mas sempre é usado um recipiente adequado. Deste modo, para certos materiais, tal como raspas de metais ou um pó que seja estável ao ar, o uso de um simples vidro de relógio será suficiente. Um papel acetinado especial, pode ser usado com alguma vantagem depois de ser adequadamente vincado, permitindo a transferência do material pesado por meio de jatos de água, e em seguida o papel é descartado. Se o material que está sendo manipulado for do tipo sensível ao ar, podendo absorver umidade, ou um líquido volátil, é necessário usar um frasco especial de pesagem. Certamente estes frascos são encontrados em vários formatos. As formas mais comuns são os pesafiltros construídos em vidro *Pyrex*®. Pequenas barquinhas de porcelana vitrificada também são úteis para a pesagem e a transferência de sólidos. Evidentemente os pesafiltros mostram a conveniência de incluir uma tampa. Outra vantagem significativa no uso de um pesafiltro está na técnica da "pesagem por diferença". Esta operação consiste em se colocar uma quantidade em excesso do material de interesse dentro do pesafiltro e efetuar a pesagem. Em seguida, a quantidade necessária deste material é cuidadosamente transferida para o recipiente de amostra, apenas "batendo" com o dedo indicador nas paredes do pesafiltro, sem usar espátulas. Após isso, o frasco retorna para a balança onde é registrado o seu peso. A diferença entre as duas pesagens representa a quantidade exata do material transferido. Observar que esta operação é vantajosa, quando várias pesagens do mesmo material devem ser realizadas, pois assim é desnecessária a lavagem e secagem prévia do recipiente que receberá o material.

Outro conceito para o qual o estudante deve atentar, é o da proposta sempre enfatizada de se atingir um *peso constante* por meio de repetições sucessivas do processo de secagem e pesagem, especialmente em gravimetria. Nos procedimentos analíticos gerais é sempre imposto que amostras, reagentes, cadinhos, vidrarias, etc., devem estar secos, por aquecimento ou calcinação, até se obter peso constante. Evidentemente este termo deve ser bem entendido, pois é sabido que uma variação no peso de qualquer material nem sempre pode ser detectada se esta mudança for menor do que a precisão da própria balança. Desta forma, aquilo que se entende por peso constante depende da precisão obtida no processo de pesagem. Experimentalmente é possível o estudante fazer uma estimativa da precisão da balança que vai usar. Na prática isso pode ser realizado simplesmente colocando sobre o prato da balança um objeto (por exemplo, um cadinho de porcelana de forma baixa, limpo e seco) e proceder à pesagem anotando o resultado até décimos de miligramas. A seguir, remove-se o cadinho do prato. Depois recoloca-se o mesmo cadinho e de novo anota-se o valor do peso. Este procedimento deve ser repetido, pelo menos 10 vezes. Tendo em mãos os dez resultados, determina-se o intervalo desta série de pesagens, isto é, a diferença numérica entre o maior valor e o menor valor. Divide-se este valor por 2 e aceita-se o valor obtido como sendo a estimativa da precisão da balança. Geralmente, esta estimativa será da ordem de 0,2 a 0,3 mg, mas pode ser até pior que isso, dependendo das condições da balança e da habilidade do estudante. Na prática, se o valor aqui obtido for maior que 0,6 mg, deve-se verificar as condições de operacionalidade da balança. Sendo aceito um valor como estimativa da precisão da balança, o resultado serve como referência para se decidir se o objeto submetido a pesagens sucessivas após determinado tratamento, atingiu um peso constante.

1.8 — Balança analítica eletrônica: um novo conceito na medida de massas

Acompanhando a tendência no desenvolvimento instrumental baseado em implementos eletrônicos, a balança analítica típica de prato único também evoluiu para satisfazer as necessidades e diversas demandas em trabalhos analíticos. O desempenho analítico de uma balança eletrônica é superior ao de uma balança mecânica. Para se executar uma pesagem numa balança mecânica existe todo um procedimento bem estabelecido, mas com uma balança eletrônica o processo é bastante simplificado, de tal modo que os estudantes podem operá-la sem a necessidade de um treinamento específico. Isso significa que consegue-se uma eficiência máxima muito rapidamente. É claro que a balança eletrônica representa um avanço relevante comparada com a balança mecânica. Na prática, a balança eletrônica dispensa o longo período de ensino de como pesar. Fotos de balanças eletrônicas típicas são mostradas nas Figuras 7.5 e 7.6. Estas balanças contam com um dispositivo que permite acesso a computador ou a sistemas robóticos automáticos por meio de uma interface integrada do tipo RS232. Acesso à impressora também é possível. *Softwares* dedicados permitem a compensação da interferência causada pelo empuxo do ar devido à densidade da amostra. Este novo dispositivo não requer o uso de um braço funcionando como alavanca e nem há pontos de apoio causadores de erros, da forma existente nas balanças mecânicas. As balanças eletrônicas simplesmente operam com o princípio de compensação de força eletromagnética. O princípio básico de operação é mostrado na Figura 7.7. Nesta figura (1) representa o dispositivo de varredura elétrica que zera o sistema; (2) a suspensão, monitorada pelo sistema de varredura; (3) o sinal do sistema de varredura produz uma corrente de compensação através desta bobina que conduz o sistema de pesagem, e simultaneamente o sistema de varredura, de volta à posição zero; (4) sensor que detecta a variação de temperatura no sistema e corrige a corrente de compensação devida; (5) prato da balança. Tecnologicamente, a corrente de compensação é proporcional ao peso da amostra colocado sobre o prato. Este mecanismo gera um sinal que é encaminhado de forma digital para um micropro-

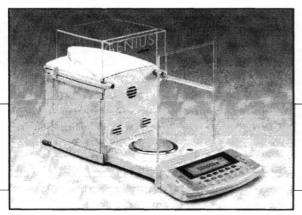

Figura 7.5 —Balança analítica eletrônica: Sartorius, Série Genius ME125S. Breisblat, A. and Lopez, L., The evolution of weighing technology for the new millenium, *Am. Lab. News*, Oct 2000, 18-19.

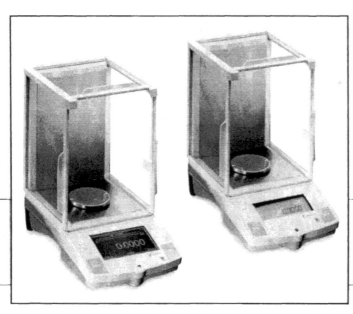

Figura 7.6 —Balança analítica eletrônica: Ohaus, Série Voyager e Explorer. Mylenki, Paula J. Z., "Modular concept balances for the laboratory", *Am. Lab. News*, March 2000, 16.

cessador, que vai convertê-lo a um correspondente valor do peso. O microprocessador, por si só, calcula automaticamente a diferença entre o valor do peso da amostra e o de um possível recipiente, que aparece num painel digital como resultado final. O sistema assim descrito opera de tal modo a amplificar uma pequena corrente elétrica, introduzindo-a na bobina e criando um campo magnético significativo que faz com que o sistema mecânico mantenha-se zerado, e isto é chamado de sistema servo, que pode ser visualizado de maneira mais detalhada na Figura 7.8.

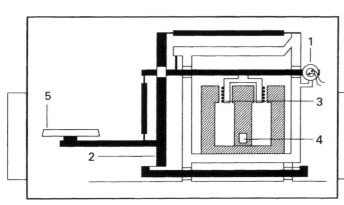

Figura 7.7 —Princípio de operação da balança eletrônica. Lang, K. M., "Time-saving applications of electronic analytical balances", *Am. Lab.*, 1983, **15**(3), 72-76.

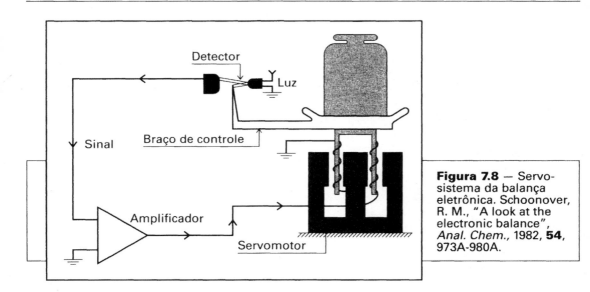

Figura 7.8 — Servo-sistema da balança eletrônica. Schoonover, R. M., "A look at the electronic balance", Anal. Chem., 1982, **54**, 973A-980A.

2 — Uso dos aparelhos volumétricos

É necessário que qualquer pessoa que trabalhe em laboratórios de química analítica saiba distinguir e usar convenientemente cada equipamento volumétrico, de modo a reduzir ao mínimo o erro nas análises.

Em um laboratório são basicamente dois os tipos de frascos volumétricos disponíveis, a saber: aqueles calibrados para conter um certo volume, o qual, se transferido, não o será totalmente (exibem a sigla TC, *to contain*, gravada no vidro) e aqueles calibrados para transferir um determinado volume (exibem a sigla TD, *to deliver*, gravada no vidro), dentro de certos limites de precisão.

Qualquer frasco volumétrico apresenta o problema da aderência do fluido nas suas paredes internas, mesmo estando limpo e seco. Por isto um frasco construído para conter um determinado volume de líquido (TC), sempre escoará um volume menor, se for usado numa transferência.

Os equipamentos volumétricos TD têm seus volumes corrigidos, com respeito à aderência do fluido, e, por esta razão, escoarão o volume indicado, se usados numa transferência. Ainda assim é necessário saber que a quantidade do líquido escoado por estes instrumentos dependerá, principalmente, da sua forma, da limpeza da sua superfície interna, do tempo de drenagem, da viscosidade e da tensão superficial do líquido e do ângulo do aparelho em relação ao solo do laboratório.

Além destes detalhes, deve-se conhecer também a exatidão do volume retido em um frasco TC e a precisão do volume escoado por um frasco TD.

Considerando-se estes fatos, será dada a seguir um descrição mais detalhada de alguns destes equipamentos volumétricos, os quais serão utilizados nas experiências propostas no Capítulo 8.

2.1 — Provetas ou cilindros graduados

São equipamentos utilizados em medidas aproximadas de volume. São encontradas no comércio provetas TC e TD, desde cinco mililitros até vários litros.

Em geral o desvio-padrão da medida de volume feita com estes aparelhos é de 1%.

2.2 — Pipetas

São instrumentos volumétricos utilizados para a transferência de certos volumes, de modo preciso, sob determinadas temperaturas.

Existem basicamente dois tipos de pipetas, as volumétricas ou de transferência e as graduadas. Hoje é muito comum num laboratório analítico o uso de pipetadores do tipo Eppendorf, de volume fixo ou variável, pela praticidade na transferência contínua de soluções de amostras ou de reagentes.

As pipetas de transferência são tubos de vidro expandidos cilindricamente na parte central, possuem a extremidade inferior estreita e têm a marca de calibração do seu volume gravada na sua parte superior, acima do bulbo. São construídas com capacidades variando entre 1,00 e 200,00 mL.

As pipetas graduadas são tubos cilíndricos com uma escala numerada de alto para baixo, até a sua capacidade máxima. Podem ser também usadas para transferir frações do seu volume total, se bem que com uma precisão um pouco menor.

As pipetas são calibradas de modo a levar em conta o filme líquido que fica retido na sua parede interna. A grandeza deste filme líquido varia com o tempo de drenagem e por esta razão é preciso adotar um tempo de escoamento uniforme. Geralmente o líquido é escoado pela ação da gravidade e a pipeta é removida do frasco para onde o líquido foi transferido cerca de 15 segundos após o escoamento total.

As pipetas volumétricas, ao final de uma transferência, retêm sempre uma pequena quantidade de líquido na sua extremidade inferior, a qual deverá ser sempre desprezada. A Figura 7.9 mostra os tipos mais comuns usados no laboratório. Na Figura 7.10 estão exemplos de pipetas do tipo Eppendorf® e Finnpipettes®, que podem ter volumes fixos ou variáveis de 1 até 5.000 µL.

A Figura 7.11 mostra como se manuseia corretamente uma pipeta.

O uso do bulbo de sucção é desnecessário quando pipetam-se substâncias inofensivas à saúde. Nestes casos o líquido pode ser aspirado com a boca. Entretanto, como precaução e por uma questão de hábito, deve-se incentivar o uso do bulbo de sucção, ou de outro dispositivo similar, nas práticas de laboratório.

2.3 — BURETAS

Consistem de um tubo cilíndrico uniformemente calibrado em toda a extensão de sua escala e possuem uma torneira na sua extremidade inferior, que pode ser de vidro ou de Teflon®, para o controle do fluxo do líquido nela contido. Basicamente são pipetas graduadas com controle de fluxo.

As buretas são frascos volumétricos TD, usadas para escoar volumes variáveis de líquido e empregadas geralmente em titulações.

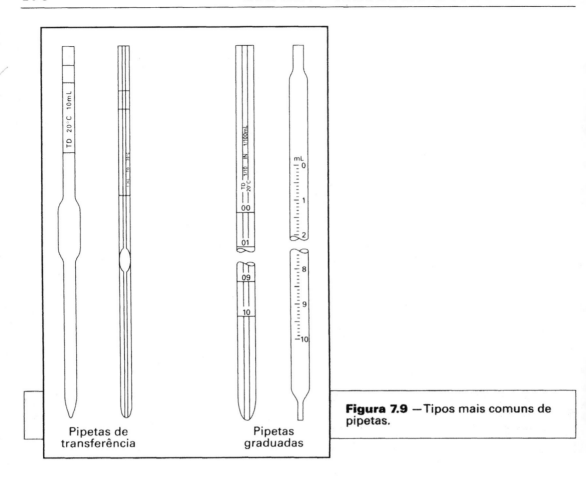

Figura 7.9 — Tipos mais comuns de pipetas.

São encontradas no comércio buretas com capacidades que variam de 5,00 mL até 100,00 mL e microburetas com capacidades de até 0,100 mL, graduadas em intervalos de 0,001 ml (1µL).

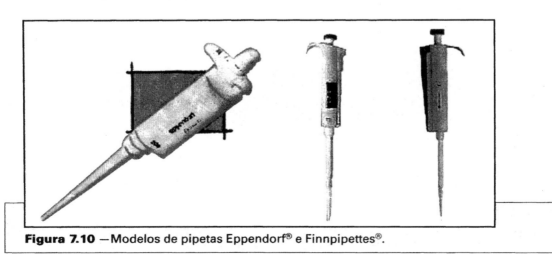

Figura 7.10 — Modelos de pipetas Eppendorf® e Finnpipettes®.

USO DOS APARELHOS VOLUMÉTRICOS

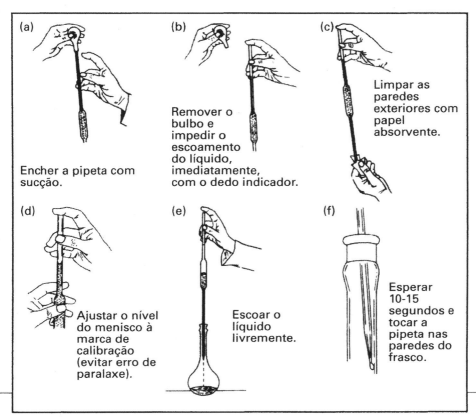

Figura 7.11 — Manuseio correto de pipetas (extraído de C. T. Kenner, *Analytical Determinations and Separations: A Textbook in Quantitative Analysis*. The MacMillan Co., 1971, p. 328).

Na prática empregam-se comumente buretas de 5,00, 10,00, 25,00 e 50,00 mL. Quando for necessário o escoamento de volumes pequenos, com precisão, utilizam-se microburetas de pistão. As microburetas de pistão não se apresentam na forma convencional, como se pode observar na Figura 7.12.

As buretas convencionais utilizam torneiras de vidro esmerilhado, as quais devem ser lubrificadas para facilitar o seu uso, ou torneiras de Teflon®, que dispensam lubrificação e são excelentes no manuseio de líquidos orgânicos.

Alguns cuidados muito importantes devem ser tomados quando do uso de uma bureta convencional. São eles:

- Verificar se a bureta está limpa, isto é, se o líquido escoa livre e uniformemente por toda a extensão da escala sem deixar líquido preso pelas paredes.

- Verificar se a torneira, caso seja de vidro esmerilhado, está lubrificada, se não existe excesso de graxa e se não existe graxa aderida no interior do orifício da torneira ou nas paredes internas da bureta. O modo correto de lubrificar a torneira de uma bureta é mostrado na Figura 7.13.

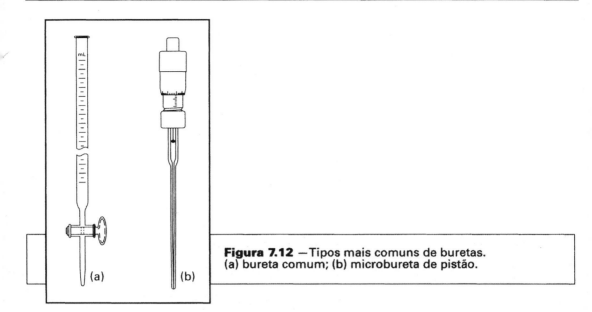

Figura 7.12 — Tipos mais comuns de buretas. (a) bureta comum; (b) microbureta de pistão.

- Nunca usar silicone como lubrificante. É melhor usar uma graxa feita misturando-se lanolina com 5 a 10% (m/m) de glicerina; fica uma pasta de cor amarelo claro.
- Encher a bureta e verificar se nenhuma bolha de ar ficou retida no seu interior.
- Secar a bureta antes de colocar a solução a ser usada. Um procedimento alternativo consiste em lavá-la três ou quatro vezes com pequenos volumes da solução a ser usada.
- Deixar a bureta sempre na perpendicular, em relação à bancada.
- Titular lentamente e com velocidade constante.
- Evitar erros de paralaxe na leitura do volume escoado. Essa leitura deve ser feita olhando-se a parte inferior do menisco perpendicularmente à bureta como na posição (b) da Figura 7.14. Leituras do volume escoado nas posições (a) e (c) dão resultados falsos. Para facilitar esta operação usa-se um cartão de papel com um retângulo escuro logo abaixo do menisco.
- A leitura do volume escoado por uma bureta é uma medida relativa. Assim sendo, do mesmo modo que ela foi zerada deve-se ler o volume escoado. Quando a solução é escura (ex.: solução de $KMnO_4$) e é impossível medir o volume com a parte inferior do menisco, pode-se zerar e ler o valor do volume escoado considerando-se a sua parte superior.
- Fazer sempre as leituras considerando-se o desvio avaliado da medida (metade da menor divisão da escala).

Quando em uso numa titulação, uma bureta deve ser bem manipulada, para evitar maiores erros. A técnica usada numa titulação é ilustrada na Figura 7.15.

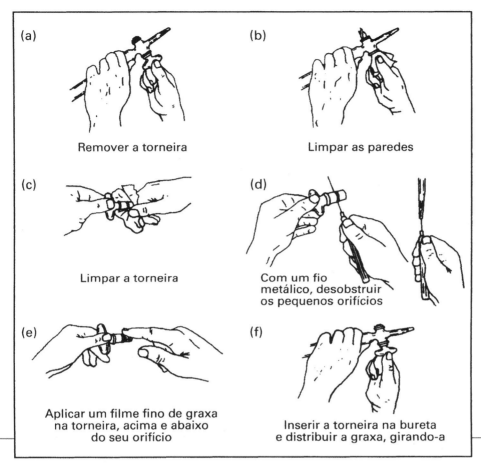

Figura 7.13 — Lubrificação das buretas (extraído de C.T. Kenner, *Analytical Determinations and Separations: A Textbook in Quantitative Analysis.* The MacMillan Co., 1971, p. 325.

Uma pessoa destra usará sua mão esquerda na torneira fazendo uma leve pressão nesta para a esquerda, de modo a prevenir vazamentos.

Um indivíduo canhoto deverá proceder de modo inverso. Quando possível, é aconselhável o uso de agitador com barra magnética, para uma melhor agitação do meio reagente.

Além destes detalhes técnicos, quando o ponto final de uma titulação está próximo, freqüentemente é necessário adicionar à mistura reagente uma fração de gota do titulante. Para fazer isto deixa-se formar parcialmente uma gota e toca-se a extremidade da bureta com a parede interna do frasco de titulação. Lavam-se as paredes do frasco com uma pequena porção de água com uma piceta (frasco lavador) e agita-se a mistura. A Figura 7.16 ilustra este procedimento.

Não se deve arrastar com água a fração da gota retida na extremidade da bureta, pois esta diluirá o titulante na sua ponta por capilaridade.

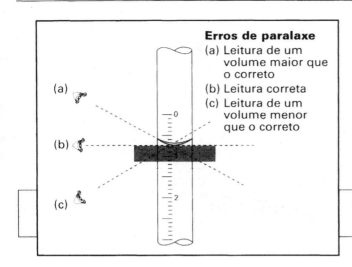

Figura 7.14 — Leitura correta do menisco.

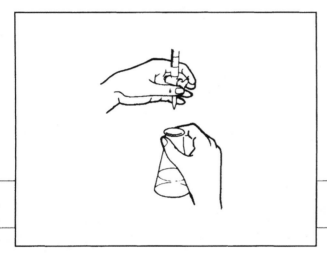

Figura 7.15 — Técnica de titulação.

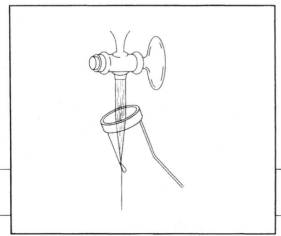

Figura 7.16 — Técnica da meia gota.

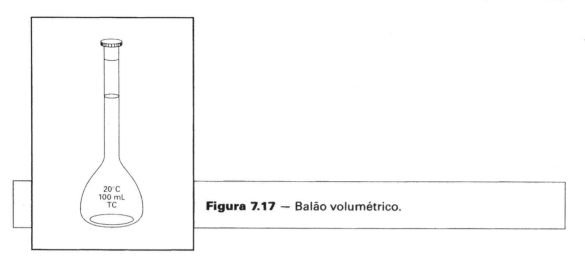

Figura 7.17 — Balão volumétrico.

2.4 — Balões volumétricos

São aparelhos volumétricos construídos para conter exatamente um certo volume de líquido, numa determinada temperatura (frascos TC). Possuem a forma de uma pêra, fundo chato e gargalo longo (Fig. 7.17), providos de uma tampa de vidro esmerilhada ou de Teflon®. Apresentam um traço fino gravado em torno do gargalo, que indica até onde o nível do líquido deve ser elevado para completar o volume do frasco. O gargalo deve ser bastante estreito com relação ao corpo do balão, a fim de que um pequeno erro no ajuste do nível de líquido à marca não ocasione um erro considerável no volume total. Melhor usar material Classe A, que apresenta volumes reais mais próximos dos declarados.

Para se acertar o menisco do líquido à marca, deve-se observar o balão apoiado numa superfície horizontal e a leitura deve ser feita na perpendicular em relação ao balão, para evitar os erros de paralaxe.

Os balões volumétricos mais utilizados são os de 50,0, 100,0, 250,0, 500,0, 1.000,0 e 2.000,0 mL. São usados tanto na preparação de soluções de concentração conhecida como na diluição de soluções já preparadas.

2.5 — Influência da temperatura

Nem sempre se trabalha com os materiais volumétricos na mesma temperatura em que eles foram aferidos. Por outro lado, às vezes, ao se preparar uma solução num balão, nem sempre esta é usada na mesma temperatura. É comum acertar-se o menisco de uma solução numa tarde e, na manhã seguinte, com o abaixamento da temperatura, o menisco se apresentar abaixo da marca.

Assim sendo, é importante saber a grandeza do erro que se comete, devido à variação de volume do material de vidro e das soluções, com a temperatura.

Considere-se uma variação de ± 5°C na temperatura do laboratório, durante uma experiência.

A equação da dilatação cúbica é

$$V_{T'} = V_T [1 + \gamma \Delta T],$$

onde

V_T = Volume na temperatura inicial,
$V_{T'}$ = Volume na temperatura final,
γ = coeficiente de dilatação cúbica,
ΔT = variação da temperatura = $(T' - T)$.

Considerando-se primeiramente a influência da variação de temperatura sobre a capacidade volumétrica dos equipamentos de vidro (ex.: pipeta de 25 mL) e as condições abaixo:

T = 20°C (temperatura inicial)
T' = 25°C (temperatura final)
γ = coeficiente de dilatação cúbica do Pyrex® = 1×10^{-5} grau^{-1}
VT = 25,00 mL (volume do frasco a 20°C).

Tem-se que:

$V_{25°C} = V_{20°C} [1 + 1 \times 10^{-5} \times (25 - 20)]$
$V_{25°C} = 25,00 + 0,00125$
$V_{25°C} = 25,00125$ mL.

Note-se que esta variação de volume não é significativa, uma vez que a incerteza no volume está na terceira casa decimal, e assim sendo não precisa ser levada em conta.

Considerando-se agora a influência da temperatura sobre a dilatação da água ou de uma solução aquosa diluída (que tem o mesmo coeficiente de dilatação cúbica da água), nas mesmas condições de temperatura do exemplo citado acima, tem-se que:

V_T = 100,0 mL (volume do frasco a 20°C).
T = 20°C
T' = 25°C
γ = coeficiente de dilatação cúbica da água = 2×10^{-4} grau^{-1}
$V_{25°C} = 100,0 [1 + 2 \times 10^{-4} \times (25 - 20)]$
$V_{25°C} = 100,0 + 0,1$
$V_{25°C} = 100,1$ mL.

Com esta variação de volume, se o frasco volumétrico contém uma solução aquosa diluída em lugar de água pura, a variação do título da solução será de uma parte por mil (1‰). Como a precisão necessária numa análise deve ser desta ordem, não há necessidade de se fazer correções sobre os títulos das soluções, por causa da variação de temperatura, dentro destes limites.

3 — Limpeza dos materiais volumétricos

Todos os equipamentos volumétricos utilizados em uma análise quantitativa devem estar perfeitamente limpos antes do uso, pois a presença de substâncias gordurosas nas suas paredes internas pode induzir erros no resultado final da análise.

Verifica-se o estado de limpeza de um aparelho volumétrico enchendo-o com água e observando-se o seu escoamento. Se gotículas ou uma película não uniforme de água, aderentes às paredes internas do equipamento, forem detectadas, então torna-se necessário limpá-lo.

3.1 — Soluções de limpeza

Materiais de vidro não são atacados por ácidos (exceto ácido fluorídrico) ou soluções diluídas de detergente, a não ser após um contato muito prolongado ou se o solvente for evaporado. Utilizam-se geralmente como soluções de limpeza uma solução de detergente de 1 a 2%, ou uma solução sulfonítrica, que é uma mistura de H_2SO_4 conc. e HNO_3 conc. na proporção 1 + 1 (v/v) ou ainda solução de etanolato de sódio ou potássio (NaOH ou KOH 5% m/v, em etanol).

Em muitos casos, dependendo do estado em que se encontra o material volumétrico, é suficiente o uso da solução de detergente (às vezes, ligeiramente aquecida). A alternativa seguinte é o emprego cuidadoso da solução sulfonítrica. De um modo geral, o tempo de contato desta solução com o vidro não precisa ser longo (não usar mistura sulfocrômica, pois deixa muito resíduo de crômio adsorvido nas paredes do vidro e é um poluente em potencial do meio ambiente, em termos de crômio (VI)).

O etanolato de sódio ou de potássio deve ser usado somente em casos extremos, porque ataca rapidamente o equipamento volumétrico. O tempo do contato do etanolato com o material de vidro não deve ser maior do que um minuto. A seguir enxagua-se algumas vezes com água — usar uma solução diluída de HCl 2% (v/v) para neutralizar qualquer traço de substância alcalina e, em seguida, lava-se novamente com água. Deve-se evitar ao máximo o uso repetitivo de alcoolato na limpeza do material volumétrico.

Deve-se evitar substância abrasiva na limpeza destes materiais. Uma bureta pode ser lavada com uma escova apropriada de haste longa e detergente. O equipamento volumétrico é dado como limpo ao se verificar que a água destilada escorre uniformemente pelas suas paredes internas.

3.2 — Técnicas de limpeza

Os frascos volumétricos podem ser limpos agitando-se uma pequena quantidade da solução de detergente nele introduzido. Caso este procedimento não seja suficiente, costuma-se deixar o frasco imerso em uma solução sulfonítrica (cerca de 15 – 30 min.), antes de ser novamente lavado e testado.

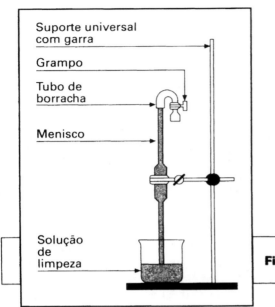

Figura 7.18 — Limpeza de uma pipeta.

Para a limpeza de uma pipeta, coloca-se um tubo de borracha na sua extremidade e aspira-se a solução de limpeza (a qual, sendo corrosiva, não deve ser aspirada com a boca, mas sim com um bulbo ou trompa de vácuo) até um nível acima de seu menisco. Fecha-se o tubo de borracha com uma pinça ou bastão de vidro e deixa-se a pipeta em repouso por algum tempo (aproximadamente 15 minutos), na forma mostrada pela Figura 7.18.

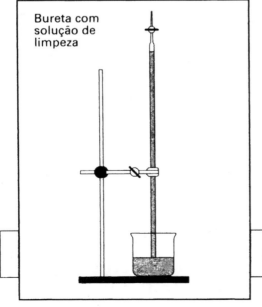

Figura 7.19 — Limpeza de uma bureta.

LIMPEZA DOS MATERIAIS VOLUMÉTRICOS

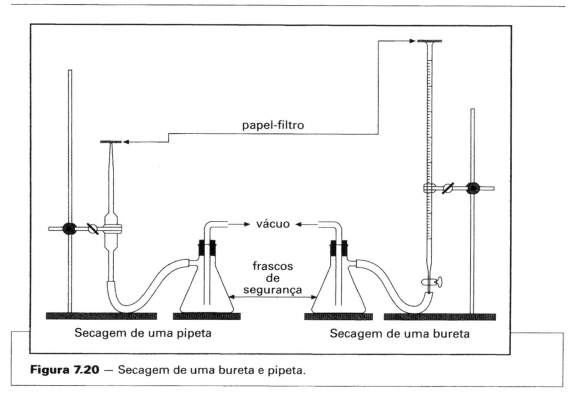

Figura 7.20 — Secagem de uma bureta e pipeta.

No caso da bureta, um procedimento análogo é seguido. Por sucção através da torneira, usando trompa de vácuo, enche-se a bureta com a solução de limpeza e deixa-se em repouso por 15 minutos aproximadamente, como na Figura 7.19. Deve-se cuidar para que o líquido não entre em contato com a torneira, a qual contém graxa e pode contaminar as paredes internas do aparelho.

É necessário tão-somente que a região onde a graduação está gravada esteja bem limpa, mas caso queira-se lavar a torneira e a região ao seu redor, deve-se tirar a graxa nela contida e imergir estas partes em sulfonítrica.

Após o uso da solução de limpeza deve-se enxaguar muito bem o aparelho volumétrico. Em geral considera-se uma boa técnica lavá-lo sete vezes com pequenas porções (cerca de 1/3 do volume do frasco) de água da torneira e três vezes com água destilada. A secagem do equipamento é feita por sucção em trompa de vácuo, como ilustrado na Figura 7.20. Para que a secagem seja mais rápida pode-se lavar o aparelho volumétrico previamente com etanol ou acetona de boa qualidade.

As práticas que devem ser evitadas durante a limpeza dos materiais volumétricos são:
i) Nunca aquecer um aparelho volumétrico, o qual pode se deformar com este procedimento.
ii) Não deixar o material imerso na solução de limpeza por muito tempo.
iii) Nunca usar ar comprimido para a secagem da aparelhagem volumétrica, porque ele contém óleo do compressor e poeira do ar ambiente (a menos que a linha tenha filtros adequados), que contaminarão novamente o material.

4 — Técnicas usadas em gravimetria

Em uma análise gravimétrica utiliza-se uma seqüência de operações com o objetivo de determinar a quantidade de um constituinte em uma amostra, por pesagem direta deste elemento puro ou de um seu derivado de composição conhecida e bem denifida. Assim, por exemplo, pode-se determinar o teor de prata de uma amostra, provocando-se a redução dos íons Ag^+ em solução ou então através da precipitação do cloreto de prata. No primeiro procedimento analítico pesa-se diretamente a prata e no segundo um seu derivado, o cloreto de prata. Tanto por meio de um como pelo outro pode-se calcular o teor de prata na amostra.

As principais vantagens da análise gravimétrica são: a) as operações unitárias utilizadas no procedimento gravimétrico são de fácil execução e de boa reprodutibilidade e b) usa-se equipamentos simples e de baixo custo, como béquer e funil de vidro, cadinho de porcelana, bico de Bunsen, mufla, estufa, balança analítica, etc. Este procedimento analítico constitui-se num método de extensa aplicação na determinação de macroconstituintes de uma amostra (faixa de porcentagem). Em muitos casos, é ainda através do procedimento gravimétrico que se obtém maior precisão na dosagem de certas substâncias, como por exemplo, a determinação de sílica (SiO_2) em amostras de material argilo-silicoso.

A maior desvantagem da análise gravimétrica é o tempo necessário para sua execução o qual, geralmente, é muito longo. Além disso, devido ao grande número de operações necessárias na sua execução, este tipo de análise está sujeito a uma série de erros acumulativos, devidos a falhas de execução, ou ainda erros devidos a elementos interferentes existentes na amostra original. Uma outra desvantagem seria a impraticabilidade do procedimento gravimétrico para determinação de microconstituintes na amostra (numa ordem de $\mu g\ mL^{-1}$ ou $ng\ mL^{-1}$) devido à falta de sensibilidade do método.

O *procedimento utilizado numa análise gravimétrica* pode ser bem entendido através do estudo das várias etapas sucessivas ou operações unitárias que compõem este tipo de análise, ou seja:

- Preparo da solução
- Precipitação
- Digestão
- Filtração
- Lavagem
- Secagem ou calcinação
- Pesagem

4.1 — Preparo de soluções

Para se iniciar uma análise gravimétrica é necessário que o elemento desejado esteja em solução. Prepara-se então uma solução conveniente de amostra (geralmente um sólido), através de um tratamento químico escolhido de acordo com a natureza da amostra a ser analisada. Este tratamento químico, que pode ser suave ou enérgico, ácido ou básico, em solução ou por fusão, é chamado usualmente de "preparo da amostra". De um modo geral as seguintes opções são usadas na preparação das soluções de amostra*:

a) solubilização com água — utilizada no caso de sais solúveis e executada em equipamento de vidro (geralmente em béquer). Exemplo: solubilização de salgema (NaCl).

b) solubilização com ácido clorídrico — utilizada para solubilização de materiais carbonatados, de alguns óxidos e de alguns metais. Este tipo de ataque é executado em equipamentos de vidro. Alguns exemplos de substâncias que são solubilizadas por ácido clorídrico são: calcário ($CaCO_3$), óxido de ferro (Fe_2O_3), óxido de manganês (MnO_2), alumínio metálico e zinco metálico.

c) solubilização com ácido nítrico — utilizada para solubilização de alguns óxidos e metais. Utiliza-se equipamento de vidro para este tratamento. Exemplo: óxido de cobre (CuO), cobre metálico, chumbo metálico e prata metálica.

d) solubilização com água-régia — utilizada para solubilização de metais. Ataque executado em equipamento de vidro. Exemplo: solubilização de metais nobres como ouro, prata, platina e paládio.

e) solubilização com ácido fluorídrico — utilizada para análise de materiais silicosos. Este tratamento é executado em cápsula ou cadinho de platina ou de Teflon®. Exemplo: solubilização silicatos, areia, etc. (obviamente quando o elemento a ser determinado não é o silício, pois esta espécie química, ao ser atacada com ácido fluorídrico, forma o composto SiF_4, volátil).

f) abertura por fusão com carbonato de sódio anidro — utilizada para análise de materiais silicosos. A fusão alcalina é executada em cadinho de níquel ou de ferro, sendo o bolo obtido pela fusão dissolvido posteriormente com ácido clorídrico. Exemplo: análise de argila, feldspato e talco.

g) abertura por fusão com peróxido de sódio e hidróxido de sódio — utilizada para decomposição de alguns óxidos. Como no caso da fusão com carbonato de sódio, utiliza-se aqui também um cadinho de níquel ou de ferro, sendo o bolo de fusão dissolvido posteriormente com ácido clorídrico. Exemplo: tratamento de cromita (óxido de cromo), cassiterita (óxido de estanho, SnO_2).

h) abertura por fusão com pirossulfato de potássio — utilizada na decomposição de alguns óxidos e fosfatos. Esta fusão é executada em cadinho de porcelana, sendo o bolo de fusão resultante solubilizado, geralmente com ácido sulfúrico. Exemplo: tratamento de rutilo (óxido de titânio TiO_2) e apatita (fosfato de cálcio).

Para obtenção de uma solução conveniente da amostra, através de qualquer um destes procedimentos enumerados acima, é necessário que a amostra sólida a ser analisada esteja finamente dividida e bem homogênea, de modo que a

---

* Ver a referência: Anderson, R., Sample Pretreatment and Separation, John Wiley & Sons, Chichester, 1987.

quantidade pesada para ataque seja representativa. Normalmente, a amostra, é secada, em seguida britada, através de um britador de mandíbulas e, finalmente, pulverizada através de um moinho de discos, ou de bolas, ou então em almofariz de porcelana ou ágata.

Por outro lado, na execução de qualquer tratamento, deve-se tomar muito cuidado para evitar eventuais erros causados por perdas de material durante os aquecimentos com ácido ou nas fusões, por ataque incompleto do material, devido a deficiências no aquecimento ou quantidade de reagente, ou por pulverização inadequada da amostra.

4.2 — Precipitação

O elemento a ser dosado é separado da solução através da formação de um precipitado convenientemente escolhido em cada caso. Deve-se levar em conta vários fatores para a escolha do reagente precipitante, tais como a solubilidade, as características físicas e a pureza do precipitado.

a) Solubilidade — deve-se escolher um reagente precipitante que conduza à formação de um precipitado quantitativamente insolúvel, ou seja, a quantidade do elemento a ser dosado que permanecer em solução deve ser menor que o limite de erro da balança (±0,2 mg). Deve-se usar excesso de reagente, pois o efeito do íon comum diminui a solubilidade do precipitado, a não ser nos casos em que se forme um complexo solúvel pela adição de excesso de reagente, onde um aumento da solubilidade será verificado.

b) Características físicas — é importante o conhecimento prévio do tipo de precipitado que será obtido, pois disto depende o tipo de filtração a ser empregado na separação do precipitado do meio de precipitação. O conhecimento prévio do tipo de precipitado também indicará a necessidade ou não de um certo tempo de digestão, pois sabe-se, por exemplo, que para precipitados gelatinosos é inconveniente uma digestão prolongada, devido a sua grande superfície específica, que poderia resultar em apreciável adsorção de impurezas do meio.

c) Pureza — deve-se procurar obter um precipitado o mais puro possível, e para isso tomam-se precauções quanto aos reagentes empregados, não só em relação à pureza dos mesmos como também na velocidade de sua adição. É recomendável, de modo geral, adicionar-se o reagente gota a gota, sob agitação, e sempre que possível, a quente. Em alguns casos, as impurezas contaminantes já se encontram na própria amostra, sendo necessário eliminá-las, ou através de uma precipitação prévia ou através de uma complexação. Para se diminuir a contaminação causada por absorção ou oclusão de substâncias interferentes, efetua-se a precipitação em soluções tão diluídas quanto possível.

Quanto à técnica de precipitação utilizada em laboratório, de modo geral ela é processada em béquer com adição lenta do reagente (por meio de uma pipeta) e sob agitação, ou a partir de uma solução homogênea.

4.3 — Digestão

É o tempo em que o precipitado, após ter sido formado, permanece em contato com o meio de precipitação (água-mãe). A digestão é processada com o objetivo de se obter um precipitado constituído de partículas grandes, facilmente filtráveis e o mais puro possível. Durante o processo de digestão, que é efetuado geralmente em temperatura elevada, acontece um processo de recristalização, no qual as impurezas ocluídas passam para a água-mãe, obtendo-se assim um precipitado mais puro. Este tempo de digestão nem sempre é necessário, sendo mesmo — em alguns casos — indesejável. Assim sendo, quando da formação de precipitados gelatinosos, como o hidróxido de ferro, bastam poucos minutos de fervura para se ter um precipitado quantitativamente formado e de boa filtrabilidade. Este composto, se fosse submetido a uma digestão mais prolongada, sofreria uma contaminação através de um processo de absorção, por causa da sua alta superfície específica. A necessidade ou não de um tempo de digestão pode ser determinada pelo conhecimento das características físicas e da solubilidade do precipitado a ser formado, sendo que os procedimentos analíticos clássicos já especificam o tempo e a temperatura mais adequadas para cada caso.

4.4 — Filtração

É o processo de separação do precipitado do meio em que se processou a sua formação. A maneira como é feita a filtração dependerá do tratamento a que o precipitado será submetido na fase seguinte (secagem ou calcinação). Se o precipitado deve ser seco a 100°—120°C, em estufa, é necessário que a filtração seja feita em *Gooch* de vidro ou de porcelana com fundo poroso ou então em *Gooch* de porcelana com fundo perfurado, dotado de uma camada de amianto como material filtrante. Os cadinhos filtrantes mais utilizados são fabricados com vidro resistente, como por exemplo, vidro Pyrex®, e possuem como fundo uma camada "porosa", obtida por sinterização de vidro moído. Essa placa porosa fica soldada ao cadinho e tem porosidade variável (Figura 7.21), sendo classificada pelos números 1, 2, 3 e 4. O que apresenta poros de diâmetro maior é o número 1 e o de diâmetro menor, o número 4.

Na prática encontram-se cadinhos de forma alta e de forma baixa, de boca larga ou estreita; neste curso recomenda-se o uso de cadinhos de forma alta e boca estreita.

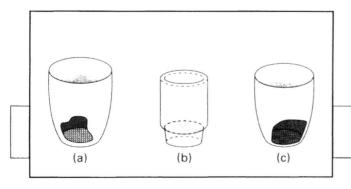

a) *Gooch* de porcelana com fundo poroso
b) *Gooch* de vidro com fundo poroso
c) *Gooch* de porcelana com camada filtrante de amianto

Figura 7.21 —Tipos de cadinhos de filtração.

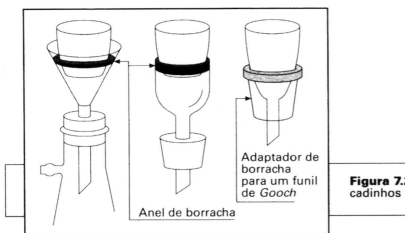

Figura 7.22 — Suportes para cadinhos *Gooch*.

A filtração através de cadinhos de *Gooch* é executada com o auxílio de sucção, para forçar a passagem do líquido pelo filtro. O sistema utilizado aqui é constituído de um suporte ou alonga para o *Gooch* (Fig. 7.22), um frasco de sucção, geralmente um kitassato e um aspirador, que pode ser uma trompa d'água ou uma bomba de vácuo (Fig. 7.23).

Quando o precipitado deve ser calcinado em temperaturas elevadas, procede-se a filtração através de papel-filtro, desde que o precipitado não seja facilmente sucetível a uma redução pelo carvão proveniente da calcinação do papel (se isto acontecer, usa-se Gooch de porcelana para a filtração). O papel de filtro utilizado em análise quantitativa apresenta um resíduo de cinzas constante após a calcinação,

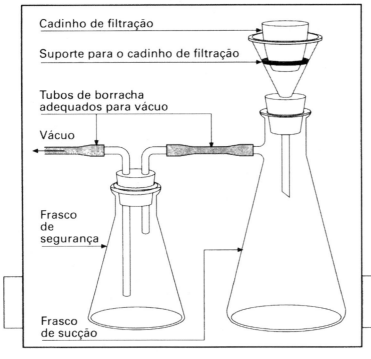

Figura 7.23 — Filtração por sucção.

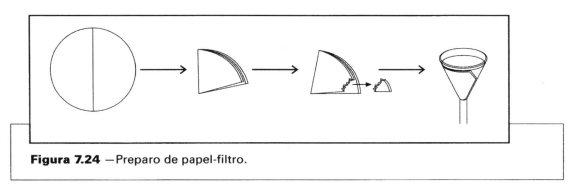

Figura 7.24 — Preparo de papel-filtro.

sendo que uma folha circular utilizada numa filtração, após sua calcinação, apresenta um resíduo de cinzas de peso inferior ao erro da balança (0,2 mg).

A filtração com auxílio do papel-filtro é feita por gravidade, sem sucção. O papel-filtro circular é dobrado e inserido num funil de vidro, como está ilustrado na Figura 7.24, tomando-se o cuidado de umedecê-lo após sua inserção no funil, de modo a se obter uma boa aderência. O diâmetro do papel-filtro utilizado deve ser tal que sua parte superior deve estar de 1 a 2 cm abaixo da borda do funil de vidro.

Faz-se a filtração por decantação transferindo-se primeiro o líquido sobrenadante e em seguida o precipitado. A transferência é feita com o auxílio de um bastão de vidro, recolhendo-se o filtrado em um béquer. A extremidade inferior da haste do funil deve ser encostada na parede interna do béquer usado no recolhimento do filtrado, como visto na Figura 7.25.

Não se deve deixar o precipitado secar no filtro durante a filtração, pois se isto acontecer formar-se-ão canaletas na massa de precipitado, o que, posteriormente, provocará uma lavagem deficiente do mesmo. Deve-se manter, durante toda a filtração, o nível de solução a $3/4$ da altura do papel-filtro no funil.

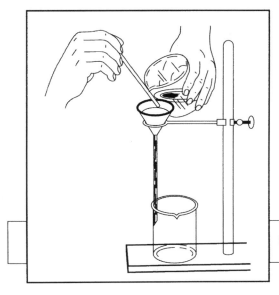

Figura 7.25 — Filtração por ação da gravidade.

4.5 — Lavagem

Após a filtração do precipitado, deve-se submetê-lo a um processo de lavagem, através do qual remove-se parte da água-mãe que ficou nele retida e eliminam-se as impurezas solúveis e não voláteis na temperatura de secagem ou calcinação a que o precipitado será submetido. O líquido de lavagem deve ser usado em pequenas porções, obtendo-se assim uma eficiência maior do que seria obtida se fosse utilizado um pequeno número de grandes porções de líquido (considerando-se o mesmo volume total de líquido de lavagem nos dois casos).

O líquido de lavagem, de modo geral, deverá conter um eletrólito para evitar a peptização do precipitado. Este eletrólito deve ser volátil na temperatura de secagem ou calcinação a que será submetido posteriormente o precipitado, de modo a não deixar resíduo. Para reduzir a solubilidade do precipitado, deve-se ter como eletrólito um íon comum e, se possível, o líquido de lavagem deve ser usado a quente.

Para uma lavagem mais eficiente recomenda-se que, de início, somente a água-mãe seja transferida para o funil de filtração. O precipitado (ainda retido no frasco de precipitação) é então lavado, sob agitação, com uma porção da solução de lavagem, decantado e o líquido sobrenadante transferido para o funil. Repete-se este procedimento algumas vezes e, por fim, transfere-se a totalidade do precipitado para o funil e continua-se a lavagem diretamente no filtro. A seqüência de operações utilizada na transferência de um precipitado é ilustrada esquematicamente na Figura 7.26.

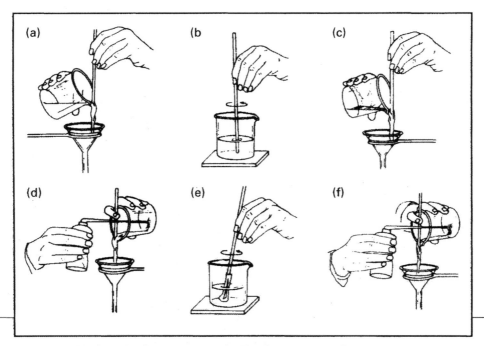

Figura 7.26 —Seqüência de operações utilizadas na transferência de um precipitado.

Sob o aspecto analítico, esta operação de lavagem é de significativa relevância, pois é aqui que se removem as impurezas adsorvidas no precipitado de interesse; a mesma importância é caracterizada quando se lava um recipiente de vidro para remover eventuais contaminantes adsorvidos nas paredes. Nas determinações gravimétricas recomenda-se, no texto, a lavagem com algumas alíquotas da solução de lavagem do precipitado ou de alíquotas de água para recipientes de vidro. Para se ter uma idéia desta eficiência considere-se o caso de um precipitado, onde se assumiu que, depois de realizado o processo de filtração, o teor de impurezas salinas na água-mãe seja C_0, e que um determinado volume v desta água-mãe esteja retido no papel-filtro e no sólido filtrado, bem como que as lavagens sejam efetuadas com um volume V de um líquido de lavagem. Além destas suposições, deve-se considerar que o equilíbrio é atingido entre a água-mãe remanescente e o líquido de lavagem, e que nenhum sal contaminante ficou adsorvido no sólido filtrado. Nestas condições, a concentração salina na água de lavagem é dada por:

$$C_1 = v\, C_0/(v + V) \tag{7.9}$$

Esta relação pode ser deduzida[*] a partir da lei de distribuição e permite o cálculo da eficiência das lavagens de maneira aproximada, pois são introduzidas algumas aproximações. Terminada a filtração, deve-se supor que todo precipitado tenha sido transferido para o filtro. Depois de quase toda a água-mãe ter sido drenada da melhor forma possível, ainda vai restar um pequeno volume retido no papel-filtro e no próprio sólido. Considerando v como sendo o volume do líquido contendo uma concentração salina C_0 de impurezas e supondo que na primeira etapa de lavagem tenha sido usado uma alíquota com um volume V e que no momento em que a drenagem se completa ainda resta um volume v, nestas condições, a concentração do sal neste volume é caracterizada pela expressão (7.9). Se numa etapa subseqüente outro volume V, do mesmo líquido de lavagem, for adicionado e mais uma vez drenado até um volume v remanescente, a concentração do sal agora seria:

$$C_2 = \frac{v}{v+V} = C_0\left(\frac{v}{v+V}\right)^2 \tag{7.10}$$

Claramente pode-se deduzir uma expressão genérica considerando-se n lavagens sucessivas:

$$C_n = C_0\left(\frac{v}{v+V}\right)^n \tag{7.11}$$

As conseqüências e implicações experimentais desta correlação podem ser vistas através do seguinte exemplo:

Considere-se a filtração do precipitado de $Fe(OH)_3$ na prática relacionada com a determinação gravimétrica de ferro. Suponha que o conteúdo de sais na água-mãe seja de 0,050 mol L^{-1}, e um volume de 0,4 mL tenha ficado retido no sólido e no papel-filtro. Nestas condições, qual será a concentração do contaminante salino após (a) a lavagem com uma alíquota simples de 10 mL da solução de lavagem representada pelo NH_4NO_3 1% (m/v), ou (b) a lavagem com quatro alíquotas de 2,5 mL da mesma solução?

---

*Pecsok, R. L., Shields, L. D. Cairns, T. and McWilliam, I. G., Modern Methods of Chemical Analysis, 2nd ed., John Wiley & Sons, 1976, Cap. 3.

(a) $\dfrac{0,4 \times 0,05}{10+0,4} = 1,9 \times 10^{-3}$ mol L^{-1}

(b) $0,05\left(\dfrac{0,4}{2,5+0,4}\right)^4 = 4,4 \times 10^{-5}$ mol L^{-1}

Observe-se que mesmo sendo uma operação simulada experimentalmente, é possível notar que lavagens repetidas, com pequenas alíquotas de um líquido com um volume total V, são mais eficientes do que uma lavagem única com o mesmo volume global do líquido de lavagem.

4.6 — Secagem ou calcinação

Após a filtração e a lavagem do precipitado, este deve ser seco ou calcinado antes de ser pesado. A secagem, feita a uma temperatura abaixo de 250°C, é utilizada simplesmente para a remoção da água de lavagem residual, e o precipitado é pesado sob a forma obtida na precipitação. Essa secagem é feita em estufa elétrica, na maioria dos casos regulada a 110°C, como por exemplo, para o cloreto de prata, dimetilglioximato de níquel, cromato de chumbo, sulfato de bário, etc. Os precipitados que devem sofrer secagem são filtrados em *Gooch* de vidro com placa porosa. A calcinação, feita a temperatura acima de 250°C, é procedida quando for necessária uma temperatura elevada para a eliminação da solução residual de lavagem, ou ainda quando se requer alta temperatura para se proceder a uma transformação do precipitado para uma forma bem definida, que será utilizada na pesagem. Assim sendo, por exemplo, a uma temperatura ao redor de 1.000°C o hidróxido de ferro hidratado perde moléculas de água de hidratação e se converte no óxido de ferro, e o fosfato de amônio e magnésio hexahidrato se converte no pirofosfato de magnésio. A calcinação é feita em mufla elétrica, e os precipitados que devem sofrer uma calcinação devem ser filtrados em papel-filtro ou em *Gooch* de porcelana com fundo perfurado e provido de camada porosa de amianto. Quando se utiliza papel-filtro na filtração, o que é obrigatório nos casos de precipitados gelatinosos, deve-se tomar muito cuidado durante o processo de incineração, pois o carvão que se forma pela queima do papel-filtro pode, em alguns casos, causar uma redução do precipitado, como é o caso do óxido de ferro ou do óxido de estanho. Para que não haja nenhuma mudança química do precipitado, causada pelo carbono proveniente da queima do papel-filtro, faz-se calcinação (em cadinho de porcelana) em atmosfera oxidante e de maneira bem lenta. Em alguns casos, mesmo tomando-se todas as precauções, observa-se que ao final da calcinação o precipitado sofreu uma redução parcial. Esta falha é corrigida calcinando-se novamente o precipitado após umedecê-lo com algumas gotas de ácido nítrico concentrado.

Para que a operação de calcinação seja bem feita, o papel-filtro deve ser convenientemente dobrado e colocado em um cadinho de porcelana, previamente aferido nas condições em que se irá se proceder à calcinação, da forma mostrada na Figura 7.27.

O cadinho é então colocado em uma mufla e deixa-se a temperatura subir até cerca de 300°C, onde deverá permanecer até a completa queima do papel-filtro.

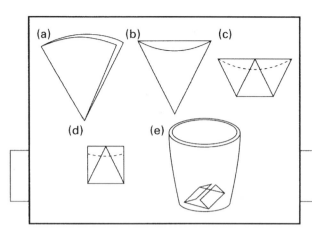

Figura 7.27 — Colocação do papel-filtro contendo o precipitado em cadinho de porcelana.

Durante este procedimento de queima do papel, a porta da mufla deverá permanecer entreaberta para melhorar as condições oxidantes no seu interior e para permitir a exaustão dos gases liberados durante a combustão. Em seguida ajusta-se a mufla para a temperatura requerida e, depois de esta ter sido atingida, deixa-se o cadinho 30 a 60 minutos nesta temperatura, o qual, decorrido este tempo, é retirado da mufla e colocado em um dessecador onde permanecerá por mais 30 a 60 minutos, até que volte à temperatura ambiente e possa ser pesado. O procedimento é repetido até que se tenha um peso constante.

No laboratório os cadinhos são marcados para a devida identificação com um lápis n.º 2, ou com uma solução de cloreto de ferro, de tal modo que irá ficar um número ou código em vermelho depois de calcinado. Se em vez de uma mufla for usado um queimador do tipo Meker (muito parecido com o bico de Bunsen, mas mais robusto, tendo o topo obstruído por um disco de aproximadamente 2 cm contendo vários furos de 1 a 2 mm), é possível ter uma idéia aproximada da temperatura em que se encontra o cadinho de porcelana. A temperatura máxima conseguida com um Meker é de aproximadamente 1.000°C (comparado com o bico de Bunsen com seus 750 a 800°C). Verifica-se para isso a cor mostrada pela porcelana aquecida: 600-800°C: vermelho escuro; 800-1.000°C: vermelho cereja; 1.000-1.100°C: cor de laranja; acima de 1200°C: esbranquiçado, com emissão forte de luz. Atualmente o Meker foi substituído por muflas, praticamente em todas as operações analíticas de calcinação.

Um cadinho calcinado com um sólido pode ser limpo, inicialmente, por simples operação mecânica, raspando-o cuidadosamente com uma espátula. Em seguida, coloca-se um solvente apropriado (água ou ácido) dentro do cadinho ou ele é inteiramente imerso no solvente. Muitas vezes pode ser usada uma solução de EDTA alcalina a quente para ajudar a dissolver diversos precipitados, especialmente $BaSO_4$. O estudante deve atentar para os devidos cuidados, pois um contacto muito prolongado pode levar o EDTA a atacar a porcelana. O mesmo ocorre se forem usados ácidos para dissolver o precipitado. Por isso é comum deixar algum sólido aderido às paredes do cadinho, desde que não seja removido com facilidade e não cause nenhum tipo de problema no uso posterior do mesmo. Então, o cadinho é novamente calcinado, resfriado e pesado, contendo o sólido aderido nas paredes.

4.7 — Pesagem

É a etapa final da análise gravimétrica. A pesagem é feita através de uma balança analítica colocada em cima de uma mesa bastante sólida (se possível de concreto) para evitar vibrações que provocariam erros de medida. Preferivelmente o ambiente deverá ter a temperatura e umidade controladas num local sem incidência de correntes de vento. Particularmente os cadinhos de porcelanas ou cadinhos de Gooch usados nas determinações gravimétricas são mantidos em dessecadores contendo material secante. Existe uma ordem de secantes, em função da sua eficiência em retirar água: pentóxido de fósforo > perclorato de magnésio > sílica gel > ácido sulfúrico concentrado > sulfato de cálcio anidro > óxido de magnésio > hidróxido de sódio > óxido de cálcio > cloreto de cálcio granulado. Na prática, é comum o uso de sílica gel (azul quando seca. Quando cor-de-rosa, está hidratada e necessita ser regenerada).

Capítulo 8

Práticas de laboratório

1 — Determinação de água em sólidos

Formas de água em sólidos

Uma enorme variedade de substâncias sólidas encontradas na natureza contém água ou os elementos que a formam. A quantidade de água nos sólidos é variável e depende da umidade e temperatura do ambiente e do seu estado de subdivisão.

A distinção entre os vários modo pelos quais a água pode ser retida por um sólido é de muita importância, pois não necessariamente ela será retida por um mesmo tipo de ligação. Por exemplo, o $Ca(OH)_2$ pode possuir água adsorvida em sua superfície (água de adsorção), como também produzir água ao se decompor sob ação do calor (água de constituição).

Basicamente os sólidos podem conter dois tipos de água: a Não-Essencial e a Essencial.

a) Água Não-Essencial

A caracterização química do sólido independe deste tipo de água. Devem ser consideradas neste grupo os seguintes casos:

Água de adsorção

É a água retida sobre a superfície dos sólidos, quando estes estão em contato com um ambiente úmido. A quantidade de água adsorvida dependerá da temperatura e da superfície específica do sólido. Quanto mais finamente dividido este se apresentar, maior será a sua área específica exposta ao ambiente e, conseqüentemente, maior será a quantidade de água adsorvida. Esta, por sua vez, estará em equilíbrio com o ambiente.

A quantidade deste tipo de água no sólido aumenta com o aumento da pressão de vapor da água no ambiente e diminui com o aumento da temperatura.

$$\text{Calor} + H_2O_{(ads.)} \rightleftharpoons H_2O_{(vapor)}$$

A determinação quantitativa da água adsorvida é feita pelo aquecimento do sólido, em estufa, a 105-110°C, até peso constante.

Este é um fenômeno geral, observado em todos os sólidos em maior ou menor proporção.

Água de absorção

Ocorre em várias substâncias coloidais, tais como amido, proteínas, carvão ativo e sílica-gel. Ao contrário do que ocorre com a água de adsorção, a quantidade de água absorvida é muito grande nestes sólidos, podendo, em alguns casos, atingir 20% (m/m) ou mais do peso total do sólido.

Ela está retida como uma fase condensada nos interstícios ou capilares do colóide, e por esta razão os sólidos que a contêm apresentam-se como perfeitamente secos.

Água de oclusão

Apresenta-se retida nas cavidades microscópicas distribuídas irregularmente nos sólidos cristalinos, e não está em equilíbrio com a atmosfera ambiente. Por este motivo a sua quantidade é insensível às mudanças de umidade no ambiente.

Quando um sólido que contém água de oclusão é aquecido, ocorre uma difusão lenta das moléculas de água até a sua superfície, onde se verifica o fenômeno da evaporação. Necessariamente uma temperatura maior que 100°C é requerida para que este processo se dê com uma velocidade apreciável.

Durante o aquecimento, a volatilização da água ocluída provoca a ruptura dos cristais, fenômeno este chamado de decrepitação. Quando isto ocorre deve-se precaver contra perdas de material.

b) Água Essencial

É a água existente como parte integral da composição molecular ou da estrutura cristalina de um sólido.

Os subgrupos deste tipo de água são:

Água de constituição

Neste caso a água não está presente como H_2O no sólido, mas é formada quando este se decompõe pela ação do calor. O importante a se notar é que a relação estequiométrica de 2:1 entre hidrogênio e oxigênio nestes compostos não precisa ser necessariamente observada.

DETERMINAÇÃO DE ÁGUA EM SÓLIDOS

Algumas vezes necessita-se de temperaturas relativamente altas para causar a decomposição dos sólidos que contêm este tipo de água.

Exemplos:

$$2NaHCO_3 \xrightarrow{300\ °C} Na_2CO_3 + H_2O + CO_2$$
$$Ca(OH)_2 \xrightarrow{800\ °C} CaO + H_2O$$
$$2Fe(OH)_3 \xrightarrow{1.000\ °C} Fe_2O_3 + 3H_2O$$

Água de hidratação

Ocorre em vários sólidos, formando os hidratos cristalinos (compostos que contêm água de cristalização).

A água está ligada a estes sólidos mediante ligações de coordenação covalentes, que são normalmente mais fracas que as eletrostáticas. Por esta razão a água de cristalização é facilmente eliminada destes compostos pela ação do calor.

A quantidade de água de hidratação (ou de cristalização) num hidrato cristalino é uma característica do sólido e sempre se apresenta com estequiometria definida.

Alguns hidratos cristalinos podem perder água de cristalização quando mantidos em ambiente completamente seco (fenômeno de eflorescência dos cristais), enquanto que outros podem retirar água de um ambiente úmido (fenômeno de deliqüescência dos cristais).

Como exemplos típicos de cristais hidratados citam-se $BaCl_2 \cdot 2H_2O$, $CuSO_4 \cdot 5H_2O$, $Na_2SO_4 \cdot 10H_2O$, $CaSO_4 \cdot 2H_2O$, $CaC_2O_4 \cdot 2H_2O$, etc.

A relação entre a umidade e o conteúdo de água num hidrato é mostrada pelo diagrama pressão de vapor da água *versus* composição do sólido, para o cloreto de bário (Fig. 8.1), a 25°C, em um sistema fechado.

Quando o cloreto de bário anidro é colocado em equilíbrio com uma atmosfera seca, a pressão de vapor da água é zero [$P_v(H_2O) = 0$]. O sal se manterá sob esta forma (estável) até um certo limite de umidade. Adicionando-se água ao sistema, de modo que a pressão de vapor de água ultrapasse este limite, uma certa quantidade de monohidrato começará a se formar, e o seguinte equilíbrio é estabelecido:

$$H_2O_{(vapor)} + BaCl_2 \rightleftharpoons BaCl_2 \cdot H_2O_{(s)}$$

Enquanto não for atingida uma razão molar de água de 50%, toda água adicionada será utilizada para transformar o sal anidro no monohidrato, permanecendo válida a equação acima descrita. Enquanto este equilíbrio existir, a pressão de vapor da água independerá das quantidades relativas dos dois compostos. Quando a razão molar de água atingir o valor de 50%, qualquer excesso servirá para aumentar sua pressão de vapor no ambiente, desde que $P_v(H_2O)$ seja menor que 0,800 *k*Pa (6 mmHg). Até $P_v(H_2O) = 0,800$ *k*Pa, o monohidrato é estável.

Aumentando-se a quantidade de água no ambiente acima deste valor, observa-se a formação de um novo composto, o dihidrato. O equilíbrio que deve ser agora considerado é:

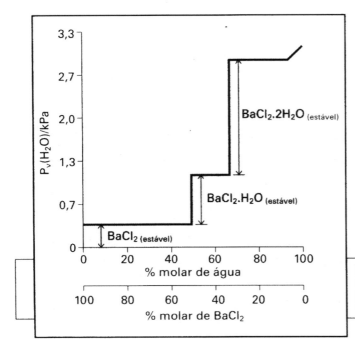

Figura 8.1 —Relação entre a pressão de vapor e o conteúdo de água para o BaCl₂ e seus hidratos estáveis, a 25°C. (Obs.: 760 mmHg = 101,325 kPa).

$$H_2O_{(vapor)} + BaCl_2 \cdot H_2O_{(s)} \rightleftharpoons BaCl_2 \cdot 2H_2O_{(s)}$$

Com este novo equilíbrio tudo se passa de modo análogo ao anterior. Quando a razão molar da água atingir o valor de 66,7% todo o monohidrato foi transformado em dihidrato. Nesse ponto, aumentando-se a quantidade de água no ambiente, a pressão de vapor da água aumenta, mas o dihidrato se manterá estável, desde que $P_v(H_2O)$ não ultrapasse a 2,799 kPa (21 mmHg). Quando a porcentagem molar da água exceder a sua razão molar no dihidrato (66,7%), este começará a se dissolver, formando uma solução saturada, segundo o equilíbrio:

$$H_2O_{(vapor)} + BaCl_2 \cdot 2H_2O_{(s)} \rightleftharpoons BaCl_2 \cdot 2H_2O_{(solução\ sat.)}$$

pois, neste caso, outros hidratos não são formados.

Até que uma porcentagem molar de H₂O igual a 97% seja atingida, este é o equilíbrio válido e a $P_v(H_2O)$ permanecerá constante. Adicionando-se água suficiente para que este valor seja ultrapassado, não mais existirá uma solução saturada no sistema, mas sim uma solução verdadeira de BaCl₂ em H₂O. A pressão de vapor da água aumenta continuamente, aproximando-se do valor 100% (diluição infinita).

O comportamento dos hidratos sob várias condições atmosféricas pode também ser previsto através de tais diagramas.

No caso de BaCl₂, o diagrama descrito indica que o dihidrato é a forma estável do BaCl₂ a 25°C, quando a pressão do vapor da água em seu ambiente estiver entre 0,800 e 2,799 kPa, o que corresponde a um intervalo de umidade relativa de 25 a 88%.

DETERMINAÇÃO DE ÁGUA EM SÓLIDOS

Analogamente, fazendo-se um raciocínio inverso, mostra-se que uma solução aquosa de $BaCl_2$, ao ser evaporada sob estas mesmas condições, produz somente cristais de $BaCl_2 \cdot 2H_2O$.

Em geral, a pressão de vapor da água em equilíbrio com um hidrato aumenta com a temperatura. Assim sendo, em temperaturas maiores que 25°C, o mesmo tipo de diagrama da Figura 8.1 é observado, mas as linhas horizontais mostram-se deslocadas para valores mais altos na escala de pressão de vapor da água.

Procedimento

Lavar e secar um pesafiltro. A secagem deve ser feita em estufa, por 1 hora, a 105-110°C. Após o seu resfriamento num dessecador, até que a temperatura ambiente seja atingida, deve-se pesar o mesmo, vazio (incluindo a tampa). Repetir este procedimento de aquecimento, resfriamento e pesagem, até haver uma concordância de 0,2 mg entre as pesagens. A seguir, introduz-se uma quantidade aproximada de 1,5 g (anotar até ± 0,1 mg) $BaCl_2$ na forma de dihidrato no pesafiltro e procede-se a nova pesagem do sistema. Aquece-se a amostra na estufa por 90 minutos a 105-110°C, deixa-se o sistema resfriar no dessecador por 20-30 minutos e pesa-se novamente, anotando o resultado. Repete-se este procedimento até que pesos constantes[1,2] sejam obtidos. Calcular a porcentagem de água perdida pela amostra usando a equação

$$\%H_2O = \frac{\text{quantidade de água perdida}}{\text{massa da amostra (g)}} \times 100$$

Calcular também a quantidade de matéria em água[3] perdida, por mol de $BaCl_2$, durante o aquecimento a 105-110°C.

Comentários

(1) Durante esta experiência, todas as pesagens deverão ser feitas em balança analítica e os pesos anotados com quatro casas depois da vírgula.

(2) Durante o trabalho, não tocar o pesafiltro com as mãos. Quando das transferências estufa/dessecador/balança e vice-versa, usar pinça ou tira de papel para segurar o pesafiltro. Ao tocá-lo com as mãos, seu peso poderá alterar-se.

(3) Nesse livro, o termo mencionado "quantidade de matéria", é para ser fiel ao termo original em francês "quantité de matière", mas o leitor deve ficar atento porque o termo geralmente empregado em inglês é "amount of substance", equivalente a "quantidade de substância". Ambos os termos foram empregados por muito tempo sem um nome próprio. Eram citados como "número de moles" (Inczédy, J. *et al.*, Cap. 1, p.29 – Referência 21 das Sugestões para Leituras Complementares).

2 — Aferição de uma pipeta

A pipeta é geralmente utilizada em experiências que requeiram um instrumento para transferência de um volume conhecido de um líquido. Como estes volumes devem ser precisos, a pipeta deve ser aferida com, no máximo, um erro relativo de 1% entre as aferições. Para uma pipeta de 25,00 mL, o desvio máximo aceitável é de 0,02 mL.

Procedimento

A aferição da pipeta é feita pela pesagem da quantidade de água que dela é escoada.

Antes de ser lavada e secada para sua aferição é necessário que o seu tempo de escoamento seja observado. Para uma pipeta de 25,00 mL este tempo deve ser de 25 segundos, aproximadamente[1].

Se o escoamento for muito rápido, o diâmetro da abertura da ponta da pipeta deve ser diminuído convenientemente na chama de um bico de Bunsen e se for muito lento, torna-se necessário aumentá-lo (lixar levemente a ponta com uma lixa d'água), até que o tempo requerido seja obtido.

Durante o acerto do tempo de escoamento deixa-se na sala das balanças um frasco contendo água destilada para que entre em equilíbrio térmico com o ambiente.

Pesa-se um erlenmeyer de 100 mL, o qual deverá estar seco, e pipeta-se convenientemente a água em equilíbrio térmico com o ambiente, transferindo-a para o erlenmeyer que, após esta operação é novamente pesado. Por diferença das pesagens tem-se massa da água escoada pela pipeta.

Repete-se este procedimento mais duas vezes.

Mede-se a temperatura da água usada na aferição e verifica-se o valor tabelado da sua densidade, nesta temperatura. Se necessário, interpolar os valores da densidade (vide Apêndice 3).

Conhecendo-se a massa de água escoada e a sua densidade na temperatura da experiência, pode-se calcular o volume da pipeta através de equação $d = m/V$.

Em trabalhos que requeiram muita precisão, as pesagens devem ser corrigidas com respeito ao empuxo do ar.

Comentários

(1) O tempo de escoamento para qualquer pipeta de transferência deve ser tal que o escoamento livre do líquido não ultrapasse um minuto e não seja inferior aos seguintes valores para os volumes específicos:

Tempo mínimo de escoamento para pipetas

capacidade (mL)	5	10	25	50	100	200
tempo (s)		15	20	25	30	40	50

Neste intervalo de tempo o escoamento é mais uniforme, pois o líquido aderido nas paredes internas da pipeta tem uma velocidade de escoamento aproximadamente igual à do menisco. Além disso, este tempo foi calculado de modo que houvesse reprodutibilidade na quantidade de líquido retido na ponta da pipeta, após a sua utilização. Um escoamento muito rápido pode levar a resultados não reprodutíveis, enquanto que um escoamento muito lento tem como único inconveniente o tempo excessivo necessário para uma operação de transferência do líquido.

3 — Gravimetria

Na precipitação convencional, a solução que contém a substância a ser analisada é mantida sob agitação enquanto o reagente precipitante é adicionado lentamente. Mesmo com essa precaução ainda ocorrem zonas de altas concentrações locais, que provocam o aparecimento de inúmeros cristais de pequeno tamanho, de difícil filtração. É necessário então que o precipitado assim obtido seja submetido a um processo de digestão, de modo a obter-se cristais maiores. Através desse procedimento, freqüentemente, o produto obtido não se apresenta puro, devido à oclusão de substâncias estranhas que dificilmente são removidas.

Por outro lado, existe uma outra técnica da precipitação, chamada precipitação de uma solução homogênea (PSH), que utiliza reações cineticamente lentas, em uma mistura homogênea, que produzem um aumento gradual na concentração do reagente precipitante. Com este procedimento é formado inicialmente um número menor de núcleos que o gerado pelo procedimento convencional, levando à formação de cristais maiores e mais perfeitos e de produtos mais puros que os obtidos pelo processo de precipitação convencional.

3.1 — Análise gravimétrica convencional

3.1.1 — Determinação de ferro

O método baseia-se na precipitação dos íons de ferro (III) com hidróxido de amônio:

$$Fe^{3+} + 3OH^- \rightleftharpoons Fe(OH)_{3(s)}$$

ou

$$2Fe^{3+} + 6NH_3 + (x+3)H_2O \rightarrow Fe_2O_3 \cdot xH_2O + 6NH_4^+$$

onde

$$[Fe^{3+}][OH^-]^3 \cong 10^{-36}$$

O hidróxido de ferro obtido é calcinado ao seu respectivo óxido:

$$2Fe(OH)_{3(s)} \xrightarrow{\Delta} Fe_2O_{3(s)} + 3H_2O$$

ou

$$Fe_2O_3 \cdot xH_2O \xrightarrow{\Delta} Fe_2O_3 + xH_2O$$

Pesando-se o óxido férrico pode-se calcular a concentração de ferro na amostra.

Na precipitação de Fe^{3+} com solução de amônia (chamada habitualmente de hidróxido de amônio) devem estar ausentes os íons Al^{3+}, Ti^{4+}, Zr^{4+}, Cr^{3+}, AsO_4^{3-} e PO_4^{3-}, porque estas espécies precipitam juntamente com o $Fe(OH)_3$. Outras substâncias também interferem reagindo com os íons Fe^{3+}, complexando-se e evitando a precipitação quantitativa do hidróxido. Tais interferentes são: citratos, tartaratos, salicilatos, pirofosfatos, fluoretos, glicerina, açúcares etc. Como o meio precipitante contém NH_4Cl e NH_3 em excesso, os íons Mg^{2+}, Ca^{2+}, Sr^{2+}, Ba^{2+} e Mn^{2+} não interferem na determinação porque os produtos de solubilidade (K_{s0}) dos seus respectivos hidróxidos não são atingidos nestas condições. Os íons Cu^{2+}, Co^{2+}, Ni^{2+} e Zn^{2+} também não interferem porque formam amin-complexos, solúveis. Porém, apesar de não precipitarem com amônia, estes íons podem se tornar interferentes se forem adsorvidos pela grande superfície específica do hidróxido de ferro, ou ainda pela precipitação parcial de carbonatos de bário, estrôncio e cálcio, devido à absorção de CO_2 pela solução amoniacal, que é o meio de precipitação. Para evitar estes interferentes, adsorvidos e/ou parcialmente precipitados como carbonatos, faz-se uma purificação do hidróxido de ferro através de várias reprecipitações.

O mesmo procedimento usado na determinação gravimétrica de ferro pode ser também usado na determinação de Al^{3+}, Cr^{3+}, Ti^{4+} e Mn^{4+}, se bem que Cr^{3+} e Mn^{4+} sejam raramente determinados por este método*. Quando o resíduo final, R_2O_3, é composto pelos óxidos de alumínio, ferro, titânio, crômio e manganês (Fe_2O_3, Al_2O_3, Cr_2O_3 e Mn_3O_4), determinam-se isoladamente os teores de ferro, titânio, crômio e manganês no resíduo através de outros procedimentos analíticos (volumetria ou espectrofotometria) e, por diferença, calcula-se o teor de alumínio. O ferro pode ser também determinado volumetricamente com MnO_4^-, $Cr_2O_7^{2-}$ ou Ce^{4+}.

Procedimento

A solução original é diluída a 100,0 mL em um balão volumétrico e homogeneizada. Duas alíquotas de 25,00 mL da amostra são pipetadas e cada uma delas é transferida para um béquer de 400 mL. Para cada alíquota procede-se da seguinte maneira: dilui-se a 125 mL com água destilada e adicionam-se 2 mL de HCl concentrado[1] e 1 a 2 mL de uma solução[2] de H_2O_2 3% (v/v). Aquece-se a solução resultante a cerca de 70°C, adicionam-se 3 g de NH_4NO_3[3], leva-se o sistema até quase a ebulição e adicionam-se, lentamente e sob agitação, cerca de 60 mL de solução[4] de $NH_3(1+3)$ (ou um volume suficiente para ter-se um ligeiro excesso de base, verificado pelo odor característico do vapor sobre o líquido). Ferve-se a mistura por um minuto[5] e em seguida deixa-se depositar o precipitado.

---

* *O crômio não é determinado convenientemente por este método porque durante a calcinação do hidróxido na presença de ar, ocorre a formação de pequenas quantidades de $Cr_2(CrO_4)_3$, tornando o resultado impreciso.*
Na determinação gravimétrica do manganês, o íon Mn^{2+} é oxidado com bromo ou água oxigenada, e depois de precipitado e calcinado é pesado na forma de Mn_3O_4. Este óxido entretanto possui composição indefinida, implicando em erro na análise.

Filtra-se a solução ainda quente, transferindo-se para o filtro, inicialmente o líquido sobrenadante e, finalmente, o precipitado[6]. Lava-se o béquer e o precipitado com pequenas porções de uma solução quente de NH_4NO_3 a 1% (m/v) contendo algumas gotas de uma solução de NH_3(1+3) para garantir que a solução de lavagem esteja alcalina[7]. Usa-se cerca de 200 mL da solução de lavagem para cada alíquota (para se considerar o precipitado bem lavado, o filtrado não deve dar prova positiva de cloreto).

Coloca-se o papel-filtro com o precipitado num cadinho de porcelana previamente aferido e calcina-se o hidróxido de ferro (III) em mufla, inicialmente com a porta ligeiramente aberta para queimar o papel-filtro sob boas condições oxidantes[8] e, após atingir 600°C, com a porta fechada. Deixa-se o forno atingir a marca[9] de 1.000°C e calcina-se o sistema cadinho/amostra nesta temperatura por 30 minutos. Decorrido este tempo o cadinho é retirado do forno, resfriado em dessecador por uma hora e, em seguida, pesado. Pela diferença entre a pesagem do cadinho cheio e vazio tem-se a massa de Fe_2O_3 proveniente dos 25,00 mL de solução tomados inicialmente. Com estes dados calcula-se o teor (em g L^{-1}) de ferro ou de Fe_2O_3 nesta solução. Se X é a massa de Fe_2O_3 obtida no final da determinação, pode-se escrever que

$$C_{Fe_2O_3}(g\ L^{-1}) = \frac{X \times 1.000}{25,00}$$

Comentários

(1) Adiciona-se HCl para evitar que durante o aquecimento da amostra haja uma hidrólise parcial prematura dos íons ferro, cujo produto, neste caso, ficaria aderido nas paredes do béquer e seria de difícil remoção.

(2) A adição de H_2O_2 tem a função de oxidar os íons Fe^{2+} que porventura existam na solução, garantindo que na precipitação ocorra somente a formação de $Fe(OH)_3$ e não de uma mistura de $Fe(OH)_3$ e $Fe(OH)_2$. Para esta finalidade pode-se usar também HNO_3 ou Br_2.

(3) O precipitado forma uma fase dispersa (colóide), que coagula quando aquecida em presença de um eletrólito (NH_4NO_3), resultando em uma massa gelatinosa marrom-avermelhada que fica em suspensão (colóide floculado). O precipitado gelatinoso tem a tendência de adsorver os íons presentes na solução. São absorvidos inicialmente íons OH^- (o precipitado adquire carga negativa) e, em seguida, cátions. Os íons bivalentes são mais adsorvidos que os monovalentes, porém, havendo excesso de íons NH_4^+ em solução, este é adsorvido preferencialmente fazendo com que a adsorção de outros íons (interferentes) seja mínima. O NH_4NO_3 retido junto ao precipitado é volatilizado na fase de calcinação.

(4) Se NaOH for usado para promover a precipitação de $Fe(OH)_3$, os íons metálicos interferentes podem ser mais fortemente adsorvidos do que quando se usa uma solução de NH_3. Entretanto, nesse caso, a solução de NH_3 utilizada deve ser filtrada para eliminar a sílica eventualmente presente em solução, proveniente do ataque alcalino ao frasco de vidro em que a amônia normalmente é acondicionada.

(5) Precipitados gelatinosos não requerem longo tempo de digestão para uma precipitação boa e completa, sendo suficiente, no caso, um minuto de fervura. Um aquecimento mais prolongado seria contraproducente, pois haveria maior possibilidade de contaminação por adsorção. Como a solubilidade de $Fe(OH)_3$ é muito pequena pode-se efetuar a precipitação e lavagem a quente, sem nenhum perigo de perdas, o que é uma vantagem, pois nessas condições de temperatura os sais interferentes solúveis são eliminados mais facilmente.

(6) Filtra-se o precipitado por decantação para evitar formação de canais, que, se ocorressem, fariam com que a lavagem subseqüente do precipitado fosse deficiente. A filtração é feita em funil com papel de filtro de filtração rápida (faixa preta, no caso de papel marca SS (*Schleicher & Schuell*), ou ainda Whatman n.º 41) e por gravidade, não se recomendando uso de sucção, pois partículas de gel penetrariam nos poros de filtros médios entupindo-os e provocando uma filtração muito lenta. Recomenda-se que a quantidade da mistura a ser filtrada não ultrapasse a $3/4$ da altura total do papel-filtro.

(7) Usa-se solução de NH_4NO_3 como água de lavagem para evitar peptização (passagem do precipitado para o estado coloidal, o qual atravessa o filtro) do gel coagulado. Como a solução de nitrato de amônio tem caráter ácido, devido à hidrólise dos íons NH_4^+, esta deve ser neutralizada e ligeiramente alcalinizada com algumas gotas da solução de NH_3, para evitar a solubilização parcial do hidróxido de ferro no processo de lavagem. Esta solução deve estar quente para que a lavagem seja mais rápida. Não se deve usar NH_4Cl, pois na calcinação poderia haver perda de ferro na forma de $FeCl_3$, que a 1.000°C pode ser parcialmente volatilizado (com Al_2O_3 não ocorre esta reação). Daí a necessidade de se lavar o precipitado até ausência de cloretos.

$$Fe_2O_{3(s)} + 6NH_4Cl \xrightarrow{\Delta} 2FeCl_3\nearrow + 6NH_3 + 3H_2O$$

(8) Como o óxido de ferro é reduzido ao óxido magnético, Fe_3O_4, pela ação do carbono ou dos gases redutores provenientes da queima do papel-filtro, é necessário manter um livre acesso de ar durante a calcinação do $Fe(OH)_3$ (o Fe_3O_4, por ser mais estável, não pode ser transformado em Fe_2O_3). Se não forem tomados os devidos cuidados com as condições oxidantes na queima do papel, pode-se ter outras reduções indesejáveis, tal como:

$$Fe_2O_{3(s)} + 3C \xrightarrow{\Delta} 2Fe° + 3CO$$

(9) O Fe_2O_3 torna-se completamente anidro pelo aquecimento a 1.000°C, mas o Al_2O_3 requer temperaturas mais elevadas.

$$Fe_2O_3 \cdot xH_2O \xrightarrow{\Delta} Fe_2O_3 + xH_2O$$

3.1.2 — Determinação de sulfato

O método baseia-se na precipitação dos íons sulfato com cloreto de bário:

$$Ba^{2+} + SO_4^{2-} \rightleftharpoons BaSO_{4(s)}$$

Solubilidade: 0,3 mg BaSO$_4$ por 100 mL H$_2$O a 26°C.

O produto obtido é secado a 110°C e em seguida pesado, calculando-se daí a concentração de sulfato na amostra.

Várias substâncias são coprecipitadas, provocando erro na determinação de sulfato. Por exemplo, a coprecipitação de BaCl$_2$ conduz a resultado mais alto que o esperado, enquanto a coprecipitação de Ba(HSO$_4$)$_2$ leva a um resultado mais baixo (o mesmo fato ocorre quando Fe$_2$(SO$_4$)$_3$ ou Fe(HSO$_4$)$_3$ coprecipitam, pois durante a calcinação verifica-se a volatilização de H$_2$SO$_4$).

Não se pode empregar reprecipitações sucessivas para a obtenção de um precipitado mais puro de BaSO$_4$, porque não se tem um solvente adequado para dissolução deste composto. A melhor maneira de evitar a contaminação por coprecipitação é remover, *a priori*, as substâncias interferentes, através de uma precipitação, complexação ou qualquer outra transformação química adequada. Assim, os íons Fe^{3+} que são extensamente coprecipitados, geralmente como sulfato básico, podem ser eliminados por meio de uma precipitação prévia na forma de Fe(OH)$_3$ ou pela redução a Fe^{2+}, que não causam maiores problemas.

Também íons de Cr^{3+} e Al^{3+} são coprecipitados, ainda que em pequenas quantidades. A presença de Cr^{3+} deve ser evitada porque forma um complexo solúvel com sulfato, [Cr(SO$_4$)$_2$]$^-$.

Íons NO$_3^-$ e ClO$_3^-$ interferem, mesmo em baixas concentrações, sendo coprecipitados na forma de sais de bário. Esta coprecipitação é minimizada usando-se pequeno excesso de bário na precipitação do sulfato. Neste caso, em que a tendência a coprecipitar é grande, a digestão do precipitado é recomendável.

De um modo geral, adicionando-se a solução de sulfato à solução de bário os erros devidos à coprecipitação de cátions diminuem, mas os devidos a ânions aumentam.

Na prática utiliza-se este procedimento para determinação de bário, sulfato e compostos de enxofre que podem ser quantitativamente oxidados a sulfato. Assim, por exemplo, pode-se determinar o teor de enxofre em compostos orgânicos oxidando-os a sulfato por fusão com peróxido de sódio em ampola de Parr ou pelo tratamento com HNO$_3$ fumegante em tubo fechado, procedendo-se depois à precipitação com cloreto de bário.

Chumbo e estrôncio podem ser determinados de maneira análoga à do bário, precipitando-os na forma de sulfato. Porém, como nestes casos a solubilidade é maior, deve-se tomar precauções especiais no sentido de reduzi-la, o que se consegue, no caso do SrSO$_4$, pela adição de álcool à solução.

Solubilidade do PbSO$_4$: 1,4 mg por 100 mL H$_2$O a 26°C
Solubilidade do SrSO$_4$: 15,4 mg por 100 mL H$_2$O a 26°C

Não se recomenda o método gravimétrico para padronização de H$_2$SO$_4$ por causa dos erros devidos à coprecipitação.

Procedimento

A solução original é diluída a 100,0 mL num balão volumétrico, com água destilada. Homogeneiza-se a solução e pipetam-se duas amostras de 25,00 mL, colocando-se em béqueres de 400 mL e diluem-se as alíquotas em seguida com 200 mL com água destilada. Adiciona-se ao frasco[2] 1 mL de HCl(1+1), aquece-se a solução à ebulição[3] e adiciona-se, gotejando rapidamente, 100 mL de solução quente de $BaCl_2$ 1% (m/v), através de um tubo capilar (ou pipeta, ou bureta)[4]. Durante a adição do cloreto de bário, a agitação deve ser constante. Deixa-se o precipitado depositar por 1 ou 2 minutos e testa-se o líquido sobrenadante com gotas de cloreto de bário 1% (m/v) para verificar se a precipitação foi completa. Caso ainda ocorra a formação de precipitado, adicionam-se lentamente 3 mL de reagente, espera-se depositar e testa-se novamente, repetindo-se essa operação até se ter presente no meio um excesso de cloreto de bário[5]. Deixa-se a mistura em banho-maria por uma hora e depois em repouso por 12 horas para haver digestão do precipitado[6], filtrando-se a seguir em *Gooch* de porcelana com camada filtrante de amianto previamente aferido. Lava-se o precipitado com água quente[7] (100 mL) em pequenas porções e depois com álcool. Seca-se em estufa[8] a 110°C por 2 horas, deixa-se em dessecador por 1 hora e pesa-se, calculando-se a porcentagem de sulfato na amostra.

Se X é a massa do $BaSO_4$ proveniente da precipitação do sulfato contido no volume da pipeta utilizada para a tomada da alíquota (25,00 mL), tem-se:

$$C_{SO_4^{2-}} (g\ L^{-1}) = \frac{X \times 1.000 \times 96,06}{25,00 \times 233.40}$$

onde

96,06 g mol^{-1} é a massa molar do íon SO_4^{2-},

233,40 g mol^{-1} é a massa molar do $BaSO_4$.

Comentários

(1) A precipitação de $BaSO_4$ em soluções concentradas e frias dá produtos muito finos, que passam através do filtro. Entretanto é possível obter-se um produto filtrável se o precipitado é obtido a partir de soluções diluídas e a quente, após ser deixado um certo período de tempo em digestão.

(2) Usa-se HCl para evitar uma possível precipitação de íons interferentes, como fosfato, cromato e carbonato de bário. No entanto, um excesso de ácido deve ser evitado, pois a solubilidade do $BaSO_4$ aumenta com o aumento da acidez do meio, por causa da formação de HSO_4^-.

(3) A supersaturação é menor em altas temperaturas.

(4) A velocidade de adição do reagente afeta a filtrabilidade do precipitado de $BaSO_4$ e a extensão em que vários íons estranhos são coprecipitados.

(5) Deve-se ter excesso de reagente para que a reação seja quantitativa, pois a solubilidade do $BaSO_4$ diminui pelo excesso de íons Ba^{2+}.

(6) Como há tendências de coprecipitar íons estranhos, a digestão é recomendável (no mínimo 1 hora).

(7) Deve-se filtrar e lavar o precipitado de BaSO$_4$ a quente, pois a velocidade de filtração é maior (principalmente quando se usa papel-filtro) e a perda por solubilidade não é significativa.

(8) Quando se usa papel-filtro na filtração, deve-se calcinar o precipitado a 900°C em mufla. Neste caso deve-se ter cuidado para que não ocorra a redução do sulfato de bário a sulfeto de bário, pelo carbono. Se isto acontecer, pode-se recuperar o material reduzido, adicionando-se 2 gotas de ácido sulfúrico concentrado e calcinando-se novamente o sistema.

3.1.3 — Determinação de cloreto

O método baseia-se na precipitação dos íons cloreto com nitrato de prata

$$Ag^+ + Cl^- \rightleftharpoons AgCl_{(s)}$$

Solubilidade: 0,2 mg AgCl por 100 mL H$_2$O a 26°C.

O produto obtido é seco a 110°C e pesado, calculando-se daí a concentração de cloreto na amostra.

O AgCl precipitado não apresenta grande tendência em ocluir sais e portanto a presença de substâncias estranhas não causa erro significativo na análise, principalmente quando a precipitação é efetuada adicionando-se a solução de prata à solução de cloreto. A causa de erro mais séria é a lavagem deficiente do precipitado.

Os íons brometo, iodeto, tiocianato e sulfeto interferem, pois formam com prata, em meio nítrico, precipitados insolúveis. A interferência de sulfeto é contornada eliminando-o da solução através de uma fervura prévia da solução ácida. Interferem também os íons de mercúrio (I) e chumbo (II), que formam precipitados insolúveis com cloreto. Certas espécies químicas, tais como NH$_3$ e CN$^-$ não interferem neste método porque a precipitação é feita em meio ácido. A própria acidez do meio também evita a interferência de ânions de ácidos fracos como acetato, carbonato, fosfato, arseniato e oxalato, que reagiriam com prata em meio neutro. Íons que se hidrolisam facilmente, como por exemplo, Bi(III), Sb(III) e Sn(IV), ou íons que formam complexos estáveis com cloreto [exemplo, Hg(II)], causam interferências sérias e por isso devem ser removidos da solução antes de se efetuar a precipitação da prata.

Este método é utilizado para a determinação de prata, cloreto, brometo, iodeto e tiocianato. No entanto, como a coprecipitação de substâncias estranhas juntamente com o AgI pode provocar erros sérios, invalidando os resultados obtidos, não se utiliza este procedimento para a determinação de iodeto, ainda mais que este íon se oxida muito facilmente.

Outras formas oxidadas do elemento cloro podem ser determinadas por este procedimento, após uma redução prévia a cloreto. Assim, pode-se determinar gravimetricamente cloro (Cl$_2$), hipoclorito (ClO$^-$), clorito ClO$_2^-$, clorato ClO$_3^-$ e perclorato ClO$_4^-$, reduzindo-os antes a cloreto com nitrito NO$_2^-$.

Por outro lado, haletos orgânicos são também determinados por este método, após serem convertidos em haletos inorgânicos através de um aquecimento com HNO_3 fumegante em tubo fechado (Método de Carins), ou por fusão com Na_2O_2.

Uma outra aplicação deste procedimento é na determinação de carbonato, fosfato, cromato e arseniato que formam sais insolúveis com prata em meio neutro, mas são solúveis em meio ácido. O sal é precipitado com íons prata em meio neutro, em seguida é filtrado, lavado e, posteriormente, dissolvido com ácido nítrico, após o que a prata é finalmente reprecipitada com cloreto em meio ácido e determinada como AgCl.

Procedimento

A solução original é diluída a 100,0 mL num balão volumétrico. Pipetam-se desta solução duas amostras de 25,00 mL transferindo-as para béqueres de 400 mL e procede-se da seguinte maneira com cada uma delas: dilui-se a 200 mL e acidula-se[1] com 1 mL de HNO_3 (1+1) (a água destilada e o HNO_3 usados deverão ser testados com $AgNO_3$ para assegurar a ausência de cloreto). Precipita-se o AgCl pela adição lenta, com agitação, de um ligeiro excesso de solução de $AgNO_3$ (0,8 g de $AgNO_3$ em 20 mL H_2O) a frio[2]. A precipitação e as operações sucessivas devem ser feitas em ausência de luz[3]. Após a adição da solução de $AgNO_3$, aquece-se a suspensão quase a ebulição, agitando-a durante um ou dois minutos[4] para ajudar a coagulação do precipitado. Remove-se o béquer do fogo e deixa-se o precipitado depositar.

Testa-se a completa precipitação do cloreto pela adição de poucas gotas de solução de $AgNO_3$ no líquido sobrenadante. Se não ocorrer a formação de precipitados, deixa-se o béquer no escuro em repouso por 1 ou 2 horas antes de filtrar.

Antes de se transferir o precipitado para um cadinho de *Gooch* aferido, lava-se o AgCl duas ou três vezes, por decantação[5], com HNO_3 0,01 mol L^{-1} a frio[6]. Procede-se à filtração e removem-se as últimas partículas de AgCl com o "policial"* e lava-se o precipitado retido no *Gooch* com HNO_3 0,01 mol L^{-1} (adicionado em pequenas porções) até que alguns poucos mililitros da água de lavagem, coletada num tubo, não se apresente turva quando testada com uma gota de HCl 0,1 mol L^{-1}. Finalmente, lava-se o precipitado com 1 ou 2 porções de água para remover a maior parte do HNO_3, coloca-se o *Gooch* 1 hora na estufa[7] a 110°C, 1 hora no dessecador e pesa-se. Com a massa do AgCl obtida, calcula-se a porcentagem de cloreto na amostra.

Sendo X a massa de AgCl proveniente da precipitação do cloreto contido no volume da pipeta utilizada na tomada da alíquota (25,00 mL), tem-se:

$$C_{Cl^-}(g\ L^{-1}) = \frac{X \times 1.000 \times 35,45}{25,00 \times 143,32}$$

onde

35,45 g mol^{-1} é a massa molar do átomo de cloro
143,32 g mol^{-1} é a massa molar do AgCl.

---

*Barra de vidro recoberto por um tubo de borracha de látex amarela em uma de suas extremidades — vide Figura 7.26(e).

Comentários

(1) O HNO_3 favorece a formação de um precipitado mais facilmente filtrável e evita precipitações de óxido, carbonato ou fosfato de prata.

(2) Não se deve aquecer a solução antes de os íons Ag^+ serem adicionados para não se perder o HCl por evaporação.

(3) O AgCl se desproporciona pela ação da luz

$$2AgCl_{(s)} \rightleftharpoons 2Ag° + Cl_2$$

Para evitar esta reação indesejável deve-se recobrir exteriormente o béquer e o vidro de relógio com papel preto. Quando a redução se dá antes da filtração do precipitado, tem-se um erro positivo, pois o Cl_2 proveniente da reação de desproporcionamento se combina com os íons Ag^+ em excesso e volta a formar AgCl que fica misturado com a prata metálica formada na decomposição do precipitado. Quando o desproporcionamento do precipitado se dá após a filtração, o cloro produzido volatiliza-se (não se tem íons Ag^+ disponíveis para reagir com o gás), gerando um erro negativo.

(4) Agitação e alta temperatura ajudam a coagulação do precipitado que inicialmente se encontra no estado coloidal.

(5) Filtra-se por decantação por ser mais efetiva a lavagem do precipitado no béquer, devido aos seus flocos.

(6) O HNO_3 0,01 mol L^{-1} é usado para retirar o excesso de íons Ag^+ que ficam adsorvidos no precipitado e também para evitar a peptização do AgCl, que ocorre se este sal for lavado com água pura. O HNO_3 é facilmente eliminado durante a secagem do precipitado.

(7) O AgCl funde a 440°C, com redução na presença de substâncias orgânicas (havendo volatilização parcial). Deve-se fazer um aquecimento gradual para que não ocorra uma rápida contração do sólido, aprisionando moléculas de água no seu interior.

3.1.4 — Determinação de alumínio com 8-hidroxiquinolina

Os métodos gravimétricos fornecem resultados com boa precisão e exatidão e encontram a devida utilidade em análise química, tanto no aspecto prático quanto na demonstração de abordagens analítico-teóricas. Certamente, são mais adequados na determinação dos macroconstituintes de uma amostra devido, principalmente, às limitações na manipulação e pesagem de quantidades menores que 0,1 g. Assim, a análise de rochas, minérios, solos, ligas metálicas e mesmo outras amostras inorgânicas, nas quais se buscam os componentes maiores, depende muito dos métodos gravimétricos. Além dos procedimentos inteiramente inorgânicos, muitas vezes usam-se complexantes orgânicos que formam quelatos insolúveis sob certas condições, que podem ser separados e pesados depois de secos, na forma de um hidrato, ou anidro ou ainda calcinado a óxido, todos com uma estequiometria bem definida.

O uso de um precipitante orgânico pode ser exemplificado pelo emprego da 8-hidroxiquinolina (*oxina*), na determinação de alumínio O oxinato de alumínio, Al(C$_9$H$_6$NO)$_3$, pode ser quantitativamente precipitado a partir de soluções aquosas com pH entre 4,2 e 9,8.

Sendo a oxina um precipitante não seletivo, muitos metais são também precipitados neste intervalo de pH. Experimentalmente, o que se faz é controlar o pH para se conseguir uma separação do alumínio destes elementos interferentes. Assim, usa-se um tampão de ácido acético-acetato de sódio (pH = 5), que cria um meio adequado para a separação do alumínio de contaminantes como Mg, Ca, Sr e Ba. Uma solução tampão amoniacal, NH$_4$Cl-NH$_3$ (pH = 9), permite a separação de As, B, F e P, e, se usada juntamente com H$_2$O$_2$, é possível contornar problemas com a interferência de Cr, Mo e V. Ainda mais, a seletividade é melhorada na presença de agentes mascarantes como cianeto, tartarato e EDTA.

Procedimento

Para o experimento, pesa-se uma amostra de 1,6 g do alúmen de amônio [(NH$_4$)$_2$SO$_4$.Al$_2$(SO$_4$)$_3$.24H$_2$O], e dissolve-se em 100,0 mL de água num balão volumétrico. Transferem-se alíquotas de 25,00 mL, com pipeta, para béqueres de 250 mL. A cada béquer, adicionam-se 75 mL de água e aquece-se até 50-60°C. Para assegurar uma precipitação quantitativa, junta-se uma solução contendo 40 g de acetato de amônio dissolvido num mínimo de água Em seguida, ainda com a solução mantida a 50-60°C, adicionam-se 9 mL de uma solução de oxina 5% (m/v) preparada em ácido acético 2 mol L^{-1}. Nessa etapa já se forma o complexo Al(C$_9$H$_6$ON)$_3$, de cor amarela, e o próprio sobrenadante assume também uma cor amarelada, devido ao excesso da oxina. Agita-se com uma barra de vidro e deixa-se esfriar para depois filtrar num cadinho de vidro sinterizado (*Gooch*) de filtração rápida, e lava-se com água quente para tirar o excesso da oxina precipitante. Lembrar que neste procedimento não interferem os alcalinos terrosos e nem fosfatos. O cadinho é levado para uma estufa e deixado secar a 130-140°C por 1-1$^1/_2$ h. Não deixar muito mais tempo, pois pode ocorrer decomposição do material. O sólido é pesado como Al(C$_9$H$_6$ON)$_3$. Conhecendo-se a estequiometria do precipitado pode-se calcular o teor de alumínio contido na solução preparada no balão de 100,0 mL e expressar o resultado como mg mL^{-1} ou mg mL^{-1} de alumínio.

A massa molar do complexo Al(C$_9$H$_6$ON)$_3$ é 459,45 g mol^{-1}.

3.1.5 — Determinação de magnésio com 8-hidroxiquinolina

Uma prática alternativa usando a precipitação de um quelato insolúvel com a oxina, constitui-se em quantificar magnésio em vez do alumínio. Muito freqüentemente o magnésio, assim como o alumínio, é encontrado em diversas amostras, especialmente de interesse agrário e biológico, em concentrações que favorecem o método gravimétrico.

Procedimento

Na prática, pesa-se aproximadamente 0,80 g de MgSO$_4$, dissolve-se em 100 mL de água num balão volumétrico. Transfere-se uma alíquota de 25,00 mL desta solução, com uma pipeta, para um béquer de 250 mL e adicionam-se 2 g de NH_4Cl. Junta-se 0,5 mL de uma solução alcoólica (0,2 % m/v) do indicador o-cresolftaleína (pH 8,2—9,8, vira de incolor para vermelho-violeta). A seguir alcaliniza-se com uma solução de NH_3 6 mol L^{-1} até se obter uma cor vermelha-violeta (pH~ 9,5) e depois adicionam-se 2 mL em excesso. Leva-se ao aquecimento numa temperatura de 70-80°C; adiciona-se lentamente, sob agitação, a solução de oxina 2% (m/v) preparada em ácido acético 2 mol L^{-1}, até que haja um pequeno excesso, o que se reconhece pela cor amarela intensa da solução sobrenadante. Deve-se evitar um grande excesso deste reagente precipitante, pois ele pode precipitar também. Agora, deixa-se digerir em banho-maria por 10 minutos, agitando freqüentemente, e depois filtra-se em cadinho de Gooch. Lava-se o material filtrado com uma solução diluída de NH_3(1+40), e deixa-se secar numa estufa a 155-160°C, para obter o composto $Mg(C_9H_6ON)_2$ anidro.

Novamente, conhecendo-se a estequiometria deste produto pode-se calcular o teor de magnésio contido no balão de 100 mL inicial. A massa molar do complexo $Mg(C_9H_6ON)_2$ é 312,62 g mol^{-1}.

3.2 — Análise gravimétrica por precipitação a partir de uma solução homogênea

Já foi salientado que os métodos gravimétricos e volumétricos constituem a base da química analítica clássica. Claramente a volumetria é a preferida, particularmente quando suas aplicações foram estendidas aos métodos complexométricos, mas mesmo assim sofreram um declínio no uso. Os métodos instrumentais, na maioria dos casos, substituíram os procedimentos mais demorados, em especial os gravimétricos, com seus problemas inerentes envolvendo a formação de precipitados que são difíceis de se filtrar e são contaminados por impurezas adsorvidas ou ocluídas. A despeito destas limitações, existem ocasiões nas quais uma determinação gravimétrica ainda é o método mais adequado para a análise. Isso vale para as determinações simples, sem se cair numa rotina repetitiva.

As maneiras convencionais de melhorar o tamanho das partículas e a pureza dos precipitados já foram bem estabelecidas. Mostrou-se que é comum trabalhar com soluções diluídas e adicionar lentamente o agente precipitante, sob agitação forte e contínua. Sempre que possível, a precipitação é conduzida numa solução quente, e o precipitado é deixado em digestão para reduzir a coprecipitação e oclusão das impurezas, formando cristais mais rapidamente filtráveis. A própria necessidade econômica de uma determinação impôs limites no uso efetivo destas práticas, e mesmo com soluções quentes e agitação rápida, é impossível evitar altas concentrações localizadas do precipitante. Se tais concentrações localizadas pudessem ser evitadas durante o processo de precipitação, muitas das desvantagens da gravimetria seriam superadas. Os precipitados seriam mais densos e mais facilmente filtráveis, as oclusões de impurezas seriam reduzidas, e uma maior quantidade de material poderia ser manipulada, melhorando a separação de íons potencialmente interferentes.

Em muitos exemplos isto é conseguido pelo método descrito como precipitação de uma solução homogênea (PSH), onde o precipitado é formado numa velocidade lenta e controlada através de uma variação uniforme das condições numa solução inicialmente homogênea.

Colocam-se aqui algumas propostas experimentais alternativas para mostrar os princípios desta técnica.

3.2.1 — Determinação de chumbo

O método baseia-se na precipitação dos íons de chumbo (II) com íons cromato

$$Pb^{2+} + CrO_4^{2-} \rightleftharpoons PbCrO_{4(s)}$$

O reagente precipitante é gerado uniforme e lentamente na solução. Isto é feito em solução ligeiramente ácida e quente contendo íons de Cr^{3+} e BrO_3^-.

$$5Cr^{3+} + 3BrO_3^- + 11H_2O \rightleftharpoons 5HCrO_4^- + 3/2Br_2 + 17H^+$$
$$\updownarrow$$
$$5H^+$$
$$+$$
$$5CrO_4^{2-}$$

Através da técnica de precipitação de solução homogênea introduzem-se íons de crômio (VI) na solução com uma velocidade menor do que aquela verificada por adição direta de cromato.

Procedimento

A solução original é diluída a 100,0 mL num balão volumétrico, com água destilada. Homogeneizam-se e pipetam-se duas amostras de 25,00 mL, colocando-as em béqueres de 250 mL. Adicionar 5 mL do tampão NaAc (0,6 mol L^{-1})/HAc (6 mol L^{-1}). A seguir, juntam-se 20 mL de solução 0,1 mol L^{-1} de nitrato de crômio (III) e 20 mL de solução 0,2 mol L^{-1} de bromato de potássio e aquece-se o sistema até próximo do ponto de ebulição, observando-se a gradual formação e crescimento do precipitado[1]. Quando a solução estiver límpida e amarela deixa-se esfriar e filtra-se em cadinho de vidro de placa porosa[2], previamente seco e aferido. Lava-se com porções pequenas (5 mL) de água destilada e seca-se na estufa a 110°C, até peso constante. Calcula-se daí o teor de Pb(II) na amostra original.

Sendo X a massa $PbCrO_4$ proveniente da precipitação do chumbo contido no volume da pipeta utilizada para a tomada da alíquota (25,00 mL) tem-se, então que

$$C_{Pb^{2+}}(g\ L^{-1}) = \frac{X \times 1.000 \times 207,19}{25,00 \times 323,19}$$

onde
> 207,19 g mol⁻¹ é a massa molar do Pb
> 323,19 g mol⁻¹ é a massa molar do PbCrO₄.

Comentários

(1) Na precipitação convencional há a produção de um precipitado amarelo que passa para alaranjado com a digestão. Forma-se uma suspensão coloidal que coagula e adere nas paredes do recipiente de precipitação, sendo difícil sua transferência. Por outro lado, através do método da PSH tem-se a produção de um precipitado de cor laranja escuro constituído de cristais grandes em forma de agulha, que é fácil de ser transferido.

Para fins comparativos, em paralelo ao procedimento da PSH, pode-se fazer uma precipitação convencional em um tubo de ensaio. Adiciona-se a 1 mL de solução de Pb(II) colocada no tubo, 1 mL de solução 0,1 mol L⁻¹ de dicromato de potássio. Aquece-se suavemente até que o precipitado formado assente e a solução fique límpida e amarela, indicando excesso de Cr(VI).

(2) O cadinho de vidro de placa porosa utilizado pode ser lavado com solução de HCl 6 mol L⁻¹ e, em seguida, com água destilada.

3.2.2 — Determinação de níquel

O método baseia-se na precipitação dos íons níquel (II) com o composto orgânico dimetilglioxima, num intervalo de pH entre 5 e 9.

$$Ni^{2+} + 2C_4H_6(NOH)_2 \rightleftharpoons Ni[C_4H_6(NOH)(NO)]_2 + 2H^+$$

O níquel desloca um próton de um grupo *oxima* (–NOH) em cada molécula de dimetilglioxima, mas é complexado através dos pares de elétrons dos quatro nitrogênios e não com os elétrons do oxigênio.

```
            O········HO
            ↑        |
H₃C—C=N        N=C—CH₃
     |     ╲ ╱    |
     |      Ni     |
     |     ╱ ╲    |
H₃C—C=N        N=C—CH₃
            |        ↓
           OH········O
```

Ajusta-se o pH entre 2 e 3, onde nenhuma precipitação ocorre e a seguir aumenta-se gradualmente o pH para se obter uma precipitação lenta e homogênea, o que se consegue gerando-se amônia homogeneamente pela hidrólise da uréia a quente:

$$NH_2-\overset{\overset{O}{\|}}{C}-NH_2 + H_2O \xrightarrow{\Delta} 2NH_3 + CO_2$$

Os íons de Fe (III), Al (III) e Cr (III) interferem neste procedimento porque seus hidróxidos precipitam neste meio, mas esta interferência é evitada adicionando-se citrato ou tartarato de amônio que formam complexos solúveis com os referidos íons. A interferência de manganês é evitada adicionando-se cloridrato de hidroxilamina que mantém o manganês no estado bivalente. Devem ainda estar ausentes os íons de Pd (II) e Au (III) bem como os elementos do grupo do H_2S.

Procedimento

A solução original é diluída a 100,0 mL num balão volumétrico, com água destilada[1]. Pipetam-se duas alíquotas de 25,00 mL, colocando-as em béqueres de 400 mL, dilui-se a amostra a 200 mL com água destilada e adiciona-se 1 a 5 gotas de HCl concentrado para que o pH fique entre 2 a 3. Aquece-se entre 80-85°C e adicionam-se 20 g de uréia a cada amostra. Em seguida adicionam-se 50 mL de uma solução 1% (m/v) de dimetilglioxima (em 1-propanol), aquecida até 60°C, a cada solução. Cobre-se cada béquer com vidro de relógio e aquece-se[2] aproximadamente por 1 hora a 80-85°C.

Nesse meio tempo, testa-se o pH da solução com uma tira de papel indicador universal para verificar se este está acima de 7. Caso contrário adiciona-se uma gota de uma solução concentrada de NH_3 e testa-se novamente.

Resfria-se a solução à temperatura ambiente e deixa-se em repouso durante 2 a 3 horas[3]. Em seguida filtra-se cada solução em um cadinho de vidro de placa porosa, previamente aferido, sob sucção. Lava-se o béquer e o precipitado no filtro com pequenas porções de água destilada, até que a água de lavagem não dê reação positiva para cloreto. Seca-se o precipitado na trompa de vácuo por alguns minutos e em seguida coloca-se na estufa a 130°C por 2 horas. Deixa-se esfriar em dessecador por 30 minutos e pesa-se. Calcula-se então o teor de níquel na amostra.

Sendo X a massa de $Ni[C_4H_6(NOH)(NO)]_2$ proveniente da precipitação do níquel contido no volume da pipeta utilizada para a tomada da alíquota (25,00 mL), tem-se então que

$$C_{Ni^{2+}}(g\ L^{-1}) = \frac{X \times 1.000 \times 58,71}{25,00 \times 288,71}$$

onde:

58,71 g mol^{-1} é a massa molar do Ni

288,71 g mol^{-1} é a massa molar do $Ni[C_4H_6(NOH)(NO)]_2$.

Comentários

(1) Se, em lugar de uma solução, a amostra a ser analisada for um sal solúvel de níquel, pesam-se amostras de 0,3 g em béqueres de 400 mL, dissolve-se o sal com 200 mL de água destilada e ajusta-se o pH entre 2 e 3 por meio da adição de 1 a 5 gotas de HCl concentrado e continua-se, então, a análise como descrito pelo procedimento.

Se, por outro lado, a amostra a ser analisada é um *minério de níquel*, pesam-se amostras de 0,6 g em béqueres de 250 mL. Em cada béquer adicionam-se 20 mL de HNO_3 concentrado cuidadosamente pelas paredes do frasco com o auxílio de uma pipeta, e leva-se à fervura na capela, até não se desprenderem mais vapores castanhos de NO_2 e todo o material escuro ter sido atacado. Aproximadamente metade do HNO_3 se evapora neste estágio. Resfria-se até a temperatura ambiente e adicionam-se 15 mL de HCl concentrado, também pelas paredes do béquer. Evapora-se até a secura, em placa de aquecimento, para desidratar todo ácido silícico e formar sílica. Resfria-se e adicionam-se novamente 10 mL de HCl concentrado e evapora-se à secura. Resfria-se e adiciona-se 0,2 mL de HCl concentrado e dilui-se com 15 a 20 mL de água destilada. Aquece-se até que todo o sal tenha se dissolvido e filtra-se em papel-filtro de porosidade média (Whatman n.º 40 ou SS faixa branca), para remover a sílica insolúvel e o resíduo de carvão. Lava-se o precipitado com água destilada e recolhe-se o filtrado e águas de lavagem em béquer de 400 mL. Dilui-se então cada amostra a 200 mL com água destilada e testa-se o pH para verificar se está entre 2 e 3. Em seguida continua-se a análise pelo procedimento normal.

(2) Através da técnica de precipitação de uma solução homogênea obtém-se um precipitado mais compacto e de mais fácil filtração que o obtido pela precipitação convencional, que se processa em meio amoniacal ou em meio tamponado acima de pH 5.

(3) Preferivelmente, o repouso deverá ser por uma noite. Se após o repouso formar-se um precipitado branco, este poderá ser a dimetilglioxima, que é insolúvel em água. Caso isto ocorra, adicionam-se 20 mL de 1-propanol e aquece-se a 60°C para dissolver o excesso de reagente.

3.2.3 — Determinação de cobre

A salicilaldoxima é um reagente bem conhecido para a determinação gravimétrica ou espectrofotométrica de cobre. O precipitado é estequiométrico e pode ser pesado diretamente como tal após secagem, enquanto que o precipitado convencional é geralmente contaminado e deve ser calcinado a óxido. Uma vantagem deste reagente é a sua solubilidade em uma solução aquosa ácida, que é usada para precipitar o cobre, mas como desvantagens cita-se a tendência do reagente em se decompor e a formação de um precipitado gelatinoso, difícil de ser filtrado. Neste experimento a salicilaldoxima é sintetizada *in situ*, fazendo-se reagir o salicilaldeído com hidroxilamina na presença do cobre, sob condições controladas.

A amostra recebida no balão volumétrico de 100,0 mL é diluída até a marca e duas alíquotas de 25,00 mL são transferidas com a pipeta calibrada para béqueres

$$\underset{\text{Salicilaldeído}}{\underset{\text{OH}}{\bigcirc}\!\!-\!\!\overset{\text{H}}{\underset{\text{O}}{\text{C}}}} + \underset{\text{Hidroxilamina}}{NH_2OH} \longrightarrow \underset{\text{Salicilaldoxima}}{\underset{\text{OH}}{\bigcirc}\!\!-\!\!\overset{\text{H}}{\underset{\text{NOH}}{\text{C}}}} + H_2O$$

Cu-Salicilaldoxima

de 400 mL. Normalmente a amostra é preparada a partir de $CuSO_4$ em uma solução fracamente ácida, e o teor de cobre em cada alíquota tomada de 25,00 mL deve estar entre 10 a 50 mg. A cada béquer adiciona-se 0,65 g de salicilaldeído contido em 250 mL de água destilada. Adicionam-se algumas gotas do indicador azul de timol e ajusta-se o pH para aproximadamente 2,9, pela adição lenta e cuidadosa de uma solução de NH_3 ou NaOH 6 mol L^{-1}, acompanhando a variação da cor de vermelho até a primeira tonalidade amarela (a transição de cor deste indicador é de 1,2 a 2,8, onde aparece o amarelo puro; por isso não se deve deixar passar deste ponto ou o valor de pH sobe demais e o precipitado forma-se com dificuldade ou não se forma). Em seguida o béquer é levado para um banho de gelo até a temperatura da solução abaixar[1] para 5°C. Enquanto isso, dissolve-se 0,33 g de cloridrato de hidroxilamina ($NH_2OH.HCL$) em 10 mL de água destilada e junta-se 1 mL desta solução, com agitação, à solução resfriada contendo o cobre. Depois de aproximadamente 15 minutos começa a precipitação. Agora adicionam-se os 9 mL restantes[2] da solução de cloridrato de hidroxilamina, com agitação forte. Deixa-se a mistura em repouso durante 4 a 6 h. A seguir filtra-se num cadinho de vidro sinterizado, lava-se com água fria, leva-se para uma estufa para secar[3] por 3 h a 110°C, e pesa-se o sólido como $Cu(C_7H_6O_2N)_2$. Calcula-se o teor de cobre contido na amostra recebida e diluída a 100 mL.

Comentários

(1) A reação do salicilaldeído com o cloridrato de hidroxilamina é muito rápida à temperatura ambiente, de tal modo que é necessário resfriar a solução até 5°C para se obter um precipitado com as características físicas adequadas.

(2) Não é necessário o uso de um tampão, embora seja observado um pequeno abaixamento do pH devido à adição do cloridrato de hidroxilamina, mas que ainda fica dentro dos valores onde a precipitação continua sendo quantitativa.

(3) Observou-se que 3 h de secagem a 110°C levam a um peso constante.

3.2.4 — Determinação de bário como cromato de bário, usando reação de complexação e deslocamento

Esta experiência ilustra bem conceitos analíticos fundamentais realizando-se uma separação eficiente de bário de quantidades grandes de estrôncio e chumbo. O bário propriamente é precipitado como cromato a partir de uma solução na qual outros cátions encontram-se complexados com EDTA. Os íons Ba^{2+} são liberados para a solução de forma homogênea quando íons Mg^{2+} são lentamente introduzidos nessa solução. Esses íons Mg^{2+} gradualmente deslocam os íons Ba^{2+} complexados com o EDTA, permitindo que precipitem como cromato de bário a partir de uma solução homogênea. Este processo de formação lenta dos cristais de $BaCrO_4$, faz com que ocorra uma coprecipitação mínima e haja uma produção de cristais facilmente filtráveis e laváveis. Observa-se que mais do que 99,7% do bário é precipitado como cromato, com menos de 0,6% de estrôncio, mesmo quando os dois íons encontram-se em igual concentração. O mecanismo envolvido no processo fundamenta-se nas diferentes estabilidades dos complexos com EDTA. Assim, quando uma concentração insuficiente do agente complexante está presente em solução, um cátion é capaz de substituir outro que forma um complexo menos estável. Portanto, mediante uma introdução lenta do cátion que vai formar um complexo mais estável, o cátion no complexo menos estável é lenta e homogeneamente liberado para a solução. Na presença de EDTA, o bário forma complexo menos estável do que o estrôncio, magnésio ou chumbo. Os valores dos logaritmos das constantes de formação para os respectivos complexos com o EDTA são: Ba: 7,76, Sr: 8,63, Mg: 8,69, Pb: 18,0. Deste modo, quando um excesso de EDTA é adicionado a uma solução contendo estes quatro cátions, eles são complexados de acordo com as suas respectivas constantes de formação. Daí, quando o cromato é adicionado à solução, não se forma um precipitado por causa da baixa concentração dos cátions livres. Se uma solução diluída de cloreto de magnésio for adicionada à solução, de modo lento, e sob agitação, o cromato de magnésio não precipita porque ele é muito solúvel, mas os íons Mg^{2+} são complexados pelo EDTA em excesso até que todo esse excesso de EDTA seja gasto. Neste ponto os íons Mg^{2+} lentamente substituem os íons Ba^{2+} do complexo com EDTA. Nesse processo, a concentração dos íons Ba^{2+} aumenta lentamente até que o produto de solubilidade do cromato de bário seja atingido. Agora ocorre a precipitação do $BaCrO_4$, que continua a precipitar lentamente, já que os íons Ba^{2+} estão sendo liberados para a solução aproximadamente com a mesma velocidade com que estão sendo removidos pelo processo de precipitação. Esta mudança é gradual e uniforme, caracterizando uma precipitação de uma solução homogênea. As reações que acontecem nesse processo são:

$$BaEDTA^{2-} + Mg^{2+} \rightleftharpoons MgEDTA^{2-} + Ba^{2+}$$
$$Ba^{2+} + CrO_4^{2-} \rightleftharpoons BaCrO_{4(s)}$$

Quando todo o complexo de bário com EDTA tiver sido esgotado, alguns íons Sr^{2+} são liberados pelos íons Mg^{2+} introduzidos na solução. Porém, neste ponto a coprecipitação do estrôncio não pode ocorrer, pois o bário já está todo precipitado. Na seqüência, quando todos os íons Mg^{2+} tiverem sido adicionados, a concentração dos íons Sr^{2+} é bem alta, mas o produto de solubilidade do cromato de estrôncio ainda não foi atingido, e conseqüentemente o estrôncio não precipita.

No procedimento experimental dado a seguir está sendo indicada apenas a presença do bário, mas é possível adicionar quantidades equivalentes de estrôncio ou de chumbo e avaliar os resultados para a recuperação do bário.

Procedimento

Receber a amostra, que deve ser uma solução de $BaCl_2$, em um balão volumétrico de 100 mL e elevar o volume com água destilada. Retirar alíquotas de 25,00 mL com a pipeta e transferir para béqueres de 600 mL. A cada alíquota contendo de 50 a 70 mg de bário, adicionar mais 175 mL de água destilada e juntar 10 mL de uma solução de EDTA 0,10 mol L^{-1} (preparada a partir do sal de EDTA dissódico dihidratado). Este EDTA deve ser suficiente para complexar todo bário e todos os cátions que estejam contaminando a solução e que formem complexos com o EDTA mais estáveis do que o complexo de Ba-EDTA. Adicionar algumas gotas de NH_3(1+3) para deixar a solução ligeiramente alcalina, e a seguir adicionar 5 mL de uma solução de K_2CrO_4 0,2 mol L^{-1}. Diluir a solução no béquer até um volume de aproximadamente 400 mL e acertar o pH em 10 com NH_3.

Colocar o béquer numa placa de aquecimento e aquecer a uma temperatura de 90 a 95°C. Agitar a solução cuidadosamente com agitador magnético e adicionar lentamente 38 mL de uma solução de $MgCl_2$ 0,02 mol L^{-1}, introduzindo uma gota a cada 5 segundos. Este procedimento vai gastar aproximadamente 1 h, e a quantidade de $MgCl_2$ adicionada deve ser suficiente para reagir com todo EDTA livre e também deslocar todo o bário complexado com o EDTA.

Depois que todo $MgCl_2$ tiver sido adicionado o precipitado formado deve ser filtrado num cadinho de vidro sinterizado de porosidade fina e lavado com 2 a 3 alíquotas de 10 mL de uma solução de $K_2Cr_2O_7$ 0,001 mol L^{-1}, levemente alcalinizada com NH_3(1+3). Finalmente, lava-se com 3 alíquotas de 5 mL de água destilada. Leva-se o cadinho para uma estufa para secar o precipitado de $BaCrO_4$ a uma temperatura de 110 a 120°C por 2 horas, e depois de resfriar pesa-se. Calcular o teor de bário em g L^{-1} na amostra recebida e diluída a 100 mL.

Comentários

(1) O EDTA deve estar sempre em excesso antes da adição do cromato, caso contrário o $BaCrO_4$ vai precipitar imediatamente quando os íons cromatos forem adicionados.

(2) Uma quantidade suficiente íons CrO_4^{2-} deve ser adicionada para assegurar que a precipitação seja quantitativa. Aproximadamente o dobro da quantidade teórica de cromato é necessária, mas se for adicionado 4 vezes mais não ocorre nenhum efeito adverso na separação.

(3) Uma quantidade suficiente íons Mg^{2+} deve ser adicionada para se ligarem ao EDTA em excesso e também substituir todo o bário complexado com EDTA. Um excesso de íons Mg^{2+} não afeta significativamente os resultados, mas uma quantidade insuficiente de Mg^{2+} torna a precipitação do bário incompleta.

(4) A precipitação é realizada em meio alcalino por várias razões. Numa solução ácida, a oxidação do EDTA pelo cromato causa uma descoloração da solução e prejudica a precipitação. Ainda mais, as estabilidades dos complexos de EDTA

decrescem com o aumento da acidez. Num valor de pH relativamente alto, de 8 a 10, os complexos de EDTA são estáveis e não ocorre nenhum problema com a precipitação dos hidróxidos, mesmo com ferro e chumbo. O pH final do filtrado ainda é relativamente alto, variando entre 8,5 e 9,0.

(5) O aquecimento da solução é necessário para a formação de um precipitado facilmente filtrável. Numa solução à temperatura ambiente o precipitado formado é muito fino e mostra uma tendência em aderir às paredes do béquer, dificultando sua transferência para o cadinho.

(6) A concentração do $MgCl_2$ e velocidade de adição (1 gota a cada 5 s) estão condicionadas a se dar um tempo razoável para a determinação. Um tempo adequado é necessário para o crescimento dos cristais e não pode ser menor para não prejudicar o processo. O precipitado forma-se de maneira homogênea por toda a solução. Um exame microscópico do $BaCrO_4$ assim formado mostra cristais de forma e tamanho uniformes.

(7) Nas condições recomendadas a coprecipitação não ocorre significativamente, de forma que se constitui um aspecto característico de processos heterogêneos. Assim, numa solução onde os íons Ba^{2+} coexistem com os íons Pb^{2+}, os íons de chumbo estarão complexados com o EDTA, e o complexo de Pb-EDTA não é afetado de forma significativa pela adição de íons Mg^{2+} por causa da grande diferença na estabilidade entre os dois complexos, Pb-EDTA e Mg-EDTA. O complexo de magnésio é consideravelmente menos estável do que o complexo de chumbo, e em nenhum momento durante o processo de precipitação haverá uma concentração suficiente de íons Pb^{2+} em solução. Assim, o produto de solubilidade do $PbCrO_4$ não é excedido em nenhum momento durante o procedimento e daí nenhuma coprecipitação do chumbo irá ocorrer, mesmo sendo o $PbCrO_4$ mais insolúvel do que o $BaCrO_4$.

4 — Volumetria

Em uma análise volumétrica, a quantidade de um constituinte de interesse (amostra) é determinada através da reação desta espécie química com uma outra substância em solução, chamada solução-padrão, cuja concentração é exatamente conhecida. Sabendo-se qual a quantidade da solução-padrão necessária para reagir totalmente com a amostra e a reação química que ocorre entre as duas espécies, tem-se condições para se calcular a concentração da substância analisada.

O processo pelo qual a solução-padrão é introduzida no meio reagente é conhecido por titulação, que pode ser volumétrica ou gravimétrica. Em uma titulação gravimétrica mede-se a massa da solução-padrão consumida na determinação e na volumétrica, o volume. O procedimento volumétrico é o mais conhecido e o mais utilizado, enquanto que o gravimétrico é usado somente em alguns casos especiais. Por esta razão e por motivos didáticos, o único procedimento a ser focalizado neste texto será o volumétrico.

O aparelho usado para a introdução da solução-padrão no meio reagente é a bureta. O seu funcionamento, bem como as técnicas de titulação, são discutidos no Capítulo 7.

Reações químicas úteis em volumetria

Nem todas as reações química podem servir de base para as determinações volumétricas. Idealmente, uma reação química, para ser útil em uma análise deste tipo, deve preencher os seguintes requisitos:

a) Ser extremamente rápida. Após cada adição de titulante a reação deve atingir novamente o equilíbrio em $t \cong 0$, pois em caso contrário o processo de titulação seria inconvenientemente lento e a detecção do seu ponto final seria extremamente difícil e não muito clara.

b) Ser completa no ponto de equivalência do sistema químico. Este critério permite uma localização satisfatória do ponto final do processo.

c) Possuir uma equação química bem definida e que descreva bem o fenômeno ocorrido. Reações paralelas entre o titulante e o titulado e/ou outras espécies químicas presentes no meio são totalmente indesejáveis e constituem-se em grave causa de erro.

d) Permitir o uso de meios satisfatórios para a detecção do ponto final do processo. Muitos sistemas permitem o uso de indicadores visuais para tal fim, mas pode-se empregar um grande número de técnicas para a determinação do ponto final de uma titulação, o qual deverá estar o mais próximo possível do ponto de equivalência do método volumétrico. Qualquer método que se baseie na variação brusca das propriedades físico-químicas do sistema, perto do seu ponto de equivalência, poderá ser usado em tal intento.

Muitas vezes, entretanto, as reações utilizadas em procedimentos volumétricos não preenchem satisfatoriamente todos estes requisitos. Nestes casos é importante ter-se conhecimento do afastamento da idealidade, da sua grandeza e de como ele poderá afetar o resultado final da análise. Realmente, em muitos procedimentos volumétricos importantes são utilizadas reações que não apresentam um ou mais dos requisitos ideais acima mencionados. Mesmo nestes casos pode-se obter bons resultados, aplicando-se as devidas correções.

Procedimento geral a ser seguido em uma determinação volumétrica

Preparo da solução-padrão

A solução-padrão a ser usada em uma análise volumétrica deve ser cuidadosamente preparada pois, caso contrário, a determinação resultará errada. Pode-se, em alguns casos, preparar soluções de concentração exatamente conhecidas pesando-se, com precisão, algumas substâncias muito puras e estáveis e dissolvendo-as, com um solvente adequado (no presente texto o solvente será sempre a água), em balões volumétricos aferidos. As substâncias que se prestam a tal procedimento, chamadas padrões primários, devem apresentar as seguintes características:

a) Ser de fácil obtenção, purificação e secagem.

b) Ser fácil de testar e de eliminar eventuais impurezas.

c) Ser estável ao ar sob condições ordinárias, senão por longos períodos, pelo menos durante a pesagem.

d) Possuir grande massa molar, pois desta forma o erro relativo na pesagem seria pequeno e desprezível.

No entanto, este procedimento, muitas vezes, não pode ser seguido porque a substância com a qual se pretende preparar uma solução padrão não é um padrão primário. Nestes casos deve-se preparar uma solução desta substância com uma concentração próxima da desejada e, em seguida, padronizá-la contra um padrão. Esta padronização pode ser feita por vários modos:

a) Titulando-se uma certa massa de um padrão primário adequado com a solução preparada.

Ex.: Padronização de uma solução de HCl contra Na_2CO_3.

b) Titulando-se um certo volume de uma solução de um padrão secundário de concentração conhecida.

Ex.: Titulação de uma solução de HCl contra uma solução de NaOH padronizada.

c) Por meio de padronizações gravimétricas ou por outros métodos suficientemente precisos.

Ex.: A determinação gravimétrica de Cl^- (como AgCl) é algumas vezes utilizada para padronizar soluções de NaCl ou HCl, com boa precisão.

Preparo das amostras

Do mesmo modo que em outros procedimentos analíticos, em uma análise volumétrica, o preparo da amostra a ser analisada deve seguir as etapas discriminadas abaixo:

- Coleta
- Pesagem
- Dissolução
- Diluição
- Remoção de interferentes.

Para muitas das experiências descritas no decorrer deste texto, vários dos itens acima citados serão desnecessários (em geral, bastará diluir a amostra recebida com água destilada até a marca do frasco volumétrico e retirar a alíquota para a análise). No entanto, é sempre bom ter em mente os cuidados que devem ser tomados no preparo de uma amostra.

Deve-se, em todas as experiências, preparar amostras individuais para cada determinação ou padronização e fazer a análise em duplicata, no mínimo.

Ex.: Na padronização de uma solução de NaOH com biftalato de potássio (padrão primário) é necessário pesar separadamente pelo menos duas amostras do sal, dissolvê-las com águas e titular cada uma delas com a solução de base.

Comentários

a) Em uma análise volumétrica ou em uma padronização deve-se estimar a grandeza da amostra a ser titulada, de modo que seja gasto um volume de titulante de aproximadamente 3/5 do volume total da bureta. Utilizando-se este procedimento, os erros de leitura do volume tornam-se geralmente desprezíveis.

b) Pode-se preparar uma solução-padrão por diluição de uma outra mais concentrada. Entretanto, muito cuidado deve ser tomado ao se adotar este procedimento, a fim de evitar a introdução de erros na análise.

c) Pode-se preparar uma única solução de amostra (ou de um padrão) e titular alíquotas desta solução. Se, no entanto, erros acidentais forem cometidos no preparo da solução inicial (ex.: erros de pesagem), somente através da titulação das alíquotas eles não serão detectados. Se amostras distintas forem usadas este problema é eliminado.

d) A técnica volumétrica é de uso fácil e rápido e é comumente aplicada em escala macroscópica, apesar de ser útil em microanálises. Quando aplicada para a análise de macroquantidades, a exatidão deste procedimento atinge geralmente o valor 0,1%.

4.1 — Volumetria ácido-base ou de neutralização

Em soluções aquosas, as titulações de neutralização são aquelas nas quais íons hidrogênio hidratado, H_3O^+, são titulados com íons hidroxila, OH^-, ou vice-versa. Isto é válido quando ácidos fortes, bases fortes, ácidos fracos, bases fracas, sais de ácidos e sais de bases fracos estão envolvidos na reação de titulação, a qual, nestes casos, é descrita como

$$H_3O^+ + OH^- \rightleftharpoons 2H_2O$$

Em solventes não aquosos, tais como etanol ou ácido acético glacial, o íon hidrogênio também se apresenta solvatado, pelo menos em alguma extensão.

Em etanol a solvatação é descrita (simplificadamente) por

$$H^+ + C_2H_5OH \rightleftharpoons C_2H_5OH_2^+$$

e em ácido acético glacial por

$$H^+ + CH_3COOH \rightleftharpoons CH_3COOH_2^+$$

De modo similar ao que se verifica em meio aquoso, as reações de titulação em meio não aquoso ocorrem entre uma base e o íon hidrogênio solvatado (ácido).

Para exemplificar e a título de comparação, considere-se o caso da titulação da amônia por um ácido forte em meio aquoso e em meio de ácido acético glacial. Em meio aquoso, a reação de neutralização é

$$NH_3 + H_3O^+ \rightleftharpoons H_2O + NH_4^+$$

e em ácido acético glacial

$$NH_3 + CH_3COOH_2^+ \rightleftharpoons CH_3COOH + NH_4^+$$

Entretanto, como de um modo geral as análises mais comuns são realizadas em meio aquoso, as experiências ilustrativas do tópico em questão se restringirão somente às titulações de neutralização em soluções aquosas.

4.1.1 — Determinação de ácido clorídrico e ácido acético[1]

O titulante a ser utilizado é uma solução de hidróxido de sódio padronizado. As curvas de titulação para estas determinações são do tipo ácido forte — base forte e ácido fraco — base forte (vide Cap. 3).

Preparação e padronização de uma solução* de NaOH 0,1 mol L^{-1}

O hidróxido de sódio não é um padrão primário porque sempre contém uma certa quantidade indeterminada de água de Na_2CO_3 adsorvida no sólido. Por esta razão é necessário preparar uma solução de NaOH de concentração próxima daquela desejada e determinar a sua concentração real através de titulações contra amostras de um padrão primário. O procedimento a ser seguido consiste em pesar aproximadamente 4,2 g de NaOH em pastilhas e dissolvê-las em água destilada previamente fervida e resfriada[2]. A solução é então diluída até cerca de 1000,0 mL e armazenada em um frasco plástico[3] de um litro.

Para a padronização desta solução usam-se amostras de ftalato ácido de potássio (biftalato de potássio, $C_6H_4(COOH)(COOK)$), seco em estufa por 1-2 horas a 110°C. Pesam-se exatamente, por diferença[4], duas ou mais amostras de 0,60 a 0,70 g (anotando até ± 0,1 mg) de sal e transfere-se cada uma delas para um erlenmeyer de 250 mL, ao qual são adicionados cerca de 25 mL de água destilada. Agita-se com cuidado até a dissolução total da substância e titulam-se separadamente as amostras com a solução de NaOH preparada, usando-se duas gotas de solução de fenolftaleína como indicador**. O aparecimento de uma leve coloração rosada que perdura por cerca de 30 segundos indica o ponto final da titulação. Calcula-se, então, através dos dados experimentais obtidos, a concentração da solução de NaOH, em mol L^{-1}.

Determinação das amostras de HCl e CH$_3$COOH

Dilui-se até a marca a amostra de ácido recebida em um balão volumétrico de 100,0 mL e procede-se a sua homogeneização. Transferem-se então alíquotas de 25,00 mL com a pipeta (aferida) para frascos erlenmeyer de 250 mL de capacidade. Adicionam-se duas gotas da solução de indicador para cada amostra e titula-se o HCl com a solução de NaOH. Fazer duas determinações usando fenolftaleína

---

* Na descrição dos procedimentos experimentais, as concentrações das soluções serão indicadas com um algarismo significativo (ex.: solução de EDTA 0,02 mol L^{-1}). Uma solução mencionada no texto como solução-padrão (padronizada ou preparada a partir de uma padrão primário) deve ter sua concentração anotada com quatro casas decimais. Os casos não especificados deverão ter suas concentrações expressas por valores aproximados.
** As soluções de indicadores são preparados segundo os procedimentos descritos no Apêndice 3.VIII.

(viragem: incolor para rosa claro) e uma usando vermelho de metila (viragem: vermelho para amarelo) como indicadores. Calcular a concentração da solução de HCl (em mol L^{-1}) obtidos nas titulações realizadas e comparar os resultados.

Para a determinação da concentração de uma solução de ácido acético, CH_3COOH, segue-se o mesmo procedimento descrito para a titulação da solução de HCl.

Ao final da experiência, e usando-se os dados obtidos, deve-se fazer os seguintes cálculos e comparações:

- Calcular a concentração da solução de ácido acético (em mol L^{-1}) e a sua concentração em g L^{-1}.

- Calcular a diferença relativa entre as determinações com fenolftaleína em partes por mil.

- Calcular a diferença relativa (em partes por mil) entre as determinações feitas com fenolftaleína e com vermelho de metila, tanto no caso do HCl como no caso do CH_3COOH. Usar sempre as medidas dos valores obtidos em cada caso.

- Determinar em qual dos casos os valores encontrados com estes diferentes indicadores são mais discordantes.

Determinação de ácido acético em vinagres

O ácido acético é um ácido fraco, tendo um K_a de $1,8 \times 10^{-5}$. Ele é amplamente usado em química industrial na forma de ácido acético glacial 99,8% (m/m) (densidade de 1,053) ou em soluções de diferentes concentrações. Na indústria alimentícia é consumido como vinagre, que é uma solução diluída do ácido acético glacial (3,5 a 8% m/v). De fato, o ácido acético é o principal constituinte ácido no vinagre, mas outros estão presentes.

Procedimento

Uma alíquota de 10,00 mL de vinagre é cuidadosamente pipetada e transferida para um balão volumétrico de 100 mL e diluída até a marca com água destilada. Uma alíquota de 25,00 mL é removida do balão, com uma pipeta aferida, e transferida para um erlenmeyer de 250 mL. Adicionam-se aproximadamente 40 mL de água e 3 a 5 gotas de indicador de fenolftaleína. A mistura é cuidadosamente titulada com uma solução padrão de NaOH 0,1 mol L^{-1} até o aparecimento de uma leve coloração cor-de-rosa que persista por 30 segundos.

Os vinagres são geralmente coloridos, mas após as diluições a cor não é suficientemente intensa que possa prejudicar a visualização do ponto final da titulação. Também, as pequenas quantidades de outros ácidos presentes são simultaneamente tituladas com o ácido acético e a acidez total é expressa em termos do ácido acético. É possível usar o alaranjado de metila como indicador nesta titulação de vinagre? Elabore uma explicação. Se o resultado da titulação devesse ser expresso como % (m/m) de ácido acético no vinagre, o que deveria ser mudado no procedimento recomendado? Suponha ainda que uma solução de ácido clorídrico consome a mesma quantidade de uma solução padrão de NaOH por unidade de volume que um vinagre comercial. Ignorando o aspecto da diferença no gosto, por que seria inaceitável o uso do ácido clorídrico no preparo de um molho de salada?

Calcula-se a concentração do ácido acético no vinagre expressando o resultado em moles por litro e também em gramas de ácido acético por mL de vinagre.

Determinação da acidez total de vinhos

Vinhos são produzidos a partir de uvas. As uvas contêm quantidades significativas de vários ácidos orgânicos. Durante o processo de amadurecimento ocorre um decréscimo relevante na concentração de vários destes ácidos. Assim, o sumo de uva e o próprio mosto nada mais são do que soluções ácidas diluídas, contendo principalmente ácido tartárico, málico e cítrico. Comercialmente é de extrema relevância a presença desses ácidos, pois sem eles o gosto seria insípido, a cor seria anormal, e a deterioração do produto ocorreria rapidamente. Os vinhos disponíveis no comércio contêm os ácido do mosto e outros ácidos produzidos durante e após a fermentação alcoólica: acético, propiônico, pirúvico, láctico, succínico, glicólico, galacturônico, glucônico, múcico, oxálico, fumárico, e outros. Sem os ácidos, a fermentação formaria subprodutos indesejáveis, e os vinhos resultantes se estragariam durante e após a fermentação. O gosto azedo dos ácidos em vinhos é modificado (atenuado) pelo etanol, açúcares, e vários metais que estão presentes. O grau de acidez está também relacionado com a acidez total titulável, o pH, a quantidade relativa de ácidos dissociados e não dissociados, e a quantidade relativa de cada um dos ácidos presentes.

Dentro dos padrões comerciais, a acidez do sumo de uva fica no intervalo de 0,6 a 0,9% (expresso como a quantidade em gramas de ácido tartárico por 100 mL do sumo ou do vinho). Os vinhos secos de mesa têm uma acidez titulável no mesmo intervalo. Os vinhos doces geralmente têm acidez no intervalo de 0,4 a 0,65%. Na fabricação do vinho é importante saber a acidez titulável do mosto para poder determinar a quantidade correta de dióxido de enxofre que será adicionada e também decidir se é ou não necessária uma correção da acidez. Atentando-se para os ácidos que estão comumente presentes no mosto e no vinho (ácido tartárico, málico, acético, láctico, etc.) nota-se que são ácidos orgânicos relativamente fracos, de tal modo que quando o mosto ou o vinho for titulado com uma solução de uma base forte, no ponto final dessa titulação o pH será maior que 7, normalmente entre 7,8 e 8,3.

Esta determinação está sujeita à interferência do CO_2 dissolvido. Este erro pode ser minimizado diluindo o vinho com água quente, próximo da fervura, e depois deixando esfriar até a temperatura ambiente antes de titular. Geralmente esse erro é pequeno.

Procedimento

Transferir 25,00 mL de um vinho branco seco para um erlenmeyer de 250 mL. Adicionar 100 mL de água destilada e 3 a 5 gotas de uma solução de fenolftaleína. Para um vinho tinto ou *rosé* pode-se usar uma diluição maior para contornar o problema da cor. É possível preparar e usar fenolftaleína 1% (m/v) em etanol 70% (v/v) para melhorar a detecção do ponto final. Titular com uma solução padrão de

NaOH 0,1 mol L^{-1}. A primeira cor rosada que permanecer por 20 a 30 segundos indica o final da titulação.

A acidez titulável do vinho é normalmente expressa em ácido tartárico % (m/v); massa molar do $C_2H_4O_2(COOH)_2$ = 150,09 g mol^{-1}. Lembrar que o ácido tartárico tem dois hidrogênios tituláveis até a viragem da fenolftaleína.

$$\text{Ácido tartárico (g / 100 mL)} = \frac{(V_b) \cdot (C_{NaOH}) \cdot \left(\frac{150,09}{2}\right) \cdot (100)}{(1.000) \cdot (V_{am})}$$

onde:

V_b é o volume (mL) da solução de NaOH usada na titulação.
C_{NaOH} é a concentração da solução de NaOH.
V_{am} é o volume (mL) da amostra titulada.

4.1.2 — Análise de leite de magnésia

Uma experiência muito simples, que ilustra uma aplicação prática e interessante em volumetria ácido-base é a análise de uma amostra do popular leite de magnésia.

A especificação média para o leite de magnésia estabelece um mínimo de 7% (m/v) de hidróxido de magnésio.

Antes de tomar uma quantidade representativa da solução de leite de magnésia para a análise, é necessário agitar bem o frasco, já que ele é constituído de uma suspensão de hidróxido de magnésio, e para uma análise com precisão deve-se medir tanto o magnésio em suspensão quanto o magnésio dissolvido.

A titulação direta de uma alíquota da amostra é um tanto difícil, pois ela é uma suspensão branca opaca. Ainda mais, as partículas de hidróxido de magnésio em suspensão podem causar erros ao aderirem às paredes do erlenmeyer, ficando fora do contato com o ácido clorídrico titulante. Outra dificuldade que pode surgir em conseqüência de a amostra ser opaca, está em não permitir uma percepção de uma mudança precisa da cor do indicador no ponto final da titulação.

Um procedimento alternativo para se contornar tais problemas consiste em adicionar um excesso conhecido de uma solução padrão de ácido clorídrico para dissolver e neutralizar todas as partículas suspensas, resultando numa solução clara. Em seguida, o ácido em excesso é titulado com uma solução padrão de hidróxido de sódio.

$$Mg(OH)_2(s) + 2H^+_{(excesso)} \rightarrow 2H_2O + Mg^{2+}$$

$$H^+_{(que\ não\ reagiu)} + OH^-_{(titulante)} \rightleftharpoons H_2O$$

O procedimento proposto utiliza HCl 0,5 mol L^{-1} e NaOH 0,25 mol L^{-1}, porém soluções mais concentradas podem ser usadas quando necessário.

Procedimento

Amostras de leite de magnésia Phillips podem ser facilmente conseguidas em farmácias ou supermercados. Como esta marca contém um teor significativamente acima dos 7% (m/v) de Mg(OH)$_2$, ela pode ser diluída com água destilada para preparar várias outras amostras com teores de Mg(OH)$_2$ ligeiramente diferentes, mas não se afastando muito dos 7% (m/v). A amostra recebida deve ser de pelo menos 20 g de leite de magnésia comercial.

Lava-se, seca-se e pesa-se três pesa-filtros (anotando até mg em balança analítica). Devem ser de tamanho suficiente para conter até 5 mL de solução do leite de magnésia. Agita-se bem a amostra recebida e transfere-se rapidamente 5 a 6 g para cada um dos pesa-filtros. Pesa-se novamente e por diferença anota-se a massa do leite de magnésia. Transfere-se cada amostra para erlenmeyer de 250 mL, usando jatos de água de uma pipeta para garantir uma transferência quantitativa. Usando-se uma pipeta volumétrica de 50 mL (aferida) ou uma bureta de 50 mL adicionam-se exatamente 50 mL da solução padrão de ácido clorídrico 0,5 mol L^{-1} para cada um dos três erlenmeyers. Agita-se para assegurar uma reação completa. As amostras devem dissolver-se completamente. Se a solução ficar turva ou restar algum precipitado, isto indica que não foi colocada uma quantidade suficiente do ácido clorídrico. Conseqüentemente, deve-se adicionar uma quantidade extra, conhecida, do HCl.

A seguir, adicionam-se 3 a 4 gotas do indicador de vermelho de metila em cada erlenmeyer e titula-se o excesso do ácido clorídrico com a solução padrão de hidróxido de sódio 0,25 mol L^{-1}, até o aparecimento da cor amarela.

Calcula-se a % (m/m) do hidróxido de magnésio na amostra.

$$n[\text{Mg(OH)}_2] = \frac{1}{2}[n(\text{HCl}) - n(\text{NaOH})] \text{ e}$$

$$\%\text{Mg(OH)}_2 = \frac{n[\text{Mg(OH)}_2] \cdot 58,34 \text{ g mol}^{-1}}{\text{massa da amostra (gramas)}}$$

onde *n* é a quantidade de matéria de cada substância envolvida.

4.1.3 — Capacidade de neutralização de ácidos por um comprimido de antiácido

Outra experiência que pode ser considerada para ilustrar a volumetria ácido-base constitui-se em determinar a capacidade de neutralização de ácidos apresentada por comprimidos de antiácidos.

Os comprimidos de antiácidos são compostos de uma variedade de substâncias que reagem com o ácido clorídrico do estômago que as neutraliza. Os mais comumente usados contêm bicarbonato de sódio, hidróxido de magnésio, carbonato de cálcio, hidróxido de alumínio e trissilicato de magnésio. Outras substâncias tais como aromatizantes, salicilatos e aspirinas são adicionadas em pequenas quantidades. Amostras que podem ser analisadas: Siludrox e Magnésia Bisurada.

A capacidade de neutralização de cada comprimido é medida adicionando-se um excesso de uma solução padrão de HCl 0,5 mol L^{-1} a um comprimido previamente pesado, deixando-o reagir e depois titulando-se o excesso do ácido com uma solução padrão de hidróxido de sódio 0,25 mol L^{-1}.

Deve-se lembrar que a medida do pH da solução do comprimido em água pode fornecer alguma informação quanto a sua composição. Bicarbonato de sódio e hidróxido de magnésio formam soluções básicas de pH 8-9, enquanto que outros compostos são menos básicos, formando soluções de pH 6-8.

Procedimento

Tritura-se um comprimido em um almofariz e mistura-se com 25 mL de água destilada em um béquer pequeno. Agita-se por 5 minutos e depois mede-se o pH da solução, usando uma tira de papel indicador universal. Isto dará uma indicação boa do valor do pH.

Para determinar a capacidade de neutralização, pesa-se um único comprimido em uma balança analítica e transfere-se para um erlenmeyer de 250 mL. Por meio de uma bureta, adicionam-se 50,00 mL de uma solução padrão de ácido clorídrico 0,5 mol L^{-1} ao erlenmeyer contendo o comprimido. Deixa-se a mistura repousar por 30 minutos, agitando-se casualmente. Adicionam-se então 4 a 5 gotas do indicador de fenolftaleína. Se neste ponto a solução ficar rosa, adicionam-se mais 10,00 mL de ácido clorídrico. Repete-se esta operação até se obter uma solução incolor. Titula-se a mistura resultante com uma solução padrão de NaOH 0,25 mol L^{-1}.

Calcula-se a quantidade de matéria do ácido clorídrico (em milimoles) neutralizada, por comprimido e a quantidade de matéria de ácido clorídrico (em milimoles) neutralizada por grama de comprimido.

Considerando que o suco gástrico contém 0,4% (v/v) de ácido clorídrico, calcula-se o número de mililitros do suco gástrico neutralizados por um comprimido.

Finalmente, pode-se escrever as equações balanceadas que representam a reação do ácido clorídrico com o NaHCO$_3$, CaCO$_3$, MgO, Al(OH)$_3$ e MgSiO$_7$.

4.1.4 — Determinação de uma base fraca com um ácido forte

A base fraca a ser usada nesta experiência é a amônia, a qual terá sua concentração em solução determinada através de uma titulação envolvendo uma solução padronizada de ácido clorídrico.

Preparação e padronização de uma solução de HCl 0,1 mol L^{-1}

O ácido clorídrico também não é um padrão primário e por isso torna-se necessário padronizá-lo. Sabe-se que o cloridreto (HCl gasoso) tem uma massa molar de 36,5 g mol^{-1} e que uma solução saturada deste gás fornece uma solução a 35,6% (m/m) de HCl, com uma densidade d = 1,18 g mL^{-1}. Tendo-se conhecimento destes dados, calcula-se que cerca de 9 mL (medidos com uma proveta) desta solução saturada (HCl, 12 mol L^{-1}) devem ser tomados e diluídos a um litro para se obter uma solução aproximadamente 0,1 mol L^{-1} do referido ácido.

A padronização[5] desta solução é feita com carbonato de sódio (padrão primário) previamente aquecido a 270°C < T < 300°C por 1 hora[6]. O procedimento a ser seguido na prática consiste em pesar, por diferença, 0,20 a 0,25 g (anotando até ± 0,1 mg) do sal tratado termicamente, transferir a amostra pesada para um erlenmeyer de 250 mL, adicionar 25 mL de água destilada, uma gota da solução alcoólica de fenolftaleína e proceder à titulação do padrão com o HCl, até a solução adquirir uma tonalidade levemente rosada. Neste ponto a reação

$$CO_3^{2-} + H^+ \rightleftharpoons HCO_3^- \quad \text{(primeiro ponto de equivalência do sistema)}$$

se completa, mas um pequeno excesso de ácido ainda estará presente no meio (se a solução ficar incolor, um excesso muito grande de ácido foi adicionado, suficiente para ultrapassar o primeiro ponto de equivalência). Desta quantidade de ácido livre, uma parte "vira" o indicador e a outra transforma-se em CO_2, através da reação

$$HCO_3^- + H^+ \rightleftharpoons H_2O + CO_2 \quad \text{(reação colateral)}$$

No primeiro ponto de equivalência a concentração hidrogeniônica não é suficiente para transformar CO_3^{2-} diretamente em CO_2 e por isso tem-se a etapa intermediária

$$CO_3^{2-} + H^+ \rightleftharpoons HCO_3^-$$

Por esta razão as perdas por transformação do CO_3^{2-} em CO_2 são mínimas neste ponto da titulação.

Após a "viragem" da fenolftaleína adicionam-se 2 ou 3 gotas de uma solução de verde de bromocresol e continua-se a titulação até que a cor do indicador comece a mudar de azul para verde. Neste ponto a solução contém traços de HCO_3^- e uma grande quantidade de CO_2 dissolvido na água.

Remove-se o CO_2 aquecendo-se a solução até quase a ebulição por 1 ou 2 minutos, a fim de se destruir o equilíbrio

$$H_2O + CO_2 \rightleftharpoons H_2CO_3 \rightleftharpoons H^+ + HCO_3^-$$

existente no meio. Com o aquecimento a cor do indicador volta para azul (porque o equilíbrio acima descrito é quebrado) e o pH sobe novamente.

Depois do aquecimento esfria-se a solução até a temperatura ambiente (em água corrente) e completa-se a titulação até o indicador "virar" para verde novamente. Para se completar a titulação serão necessárias apenas mais algumas poucas gotas da solução de HCl. Neste ponto atingiu-se o segundo ponto de equivalência do sistema Na_2CO_3.

Se após o aquecimento a cor do indicador não voltar para azul, significa que um excesso de ácido foi adicionado. Neste caso é preciso *repetir* todo o procedimento outra vez, desde o início, para outra amostra do padrão primário.

Com os dados obtidos, calcular a concentração em mol L^{-1} da solução de HCl, usando a viragem do verde de bromocresol.

Determinação de uma amostra de amônia em solução

Dilui-se a amostra de base recebida até a marca em um balão volumétrico de 100,0 mL, homogeneiza-se a solução, retiram-se as alíquotas necessárias com a pipeta aferida e titula-se com a solução de HCl padronizada, usando-se duas gotas de uma solução de vermelho de metila ou de verde de bromocresol como indicador. Com os dados obtidos calcula-se a concentração da solução de base em mol L^{-1}.

4.1 — Determinação de ácidos polipróticos

O ácido a ser usado como amostra é o ácido fosfórico, H_3PO_4, que será titulado com solução padronizada de NaOH 0,1 mol L^{-1}.

O H_3PO_4 possui três etapas de dissociação;

$$H_3PO_4 \rightleftharpoons H^+ + H_2PO_4^- \qquad K_1 = \frac{[H^+][H_2PO_4^-]}{[H_3PO_4]} = 7,52 \times 10^{-3} \qquad pK_1 = 2,12$$

$$H_2PO_4^- \rightleftharpoons H^+ + HPO_4^{2-} \qquad K_2 = \frac{[H^+][HPO_4^{2-}]}{[H_2PO_4^-]} = 6,23 \times 10^{-8} \qquad pK_2 = 7,20$$

$$HPO_4^{2-} \rightleftharpoons H^+ + PO_4^{3-} \qquad K_3 = \frac{[H^+][PO_4^{3-}]}{[HPO_4^{2-}]} = 4,80 \times 10^{-13} \qquad pK_3 = 12,3$$

as quais proporcionam, teoricamente, três pontos de equivalência para este sistema químico. O primeiro é verificado em pH = 4,67 o segundo em pH = 9,45 e o terceiro em pH = 11,85.

A mudança do pH na região do primeiro ponto de equivalência não é muito pronunciada. Usando-se alaranjado de metila (viragem: vermelho/amarelo) ou verde de bromocresol como indicador, é necessário que uma determinação paralela com fosfato diácido de potássio (dihidrogênio fosfato de potássio) seja feita, de modo a ser possível uma comparação da viragem do indicador.

Em pH ao redor de 9,6 ocorre o segundo ponto de equivalência do sistema. Nesta região de pH pode-se empregar fenolftaleína ou azul de timol (viragem: amarelo/azul) como indicador. A transição de cor destes indicadores, no entanto,

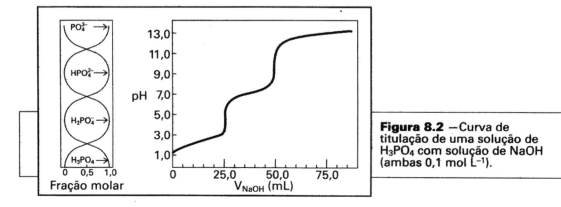

Figura 8.2 —Curva de titulação de uma solução de H_3PO_4 com solução de NaOH (ambas 0,1 mol L^{-1}).

ocorre antes do ponto desejado se não for adicionada ao meio uma solução saturada de NaCl, a qual, aumentando a força iônica do meio, diminui a extensão da hidrólise dos íons HPO_4^{2-}.

$$HPO_4^{2-} + H_2O \rightleftharpoons H_2PO_4^- + OH^-$$

Se for usada como indicador a timolftaleína (viragem: incolor/azul) não é necessária a adição de NaCl ao meio, porque ao contrário dos outros indicadores acima citados, sua transição começa a ocorrer em pH ≅ 9,6.

A terceira constante de dissociação do ácido fosfórico é tão pequena (K_3 corresponde a um ácido tão fraco quanto a água) que o terceiro hidrogênio ionizável do sistema H_3PO_4 não tem interesse analítico.

Determinação de H_3PO_4

A solução recebida no balão volumétrico[7] de 100,0 mL é diluída até a marca com água destilada e homogeneizada. Por meio de um pipeta limpa e seca, transferem-se duas alíquotas de 25,00 mL para dois frascos erlenmeyer de 250 mL e titulam-se as duas soluções usando a solução padronizada de NaOH 0,1 mol L^{-1}, usando-se verde de bromocresol como indicador, até o aparecimento de uma cor amarela-esverdeada.

$$H_3PO_4 \rightleftharpoons H^+ + H_2PO_4^-$$

Para comparação e para ter-se uma noção melhor do ponto de viragem, prepara-se paralelamente uma solução aquosa de KH_2PO_4 (0,5 g do sal em 60 mL de água) e adiciona-se a ela o mesmo número de gotas de indicador usado na análise.

Novamente transferem-se outras duas alíquotas de 25,00 mL cada para outros dois frascos erlenmeyer de 250 mL. Adiciona-se a cada um deles uma solução saturada de cloreto de sódio (7 g de NaCl em 20 mL de água destilada) e titula-se a solução resultante com a solução-padrão de NaOH 0,1 mol L^{-1}, usando fenolftaleína como indicador. A viragem do indicador mostra que o segundo ponto de equivalência do sistema foi atingido

$$H_2PO_4^- \rightleftharpoons H^+ + HPO_4^{2-}$$

A timolftaleína dispensa o uso da solução saturada de NaCl e pode substituir a fenolftaleína no procedimento acima descrito.

É ainda possível atingir os dois pontos de equivalência seqüencialmente, usando-se alaranjado de metila e timolftaleína como indicadores. O procedimento a ser seguido neste caso consiste em titular a amostra até a viragem do alaranjado de metila (indica o primeiro ponto final), adicionar timolftaleína ao meio e continuar a titulação até o segundo ponto final.

Comentários

(1) Um procedimento similar pode ser adotado na análise de vinagres, que são soluções aquosas diluídas de ácido acético [varia entre 3,5% a 8% (m/v)].

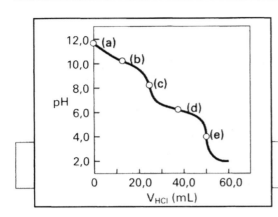

Figura 8.3 —Curva de titulação de uma solução de Na₂CO₃ com solução de HCl.

(2) A água usada nas diluições contém geralmente uma certa quantidade de CO_2 dissolvida, que é removida ao se proceder a sua fervura por alguns minutos. Após o aquecimento, deve-se resfriá-la convenientemente antes do seu uso.

(3) As soluções fortemente alcalinas, notadamente as soluções de hidróxidos de metais alcalinos, não podem ser estocadas em frascos de vidro, porque atacam os silicatos lentamente.

(4) A técnica de pesagem por diferença consiste em pesar inicialmente o pesa-filtro contendo a substância de interesse, retirar o conjunto da balança após a anotação do seu peso, transferir cuidadosamente, sem o uso de espátulas, uma pequena quantidade do compostos para um frasco adequado (geralmente um erlenmeyer), pesar novamente o conjunto pesa-filtro/substância e anotar a diferença de peso observada. Este procedimento é usado repetitivamente, até que a quantidade desejada de amostra seja atingida.

(5) Para uma melhor compreensão do procedimento seguido na padronização da solução de HCl, considere-se a curva de titulação do Na_2CO_3 frente a um ácido forte, indicada na Figura 8.3.

(a): pH inicial = 11,8 (devido somente ao carbonato).

Entre (a) e (c): mistura (tampão). A maior ação tamponante ocorre em pH = 10,3 (ponto b), mas o primeiro ponto de equivalência do sistema ocorre em (c), onde o pH é 8,35 e tem-se em solução somente HCO_3^-.

Entre (c) e (e): mistura CO_2/HCO_3^- (tampão). A maior ação tamponante ocorre em pH = 6,4 (ponto d), e o segundo ponto de equivalência do sistema é observado em (e), onde o pH é 3,89 e tem-se somente CO_2 em solução.

A Figura 8.4 ilustra a variação da concentração das espécies CO_3^{2-}, HCO_3^- e CO_2 com o pH do meio.

(6) O carbonato de sódio usado na padronização do ácido clorídrico deve ser tratado termicamente para eliminar umidade e transformar todo o bicarbonato existente em carbonato

$$2NaHCO_3 \xrightarrow{\Delta} Na_2CO_3 + H_2O + CO_2$$

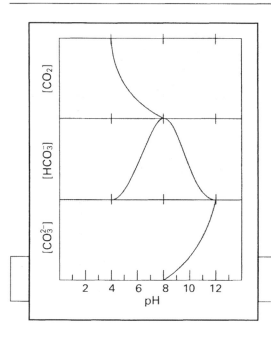

Figura 8.4 — Variação das concentrações de CO_3^{2-}, HCO_3^- e CO_2 com o pH do meio.

O sal anidro, após este tratamento, deve ser mantido dentro de um dessecador, pois se ficar exposto ao ar, absorverá água e formará o monohidrato, $Na_2CO_3 \cdot H_2O$. Se todos estes cuidados não forem tomados, a padronização da solução de HCl (e toda a análise que utilizar esta solução) resultará errada.

(7) Alternativamente, pode-se proceder à análise de uma amostra de H_3PO_4 comercial. Neste caso, deve-se pesar cerca de 2,0 g do ácido (anotando até ± 0,1 mg), transferir a amostra quantitativamente para um balão volumétrico de 250,0 mL, diluir até a marca com água destilada e titular uma alíquota de 25,00 mL, usando timolftaleína como indicador.

4.2 — Volumetria de precipitação

Dentre os métodos volumétricos de precipitação, os mais importantes são os que empregam solução padrão de nitrato de prata. São chamados de métodos argentimétricos e são usados na determinação de haletos e de alguns íons metálicos. Nesta discussão apenas os métodos de titulação de cloretos serão considerados.

Baseados nos diferentes tipos de indicadores disponíveis, existem três métodos distintos para a determinação volumétrica de cloreto com íons prata:

- formação de um sólido colorido, como no método de Mohr;
- formação de um complexo solúvel, como no método de Volhard;
- mudança de cor associada com a adsorção de um indicador sobre a superfície de um sólido, como no método de Fajans.

Método de Mohr

Segundo o método de Mohr para a determinação de cloretos, o haleto é titulado com uma solução-padrão de nitrato de prata usando-se cromato de potássio como indicador. No ponto final, quando a precipitação do cloreto for completa, o primeiro excesso de íons Ag^+ reagirá com o indicador ocasionando a precipitação do cromato de prata, vermelho.

$$2Ag^+ + CrO_4^{2-} \rightleftharpoons Ag_2CrO_{4(s)}$$

Como esta titulação usa as diferenças nos valores dos produtos de solubilidade do $AgCl$ e Ag_2CrO_4, é muito importante a concentração do indicador. Teoricamente o Ag_2CrO_4 deveria começar a precipitar no ponto de equivalência. Neste ponto da titulação foi adicionada uma quantidade de prata igual à quantidade de cloreto em solução, e conseqüentemente, trata-se de uma solução saturada de cloreto de prata. Considerando-se que as concentrações dos íons Ag^+ e Cl^- em solução (em equilíbrio com o sólido $AgCl$) são iguais, é fácil calculá-las a partir do valor do produto de solubilidade:

$$Ag^+ + Cl^- \rightleftharpoons AgCl_{(s)}$$
$$[Ag^+][Cl^-] = [Ag^+]^2 = 1{,}56 \times 10^{-10}$$
$$[Ag^+] = [Cl^-] = 1{,}25 \times 10^{-5} \text{ mol L}^{-1}$$

Então, a concentração de íons prata no ponto de equivalência é igual a $1{,}25 \times 10^{-5}$ mol L^{-1}. Assim, a precipitação do Ag_2CrO_4 deve ocorrer quando a concentração $[Ag^+] = 1{,}25 \times 10^{-5}$ mol L^{-1}. Substituindo este valor na expressão do produto de solubilidade do Ag_2CrO_4:

$$[Ag^+]^2[CrO_4^{2-}] = 1{,}3 \times 10^{-12}$$
$$(1{,}25 \times 10^{-5})^2 \times [CrO_4^{2-}] = 1{,}3 \times 10^{-12}$$
$$\therefore [CrO_4^{2-}] = 0{,}8 \times 10^{-2} \text{ mol L}^{-1}$$

Analisando-se este valor, nota-se que:

- Se $[CrO_4^{2-}] > 0{,}8 \times 10^{-2}$ mol L^{-1}, então o Ag_2CrO_4 começará a precipitar quando a concentração de Ag^+ for menor que $1{,}25 \times 10^{-5}$ mol L^{-1}, ou seja, antes do ponto de equivalência.

- Se $[CrO_4^{2-}] < 0{,}8 \times 10^{-2}$ mol L^{-1}, então o Ag_2CrO_4 só começará a precipitar quando a concentração de Ag^+ for maior que $1{,}25 \times 10^{-5}$ mol L^{-1}, ou seja, além do ponto de equivalência.

Na prática, o ponto final ocorre um pouco além do ponto de equivalência, devido à necessidade de se adicionar um excesso de Ag^+ para precipitar o Ag_2CrO_4 em quantidade suficiente para ser notado visualmente na solução amarela, que já contém a suspensão de $AgCl$. Este método requer que uma titulação em branco seja feita, para que se possa corrigir o erro cometido na detecção do ponto final. O valor da prova em branco obtido deve ser subtraído do valor da titulação propriamente dito.

A solução a ser titulada deve ser neutra ou levemente básica, pois o cromato reage com íons hidrogênio em soluções ácidas formando íons $HCrO_4^-$, reduzindo a concentração do CrO_4^{2-}.

$$CrO_4^{2-} + H^+ \rightleftharpoons HCrO_4^-$$

Por outro lado, em pH muito alto, a presença da alta concentração de íons OH^- ocasiona a formação do hidróxido de prata.

$$2Ag^+ + 2OH^- \rightleftharpoons 2AgOH \rightleftharpoons Ag_2O + H_2O$$

Como conseqüência, o método de Mohr é um bom processo para se determinar cloretos em soluções neutras ou não tamponadas, tal como em água potável.

Método de Volhard

O método de Volhard é um procedimento indireto para a determinação de íons que precipitam com a prata, como por exemplo, Cl^-, Br^-, I^-, SCN^-.

Neste procedimento, adiciona-se um excesso de uma solução de nitrato de prata à solução contendo íons cloretos. O excesso da prata é em seguida determinado por meio de uma titulação, com uma solução padrão de tiocianato de potássio ou de amônio, usando-se íons Fe^{3+} como indicador.

$$Cl^- + Ag^+ \rightleftharpoons AgCl_{(s)} + Ag^+_{(excesso)}$$

$$Ag^+_{(excesso)} + SCN^- \rightleftharpoons AgSCN_{(s)}$$

O ponto final da titulação é detectado pela formação do complexo vermelho, solúvel, de ferro com tiocianato, o qual ocorre logo ao primeiro excesso do titulante:

$$Fe^{3+} + SCN^- \rightleftharpoons Fe(SCN)^{2+}$$

O indicador é uma solução concentrada ou saturada do alúmen férrico, $[Fe(NH_4)(SO_4)_2 \cdot 12H_2O]$, em ácido nítrico 20% (v/v), que ajuda a evitar a hidrólise do íon Fe^{3+}.

Para o caso da titulação de I^- e Br^-, que formam compostos menos solúveis do que o AgCl, não é necessário que o precipitado seja removido da solução antes da titulação com tiocianato. Deve-se considerar, porém, que, no caso do I^-, o indicador não pode ser colocado até que todo iodeto esteja precipitado, pois este seria oxidado pelo Fe^{3+}.

Por outro lado, como o AgSCN é menos solúvel do que o AgCl, então a espécie SCN^- pode reagir com o AgCl, dissolvendo-o lentamente.

$$AgCl_{(s)} + SCN^- \rightleftharpoons AgSCN_{(s)} + Cl^-$$

Por esta razão, o precipitado de AgCl deve ser removido da solução antes da titulação com o tiocianato. Como este procedimento levaria a alguns erros, uma alternativa é adicionar uma pequena quantidade de nitrobenzeno à solução contendo o AgCl precipitado e agitar. O nitrobenzeno é um líquido orgânico insolúvel em água, o qual formará uma película sobre as partículas de AgCl impedindo-as de reagirem com o tiocianato.

É interessante considerar também que o método de Volhard pode ser usado para a determinação direta de prata com tiocianato ou de tiocianato com prata.

Método do indicador de adsorção (Método de Fajans)

O método é baseado na propriedade que certos compostos orgânicos apresentam ao serem adsorvidos sobre determinados precipitados, sofrendo uma mudança de cor. O indicador existe em solução na forma ionizada, geralmente como um ânion.

Na titulação de cloretos com íons prata o precipitado de AgCl se forma numa solução contendo um excesso de íons cloretos e, como conseqüência, conterá íons cloretos adsorvidos na primeira camada de adsorção, ficando assim com carga negativa.

Estas partículas carregadas atrairão cátions que constituirão a segunda camada de adsorção, representado por $AgCl : Cl^- :: Na^+$.

Além do ponto de equivalência, o primeiro excesso de Ag^+ se adsorverá sobre o precipitado, formando a primeira camada de adsorção carregada positivamente.

Deste modo o ânion do indicador será atraído e adsorvido, formando a contra-camada.

$$AgCl : Ag^+ :: In^-$$

A cor do indicador adsorvido sobre o precipitado é diferente daquela do indicador livre e é exatamente esta diferença que indicará o ponto final da titulação.

A Tabela 8.1 mostra alguns indicadores de adsorção, a titulação na qual é usado, e o pH da solução a ser titulada.

Tabela 8.1 — Indicadores de adsorção

Indicador	Titulação	pH da solução
Fluoresceína	Cl^- com Ag^+	7—8
Diclorofluoresceína	Cl^- com Ag^+	4
Verde de Bromocresol	SCN^- com Ag^+	4—5
Eosina	Br^-, I^-, SCN^- com Ag^+	2

A fluoresceína pode ser usada como indicador na titulação de qualquer haleto em pH 7, porque ela não deslocará nenhum deles. Por outro lado, a diclorofluoresceína pode deslocar o íon cloreto em pH 7, mas não o faz em pH 4. A eosina não pode ser usada como indicador de cloretos em nenhum pH, porque ela é fortemente adsorvida.

4.2.1 — Determinação de cloreto — método de Mohr

Preparação de uma solução de AgNO$_3$ 0,1 mol L^{-1}

Esta solução é preparada a partir do padrão primário AgNO$_3$ seco em estufa a 150°C por 1-2 h. Pesar com exatidão entre 16,0 e 17,0 g (anotar até ± 0,1 mg) do AgNO$_3$, transferir para um balão volumétrico de 1 litro, dissolver com aproximadamente 500 mL de água destilada e depois diluir até a marca. Calcula-se a concentração certa, a partir da massa pesada.

No caso de dúvida sobre a procedência ou pureza do AgNO$_3$, pode-se padronizar esta solução pesando-se por diferença duas amostras entre 0,17 e 0,19 g (anotando até ± 0,1 mg) de NaCl (previamente aquecido em mufla à temperatura de 500-600°C durante 2-3 h), transferindo-as para frascos erlenmeyer. A cada erlenmeyer adicionam-se 50-80 mL de água destilada, 1 mL da solução do indicador e titula-se lentamente com a solução de AgNO$_3$, até que a primeira mudança de cor persista na suspensão por 20-30 segundos.

O indicador usado neste método de Mohr é uma solução de 5% (m/v) de cromato de potássio em água, e usa-se 1 mL desta solução para um volume de 50-100 mL de solução a ser titulada.

O ponto final da titulação é detectado pelo aparecimento do precipitado de cromato de prata, avermelhado.

Análise de uma amostra desconhecida

A amostra (ex.: solução de NaCl ou KCl) recebida, num balão volumétrico de 100,0 mL é diluída até a marca, com cuidado. Pipeta-se uma alíquota de 25,00 mL desta amostra para um erlenmeyer de 250 mL e titula-se com a solução de AgNO$_3$ de acordo com o procedimento anterior. A análise deve ser feita, pelo menos, em duplicata.

Calcula-se a concentração da amostra em termos de concentração de cloreto em mol L^{-1} e em g L^{-1}.

Lembrar que no método de Mohr o pH da solução a ser titulada deve estar entre 6,5 e 10,5. Nesta titulação não podem estar presentes cátions como cobre, níquel e cobalto que dariam solução colorida e dificultariam a detecção do ponto final. Também não devem existir metais como bário ou chumbo, que reagiriam com o indicador. O método não pode ser diretamente usado para a determinação de cloretos cujos cátions hidrolisam dando soluções ácidas, tais como cloretos de alumínio, ferro, zinco, etc.

Notar que a titulação inversa, de prata com cloreto, usando cromato como indicador não dará bons resultados, porque o cromato de prata floculado reage lentamente com cloreto.

4.2.2 — Determinação de prata — método de Volhard

Preparação de uma solução padrão de KSCN 0,1 mol L⁻¹

Pesa-se, por diferença, ao redor de 9,7 g (anotando até ± 0,1 mg) de KSCN seco a 120-150°C por 1-2 h em estufa, dissolve-se a amostra num mínimo de água em um balão volumétrico de 1 litro e a seguir eleva-se o volume até a marca. Nestas condições o KSCN é tomado como um padrão primário.

Análise de uma amostra desconhecida

A amostra em solução (ex.: solução de $AgNO_3$) é recebida num balão volumétrico de 100,0 mL e é diluída com água destilada até a marca.

Transfere-se uma alíquota de 25,00 mL desta amostra para um erlenmeyer de 250 mL, adiciona-se 1 mL de uma solução saturada (~40% m/v) de sulfato férrico amoniacal, acidifica-se o meio com 5 mL de HNO_3 6 mol L⁻¹ e titula-se com a solução de tiocianato de potássio padrão.

A primeira mudança perceptível de cor para o avermelhado ocorre cerca de 1% antes do ponto de equivalência porque os íons prata ainda estão presentes na superfície do precipitado, por adsorção. Após o aparecimento da primeira mudança de cor, continua-se a titulação com agitação forte até o aparecimento de uma coloração marrom-avermelhada, que persista mesmo sob forte agitação. Calcula-se a concentração da amostra de prata recebida, em termos de mol L⁻¹ e em g L⁻¹.

4.2.3 — Determinação de cloreto — método de Fajans

A determinação de cloreto usando-se um indicador de adsorção é chamada de método de Fajans. A amostra em solução contendo Cl^- é recebida em um balão volumétrico de 100,0 mL e diluída até a marca. Pipeta-se uma alíquota de 25,00 mL desta amostra para um erlenmeyer de 250 mL, adicionam-se mais 25 mL de água destilada, 10 mL de uma suspensão, 1% (m/v) de dextrina e 10 gotas de uma solução de 0,1% (m/v) de diclorofluoresceína. Titula-se a seguir com a solução-padrão de $AgNO_3$ 0,1 mol L⁻¹. É essencial uma agitação forte durante a titulação para se conseguir uma boa viragem do indicador.

A dextrina é usada para impedir a coagulação excessiva do precipitado no ponto final, mantendo uma superfície exposta maior para a adsorção do indicador, melhorando a detecção do ponto final.

O pH da solução deve estar entre 4 e 10. Se estiver muito ácido deve-se neutralizar usando $CaCO_3$ sólido até saturar a solução e permanecer em suspensão. Este excesso não interfere no ponto final.

4.3 — Volumetria de óxido-redução

Os métodos volumétricos de análise que utilizam reações do tipo oxidação-redução dependem dos potenciais das semi-reações envolvidas no processo. Entretanto, a existência de potenciais favoráveis não é a única condição para se ter uma titulação redox adequada, pois as reações envolvidas em tais processos são, freqüentemente, lentas.

Assim sendo, além dos potenciais favoráveis, os agentes oxidantes e redutores devem ser estáveis no solvente utilizado (geralmente a água) e a substância a ser determinada deve ser colocada sob um determinado estado de oxidação, definido e estável, antes de a titulação ser iniciada. Os reagentes apropriados a este fim, adicionados em excesso ao meio reagente, devem possuir a propriedade de reduzir ou oxidar convenientemente a amostra, sem interferir no resultado final da análise, caso contrário o excesso desta espécie deve ser destruído antes de se iniciar a titulação.

Além destas propriedades, para um método volumétrico ter sucesso, é necessário que métodos de preparação de soluções padrão sejam disponíveis e que exista um meio adequado de se detectar o ponto final do processo.

A propriedade que varia rápida e significativamente ao redor do ponto de equivalência destas titulações é o Potencial Real do sistema.

4.3.1 — Permanganometria

Este método volumétrico envolve uma reação de óxido-redução em meio ácido, na qual íons MnO_4^- são reduzidos a Mn^{2+}. Neste meio a espécie MnO_4^- é um oxidante forte e sua semi-reação de redução pode ser expressa por:

$$MnO_4^- + 5e^- + 8H^+ \rightleftharpoons Mn^{2+} + 4H_2O$$

$$E^°_{MnO_4^-/Mn^{2+}} = +1,51 \ V \ (H_2SO_4, \ 0,5 \ mol \ L^{-1})$$

Geralmente não é necessário o uso de indicadores em titulações permanganométricas, pois um pequeno excesso de titulante confere à solução uma coloração violeta clara (quase rósea), que indica o ponto final da titulação. Embora seja mais comum titular a espécie redutora diretamente com a solução de $KMnO_4$ padrão, em alguns casos, usa-se também a técnica da titulação de retorno ou retrotitulação[1].

Uma das desvantagens deste método analítico é a de não se poder preparar uma solução padrão de permanganato de potássio por simples pesagem do sal e posterior diluição adequada, visto que esta substância não é um padrão primário. Geralmente ela se apresenta contaminada com MnO_2, o qual, dentre outros inconvenientes, tem a propriedade de catalisar a reação entre os íons MnO_4^- e as substâncias redutoras presentes na água destilada usada na preparação da solução padrão. Assim sendo, antes da padronização da solução de $KMnO_4$ é necessário que o dióxido de manganês seja eliminado por filtração.

Preparação e padronização de uma solução de $KMnO_4$ 0,02 mol L^{-1}

Dissolver 3,2 g de $KMnO_4$ em um litro de água destilada e deixar esta solução em repouso por quinze dias, após o que procede-se a sua filtração em funil de placa porosa ou com filtro de lã de vidro. Para uso imediato pode-se, alternativamente, ferver a solução preparada por alguns minutos (30 a 60 minutos) e, após o seu resfriamento, filtrá-la[2] através de lã de vidro, num funil de haste longa. Para a padronização desta solução pesam-se duas porções de cerca de 0,25 g (anotando até ± 0,1 mg) de oxalato de sódio (previamente seco a 120°C por 2 horas em estufa) e coloca-se cada porção em um erlenmeyer de 250 mL. Para cada amostra procede-se da seguinte maneira: dissolve-se o sal com 60 mL de água destilada, adicionam-se 15 mL de uma solução de H_2SO_4 (1 + 8), aquece-se a solução resultante até cerca de 90°C e faz-se a titulação desta solução com permanganato de potássio[3] até o aparecimento de uma coloração violeta clara, tendendo a rósea, pelo menos por 30 segundos. No final da titulação a temperatura da solução titulada deverá ser, no mínimo, de 60°C.

Sabendo-se que a reação envolvida na padronização é

$$2MnO_4^- + 16H^+ + 5C_2O_4^{2-} \rightleftharpoons 10CO_2 + 2Mn^{2+} + 8H_2O$$

calcula-se a concentração exata da solução de permanganato lembrando que a quantidade de substância de oxalato titulado é igual a 5/2 da quantidade de substância de permanganato de potássio gasta na titulação. Massa molar do $Na_2C_2O_4$ = 134,00 g mol^{-1}.

Determinação permanganométrica de ferro em minério[4]

Procedimento

Pesa-se cerca de 1,0 g (anotando até ±0,1 mg) de minério de ferro finamente pulverizado[5], transfere-se para um erlenmeyer de 600 mL, adicionam-se 20 mL de HCl concentrado[6], aquece-se a solução resultante à ebulição e adiciona-se, gota a gota, e sob agitação, uma solução 15% (m/v) de $SnCl_2$[7], até a solução problema se tornar incolor[8]. Depois disso, colocam-se duas gotas a mais deste último reagente à solução, que em seguida deve ser resfriada sob fluxo de água da torneira, com agitação constante. À amostra fria adicionam-se, de uma só vez, 10 mL de uma solução 5% (m/v) de $HgCl_2$[9] (TÓXICO), após o que deverá aparecer um precipitado branco leitoso. Após não mais do que dois minutos vertem-se, sobre a solução a ser titulada, 15 mL da chamada solução de Zimmermann[10] e 250 mL de água. Procede-se em seguida à titulação da amostra com uma solução padrão de $KMnO_4$ 0,02 mol L^{-1}, até o aparecimento de uma coloração rósea (violeta clara) permanente por 30 segundos. Calcula-se com os dados obtidos, a porcentagem de ferro na amostra de minério.

$$5Fe^{2+} + MnO_4^- + 8H^+ \rightleftharpoons 5Fe^{3+} + Mn^{2+} + 4H_2O$$

A porcentagem de ferro pode ser calculada lembrando que a quantidade de substância de $KMnO_4$ é igual a 1/5 da quantidade de matéria de Fe(II) e que as massas molares do $KMnO_4$ e do Fe são 158,04 g mol^{-1} e 55,847 g mol^{-1}, respectivamente.

Preparação das soluções usadas na determinação

- Solução 15% (m/v) de $SnCl_2$
  Pesar 15 g de $SnCl_2$, dissolver em 30 mL de HCl concentrado e diluir a 100 mL com água destilada.

- Solução 5% (m/v) de $HgCl_2$

    Dissolver 5 g de $HgCl_2$ em 100 mL de água destilada.

- Solução de Zimmermann

    Dissolver 70 g de $MnSO_4 \cdot 4H_2O$ em 500 mL de água destilada, adicionar, sob agitação, 125 mL de H_2SO_4 concentrado e 125 mL de H_3PO_4 85% (m/m) e diluir a mistura a um litro.

    Reações envolvidas no procedimento

    $$Fe_2O_{3(s)} + 6H^+ \rightleftharpoons 2Fe^{3+} + 3H_2O$$
    $$2Fe^{3+} + Sn^{2+} \rightleftharpoons 2Fe^{2+} + Sn^{4+}$$
    $$Sn^{2+} + 2HgCl_2 \rightleftharpoons Sn^{4+} + Hg_2Cl_{2(s)} + 2Cl^-$$

Comentários

(1) A titulação de retorno é uma técnica que consiste na adição de um excesso de titulante ao frasco que contém a substância a ser titulada e, em seguida, na titulação deste excesso com uma outra solução padrão.

(2) Pelo uso de um dos dois procedimentos descritos, dá-se oportunidade para que as substâncias redutoras, que estejam presentes na água destilada usada na diluição da solução de permanganato, reajam com os íons MnO_4^- produzindo MnO_2, que é filtrado no final do processo. Se assim não fosse feito, estas substâncias redutoras reagiriam lentamente com a espécie MnO_4^-, e alterariam progressivamente o título da solução.

(3) A reação química entre $C_2O_4^{2-}$ e MnO_4^- é lenta, mas é catalisada por íons Mn^{2+}. Devido a este fato observa-se que, no início da titulação usada para a padronização da solução de $KMnO_4$, as primeiras gotas da solução de permanganato demoram a descorar mas, logo após a formação de íons Mn^{2+} (resultante da redução das primeiras gotas de MnO_4^- adicionadas) a reação torna-se rápida. Esta reação é facilitada pelo aquecimento e dá-se em meio ácido.

(4) Alternativamente, pode-se fornecer como amostra uma solução contendo íons Fe^{2+} e/ou Fe^{3+}. Em qualquer caso, os detalhes da análise deverão ser convenientemente discutidos.

(5) Quanto mais finamente pulverizado estiver o minério, mais fácil será o ataque com o ácido clorídrico.

(6) Qualquer resíduo permanente após o ataque com HCl concentrado pode ser desprezado, pois constitui-se de sílica, carvão vegetal ou ambos, contidos no minério. Em alguns casos, para solubilizar completamente a amostra é necessário que se faça uma fusão prévia da porção do minério sob análise, com pirossulfato de potássio ($K_2S_2O_7$), após o que ataca-se então o bolo de fusão com HCl.

(7) A solução de $SnCl_2$ é adicionada à amostra para reduzir os íons Fe^{3+} a Fe^{2+}, razão pela qual a solução fica, quase sempre, incolor após esta etapa da análise.

A redução é facilitada pelo aquecimento. A adição dos íons Sn^{2+} deve ser feita gota a gota, para evitar que um grande excesso, indesejável, deste reagente seja adicionado.

(8) Nem sempre a solução ficará totalmente incolor após o tratamento com $SnCl_2$ 15% (m/v). Esta, algumas vezes, pode adquirir uma tonalidade esverdeada, devido à presença de pequenas quantidades de níquel e/ou crômio no minério.

(9) A solução de $HgCl_2$ é utilizada para a eliminação do ligeiro excesso de Sn^{2+} adicionado anteriormente. Se estes íons não forem eliminados, o resultado da análise será falseado pela reação destes com MnO_4^-. O Hg_2Cl_2 formado pela reação entre $HgCl_2$ e Sn^{2+} não interfere na análise. A solução de $HgCl_2$ é adicionada de uma só vez, após o resfriamento da amostra contida no erlenmeyer, para evitar a formação de $Hg°$, que reagiria posteriormente com MnO_4^- interferindo no resultado final. Verifica-se também a formação de mercúrio metálico quando um grande excesso de íons Sn^{2+} é adicionado à amostra.

A reação deste processo é:

$$Sn^{2+}_{(exc.)} + Hg_2Cl_{2(s)} \rightleftharpoons Sn^{4+} + 2Cl^- + 2Hg°$$

Quanto isto acontece, observa-se a formação de um precipitado cinza ($Hg°$) e a análise está inutilizada, tornando-se necessário iniciar novamente todo o procedimento para uma outra amostra.

Deve-se observar também que os dois minutos de repouso indicados no procedimento são o tempo necessário para que a reação entre Sn^{2+} e $HgCl_2$ se complete. Caso este tempo seja ultrapassado em muito, pode ocorrer um desproporcionamento da espécie $HgCl_2$, formando $Hg°$.

(10) A função de cada um dos componentes da solução de Zimmermann é a seguinte:

H_2SO_4 — acondicionar apropriadamente o meio de reação (meio ácido).

H_3PO_4 — eliminar a cor amarela da solução devido aos íons Fe^{3+}, por meio da formação do complexo $FeHPO_4^+$, incolor. Isto resulta num ponto final mais nítido. Além disso, a complexação dos íons Fe^{3+} diminui sua concentração no meio reacionante, favorecendo a reação entre Fe^{2+} e MnO_4^-.

$MnSO_4$ — objetiva a inibição da oxidação dos íons Cl^- presentes no meio da reação. Considerando-se as semi-reações

$$MnO_4^- + 8H^+ + 5e^- \rightleftharpoons Mn^{2+} + 4H_2O \quad E° = 1,51 \; V$$
$$Cl_2 + 2e^- \rightleftharpoons 2Cl^- \quad E° = 1,359 \; V$$
$$Fe^{3+} + e^- \rightleftharpoons Fe^{2+} \quad E° = 0,77 \; V$$

e os seus respectivos potenciais de redução, nota-se que os íons Cl^-, se presentes no meio, interferirão na reação entre Fe^{2+} e MnO_4^-. A reação entre Cl^- e MnO_4^- além de ser teoricamente possível, é induzida pela presença de Fe^{2+}. Esta oxidação induzida pode ser eliminada introduzindo-se uma grande quantidade de íons Mn^{2+} ao sistema reacionante, de modo a diminuir o poder oxidante do MnO_4^- e, conseqüentemente, diminuir a possibilidade de oxidação do Cl^-. Este fato pode ser verificado observando-se o comportamento da equação de Nernst para o par MnO_4^-/Mn^{2+}. Nestas condições:

$$E = 1,51 - \frac{0,059}{5} \log \frac{[Mn^{2+}]}{[MnO_4^-][H^+]^8} \qquad (T = 25°C)$$

onde, se a [Mn^{2+}] aumenta, o potencial do par MnO_4^-/Mn^{2+} diminui.

4.3.2 — Dicromatometria

Determinação de ferro em minério: titulação com solução padrão de dicromato de potássio

O dicromato de potássio é um agente oxidante mais fraco do que o permanganato de potássio, porém a principal vantagem em usá-lo no lugar do $KMnO_4$ é que o $K_2Cr_2O_7$ é um padrão primário. Além disso, as soluções de $K_2Cr_2O_7$ são estáveis por longo período em meio ácido, não se decompõem com a luz e podem coexistir na presença de íons cloreto 1 mol L^{-1}. Na prática usa-se sempre em soluções ácidas. A desvantagem maior é que tanto o reagente ($Cr_2O_7^{2-}$) quanto o produto (Cr^{3+}) são coloridos, alaranjado e verde, respectivamente.

Soluções de $K_2Cr_2O_7$ são usadas principalmente para a determinação de ferro, que é o elemento de maior importância do ponto de vista industrial e o segundo metal mais abundante na crosta terrestre.

Na experiência, o ferro será determinado numa amostra de minério de ferro. Ainda que existam vários minérios de ferro, o mais importante é o óxido de ferro (III), a hematita.

No procedimento analítico, o minério é tratado com ácido clorídrico concentrado. Nesta etapa os óxidos de ferro geralmente dissolvem-se de modo completo, deixando apenas pouco resíduo insolúvel, principalmente sílica. Podem também restar eventuais partículas pretas de magnetita, Fe_3O_4.

Para reduzir o ferro (III) a ferro (II), usa-se uma solução de cloreto estanoso na presença de ácido clorídrico a quente. A temperatura da solução clorídrica contendo o ferro (III) deve estar entre 60-90°C para assegurar uma redução rápida e completa.

Lembrar que aqui valem todas as considerações feitas no procedimento desenvolvido para a determinação de ferro em minério por permanganometria, quando usou-se a redução com a solução de cloreto estanoso.

Como indicador, o mais comum é a difenilamina na forma do sal sulfonato de sódio. Este indicador é incolor na forma reduzida e violeta na forma oxidada. O potencial de transição para mudança de cor é de 0,83 V. No ponto final da titulação a cor muda de verde, devido à presença de Cr (III), para violeta. A própria reação entre o indicador e os íons dicromato é relativamente lenta numa solução pura, mas durante a titulação os íons de ferro (II) catalisam e aceleram enormemente a velocidade da reação, de tal modo que a transição de cor é rápida e bem definida.

As reações básicas envolvidas no processo de análise são similares às descritas na titulação com $KMnO_4$, sendo a seguinte a reação de titulação do ferro (II) com a solução de dicromato:

$$6Fe^{2+} + Cr_2O_7^{2-} + 14H^+ \rightarrow 6Fe^{3+} + 2Cr^{3+} + 7H_2O$$

Ainda que na etapa de redução possa ser usado zinco metálico, a preferência é dada ao cloreto estanoso porque o potencial de eletrodo do par Sn(IV)/Sn(II) não é suficiente para reduzir o titânio (IV), freqüentemente presente em minérios de ferro.

Preparação de uma solução de $K_2Cr_2O_7$ 0,02 mol L^{-1}

Pesar exatamente 2,9 g (anotar até 0,1 mg) de $K_2Cr_2O_7$, de alta pureza e seco em estufa a 110°C por 2 horas, usando para isso um vidro de relógio pequeno. Transferir o sólido quantitativamente para um frasco volumétrico de 500 mL. Acrescentar água destilada e agitar até dissolver. Diluir até a marca e agitar para homogeneizar.

Esta solução pode ser usada como um padrão primário ou pode ser padronizada através de uma titulação contra uma solução padrão de ferro eletrolítico (em pó ou fio), em caso de dúvida sobre a pureza do $K_2Cr_2O_7$.

Pesar amostras de 0,20-0,25 g (anotar até 0,1 mg) do ferro eletrolítico transferindo-o para erlenmeyer de 500 mL (preparam-se pelo menos duas amostras). Adicionar 10 mL de HCl concentrado e aquecer cuidadosamente até a dissolução completa. (Cuidado nessa etapa, pois há liberação de hidrogênio, que é inflamável.)

$$Fe + 2H^+ \rightarrow Fe^{2+} + H_2$$

Parte do ferro (II) pode ser oxidado a ferro (III) pelo oxigênio do ar.

$$4Fe^{2+} + O_2 + 4H^+ \rightarrow 4Fe^{3+} + 2H_2O$$

Neste ponto pode-se acrescentar mais 5 mL do HCl concentrado, se for necessário, para repor o ácido perdido na evaporação. Em continuidade é feita a redução de Fe (III) de acordo com o procedimento seguinte.

Pré-redução de ferro (III) a ferro (II)

Nesta redução cada amostra deve ser tratada separadamente. Aquecer a amostra até quase a ebulição e seguir o mesmo procedimento para a redução do Fe(III) a Fe(II) descrito na permanganometria.

Titulação do ferro (II) com dicromato

Depois de realizado o processo de redução do Fe(III) a Fe(II), deixa-se a solução repousar por 2 minutos, adicionam-se 15 mL da solução-mistura de H_3PO_4/H_2SO_4 (preparação descrita a seguir) e juntam-se 200 mL de água destilada e 6 a 8 gotas do indicador difenilamina. Em seguida, faz-se a titulação com a solução padrão de $K_2Cr_2O_7$ 0,02 mol L^{-1}, agitando-se constantemente. O ponto final é indicado pelo primeiro aparecimento de uma cor púrpura na solução cinza-esverdeada original.

Determinação de ferro em um minério usando $K_2Cr_2O_7$ 0,02 mol L^{-1}

O instrutor do laboratório irá dizer a quantidade de amostra de minério a ser pesada. O massa requerida para amostras com teor de Fe_2O_3 na ordem de 60% (m/m) é de aproximadamente 0,4 g.

As amostras são pesadas diretamente em erlenmeyer de 500 mL usando a técnica da pesagem por diferença, já conhecida (fazer em duplicata).

Adicionar 10 mL de HCl concentrado a cada frasco, em capela bem ventilada. Aquecer cuidadosamente até que o minério tenha se dissolvido (qualquer resíduo branco de sílica pode ser ignorado). A solução é aquecida, adicionando-se sempre HCl concentrado para manter o volume em pelo menos 10 mL.

Após a dissolução, tendo-se a solução clara e eventuais resíduos insolúveis, a seqüência é a mesma para o procedimento com redução pelo Sn (II) e a titulação com a solução padrão de $K_2Cr_2O_7$ 0,02 mol L^{-1} já descrito.

Calcula-se a porcentagem de ferro na amostra lembrando-se que cada mol de dicromato reage com 6 moles de ferro (II), e que a massa molar do Fe é 55,847 g mol^{-1}, e a massa molar do $K_2Cr_2O_7$ é 294,19 g mol^{-1}.

$$\%Fe = \frac{m_{Fe}(g)}{m_{amostra}(g)} \times 100$$

onde, $m_{Fe}(g) = C_{K_2Cr_2O_7} \times V_{K_2Cr_2O_7}(mL) \times 6 \times$ massa molar Fe.

Preparação das soluções usadas na determinação

- Solução-mistura H_3PO_4/H_2SO_4

  Em um béquer contendo 100 mL de água destilada, colocam-se 20 mL de H_2SO_4 concentrado, lentamente. Juntam-se depois 60 mL de H_3PO_4 xaroposo.

- Indicador

  Prepara-se uma solução 0,3% (m/v) do sal de sódio do sulfonato de p-difenilamina em água destilada, dissolvendo-se 0,3 g do composto em 100 mL de água destilada.

- A solução de $SnCl_2$ 15% (m/v) e a solução de $HgCl_2$ 5% (m/v) estão descritas na experiência sobre a determinação de ferro em minério por permanganometria.

Comentários

Também são válidos aqui os mesmos comentários existentes na determinação de ferro em minério por permanganometria.

Determinação de Fe^{3+} e ferro total em produtos farmacêuticos (complexos minerais)

Uma grande variedade de distúrbios relacionados com anemia (deficiência em ferro) podem ser corrigidos ingerindo-se pílulas (comprimidos) de "ferro".

Em geral, estes comprimidos ou soluções contêm sais ferrosos mais outros ingredientes. Três produtos comerciais típicos são Fergon (Sterling), Feosol (Smith & Kline) e Fer-in-Sol (Mead-Johnson), que são vendidos na forma de drágeas (pílulas) ou solução e facilmente encontrados em farmácias. O Fergon é um comprimido (tablete) baseado em gluconato ferroso, o Feosol um comprimido baseado em sulfato ferroso e o Fer-in-Sol uma solução de sulfato ferroso.

Nesta experiência, a quantidade do íon férrico por comprimido (que deve ser muito pequena) e a quantidade total de ferro por comprimido serão determinadas por meio de titulação de óxido-redução, combinando iodometria e dicromatometria.

Procedimento

É necessário preparar uma solução padrão de dicromato de potássio de concentração 0,05 mol L^{-1} e outra solução de tiossulfato de sódio de concentração 0,1 mol L^{-1}. Aproximadamente 30 comprimidos de Fergon ou Feosol são pesados, pulverizados em almofariz e depois mantidos em um pesa-filtro fechado até serem usados. O Fer-in-Sol já é uma solução.

Titulação do ferro (III) por iodometria

Dissolvem-se 5 g de uma amostra precisamente pesada, em 100 mL de água, 10 mL de HCl concentrado (12 mol L^{-1}) e adicionam-se em seguida 3 g de KI. Agita-se fortemente e deixa-se a solução repousar por 5 a 10 minutos dentro de um armário (no escuro). Depois, titula-se o iodo liberado com uma solução padrão de tiossulfato de sódio, usando-se uma solução 1% (m/m) de amido como indicador. Calcula-se quantos miligramas de Fe (III) existem por grama de amostra e também quantos miligramas de Fe (III) existem por comprimido.

Titulação do ferro total com K$_2$Cr$_2$O$_7$ 0,05 mol L^{-1}

Pesa-se precisamente de 1 a 1,5 g de amostra e dissolve-se numa mistura de 75 mL de água e 15 mL de HCl concentrado (12 mol L^{-1}) em um erlenmeyer. A redução inicial segue o mesmo procedimento recomendado na permanganometria. Após a redução, resfria-se, adicionam-se 5 a 10 gotas do indicador de difenilamina e titula-se com uma solução padrão de dicromato de potássio 0,05 mol L^{-1}.

Calcula-se quantos miligramas de ferro existem por grama de amostra e quantos miligramas de ferro existem por comprimidos.

Aplicam-se aqui os mesmos comentários existentes na determinação de ferro em minério por permanganometria.

4.3.3 — Procedimentos alternativos para a redução de Fe(III) para Fe(II) com redutores metálicos

As práticas propostas para a determinação de ferro com KMnO$_4$ e K$_2$Cr$_2$O$_7$ envolvem a redução do Fe^{3+} com uma solução de cloreto estanoso. Como foi salientado, há necessidade de se usar um ligeiro excesso desta solução de $SnCl_2$. Evidentemente, na etapa subseqüente, este excesso deve ser destruído antes da titulação do Fe^{2+}. Isso foi feito mediante adição cuidadosa de uma solução de $HgCl_2$. Para minimizar as operações de descarte de uma quantidade relativamente grande (depende do número de estudantes que estão realizando a experiência) deste produto altamente TÓXICO, é possível conduzir esta redução com compostos que caracterizam um menor impacto ambiental e toxicológico. Para isso pode-se, alternativamente, usar o Redutor de Walden (prata metálica) ou o Redutor de Jones (zinco amalgamado com um filme de mercúrio na sua superfície).

Comparação dos Redutores de Walden e de Jones

Uma forma mais elegante de se realizar uma redução quantitativa do Fe (III) é permitir que a solução acidulada contendo as espécies de interesse possa percolar através de uma coluna contendo um metal "redutor". O redutor de Walden contém prata metálica em pó ou granulada (20-40 mesh), enquanto que o redutor de Jones usa zinco granulado (60 mesh) amalgamado com mercúrio. O primeiro (prata) é um redutor mais brando, e é por isso mais seletivo. Um efluente de uma coluna redutora, livre do excesso do agente redutor, pode ser titulado diretamente com um reagente oxidante adequado. A Figura 8.5 mostra uma coluna típica da forma recomendada. A Tabela 8.2 mostra reações típicas envolvendo cada redutor.

Tabela 8.2 — Reações comparativas com o Redutor de Walden e o de Jones

Redução efetuada pelo Redutor de Prata em meio clorídrico	Redução efetuada pelo Redutor de Jones em meio sulfúrico
$Fe^{3+} + e^- \rightleftharpoons Fe^{2+}$	$Fe^{3+} + e^- \rightleftharpoons Fe^{2+}$
$Cu^{2+} + e^- \rightleftharpoons Cu^+$	$Cu^{2+} + 2e^- \rightleftharpoons Cu_{(metálico)}$
$H_2MoO_4 + 2H^+ + e^- \rightleftharpoons MoO_2^+ + 2H_2O$	$H_2MoO_4 + 6H^+ + 3e^- \rightleftharpoons Mo^{3+} + 4H_2O$
TiO^{2+} não reduz	$TiO^{2+} + 2H^+ + e^- \rightleftharpoons Ti^{3+} + 4H_2O$
Cr^{3+} não reduz	$Cr^{3+} + e^- \rightleftharpoons Cr^{2+}$

Assim, quando o potencial de redução de dois analitos forem suficientemente diferentes, uma mistura pode ser analisada. Nestas condições o Ti (III), com $E^0 = 0,10$ V, pode ser titulado com Ce (IV) na presença de Fe (II), $E^0 = 0,77$ V, usando o azul-de-metileno como indicador. Subseqüentemente, o ferro total mais o titânio podem ser determinados usando ferroína como indicador. A determinação de ferro é ilustrativa de alguns problemas práticos encontrados nos procedimentos de titulação direta.

Evidentemente, existem outros metais que são usados na redução de espécies químicas. Uma lista deveria conter Zn, Cd, Al, Pb, Ni, Cu, Hg e Ag.

Como a Tabela 8.2 está mostrando, o poder de redução de cada um varia muito.

Na prática, o zinco e o cádmio são bem mais poderosos comparados com a prata ou mercúrio. Experimentalmente, a prata é usada em meio de ácido clorídrico, pois há formação do AgCl, e ela é efetiva na redução na presença deste HCl.

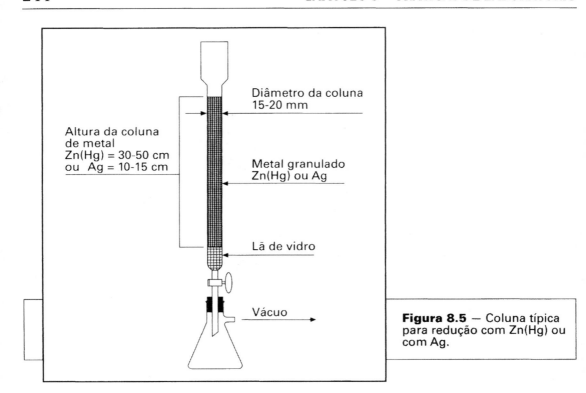

Figura 8.5 — Coluna típica para redução com Zn(Hg) ou com Ag.

Uma desvantagem de redutores especialmente reativos como zinco e cádmio é a tendência em liberar hidrogênio quando estão em contato com ácidos. Não é difícil de entender que esta reação indesejável consome o redutor e também introduz significativas quantidades do próprio íon metálico em solução.

$$Zn + 2H^+ \rightarrow Zn^{2+} + H_2 \text{ (g)}$$

Esta inconveniência (liberação de hidrogênio) pode ser eficientemente contornada fazendo-se uma amalgamação do metal redutor, seja Zn ou seja Cd, com uma fina película de mercúrio. Esta capa de mercúrio vai inibir a formação do hidrogênio, de tal modo que o Zn e Cd podem ser usados mesmo em soluções ácidas. O amálgama, Zn(Hg), é um redutor moderado, comparado com o metal puro (Zn), mas com a vantagem significativa de inibir a redução dos íons H^+ e impedir a conseqüente liberação indesejável de H_2, sob o aspecto analítico.

O redutor de Zn vai remover cobre e prata da solução, pois serão reduzidos aos respectivos metais. O ácido nítrico deve estar ausente, pois será reduzido à NH_2OH, que posteriormente reagirá com o permanganato de potássio ou com o dicromato de potássio, na etapa subseqüente de titulação. Determinados materiais orgânicos também devem estar ausentes, mesmo o acetato. Na prática, este material é removido por aquecimento com ácido sulfúrico até saída de fumos brancos antes de passar a amostra pela coluna redutora. Soluções amoniacais devem ser evitadas, pois reagem com o mercúrio e deterioram a coluna.

O redutor de Jones

É o amálgama redutor mais popular. A coluna cheia com Zn granular previamente amalgamado com uma solução de cloreto ou nitrato de mercúrio, formando o filme de mercúrio depositado na superfície do zinco:

$$Zn + Hg^{2+} \rightarrow Zn^{2+} + Hg$$

Esta coluna pode ser usada para realizar centenas de reduções de Fe (III) antes de ter de ser substituída. É conveniente manter a coluna cheia de água destilada quando não estiver em uso, para impedir que o amálgama entre em contato prolongado com o oxigênio do ar e resulte na formação de sais básicos que causam a deterioração precoce da mesma. Antes de ser usada, a coluna tem de ser ativada simplesmente passando uma solução diluída de ácido. Em seguida a solução contendo a espécie que deve ser reduzida é passada pela coluna, mantendo-se uma vazão de aproximadamente 50 mL por minuto. Depois de usada, ela deve ser lavada com mais ácido diluído, sempre evitando que o nível do líquido fique abaixo da superfície superior da coluna do metal amalgamado.

Preparação do redutor de Jones

A Figura 8.5 indica que a coluna de Zn(Hg) deve ter um comprimento de 30 a 50 cm com um diâmetro de 2 cm. Deve ser muito bem lavada previamente e colocado um chumaço de lã de vidro na parte inferior para segurar o amálgama granulado. Esta lã de vidro pode ser substituída por uma placa de vidro de porosidade fina soldada internamente, para evitar a passagem do redutor. O Zn usado deve ter uma granulação de aproximadamente 30 mesh, e estar livre de impurezas de ferro. O zinco granulado é colocado num béquer de 1 litro e adiciona-se HCl 1 mol L^{-1} suficiente para cobrir totalmente o metal. Deixar em repouso por 1 minuto para remover impurezas e ativar a superfície. Em seguida, decanta-se o ácido e junta-se uma solução de nitrato ou cloreto de mercúrio (II) de concentração da ordem de 0,2 a 0,3 mol L^{-1}. Agita-se a mistura fortemente com uma barra de vidro por aproximadamente 3 a 5 minutos. Decanta-se o líquido e lava-se o zinco amalgamado com 3 a 5 alíquotas de água destilada suficiente para cobrir o material. Transfere-se o Zn(Hg) para uma coluna especificada até atingir uma altura de 30 cm. Lava-se novamente com mais 500 mL de água destilada, sem deixar o nível superior descobrir o metal. Manter sempre a coluna cheia de água.

Este material redutor assim preparado, pode ser usado com amostras que estejam numa solução de HCl ou de H$_2$SO$_4$ numa concentração de 0,3 a 2,0 mol L^{-1}. Recomenda-se que a coluna seja condicionada com o mesmo ácido contido na amostra (HCl ou H$_2$SO$_4$) lavando-a com pelo menos três alíquotas de 20 mL da solução ácida similar à da amostra (H$_2$SO$_4$ 1+20 no caso do ferro). Depois de cada adição deste ácido de lavagem, deixa-se drenar o líquido até seu nível ficar aproximadamente 1 cm acima da camada de zinco amalgamado. A seguir, passa-se a solução da amostra. Após, coloca-se mais uma alíquota de 25 mL do ácido diluído e repete-se esta operação coletando o efluente com a amostra a ser titulada. Depois de retirar o frasco onde se está coletando a amostra, passa-se pelo menos mais 100 mL de água para lavar e guardar a coluna, que deve estar pronta para nova operação de redução.

Neste caso, a amostra de ferro recebida no balão volumétrico de 100,0 mL é diluída até a marca e alíquotas de 25,00 mL são transferidas e passadas pelo redutor. A amostra eluída é coletada num erlenmeyer de 250 mL. Se a amostra recebida não contiver cloreto, é suficiente adicionar 10 mL de ácido ortofosfórico concentrado e depois titula-se com a solução padrão de KMnO$_4$. Se houver cloreto presente é necessário adicionar 30 a 40 mL da solução de Zimmermann em vez dos 10 mL de H$_3$PO$_4$ concentrado.

Redutor de Walden

Uma estratégia bastante conveniente para se proceder a uma redução de Fe (III) a Fe (II), como etapa preliminar à titulação com KMnO$_4$, K$_2$Cr$_2$O$_7$ ou com Ce (IV), é mediante o uso do redutor de prata, conhecido como redutor de Walden. Soluções de Ce (IV) são preparadas a partir do sal de alta pureza, (NH$_4$)$_2$Ce(NO$_3$)$_6$, que ao contrário do KMnO$_4$, pode ser usado como padrão primário.

Na prática a coluna é montada como visto na Figura 8.5. Prata metálica granulada (20-40 mesh) pode ser comprada para este propósito ou preparada no laboratório, inserindo fio ou lâminas de cobre metálico, previamente limpo, numa solução de nitrato de prata acidulada com 4 a 5 gotas de ácido nítrico. Não adicionar muito HNO$_3$, pois este irá atacar e dissolver o cobre de forma indesejável. A prata metálica fica aderida ao fio ou à lâmina, e é depois lavada exaustivamente com alíquotas de HNO$_3$ diluído e depois com várias alíquotas de água destilada para remover íons Cu^{2+} contaminantes.

Com este redutor, na presença de HCl, o Fe (III) é reduzido pela prata segundo a reação:

$$Ag° + Fe^{3+} + Cl^- \rightarrow AgCl_{(s)} + Fe^{2+}$$

Como foi considerado, o redutor de prata tem diversas vantagens quando comparado com outros redutores. Esta vantagem caracteriza-se em não introduzir íons estranhos contaminantes na solução da amostra, além da quantidade muito pequena de íons Ag$^+$ que passam para a solução devido à baixa solubilidade do AgCl.

A vida útil da coluna pode ser acompanhada simplesmente observando-se o anel escuro que vai aumentando progressivamente do topo para a base da coluna. Este escurecimento tem origem na formação de prata e óxido de prata, pela decomposição fotoquímica do AgCl.

$$2AgCl_{(s)} + H_2O \xrightarrow{luz} Ag_2O_{(s)} + Ag° + 2H^+ + 2Cl^-$$

Se a coluna estiver quase inteiramente deteriorada, ela pode ser regenerada por um procedimento químico simples. Basta transferir o conteúdo para um béquer adequado contendo H$_2$SO$_4$ diluído e agitar a suspensão com uma barra de zinco por um tempo suficiente para se notar novamente o brilho dos grânulos de prata limpa.

$$Zn° + 2AgCl_{(s)} \rightarrow Zn^{2+} + 2Cl^- + 2Ag°$$

O líquido é decantado e a prata lavada mais uma vez com ácido nítrico diluído e depois exaustivamente com água para remover as impurezas de íons Zn^{2+}. Seca-se e a prata está pronta para ser usada novamente. O poder de redução do redutor de prata é moderado, e, conseqüentemente, mais seletivo do que o redutor de Jones. Mais importante é o fato de que não ocorre nenhum desprendimento de hidrogênio com este redutor, mesmo em soluções fortemente ácidas.

O procedimento de uso é similar ao usado com o redutor de Jones, com a diferença de que neste caso a coluna é lavada com 3 a 4 alíquotas de ácido clorídrico 1 mol L^{-1}, e mais uma vez, quando uma alíquota estiver quase na altura da camada do metal redutor, coloca-se mais HCl sem permitir que o nível fique abaixo do topo da prata metálica. Em seguida, a solução de ferro recebida num balão volumétrico de 100,0 mL é diluída até a marca e uma alíquota de 25,00 mL é transferida para a coluna e recolhida num erlenmeyer de 250 mL. Juntam-se mais 2 a 3 alíquotas do HCl 1 mol L^{-1} para lavar, coletando-as no mesmo erlenmeyer. Como o teor de íons cloreto é significativo, juntam-se 30 a 40 mL da solução de Zimmermann e depois titula-se com a solução padrão de $KMnO_4$ até o aparecimento de uma cor rosa que persista por 20 a 30 segundos.

4.3.4 — Determinações iodométricas

Os métodos volumétricos que envolvem a oxidação de íons iodeto (iodometria) ou a redução de iodo (iodimetria), são baseados na semi-reação.

$$I_2 + 2e^- \rightleftharpoons 2I^- \qquad E° = 0,535 \text{ volt}$$

As substâncias que possuem potenciais de redução menores que o do sistema I_2/I^- são oxidados pelo iodo, e portanto podem ser titulados com uma solução-padrão desta substância (iodimetria). Exemplo:

$$2S_2O_3^{2-} + I_2 \rightleftharpoons S_4O_6^{2-} + 2I^-$$

Por outro lado, os íons iodeto exercem uma ação redutora sobre sistemas fortemente oxidantes, com a formação de quantidade equivalente de iodo. O iodo liberado é então titulado com uma solução-padrão de tiossulfato de sódio (iodometria). Exemplos:

$$2Ce^{4+} + 2I^- \rightleftharpoons 2Ce^{3+} + I_2$$
$$2MnO_4^- + 10I^- + 16H^+ \rightleftharpoons 2Mn^{2+} + 5I_2 + 8H_2O$$

Em pH menor que 8,0 o potencial de redução do sistema iodo-iodeto é independente do pH, mas em um meio mais alcalino, o iodo reage com os íons hidroxila, formando íons hipoiodito e iodeto. Os íons hipoiodito são muito instáveis e passam rapidamente a iodato:

$$I_2 + 2OH^- \rightleftharpoons IO^- + I^- + H_2O$$

$$3IO^- \rightleftharpoons 2I^- + IO_3^-$$

O potencial de redução de certas substâncias aumenta consideravelmente quando se aumenta a concentração de íons hidrogênio na solução. Isto permite que muitos ânions que são oxidantes fracos possam ser reduzidos quantitativamente com íons iodeto.

Através de um controle apropriado do pH da solução é possível, às vezes, titular a forma reduzida de uma substância com iodo e em seguida a forma oxidada com tiossulfato de sódio. Como exemplo, cita-se o sistema redox arsenito-arseniato:

$$\underset{\text{arsenito}}{AsO_3^{3-}} + I_2 + H_2O \rightleftharpoons \underset{\text{arseniato}}{AsO_4^{3-}} + 2H^+ + 2I^-$$

Esta reação é reversível. Para valores de pH entre 4 e 9, pode-se titular os íons arsenito com solução de iodo. Em soluções fortemente ácidas, o arseniato se reduz a arsenito e libera iodo. Na titulação com tiossulfato de sódio, o iodo é reduzido a iodeto (é retirado da solução) e a reação se desloca da direita para a esquerda.

O potencial de redução de diversos sistemas pode ser mudado pela adição de uma substância que forme um complexo, um composto pouco dissociado ou pouco solúvel com um dos dois compostos, ou com ambos. Por exemplo, os íons Fe^{3+} reagem facilmente com íons iodeto mas, ao se adicionar íons fluoreto ou ácido fosfórico ao meio, os íons férrico são complexados e não sofrem o ataque dos íons I^-. Usa-se esse procedimento quando se quer evitar redução de íons Fe^{3+} pelo iodeto na determinação iodométrica de outras substâncias.

Uma importante aplicação do método iodométrico é a determinação do conteúdo ácido de soluções. A reação

$$IO_3^- + 5I^- + 6H^+ \rightleftharpoons 3I_2 + 3H_2O$$

processa-se muito rapidamente e é quantitativa. Se um excesso de iodato e iodeto de potássio é adicionada a uma solução diluída de ácido clorídrico ou outro ácido forte, os íons hidrogênio produzem uma quantidade equivalente de iodo, que pode ser titulada com tiossulfato. Este método é adequado na titulação de muitas soluções diluídas de ácidos fortes, porque uma brusca mudança de cor é obtida no ponto final.

Fontes de erros na iodometria e iodimetria

Duas importantes fontes de erros em titulações iodométricas e iodimétricas, são a oxidação de uma solução de iodeto pelo ar e a perda de iodo por volatilização. Os íons iodeto em meio ácido são oxidados lentamente pelo oxigênio atmosférico.

$$4I^- + 4H^+ + O_2 \rightleftharpoons 2I_2 + 2H_2O$$

Esta reação é muito lenta em meio neutro, mas sua velocidade aumenta com a diminuição do pH e é bastante acelerada pela exposição à luz, pela reação do iodeto com substâncias oxidantes presentes no meio e pela presença de substâncias que apresentem um efeito catalítico. Por exemplo, a presença de traços de óxido nitroso (NO) e/ou nitrito (óxidos de nitrogênio em geral) é suficiente para interferir nesta reação. Os íons nitrito, em meio ácido, reagem com iodeto, de acordo com a equação:

$$2NO_2^- + 2I^- + 4H^+ \rightarrow 2NO + I_2 + 2H_2O$$
$$2NO + O_2 \text{ (do ar)} \rightarrow 2NO_2$$

Se o tratamento preliminar da amostra é feito com ácido nítrico, a ocorrência deste tipo de erro é comum.

Na titulação iodométrica de agentes oxidantes, onde um excesso de iodeto se faz presente em solução, não se deve demorar muito para iniciar a titulação do iodo. Se for necessário um maior período de tempo para a reação se completar, o ar deve ser removido da solução e a atmosfera em contato com ela deve ser de dióxido de carbono. Isto pode ser feito adicionando-se ácido à solução a ser titulada e, em seguida, três ou quatro porções de algumas centenas de miligramas de bicarbonato de sódio, sucessivamente. Após esta operação, um excesso de iodeto de potássio é adicionado, na forma sólida, e o frasco de titulação é imediatamente fechado.

A perda de iodo por volatilização[1] é evitada pela adição de um grande excesso de íons iodeto, os quais reagem com o iodo para formar íons triiodeto, segundo a equação

$$I^- + I_2 \rightleftharpoons I_3^- \qquad K = 7,68 \times 10^2$$

Em titulações à temperatura ambiente ($T \sim 25°C$), as perdas de iodo por volatilização são desprezíveis se a solução contiver cerca de 4% (m/v) de iodeto de potássio.

A formação da espécie I_3^- não altera nem introduz erros mensuráveis no método iodométrico porque os potenciais-padrão de eletrodo das semi-reações

$$I_2 + 2e^- \rightleftharpoons 2I^- \qquad E° = 0,535 \text{ volt}$$
$$I_3^- + 2e^- \rightleftharpoons 3I^- \qquad E° = 0,536 \text{ volt}$$

são muito próximas e, como conseqüência, a formação dos íons I_3^- pouco afeta o par I_2/I^-.

Determinação do ponto final

O iodo presente em uma solução aquosa de iodeto tem uma cor amarelo-castanha intensa, que é visível mesmo com grande diluição (uma gota de uma solução de iodo 0,1 mol L^{-1} em 100 mL de água apresenta uma cor amarelo-pálida). Quando se titulam soluções incolores com uma solução-padrão de iodo (iodimetria), o próprio iodo serve como indicador, se bem que o uso de um indicador (ex.: amido) proporciona uma detecção mais sensível do ponto final. Em iodometria é comum o uso de indicadores porque a viragem é menos perceptível, devido ao cansaço visual a que o analista é submetido. O indicador geralmente usado é uma solução aquosa de amido, com o qual pode-se determinar concentrações de iodo em solução de até 2×10^{-7} mol L^{-1}.

O amido é uma substância formada principalmente por dois constituintes macromoleculares lineares, chamados amilose (β-amilose) e amilopectina (αamilose), com conformações helicoidais. Estas substâncias formam complexos de adsorção (complexo tipo transferência de carga) com o iodo na forma de íons I_3^-, conferindo à solução uma coloração azul intensa.

$$\text{Amilose } (\beta\text{ - amilose}) + I_3^- \rightleftharpoons \text{ cor azul intensa}$$
$$\text{Amilopectina } (\alpha\text{ - amilose}) + I_3^- \rightarrow \text{ cor violácea}$$

As proporções relativas destes dois constituintes do amido dependem da sua procedência (ex.: amido de arroz, batata, milho, etc.).

A interação do iodo com a amilopectina é indesejável porque o complexo formado com o iodo não apresenta um comportamento reversível (é mais estável). Felizmente a interferência deste componente é muito pequena porque ele precipita durante o preparo da solução aquosa de amido.

Esta solução, por vez, se não preservada convenientemente, decompõe-se em poucos dias principalmente por causa de ações bacterianas. Os produtos de sua decomposição podem consumir iodo e também interferir nas propriedades indicadoras do amido. Evita-se a ação bacteriana adicionando-se iodeto mercúrio como preservativo.

A sensibilidade da reação do amido com o iodo diminui com o aumento da temperatura e na presença de álcool etílico e/ou metílico.

Em substituição ao amido, pode-se usar também uma solução aquosa de amidoglicolato de sódio (tal como o amido, forma também um complexo azul com o iodo). Esta substância é solúvel em água e sua solução aquosa se mantém estável durante muito tempo, sendo o seu uso recomendável.

Preparação da solução de amido

Triturar 10 g de amido e 10 mg de iodeto de mercúrio (preservativo) com um pouco de água e adicionar a suspensão a um litro de água quente, sob agitação. (no lugar do iodeto mercúrio pode-se colocar 1 a 2 gramas de ácido bórico). Prosseguir o aquecimento até se obter uma solução clara. Esta deve ser filtrada caso apresente turbidez após alguns minutos de aquecimento. Após a solução resultante se resfriar, proceder à sua transferência para um recipiente adequado, mantendo-se fechado e, se possível, em um refrigerador.

Usam-se geralmente 3 mL desta solução de amido para cada 100 mL da solução a ser titulada, e este volume deve ser adicionado ao meio reagente um pouco antes do ponto final. Em iodometria, a descoloração do iodo é uma boa indicação da proximidade do ponto final, o que permite adicionar o indicador no momento adequado.

Uma vantagem do uso de amido como indicador é o seu baixo custo, mas ele apresenta algumas desvantagens: é pouco solúvel em água fria, em soluções muito diluídas apresenta um ponto final pouco seguro e sofre hidrólise em soluções ácidas (acelerada pelo iodo) formando produtos que após reagirem com o amido remanescente em solução, conferem à solução uma coloração vermelha (irreversível) que mascara o ponto final da titulação. É por esta razão que em titulações iodométricas a solução de amido deve ser adicionada bem próximo do ponto final. O uso do amidoglicolato de sódio como indicador é bem mais conveniente que o do amido.

Reação entre tiossulfato e iodo

Os íons tiossulfato são oxidados a tetrationato pelo iodo.

$$2S_2O_3^{2-} + I_2 \rightleftharpoons S_4O_6^{2-} + 2I^-$$

Agentes oxidantes fortes como bromato, hipoclorito oxidam quantitativamente tiossulfato. Outros agentes oxidantes, como por exemplo, permanganato de potássio, dicromato de potássio e sulfato cérico, provocam uma oxidação incompleta a sulfato. Por essa razão um excesso de iodeto é sempre adicionado na determinação dessas substâncias, antes da titulação com tiossulfato.

Preparação da solução de tiossulfato de sódio 0,1 mol L^{-1}

Dissolver em um litro de água recentemente fervida e resfriada, 25 g de $Na_2S_2O_3.5H_2O$ e adicionar à solução, em seguida, 0,1 g de carbonato de sódio. Deixar a solução em repouso por um dia antes de padronizar.

As soluções de tiossulfato preparadas com água destilada comum podem sofrer uma reação lenta com íons H$^+$ provenientes da autodissociação da água, produzindo enxofre e íons bissulfito:

$$S_2O_3^{2-} + H^+ \rightleftharpoons HSO_3^- + S°$$

A formação destes produtos pode também ser resultado da ação bacteriana, especialmente se a solução ficar em repouso por muito tempo. Por este motivo é que se adiciona uma pequena quantidade de carbonato de sódio à solução recém-preparada.

Deve-se também evitar exposição da solução de tiossulfato à luz, porque sob estas condições ocorre um aumento na velocidade das reações que altera a concentração do tiossulfato.

O tiossulfato de sódio hidratado, $Na_2S_2O_3.5H_2O$, não pode ser usado como padrão primário, pois não se tem certeza quanto ao seu conteúdo de água, devido à sua natureza eflorescente. Quando anidro, este sal é estável a 120°C durante muito tempo, podendo então, sob estas condições, ser usado como padrão primário.

Padronização da solução de tiossulfato 0,1 mol L^{-1}

Para padronizar uma solução 0,1 mol L^{-1} de tiossulfato de sódio, pesa-se cerca de 0,13 g e não mais que 0,15 g (anotando até ± 0,1 mg) de dicromato de potássio puro e seco em estufa a 120°C por 2 $^1/_2$ horas (padrão primário) e dissolve-se esta amostra em 50 mL de água. Adicionam-se ao meio 2 g de iodeto de potássio e 8 mL de ácido clorídrico concentrado. Homogeneiza-se e titula-se a solução resultante com tiossulfato, sob agitação constante, até que a cor castanha mude para verde amarelado. Neste ponto, adicionam-se 3 mL de solução de amido e continua-se a titulação até a brusca mudança da cor azul para verde puro.

Em lugar do dicromato de potássio, diversas outras substâncias podem ser usadas como padrão primário, dentre as quais, iodato e bromato de potássio.

Em meio ácido, os íons dicromato reagem com iodeto de acordo com a reação:

$$Cr_2O_7^{2-} + 14H^+ + 6I^- \rightleftharpoons 3I_2 + 2Cr^{3+} + 7H_2O$$

A velocidade dessa reação aumenta bastante com o aumento da concentração de íons H⁺, e por isso deve ser feita em solução fortemente ácida. No entanto, em soluções muito ácidas podem ocorrer erros devido à oxidação do iodeto pelo oxigênio do ar, mas fazendo-se a padronização pelo procedimento acima descrito, o erro na concentração final será minimizado. Com estes dados calcula-se a concentração da solução-padrão sabendo-se que cada mol de $K_2Cr_2O_7$ (massa molar = 294,19 g mol⁻¹) produz 3 moles de I_2, que reagem com 6 moles de $Na_2S_2O_3$. De tal modo que a quantidade de matéria em $Na_2S_2O_3$ é igual à quantidade de matéria em $K_2Cr_2O_7$ multiplicado por 6.

Análise de uma amostra de água oxigenada

A água oxigenada comercial pode ser titulada pelo método iodométrico ou pelo método permanganométrico. Sob aspectos práticos, a titulação com o $KMnO_4$ é menos indicada devido às interferências causadas pelos produtos preservativos e estabilizantes presentes, tais como o ácido bórico, ácido salicílico ou ácido benzóico, e glicerol.

Desta forma, o método iodométrico é o de melhor escolha. Neste procedimento o peróxido de hidrogênio reage com íons iodeto em meio ácido, segundo a equação:

$$H_2O_2 + 2I^- + 2H^+ \rightleftharpoons I_2 + 2H_2O$$

Esta reação é muito lenta, mas pode ser catalisada por íons molibdato, MoO_4^{2-}.

Na prática a solução de água oxigenada deve ser diluída a uma solução equivalente a 2 volumes ou menos — lembrar que o Perhidrol tem 120 volumes de oxigênio e é aproximadamente 33% (m/m). Para uma solução de H_2O_2 comercial 20 volumes, transferem-se exatamente 10 mL para um balão volumétrico de 250 mL e dilui-se com água destilada. Desta diluição, titulam-se alíquotas de 25,00 mL. Cuidado com a concentração da amostra que será dada aos estudantes no balão de 100,0 mL.

Comercialmente a água oxigenada está disponível numa formulação de "porcentagem em massa" ou como soluções aquosas de 10–, 20–, 40–, ou 100– volumes. Aqui o número de volumes corresponde à quantidade de H_2O_2 disponível. Por exemplo, uma solução 10 volumes corresponde a 10 vezes seu volume de O_2 medido a 101,325 kPa (760 mm Hg) e 0°C. Uma solução 10 volumes é 3% (m/m) em H_2O_2.

Procedimento

Dilui-se a 100,0 mL a amostra de água oxigenada recebida, homogeneiza-se a solução, pipeta-se uma alíquota de 25,00 mL e procede-se a sua transferência para um erlenmeyer de 250 mL. Adicionam-se 10 mL de ácido sulfúrico 2 mol L⁻¹, 1-2 g de iodeto de potássio e 3 gotas de uma solução neutra de molibdato de amônio a

3% (m/v). Titula-se com solução-padrão de tiossulfato de sódio, usando amido como indicador (viragem: azul para incolor). Cuidado com a cor original da solução ao adicionar-se o amido. Se ficar violeta, e não azul, isto demonstra que esta solução é imprópria para servir de indicador. Deve-se preparar outra solução de amido.

Os reagentes deverão ser adicionados exatamente na ordem acima descrita. Caso esta ordem de adição dos reagentes não seja obedecida a análise resultará errada.

Calcular a concentração da amostra de H_2O_2 em mol L^{-1}, % (m/v) = g/100 mL, e em g L^{-1}. Pelas reações envolvidas, nota-se que cada mol de H_2O_2 (massa molar = 34,01 g mol^{-1}) reage com 2 moles de iodeto para produzir 1 mol de I_2 que irá reagir com 2 moles de $Na_2S_2O_3$. Assim, a quantidade de substância em H_2O_2 é igual à quantidade de substância em $S_2O_3^{2-}$, dividida por 2.

Determinação de cobre[2]

Em soluções neutras ou fracamente ácidas os íons Cu (II) reagem com íons iodeto formando iodeto cuproso, insolúvel, e iodo.

$$2Cu^{2+} + 4I^- \rightleftharpoons 2CuI(s) + I_2$$

Sob condições adequadas a reação se processa quantitativamente e o cobre pode ser determinado iodometricamente titulando-se o iodo liberado com solução padrão de tiossulfato. Este método para o cobre pode competir, em precisão, com o método eletrolítico, é mais rápido e está sujeito a menos interferência de outros elementos.

A reação acima mencionada é reversível e qualquer condição que leve a um aumento na solubilidade de CuI ou a um decréscimo na concentração dos íons Cu^{2+} (por exemplo: formação de complexos) pode impedir a redução quantitativa do Cu^{2+}. Deve-se adicionar um excesso razoável de iodeto de potássio para assegurar a redução completa dos íons Cu^{2+}. A acidez da solução também deve ser ajustada dentro de certos limites, pois se o pH do meio for muito alto a reação não se processa quantitativamente e é muito lenta. Se a análise for feita em pH muito baixo o seu resultado será acima do normal, devido à oxidação de iodeto pelo ar (os íons cobre catalisam essa reação). Em soluções muito ácidas pode haver ainda a interferência de outros elementos, tais como arsênio e antimônio. A interferência de Fe^{3+} (o ferro está comumente associado ao cobre na natureza) pode ser eliminada complexando-se estes íons com íons fluoreto (o complexo FeF_6^{3-} é formado). Este procedimento é necessário para evitar a reação:

$$2Fe^{3+} + 2I^- \rightleftharpoons 2Fe^{2+} + I_2$$

Procedimento

Dilui-se adequadamente a 100,0 mL a amostra de íons Cu^{2+} recebida e transferem-se duas alíquotas de 25,00 mL para frascos erlenmeyer de 250 mL. Para cada alíquota, adicionam-se ao frasco que a contém cerca de 3 g de iodeto de potássio e 4 a 5 gotas de H_2SO_4 a 10% (v/v). Deixa-se a mistura em repouso por aproximadamente 5 minutos em lugar escuro para que a reação se complete (fechar o frasco com uma rolha). Titula-se então o iodo liberado com uma solução padrão de tiossulfato de sódio, juntando-se 3 mL de solução de amido (indicador) à amostra, quase no ponto final da titulação (quando a solução contendo o precipitado em suspensão apresentar uma cor amarela bem clara). A titulação deve prosseguir até que a cor azul desapareça e reste somente uma suspensão branca[3].

A partir dos dados obtidos, calcula-se a concentração de cobre na solução em g L^{-1}.

Análise de um latão

O latão é uma liga constituída principalmente de cobre, (50–90 % m/m), zinco (20–40% m/m), estanho (0–6% m/m), chumbo (0–2% m/m) e ferro (0–1% m/m). Além destes, vários outros elementos podem estar presentes em menores quantidades, incluindo o níquel. O método iodométrico é conveniente para determinar o teor de cobre neste tipo de liga. O procedimento aqui recomendado é simples e pode ser aplicado na análise de latão contendo menos do que 2% (m/m). No processo o estanho é oxidado ao estado tetravalente pelo ácido nítrico durante a dissolução da amostra e precipita lentamente como $SnO_2 \cdot 4H_2O$. Este precipitado, que tende a ser coloidal por natureza, é algumas vezes chamado de ácido metaestânico. Quimicamente este precipitado demonstra uma tendência em adsorver Cu (II) e outros cátions da solução. Os elementos chumbo, zinco e cobre são oxidados e formam sais solúveis neste meio nítrico e o ferro é convertido ao estado trivalente. A evaporação e o aquecimento com ácido sulfúrico, até saírem fumos de SO_2, redissolve o ácido metaestânico, mas pode causar precipitação de parte do chumbo na forma de sulfato de chumbo. O cobre, o zinco e o ferro não são afetados. Após uma diluição com água, o chumbo precipita completamente como $PbSO_4$, e os elementos remanescentes são deixados em solução. Nenhum deles, exceto cobre e ferro, será reduzido pelo iodeto. A interferência de ferro é minimizada pela complexação com fosfato. Na prática o precipitado de CuI adsorve o I_2, por isso o indicador torna-se incolor por alguns segundos e depois volta a ficar azul à medida que mais I_2 seja liberado do CuI e vai para a solução. A adição de KSCN minimiza este problema:

$$CuI_{(s)} + SCN^- \rightarrow CuSCN_{(s)} + I^-$$

Para a análise, pesa-se aproximadamente 0,15 g (até 0,1 mg) do latão diretamente para frasco erlenmeyer de 250 mL. Adiciona-se 10 mL de HNO_3 diluído (1+3) e leva-se para aquecer cuidadosamente numa placa de aquecimento dentro de uma capela, pois haverá desprendimento de muitos fumos de NO_2. Aquece-se até decomposição completa do latão. Se necessário pode-se colocar mais ácido nítrico. A seguir, resfria-se a amostra colocando o erlenmeyer sob água corrente de uma torneira. Cuidado para não deixar entrar água no frasco. Adicionam-se 10 mL de H_2SO_4 (1+1) e aquece-se novamente numa placa na capela até a saída de fumos brancos de SO_3. Deixa-se resfriar e colocam-se 30-40 mL de água destilada. Agora, sob agitação contínua e cuidadosa, adiciona-se NH_3 (1+1), gota a gota, até o aparecimento da primeira coloração azul escura devido à formação do complexo $Cu(NH_3)_4^{2+}$. Esta solução deve exalar fracamente o cheiro de NH_3. Se a liga tiver muito ferro, neste ponto poderá precipitar o $Fe(OH)_3$. Se o precipitado for volumoso filtra-se e lava-se o precipitado com uma solução de NH_4NO_3 1% (m/v). Se for pouco precipitado ou nenhum, adiciona-se H_2SO_4 (1+4), gota a gota, até que a solução perca a coloração azul. A seguir, adicionam-se 2 mL de ácido fosfórico concentrado para complexar qualquer ferro existente. Esfria-se à temperatura ambiente, adicionam-se 4 g de KI dissolvido em 10 mL de água, e titula-se rapidamente com a solução padrão de $Na_2S_2O_3$ até a cor do iodo tornar-se amarela bem clara. Neste ponto adicionam-se 2 a 3 mL da solução de amido 1% (m/v). e continua-se a titular até que a cor azul comece a descorar. Juntam-se 2 g de KSCN e completa-se a titulação com o desaparecimento completo da coloração azul na presença do precipitado, que pode ir de branco a cinza e que deve assentar no fundo do frasco. Este desaparecimento da cor azul deve persistir por 30 a 40 segundos, pois pode haver ainda algum iodo adsorvido.

A partir dos valores obtidos calcula-se a % (m/m) de cobre (massa molar = 63,54 g mol^{-1}) no latão.

$$2Cu^{2+} + 4I^- \rightarrow 2CuI_{(s)} + I_2$$

Pelas estequiometria das reações, 2 moles de Cu^{2+} produz 1 mol de I_2, que é titulado com 2 moles de $Na_2S_2O_3$. Assim, 1 mol de Cu^{2+} requer 1 mol de $Na_2S_2O_3$. Daí, a quantidade de substância em cobre é igual à quantidade de substância em $Na_2S_2O_3$.

Comentários

(1) Em dias quentes ou quando se fizer necessário, pode-se reduzir as perdas de iodo por volatilização titulando-se a solução em um banho de gelo.

(2) Pode-se fornecer como amostra cobre metálico, uma liga de cobre (latão) ou simplesmente uma solução de íons Cu^{2+} em um balão volumétrico de 100,0 mL. Caso a amostra para análise seja uma liga de cobre, após o seu ataque ácido (com HNO_3), deve-se ter cuidado com a presença de óxidos de nitrogênio em solução e não esquecer de remover os íons interferentes.

(3) O iodo é produzido simultaneamente com o CuI(s) e tende a ser adsorvido por ele, provocando erros na determinação de Cu^{2+}.

Verifica-se que no final da titulação, após a viragem do indicador (amido), a cor volta depois de alguns segundos, requerendo mais uma ou duas gotas da solução de tiossulfato. Por esta razão, para análise de grande precisão reco-menda-se adicionar KSCN ao meio reagente, de modo a formar o composto $CuSCN_{(s)}$ por dissolução do $CuI_{(s)}$. A formação do precipitado $CuSCN_{(s)}$, menos solúvel que o $CuI_{(s)}$, libera o iodo adsorvido, o qual é então titulado pelo tios-sulfato.

$$CuI_{(s)} \cdot nI_2 + SCN^- \rightleftharpoons CuSCN_{(s)} + I^- + nI_2$$

Análise de comprimidos de vitamina C pelo método iodimétrico

A vitamina C ($C_6H_8O_6$), ou ácido ascórbico (com a massa molar igual a 176,13 g mol^{-1}) é facilmente oxidado ao ácido dehidroascórbico:

$$\text{CH}_2\text{OHCHOH}-\overset{\overset{\displaystyle O}{\overline{\qquad\qquad\qquad}}}{\text{CH}-(\text{OH})\text{C}=\text{C}(\text{OH})-\text{C}}=\text{O} \longrightarrow \text{CH}_2\text{OHCHOH}-\overset{\overset{\displaystyle O}{\overline{\qquad\qquad}}}{\text{CH}-\underset{\underset{\displaystyle O}{\|}}{\text{C}}-\underset{\underset{\displaystyle O}{\|}}{\text{C}}-\text{C}}=\text{O} + 2\text{H}^+ + 2e^-$$

O iodo é um oxidante de poder moderado, de tal modo que oxida o ácido ascórbico somente até ácido dehidroascórbico. A reação básica envolvida na titulação é:

$$I_2 + C_4H_6\overline{O_4\,(OH)C = C}OH \rightarrow 2I^- + 2H^+ + C_4H_6\overline{O_4C(=O) - C} = O$$

Lembrar que a vitamina C é rapidamente oxidada pelo próprio oxigênio dissolvido na solução. Assim, as amostras devem ser analisadas o mais rápido possível depois de dissolvidas.

O frasco de titulação deve ser fechado com papel de alumínio durante a titulação para evitar a absorção de oxigênio adicional do ar. A pequena oxidação causada pelo oxigênio já dissolvido na solução não é significante, mas a agitação contínua em um erlenmeyer aberto pode absorver uma quantidade suficiente de oxigênio para causar um erro significativo na determinação.

Procedimento

Prepara-se e padroniza-se uma solução de iodo* 0,03 mol L^{-1}. Usa-se como amostra 1 a 4 comprimidos de vitamina C (Vitasay, Cetiva ou Cebion) equivalente a 400-500 mg de ácido ascórbico. Se for usada quantidade menor que 400 mg o volume de iodo titulante será muito pequeno. Dependendo do tipo de amostra recebida, um comprimido inteiro pode levar muito tempo para dissolver. Neste caso é recomendado que cada comprimido seja cortado em 5 a 6 pedaços menores antes de pesá-lo. Tome cuidado nesta operação para não perder nem uma mínima porção do comprimido no momento de cortar, se for pedido no relatório para expressar a massa de vitamina C por comprimido. Por outro lado, se for solicitada apenas a porcentagem de vitamina C, então qualquer perda dos comprimidos não causará problemas.

Pesa-se uma amostra equivalente a 400-500 mg de ácido ascórbico, por diferença, diretamente para um frasco volumétrico de 100 mL limpo e seco. Desde que a solução de iodo 0,03 mol L^{-1} titulante já esteja pronta, então dissolva os comprimidos no balão, adicionando aproximadamente 50 mL de água, fechando o

---

* **Solução padrão de I$_2$ 0,03 mol L^{-1}**
Pesam-se aproximadamente 3,8 g de iodo puro em um vidro de relógio e transfere-se para um béquer de 100 mL contendo 20 g de iodeto de potássio dissolvido em 25 mL de água. Agita-se cuidadosamente para dissolver todo o iodo. Transfere-se todo o conteúdo de béquer para uma garrafa de vidro escuro de 1 litro com tampa. Lava-se o béquer com 50 mL de água destilada e transfere-se também para a garrafa. Dilui-se até aproximadamente um litro com água destilada e agita-se bem para homogeneizar.
Padronização da solução de I$_2$ 0,03 mol L^{-1}
A padronização pode ser feita titulando-se 50 mL (pipeta aferida) da solução de iodo 0,03 mol L^{-1} contra uma solução padrão da Na$_2$S$_2$O$_3$ 0,1 mol L^{-1}. Titula-se a solução de I$_2$ com a solução de Na$_2$S$_2$O$_3$ colocando-se quase no final da titulação (cor levemente amarelada) 1-2 mL da solução de amido como indicador.

frasco e agitando fortemente até que todo o material dissolva-se. Uma pequena quantidade de um agente aglutinante nos comprimidos pode não dissolver e ficar visível como pequenas partículas brancas, mas não causarão erros.

A seguir, dilui-se a amostra no balão até a marca, com água destilada. Coloca-se a solução de iodo 0,03 mol L^{-1} na bureta.

Pipetam-se exatamente 25,00 mL da solução de vitamina C (com pipeta aferida) e transfere-se para um erlenmeyer de 250 mL. Adicionam-se 5 mL da solução de indicador de amido. Cobre-se a "boca" do erlenmeyer com papel alumínio ou cartolina, tendo uma pequena abertura para inserir a ponta da bureta e titula-se rapidamente até o aparecimento da cor azul. Faz-se em triplicata, pelo menos, mas não se transfere a amostra seguinte para o erlenmeyer até que a anterior tenha sido titulada.

Calcula-se a porcentagem de ácido ascórbico na amostra e também a quantidade (mg) de vitamina C em cada comprimido:

$$\text{mg}_{\text{Vit C}} / \text{comprimidos} = \frac{n_{I_2} \cdot (176{,}13 \text{ mg mmol}^{-1})}{\text{número de comprimidos}}$$

Determinação iodométrica de um ácido

A padronização da solução de tiossulfato contra o iodato de potássio está baseada na seguinte reação:

$$IO_3^- + 5I^- + 6H^+ \rightarrow 3I_2 + 3H_2O$$

Esta reação se processa estequiometricamente não apenas com relação ao iodato, mas também para o íon H^+. Uma mistura de iodato e iodeto numa solução neutra permanece incolor até a adição de um ácido. Na presença do ácido imediatamente desenvolve uma coloração marrom-amarelada, típica da existência de I_2 livre. Este iodo, assim liberado, pode ser titulado com uma solução de $Na_2S_2O_3$, permitindo desta maneira a determinação do ácido. Diante das próprias condições experimentais é evidente que isso apenas se aplica para ácidos não oxidantes. Mesmo ácidos fortes podem ser determinados, ainda que estejam em baixas concentrações (da ordem de 0,001 mol L^{-1}), proporcionando bons resultados por causa da viragem da mudança da cor azul do indicador de amido, comparado com outros indicadores típicos ácido-base. O mesmo procedimento pode ser usado para padronizar uma solução de $Na_2S_2O_3$. Em analogia à reação com $K_2Cr_2O_7$, aqui cada mol de KIO_3 fornece também 3 moles de I_2 para o processo de titulação com o $Na_2S_2O_3$. Quando na presença de ácidos fracos a reação é lenta e dependendo do ácido pode ser até que a reação não se complete. Desta forma, ácido láctico, fórmico ou salicílico, só podem ser determinados se deixados reagir por, pelo menos, meia hora.

Procedimento

A amostra de uma ácido (ex.: H_2SO_4) é recebida num balão volumétrico de 100,0 mL e o volume completado. Uma alíquota de 25,00 mL é transferida para um erlenmeyer de 250 mL. Em paralelo prepara-se uma mistura de 0,5 g de KIO_3 e mais 0,5-1,0 g de KI dissolvidos em 50 mL de água destilada. Se ocorrer o desenvolvimento de uma coloração ligeiramente amarela, adicionam-se lentamente gotas de uma solução diluída de $Na_2S_2O_3$ (0,5 mL de uma solução de $Na_2S_2O_3$ diluída em 10 mL de água destilada) até que esta cor amarelada desapareça. Não colocar excesso de $Na_2S_2O_3$. Junta-se esta solução de KIO_3-KI à solução de amostra no erlenmeyer de 250 mL. Titula-se com a solução padrão de $Na_2S_2O_3$ até ocorrer o descoramento da cor forte do iodo, ficando levemente amarela. Agora adicionam-se 3 a 5 mL da solução de amido, e continua-se a titular até o desaparecimento total da cor azul. Deve-se expressar os resultados na forma de mg de H_2SO_4 na amostra total contida no balão de 100,0 mL.

4.4 — Complexometria

A utilização do EDTA como agente complexante iniciou-se logo após o fim da Segunda Guerra Mundial. O EDTA forma complexo com quase todos os íons metálicos com carga positiva maior que uma unidade, e mesmo metais alcalinos, como sódio e lítio. Por causa de sua natureza ácida e de sua capacidade de formar complexos solúveis, o EDTA e seu sal de sódio dissolvem muitos metais efetivamente. Os complexos são formados estequiometricamente, e em quase todos os casos, instantaneamente. Tal composto forma complexos estáveis de estequiometria 1:1 com um grande número de íons metálicos em solução aquosa. É interessante considerar a estabilidade dos complexos e o efeito do pH do meio. Como o EDTA pode ser considerado um complexante para íons H^+, o pH tem um efeito marcante na formação destes complexos, como mostra a Tabela 8.3. Os complexos com metais bivalentes são estáveis em meio amoniacal, mas tendem a ionizar em meio ácido; os complexos com alguns dos metais de transição trivalentes são estáveis mesmo em solução fortemente ácida. A estrutura destes complexos faz com que não sejam extraídos em solventes orgânicos imiscíveis com água. O EDTA decompõe-se na presença de agentes oxidantes fortes, como soluções de Cr (VI) e de Ce (IV) a quente, mas seus complexos metálicos são mais resistentes. O EDTA pode ser obtido com alta pureza, na forma do ácido propriamente dito ou na forma do sal dissódico dihidratado. As duas formas possuem alta massa molar, mas o sal dissódico tem a vantagem de ser mais facilmente solúvel em água.

Vários métodos gravimétricos, tradicionalmente utilizados na análise de muitos íons metálicos, já foram substituídos por titulações com EDTA. Algumas aplicações importantes deste método, em termos do número de análises realizadas, são as determinações de dureza de água, de cálcio em leite e de cálcio e magnésio em calcário.

Tais experiências, descritas a seguir, ilustram algumas técnicas empregadas em titulações com EDTA.

Preparação da solução de EDTA 0,02 mol L^{-1}

Pesar 7,44 g (até ± 0,1 mg) do sal dissódico (designado por $Na_2H_2Y.2H_2O$), seco a 70-80°C por 2 horas numa estufa. As duas moléculas de água de hidratação permanecem intactas nestas condições de secagem.

Tabela 8.3 — Valores de pH ótimo para a formação de alguns complexos com EDTA

Íon	pH Ótimo
Mg	10
Ca	7,5
Mn	5,5
Fe (II)	5
Fe (III)	1
Zn	4
Co	4
Cu (II)	3
Pb	3
Ni	3

Transfere-se quantitativamente a amostra pesada para um balão volumétrico de 1 litro, adiciona-se cerca de 800 mL de água destilada, agita-se até dissolver totalmente o sal e depois dilui-se até a marca. Esta solução deve ser armazenada em um frasco plástico e pode, nestas condições, ser considerada um padrão primário. A partir da massa pesada, calcula-se a concentração exata da solução de EDTA em mol L^{-1}.

Considerações sobre a titulação de cálcio e magnésio

As constantes de formação dos complexos de cálcio e magnésio com EDTA são muito próximas, dificultando a diferenciação entre eles numa titulação com EDTA, ainda que se ajuste apropriadamente o pH. Estes íons serão sempre titulados simultaneamente usando-se o Ério T como indicador. Esta titulação é usada na determinação da dureza total da água (determinação simultânea de Ca^{2+} e Mg^{2+}). É interessante considerar que o indicador Negro de Eriocromo T (Ério T) não pode ser usado na titulação direta somente de cálcio com EDTA, porque ocorre a formação de um complexo muito fraco com o cálcio (Ca-Ério T), que resulta numa mudança de cor pouco definida no ponto final da titulação. Para evitar tal problema, costuma-se adicionar uma pequena quantidade de Mg^{2+} à solução contendo Ca^{2+}. O complexo de cálcio com EDTA é mais estável do que o complexo de Mg-EDTA e portanto é titulado primeiro. Neste caso deve-se fazer uma correção para compensar a quantidade de EDTA usada para a titulação desde Mg^{2+} adicionado.

Uma técnica mais elegante consiste em adicionar o Mg^{2+} à solução de EDTA e não à solução de Ca^{2+} como descrito acima. Estes íons Mg^{2+} reagem rapidamente com o EDTA formando o complexo Mg-EDTA, causando uma redução na concentração do EDTA, de tal modo que esta solução deve ser padronizada após a adição de Mg^{2+}. Esta padronização pode ser feita por meio de uma titulação com carbonato de cálcio dissolvido em ácido clorídrico, ajustando-se o pH e adicionando-se o indicador à solução logo no início da titulação. Este complexa o Mg^{2+} e torna-se vermelho. No ponto final, a cor volta para azul, já que o magnésio é deslocado do complexo:

$$\underset{\text{vermelho}}{\text{MgIn}^-} + \underset{\text{incolor}}{\text{H}_2\text{Y}^{2-}} \rightleftharpoons \underset{\text{incolor}}{\text{MgY}^{2-}} + \underset{\text{azul}}{\text{HIn}^{2-}} + \text{H}^+$$

Nesta segunda alternativa não há necessidade de se efetuar nenhuma correção para a quantidade de Mg^{2+} adicionado, pois este já é considerado na padronização da solução de EDTA. Tal procedimento só deve ser usado para a titulação de uma solução de cálcio.

4.4.1 — Determinação da dureza da água

O índice da dureza da água é um dado muito importante, usado para avaliar a sua qualidade. Denomina-se dureza total a soma das durezas individuais atribuídas à presença de íons cálcio e magnésio. Outros cátions que se encontram associados a estes dois, por exemplo: ferro, alumínio, cobre e zinco, geralmente são mascarados ou precipitados antes da determinação. A composição química da água e, portanto, a sua dureza, depende em grande parte do solo da qual procede. Assim, águas brandas são encontradas em solos basálticos, areníferos e graníticos, enquanto que águas que procedem de solos calcários apresentam freqüentemente durezas elevadas.

Devido aos motivos expostos, pode-se deduzir facilmente a necessidade do controle prévio da dureza da água, a fim de adotar as medidas de correções necessárias, conforme o uso a que se destina.

Numerosos processos industriais, tais como fábricas de cervejas, conservas, de papel e celulose, e muitas outras, requerem água brandas. Para o caso de lavanderias as águas duras ocasionam um elevado consumo de sabão (em conseqüência da formação de sabões insolúveis de cálcio e de magnésio) e resultam em danos para os tecidos. Também é importante considerar que as águas duras formam crostas em caldeiras de vapor, ocasionando com isso elevadas perdas de calor e podendo também provocar explosões. Mediante um controle periódico, utilizando-se titulações com EDTA, é possível garantir maior segurança para estas instalações industriais.

Equações envolvidas no processo:

$$Ca^{2+} + H_2Y^{2-} \rightleftharpoons CaY^{2-} + 2H^+$$
$$Ca^{2+} + MgY^{2-} \rightleftharpoons CaY^{2-} + Mg^{2+}$$
$$Mg^{2+} + HIn^{2-} \rightleftharpoons MgIn^- + H^+$$
$$MgIn^- + H_2Y^{2-} \rightleftharpoons MgY^{2-} + HIn^{2-} + H^+$$

onde Y é a molécula de EDTA sem os hidrogênios e HIn^{2-} é o indicador metalocrômico apropriado.

Procedimento

Transferir, por meio de uma pipeta ou bureta, uma alíquota de 100,0 mL da amostra de água para um erlenmeyer de 250 mL, adicionar 2 mL de um tampão de pH 10 e, a seguir, o indicador Ério $T^{(1)}$. Evitar adicionar muito indicador, pois isto ocasionaria uma mudança de cor gradual no ponto final. O tampão deve ser adicionado antes do Ério T, de tal modo que pequenas quantidades de ferro presentes na amostra precipitem na forma de hidróxido de ferro, impedindo sua reação com o indicador. Se este procedimento não for adotado o indicador será bloqueado, já que o ferro forma um complexo muito estável com o Ério T. Uma variação no ponto final de vermelho-vinho para violeta indica um alto nível de ferro na água. Esta interferência pode ser evitada adicionando-se alguns cristais de cianeto de potássio. MUITO CUIDADO DEVE SER TOMADO SE ESTE REAGENTE FOR USADO. Adicioná-lo somente após a adição do tampão de pH 10, pois o HCN, volátil, é formado em meio ácido e é muito tóxico.

Titula-se a alíquota com EDTA 0,02 mol L^{-1} até a mudança de cor de vermelho-vinho para azul puro.

A reação, e conseqüentemente a mudança de cor, é lenta próximo do ponto final, e por esta razão o titulante deve ser adicionado gota a gota e com agitação forte.

Se for usada água de torneira como amostra, é possível que haja cobre. Adicionam-se então alguns cristais de cloridrato de hidroxilamina, para reduzir o Cu (II) para Cu (I), o qual não interfere na análise.

Antes de jogar fora a solução titulada contendo cianeto de potássio, coloca-se aproximadamente 1 g de $FeSO_4.7H_2O$ para converter CN^- em $Fe(CN)_6^{4-}$ e depois disso descarta-se num frasco identificado pelo professor (ver Apêndice 2).

Calcular a dureza da água e dar o resultado na forma de $CaCO_3$, para cada alíquota analisada, sendo a massa molar do $CaCO_3$ igual a 100,09 mol L^{-1}.

D = Dureza em mg $CaCO_3$/litro
$D = [C_{EDTA} \times V_{EDTA}$ (mL) $\times 100,09]/100$ mL $\times 1000$.

Preparação do tampão de pH = 10 (NH_3/NH_4Cl)

Dissolver 65 g de NH_4Cl em água, adicionar 570 mL de uma solução de NH_3 concentrado, e diluir para um litro. Este tampão é melhor armazenado em frasco de polietileno para evitar a passagem de íons metálicos do vidro para a solução-tampão.

4.4.2 — Separação por troca iônica de níquel e cobalto e determinação complexométrica destes metais

Níquel e cobalto podem ser separados numa coluna de troca iônica contendo uma resina aniônica fortemente básica, na forma de cloreto. Uma mistura destes íons metálicos deve ser eluída inicialmente com um solução de HCl 9 mol L^{-1} e depois com HCl 4 mol L^{-1}. Durante a eluição com HCl 9 mol L^{-1} o níquel, que não forma cloro-complexos aniônicos será eluído da coluna, enquanto que o cobalto, que forma tais complexos, ficará retido. Ao se usar o eluente HCl 4 mol L^{-1} o cloro-complexo aniônico de cobalto dissocia-se e o cátion cobalto liberado será então eluído. As frações de cada metal são coletadas em erlenmeyers separados e tituladas pelo procedimento indireto, usando-se uma solução de EDTA padrão. Adiciona-se um excesso de EDTA e titula-se a fração não complexada com uma solução padrão de zinco em meio levemente ácido, usando o alaranjado de xilenol como indicador[2].

Equações envolvidas:

$$Ni^{2+} + Cl^- \rightleftharpoons NiCl^+$$
$$Co^{2+} + 4Cl^- \rightleftharpoons CoCl_4^{2-}$$
$$Co^{2+} + H_2Y^{2-} \rightleftharpoons CoY^{2-} + 2H^+$$
$$Ni^{2+} + H_2Y^{2-} \rightleftharpoons NiY^{2-} + 2H^+$$
$$H_2Y^{2-} + Zn^{2+} \rightleftharpoons ZnY^{2-} + 2H^+$$
$$H_4In + Zn^{2+} \rightleftharpoons ZnIn^{2-} + 4H^+$$

Preparação da coluna de troca iônica

Misturar em um béquer uma certa quantidade de resina[3] Dowex 1-X8 (resina de troca aniônica fortemente básica, na forma de cloreto) com uma solução 9 mol L^{-1} de HCl e transferir a mistura, com um funil, para uma bureta de 25 mL (contendo lã de vidro na sua extremidade inferior para evitar que a resina passe pelo orifício da torneira) até que se tenha uma coluna de resina de 10 a 12 cm de altura. Escoar o líquido para a resina assentar na coluna.

Ao se preparar uma coluna deve-se evitar a formação de bolhas de ar no seu interior e compactar ao máximo a fase estacionária (resina). Isto é feito provocando-se vibrações (laterais e longitudinais) no sistema cromatográfico. Este procedimento chama-se empacotamento da coluna.

Em nenhuma hipótese deve-se trabalhar com a resina seca. A fase estacionária deverá ficar sempre submersa em um líquido apropriado, mesmo durante a eluição da amostra.

Antes da aplicação da amostra deve-se passar pela coluna duas porções de 5 ml de HCl 9 mol L^{-1}, mantendo uma vazão de saída de 2 a 3 mL por minuto. Tanto o eluente como a amostra deverão ser aplicadas com cuidado para não revolver a superfície superior da resina. Para evitar isto pode-se colocar em cima da fase estacionária contida na coluna, uma outra porção de lã de vidro e deve-se escorrer, tanto a amostra como o eluente, pelas paredes internas da coluna.

Separação da mistura dos íons metálicos

A amostra recebida em um balão volumétrico de 100,0 mL, é diluída até a marca com uma solução de HCl 9 mol L^{-1}. Esta solução não deverá conter mais que 20 mmoles de cada um dos íons, Ni^{2+} ou Co^{2+}.

Transfere-se, com uma pipeta, 2,00 mL desta solução para o topo da coluna. Elui-se o níquel com aproximadamente 70 mL de HCl 9 mol L^{-1} (adicionado em porções de 10 mL), usando uma vazão de saída de 2 a 3 mL por minuto. Coleta-se o líquido eluído num erlenmeyer de 250 mL. O complexo amarelo esverdeado de NiCl$^+$ fluirá através da coluna, fato que pode ser observado visualmente. A banda azul do cobalto também se deslocará um pouco.

Após a eluição de todo o níquel, pára-se o fluxo do eluente HCl 9 mol L^{-1}, troca-se o erlenmeyer e procede-se à eluição do cobalto com aproximadamente cinco porções de 10 mL de HCl 4 mol L^{-1}, usando-se a mesma vazão de eluente (2-3 mL min^{-1}).

À medida que o HCl 4 mol L^{-1} é eluído, o complexo azul, CoCl$_4^{2-}$, é destruído e aparece em seu lugar um complexo de cor rosa, Co(H$_2$O)$_4^{2-}$, no qual os íons Cl$^-$ foram substituídos por moléculas de água. Depois de este complexo rosa ter sido eluído, pára-se o fluxo do eluente e parte-se para a titulação dos metais separados.

Terminada a eluição da amostra, deve-se passar solução 0,5 mol L^{-1} de HCl através da coluna para remover outros íons que tenham se ligado ao polímero da resina, retirar a fase estacionária da coluna e guardá-la em HCl 0,05 mol L^{-1} (basta deixá-la submersa na solução).

NUNCA JOGAR FORA A RESINA UTILIZADA, pois se for o caso, ela poderá ser convenientemente recuperada e colocada em uso, posteriormente.

Titulação do níquel e do cobalto[*]

Cada uma das amostras eluídas é titulada indiretamente do seguinte modo: neutraliza-se cada solução com NaOH 3 mol L^{-1}, usando-se fenolftaleína como indicador, evitando-se um excesso desta base. Adiciona-se HCl 6 mol L^{-1}, gota a gota, até o cor do indicador desaparecer. Adicionam-se 25,00 mL de EDTA padrão 0,04 mol L^{-1} aos frascos usando-se uma pipeta aferida e juntam-se, então, cinco gotas de HCl 6 mol L^{-1}, 1 g de hexamina (hexametilenotetramina) e quatro gotas da solução do indicador alaranjado de xilenol[2]. A quantidade do EDTA adicionado deverá variar de acordo com a quantidade de níquel e cobalto contidos na amostra. A hexamina tampona a solução em pH 5-6. Se a solução estiver com uma cor vermelho-violeta, submeta-a a um leve aquecimento e adicione mais 10,00 mL da solução de EDTA (com pipeta aferida). Titula-se em seguida o excesso de complexante com uma solução padrão de zinco[4] 0,02 mol L^{-1} até que o indicador mude de amarelo-esverdeado para vermelho-violeta (púrpura).

Como foi tomada para análise uma alíquota de 2,00 mL do balão de 100,0 mL, então a quantidade de substância de cada metal (Ni e Co) na amostra é 50 vezes maior que a quantidade de substância titulada e deve ser feita a correção encontrando o valor da quantidade de substância de EDTA menos a quantidade de substância em zinco e dividindo por 50, para cada metal.

4.4.3 — Determinação de cálcio e magnésio em calcário

Antes do aparecimento do EDTA, cálcio e magnésio eram determinados em calcário e em outras rochas por meio da precipitação do cálcio com oxalato, CaC$_2$O$_4$, seguido da precipitação do magnésio com o fosfato duplo de amônio e magnésio,

---

Antes de se efetuar a titulação das amostras eluídas, aconselha-se a praticar este tipo de titulação usando soluções individuais de cobalto e níquel, preparadas previamente.

$NH_4MgPO_4 \cdot 6H_2O$. O oxalato de cálcio podia ser convertido ao óxido e pesado como tal. O fosfato de amônio e magnésio era calcinado a pirofosfato de magnésio, $Mg_2P_2O_7$, e pesado.

Posteriormente, com o desenvolvimento dos métodos complexométricos e usando-se Ério T como indicador, obtiveram-se bons resultados na determinação do conteúdo total de cálcio e magnésio numa amostra de rocha, mas não havia realmente nenhum indicador satisfatório para cálcio ou magnésio individualmente, na mesma amostra.

Com o aparecimento de novos indicadores tornou-se possível a titulação do cálcio em pH alto, no qual o magnésio está quantitativamente precipitado na forma de hidróxido.

Mediante a combinação dos dados obtidos na titulação de cálcio sozinho e dos dados obtidos na titulação total de cálcio e magnésio, é possível conseguir os valores do teor individual de cálcio e magnésio numa amostra de calcário.

Preparação da amostra

Pesa-se 0,5-1,0 g (anotando até ± 0,1 mg) da amostra de calcário (triturada e seca a 100-110°C por duas horas) diretamente num béquer de 150 mL. Adicionam-se 10 mL de água destilada e a seguir 8-10 mL de HCl concentrado, com um conta-gotas, evitando-se qualquer perda devido à efervescência que ocorre durante a reação dos carbonatos com o ácido. Aquece-se a solução resultante durante 15 minutos, adicionam-se 20 mL de água e aquece-se por mais 5 minutos. Filtra-se (em papel-filtro quantitativo), recolhendo-se o filtrado diretamente em balão volumétrico de 1000,0 mL. Lava-se o papel-filtro 3 a 5 vezes com pequenas porções de HCl 1% (v/v) a quente, tomando-se o cuidado para não ultrapassar a marca do balão. O resíduo, possivelmente sílica ou carvão vegetal, pode ser desprezado. Resfria-se o balão e dilui-se até a marca com cuidado. Esta solução é chamada de solução estoque.

Determinação de cálcio na amostra

Transfere-se uma alíquota de 5,00 mL da solução preparada para um erlenmeyer de 250 mL. A grandeza da alíquota deve ser decidida com base no teor de cálcio e/ou magnésio[5] na amostra, determinado previamente. Adicionam-se então ao erlenmeyer 2 mL de uma solução de cloridrato de hidroxilamina 10% (m/v), que reduz todo Fe^{3+} presente para Fe^{2+} e Mn^{4+} para Mn^{2+} e deixa-se o frasco em repouso por 5 minutos. Adicionam-se a seguir 2 mL de trietanolamina (1+1), que age como complexante para os íons Al^{3+}, Mn^{2+} e Fe^{3+}, 5 mL de NaOH 20% (m/v) para elevar o pH até 12 e o indicador[1] (calcon), e juntam-se 50 mL de água destilada, titulando-se a amostra com EDTA 0,02 mol L^{-1}.

No ponto final os últimos traços da cor vermelho-rosado desaparecem e surge uma cor azul, característica do indicador livre. Esta cor deve persistir pelo menos 20 segundos, com a solução sob agitação constante.

Calcular o conteúdo de cálcio da amostra e relatá-lo na forma de % CaO (m/m).

Comentário

Dependendo da procedência da amostra, pode-se usar alguns cristais de KCN para evitar a interferência de elementos como cobre, níquel e ferro, complexando-os fortemente e impedindo-os de reagirem com o EDTA. Se este reagente for usado, o máximo cuidado deverá ser tomado, seguindo-se as recomendações citadas no processo de determinação da dureza da água.

Determinação conjunta de cálcio e magnésio na amostra

Pipeta-se uma alíquota de 5,00 mL da solução estoque transferindo-a para um erlenmeyer de 250 mL. Adicionam-se 2 mL de cloridrato de hidroxilamina 10% (m/v) e deixa-se repousar por 5 minutos. Adicionam-se 2 mL de trietanolamina (1+1) e, em seguida, 20 mL da solução-tampão de pH 10 (NH_3/NH_4Cl). Juntam-se mais 50 mL de água destilada e titula-se com o EDTA 0,02 mol L^{-1}, usando Ério T como indicador. O ponto final ocorre quando do desaparecimento da cor púrpura e do aparecimento da cor azul do indicador livre. Também nesta titulação, se for necessário, pode-se usar KCN, tomando-se todas as precauções já descritas.

Calcular o teor de ($Ca^{2+} + Mg^{2+}$) nesta titulação. Por diferença tem-se o valor da quantidade de magnésio presente na amostra.

4.4.4 — Determinação de cálcio em leite em pó

De um modo geral, as experiências propostas como ilustração dos procedimentos utilizados em determinações complexométricas envolvem amostras simples, mas nem sempre atrativas, ou amostras mais complicadas, que muitas vezes não são disponíveis com facilidade. A determinação de Ca^{2+} em leite descrita a seguir, entretanto, é um caso interessante, por ser prático e a amostra ser de fácil obtenção.

Procedimento

Pesam-se três amostras de 2,0 g (anotando até ± mg) de leite em pó e transfere-se quantitativamente cada porção para um erlenmeyer de 250 mL. Dissolve-se cada uma das amostras em aproximadamente 50 mL de água destilada. Evita-se deixar qualquer quantidade (por menor que seja) do leite em pó aderido nas paredes do frasco, sem se dissolver, pois isto levará a resultados mais baixos no teor de cálcio. Pode-se aquecer levemente se for necessário e resfriar novamente antes de prosseguir a análise. Adicionam-se 15 mL do tampão de pH 10 (NH_3/NH_4Cl) e alguns cristais de KCN (CUIDADO) para mascarar íons como Zn^{2+}, Cu^{2+} e Fe^{3+}, que interferem bloqueando o indicador. Introduzem-se a seguir 20 gotas de uma solução de Mg-EDTA (a preparação é descrita em seguida) e titula-se com o EDTA 0,02 mol L^{-1} usando Ério T como indicador, até o aparecimento da cor azul. Calcular o teor de cálcio na amostra de leite em pó, expressando o resultado em microgramas de Ca (II) por grama de leite em pó.

Preparação da solução de Mg-EDTA

Pesam-se 37,22 g de EDTA e dissolve-se em 500 mL de água destilada. Adicionam-se 24,56 g de $MgSO_4 \cdot 7H_2O$ e agita-se para dissolver. Adicionam-se 3-4 gotas de fenolftaleína e goteja-se lentamente hidróxido de sódio 3 mol L^{-1} até a solução tornar-se levemente rosada. Dilui-se para um litro. Se esta solução for bem preparada, ela apresentará uma cor violeta quando tamponada em pH 10 e tratada com uma mínima quantidade do indicador Ério T. Testa-se a composição da solução pela adição de Mg^{2+} ou EDTA. Uma única gota da solução de EDTA 0,02 mol L^{-1} causa uma mudança na cor de vermelho para azul. Também, uma só gota de uma solução $MgSO_4$ 0,02 mol L^{-1} causará uma mudança da cor de azul para vermelho.

Comentários

(1) Nesta experiência, também os indicadores (Ério T e Calcon) são usados na forma de uma mistura sólida e homogênea a 1% em cloreto de sódio seco (1 g do indicador em 100 g de NaCl sólido).

(2) O indicador alaranjado de xilenol usado é uma solução 0,5% (m/v) em etanol 10% (v/v) (0,5 g do indicador dissolvidos em 10 mL de etanol e a solução diluída a 100 mL com água).

(3) Podem-se usar outras resinas equivalentes, tais como Amberlite IRA-400, Permutit ESB ou Bio-Rad AG 1-X8.

(4) A solução padrão de zinco (0,02 mol L^{-1}) pode ser preparada a partir de óxido de zinco de alta pureza, pelo seguinte procedimento: colocar num cadinho limpo 2-3 g de ZnO e calcinar por 20 minutos a 700-800°C para secar e transformar eventuais quantidades de $ZnCO_3$ presentes no óxido em ZnO. Esfriar e pesar 0,81 g (anotando até ± 0,1 mg), passar para um béquer de 100 mL, adicionar 5 mL de HCl 6 mol L^{-1} e agitar, com cuidado, para dissolver o sólido. Transferir quantitativamente a solução para um balão volumétrico de 500,0 mL e elevar o volume com água destilada. A massa molar do ZnO é igual a 81,37 g mol^{-1}.

Calcular a concentração exata da solução de zinco em mol L^{-1}, a partir da massa pesada.

(5) Grandes quantidades de $Mg(OH)_2$ tendem a adsorver parte do indicador, dificultando a viragem no ponto final. Uma maneira de minimizar esta adsorção é colocar o indicador por último na seqüência dos reagentes.

4.4.5 — Determinação de cálcio e magnésio em casca de ovos

Para esta experiência os ovos são quebrados, a clara e a gema são desprezadas e as cascas são cuidadosamente lavadas com água de torneira e depois com água destilada. As cascas assim lavadas são deixadas secando ao ar por vários dias (protegidas de poeira) ou em estufa a 110°C por 1-2 h e depois trituradas em um almofariz até se obter um pó fino. Três amostras de 0,1000 g cada são precisamente pesadas em cadinhos de porcelana limpos e secos e depois calcinadas a 700°C em uma mufla por, pelo menos, 16 h. Em seguida, os cadinhos são resfriados e adicionam-se 2 mL de água e 1 mL de HCl concentrado (12 mol L^{-1}), cuidadosamente, a cada um deles. Após o resíduo ter sido completamente dissolvido, a solução é transferida para um erlenmeyer usando água destilada para lavar o cadinho e todas as porções são combinadas no erlenmeyer. Diluem-se até 25 mL com água destilada, colocam-se 5 mL do tampão de pH 10 (NH$_3$/NH$_4$Cl) e uma pequena quantidade de indicador sólido de Ério T suficiente para produzir uma cor visível na solução. Em seguida titula-se com a solução padrão de EDTA 0,05 mol L^{-1}, até que a cor mude de vermelho para azul puro.

Calcula-se a quantidade de (Ca + Mg) expressando o resultado em mg de Ca por grama de casca de ovos. Dependendo do tipo de ovos a composição (Mg – Ca) da casca é de aproximadamente 99% Ca, não se considerando as interferências de outros íons metálicos presentes em nível de traços.

4.4.6 — Determinação de zinco com EDTA

A literatura descreve uma variedade muito grande de procedimentos disponíveis para a titulação de zinco com EDTA. É possível realizar a titulação em meio alcalino até pH 12 e também em meio ácido até pH 4. Poucos procedimentos recomendam uma retrotitulação, devido à facilidade com a qual este metal pode ser diretamente titulado com uma solução de EDTA usando diferentes indicadores metalocrômicos. Assim, usa-se alizarina complexona, um composto dihidroxi-antraquinona com estrutura similar à alizarina Red S, onde o radical -SO$_3$Na é substituído por -CH$_2$N(CH$_2$COOH)$_2$, e titula-se em pH 4,3 com viragem de cor vermelha para amarela; com azul de metil timol, em pH 6, de amarelo para azul; com alaranjado de xilenol em pH 5-6, de púrpura para amarelo; com murexida em pH 9, de rosa para violeta, e com o Ério T em pH 10, de vermelho para azul puro.

A amostra pode ser uma solução de ZnSO$_4$ ou ZnO em pó, formas nas quais o zinco é integrado e combinado com outros compostos em medicamentos, como pomada e pó cicatrizantes. Se for dada uma solução aquosa de ZnSO$_4$ como amostra contida num balão de 100,0 mL, esta deve conter de 4 a 80 mg de Zn, de tal modo que, após a diluição, uma alíquota de 25,00 mL tenha de 1 a 20 mg de Zn que será transferida a um erlenmeyer de 250 mL para a devida titulação com EDTA 0,02 mol L^{-1}.

Se a amostra for ZnO sólido, deve-se pesar porções de 0,0250 g (25 mg ± 0,1 mg) do ZnO diretamente para o erlenmeyer de 250 mL. Juntam-se 5 mL de água destilada e vão-se adicionando, cuidadosamente, gotas de HCl concentrado e agitando até dissolver tudo. Lembrar que 1 mL de EDTA 0,02 mol L^{-1} irá titular 1,3074 mg de zinco.

Se a amostra for ZnSO$_4$, adicionam-se 25 mL de água destilada e mais 10 mL do tampão de pH 10 (NH$_3$/NH$_4$Cl). Coloca-se o indicador Ério T sólido (1% m/m em NaCl seco) que deve dar uma cor vermelha-púrpura. Titula-se com o EDTA 0,02 mol L^{-1} até mudança para azul puro. Com os valores obtidos, calcula-se o teor de Zn total no balão recebido. Porém, se a amostra for ZnO dissolvido com o HCl, pode-se elevar o volume até aproximadamente 50 mL no erlenmeyer de 250 mL, e adicionar uma solução diluída de NaOH (3 pastilhas para 10 mL de água destilada), gota a gota, sob agitação forte, até o aparecimento de leve turbidez devido à formação de hidróxido de zinco. Não adicionar excesso de base, pois haverá a formação direta do íon zincato (ZnO_2^{2-}) solúvel. Neste ponto adicionam-se 5 mL do tampão de pH 10 (NH_3/NH_4Cl), e suficiente Ério T (1% m/m em NaCl) para produzir a cor vermelha escura à solução. Titula-se com o EDTA 0,02 mol L^{-1}, até mudar para azul puro. Expressam-se os valores da titulação como mg de zinco presente por grama de amostra de ZnO.

Sugestões para leituras complementares

1. Amerine, M.A. and C.S.Ough, *Methods for analysis of musts and wines*, John Wiley & Sons, 1980.

2. Ayres, G.H., *Análisis químico cuantitativo*, Harper & Row Publishers, Inc., 1970.

3. Beckerdike, E.L. e H.H. Willard, Dimethylglyoxime for determination of nickel in large amounts, *Anal. Chem.* **24** (1952) 1026.

4. Blaedel, W.J. e V.W. Meloche, *Elementary quantitative analysis — theory and practice*, 2.ª ed., Harper & Row Publishers Inc., 1970.

5. Blaedel, W.J., V.W. Meloche e J.A. Ramsay, "A comparison of criteria for the rejection of measurements", *J. Chem. Ed.*, 1951, **28**, 643.

6. Butler, J.N., *Ionic equilibrium — a mathematical approach*, Addison-Wesley Publishing Co., 1964.

7. Calcutt, R. and R. Boddy, *Statistics for analytical chemist*, Chapman & Hall, 1989.

8. Cartwright, P. F. S., E. J. Newman and D. W. Wilson, Precipitation from homogeneous solution – A review, *Analyst*, 1967, **92**, 663.

9. Christian, G.D., *Analytical chemistry*, 5.ª ed., John Wiley & Sons, 1994.

10. Day, R.A. e A.L. Underwood, *Quantitative analysis*, 3.ª ed., Pretice-Hall, Inc., 1974.

11. Dick, J.G., *Analytical chemistry*, McGraw-Hill Book Co., 1973.

12. *Encyclopedia of Industrial Chemical Analysis*, Edited by F.D.Snell & L.S.Ettre, Vol. 19 – Wine and must, Intersciece Publisher, 1974.

13. Firshing, F.H., Precipitation of barium chromate from homogeneous solution using complexation and replacement, *Talanta*, 1959, **2**, 326.

14. Firshing, F.H., Precipitation of metal chelates from homogeneous solution – A review, *Talanta*, 1963, **10**, 1169.

15. Flaschka, H.A., *EDTA titrations — an introduction to theory and practive*, 2.ª ed., Pergamon Press, 1967.

16. Fifield, F.W. and D.Kealey, *Principles and practice of analytical chemistry*, Blackie Academic & Professional, 1994.

17. Flaschka, H.A., A.J. Barnard e P.E. Sturrock, *Quantitative analytical chemistry*, vol. 1 e 2, Barnes and Noble, Inc., 1969.

18. Gordon, L. and E.D.Salesin, Precipitation from homogeneous solution – A lecture demonstration, *J. Chem. Ed.*, 1961, **38**, 16.

19. Grunwald, E. e L.J. Kishenbaum, *Introduction to quantitative chemical analysis*, Prentice-Hall, Inc., 1972.

20. Guenther, W.B., *Quantitative chemistry: measurements and equilibrium*, Addison-Wesley Publishing Co., (1968); edição em português pela Editora Edgard Blücher, 1972.

21. Inczédy, J., Lengyel, T. and Ure, A.M. (Editors). *IUPAC – Compendium of analytical nomenclature: definitive rules*, 3.ª Ed., Blackwell Science, 1997, Cap. 1, p. 1-82.

22. Johnston, M.B., A.J. Barnard, Jr. e H.A. Flaschka, EDTA and complex formation, *J. Chem. Ed.*, 1958, **35**, 601.

23. Kellner, R., J.M. Mermet, M. Otto and H.M.Widmer (Editors),*Analytical chemistry*, Wiley-VCH, 1998.

24. Khym; J.X., *Analytical ion-exchange procedures in chemistry and biology*, Prentice-Hall, Inc., 1974.

25. Klingenberg, J.J. e K.P. Reed, *Introduction to quantitative chemistry*, Reinhold Publishing Co., 1965.

26. Kolthoff, I.M. e E.B. Sandell, *Textbook of quantitative inorganic analysis*, 3.ª ed., MacMillan Co., 1967.

27. Kraus, K.A. e G.E. Moore, Anion exchange studies VI. The divalent transition elements, manganese to zinc, in hydrochloric acid, *J. Am. Chem. Soc.*, 1953, **75**, 1460.

28. Laitinen, H.A. e W.E., Harris, *Chemical analysis*, 2.ª ed., McGraw-Hill Book, Inc., 1975.

29. Lee, T.S. e L.G. Sillen, *Chemical equilibrium in analytical chemistry*, Interscience Publishing Co., (1976); reimpressão completa de Treatise on analytical chemistry, editado por I.M. Kolthoff e P.J. Elving, Parte I, vol. 1, p. 185-317.

30. McCornick, P.G., Titrations of calcium and magnesium in milk with EDTA, *J. Chem. Ed.*, 1973, **50**, 136.

31. Miller, J. C. and J. N. Miller, *Statistics for Analytical Chemistry*, 3.ª Ed., Ellis Horwood Ltd., Chichester, 1993.

32. Nightingale, E.R., The use of exact expressions in calculating H^+ concentrations, *J. Chem. Ed.*,1954, **31**, 460.

33. Ohlweiler, O.A., *Química analítica quantitativa*, 2.ª ed., vol. 1 e 2, Livros Técnicos e Científicos Editora S.A., 1974.

34. Pietrzak, R. F. and L. Gordon, Precipitation of copper salicylaldoximate from homogeneous solution, *Talanta*, 1962, **9**, 327.

35. Pugh, E.M. e G.H. Winslow, *The analysis of physical measurements*, Addison-Wesley Publishing Co., 1966.

36. Pribil, R., *Analytical applications of EDTA and related compounds*, Pergamon Press, 1972.
37. Ramette, R.W., Precipitation of lead chromate from homogeneous solutions, *J. Chem. Ed.*, 1972, **49**, 270.
38. Salesian, E.D., E. W. Abrahamson and L. Gordon, Precipitation of nickel dimethylglyoximate from homogeneous solution – Studies of the reactions of biacetyl, hydroxylamine and nickel, *Talanta*, 1962, **9**, 699.
39. Salesian, E. D. and L. Gordon, Precipitation of nickel dimethylglyoximate from homogeneous solution, *Talanta*, 1960, **5**, 81.
40. Schwarzenbach, G. e H.A. Flaschka, *Complexiometric titrations*, 2.ª ed., Mathuen & Co., Ltd., 1969.
41. Skoog, D.A. e D.M. West and F.J.Holler, *Analytical chemistry – An introduction*, 6.ª ed., Saunders College Publishing, 1994.
42. Vogel, A.I., *Análise química quantitativa*, 5.ª ed., Guanabara Koogan, 1992.
43. Youmans, H.L., *Statistics for chemistry*, Charles E. Merrill Publishing Co., 1973.
44. Walton, H.F., *Principles and methods of chemical analysis*, 2.ª ed., Prentice-Hall, Inc., (1964); 1a ed. em espanhol, Editorial Reverté Mexicana S.A., 1970.
45. Waser, J., *Quantitative chemistry - a laboratory text*, 3.ª ed., W.A. Benjamin, Inc., 1966.
46. West, T.S.,*Complexometry with EDTA and related reagents*, 3.ª Edition, BDH Chemicals, 1969.

Apêndice 1

Sistema Internacional de Unidades (SI)

*T*odo conhecimento que não pode ser expresso por números é de qualidade pobre e insatisfatória

Lord Kelvin

Em Química Analítica Quantitativa seguem-se ou desenvolvem-se procedimentos pelos quais se faz medidas de quantidades de espécies presentes em amostras de interesse. Sob tal aspecto, o que se faz é atuar na área de Metrologia Química, seja usando métodos clássicos de análise, como vem descrito nesta obra (Determinações Gravimétricas e Volumétricas), ou no uso de Métodos Físicos de Análises (Métodos Instrumentais).

É sabido que a análise de fenômenos e processos físicos está associada com medidas de quantidades físicas. O significado de medir uma dada quantidade está em compará-la com outra quantidade similar que é convencionalmente adotada como sendo uma unidade. Tal unidade pode ser escolhida para cada quantidade independentemente de outras quantidades. É prudente, porém, proceder de forma diferente, isto é, estabelecer as unidades de várias quantidades, chamadas de unidades básicas, primárias ou fundamentais, independentemente, e depois expressar as unidades restantes em termos destas unidades básicas usando conceitos físicos. O estudante deve lembrar, por exemplo, que velocidade é expressa em termos de duas quantidades independentes, tempo e espaço. Unidades estabelecidas não de maneira independente, mas com o auxílio de fórmulas que as relacionam às unidades básicas são chamadas de unidades derivadas. O conjunto das unidades básicas e das unidades derivadas é chamado de sistema de unidades.

Um pouco de história do SI

Quando se fala de história, volta-se ao passado. Uma das formas de medidas mais antigas é a de comprimento. Naquele tempo estas medidas eram baseadas em

Figura A.1 — A vara inglesa.

partes do próprio corpo. Usava-se originalmente o cúbito egípcio, derivado do comprimento do braço desde o cotovelo até a ponta do dedo médio esticado. O cúbito refere-se realmente ao osso interno do braço, cúbito, e por volta de 2500 a.C. tinha uma equivalência de aproximadamente 51 cm, medida esta usada para construir um padrão real cúbito de mármore preto. Este cúbito era geralmente dividido em 28 dígitos, com aproximadamente a largura de um dedo, e que podia ser posteriormente subdividido em partes fracionais, sendo que a menor era muito similar a um milímetro. As Figuras A1, A2 e A3 ilustram, respectivamente, a unidade de vara, de *jarda* e de *pé*, antigamente usadas de forma arbitrária na Inglaterra[*].

O empenho para se criar um Sistema Internacional de Unidades começou alguns séculos atrás. Efetivamente, a instituição do *Sistema Métrico* decimal teve início durante a Revolução Francesa com a conseqüente colocação de dois padrões de platina representando o *metro* e o *quilograma*, nos *Arquives de la République de Paris*[**], em 22 de junho de 1799. Nesta oportunidade, este metro (*Mètre des Archives*) foi definido com sendo dez milionésimos de um quarto da circunferência da Terra e o quilograma (*Kilogramme des Archives*) como sendo a massa de um decímetro cúbico de água. Ambos encontram-se guardados no *Bureau International des Poids et Mesures* (BIPM), em Sèvres, próximo de Paris.

---

[*] Conforme: Blackwood, O. H., Heron, W. B. e Kelly, W. C., Física na Escola Secundária, 3.ª ed., Editora Fundo de Cultura, Rio de Janeiro, 1963.
[**] A Home Page do Bureau International des Poids et Mesures (BIPM) — Sèvres, França, pode ser consultada para obter informações relevantes sobre o Sistema Internacional de Unidades (SI): http://www.bipm.org/

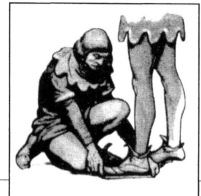

Figura A.2 — A jarda inglesa.   **Figura A.3** — O pé inglês.

Mais tarde, em 1832, Gauss estimulou fortemente o uso desse Sistema Métrico, considerando-o como sendo um sistema de unidades coerente às ciências físicas. Foi Gauss o primeiro a fazer medidas absolutas da força magnética da Terra em termos de um sistema decimal baseado nas três unidades mecânicas, o milímetro, o grama e o segundo para, respectivamente, as quantidades de comprimento, massa e tempo. Posteriormente Gauss e Weber estenderam essas medidas de tal modo a incluir fenômenos elétricos. Nos anos de 1860, Maxwell e Thomson também deram contribuições relevantes no campo da eletricidade e magnetismo, formulando a necessidade de um sistema coerente de unidades contendo unidades básicas e unidades derivadas. Foi em 1874 que a Associação Britânica para o Avanço da Ciência introduziu o Sistema CGS, um sistema de unidade tridimensional baseado nas três unidades mecânicas: o centímetro, o grama e o segundo, usando prefixos de micro até mega para expressar múltiplos e submúltiplos. O tempo mostrou a inconveniência deste sistema, de tal modo que nos anos de 1880, a mesma Associação Britânica, junto com o Congresso Internacional de Eletricidade, aprovou um conjunto extra de unidades práticas. Aqui foram introduzidos o ohm, o volt, e o ampère. A partir disso muito se evoluiu, seguindo uma determinação do BIPM que começou em 1948, até que em 1954, durante a 10.ª Conferência Geral sobre Pesos e Medidas (CGPM) em Paris, foi aprovado a introdução do ampère, do kelvin e da candela como unidades básicas, respectivamente, para corrente elétrica, temperatura termodinâmica e intensidade luminosa. Em 1960, a 11.ª Conferência Geral de Pesos e Medidas adotou o Sistema Internacional de Unidades (SI), que foi posteriormente ampliado e melhorado. Inclui 7 (sete) unidades básicas: **metro** (m) como unidade de comprimento, **quilograma** (kg) como unidade de massa, **segundo** (s) como unidade de tempo, **ampère** (A) como unidade de corrente elétrica, **kelvin** (K) como unidade de temperatura absoluta (termodinâmica), **candela** como unidade de intensidade luminosa, e o **mole** (mol) como unidade de quantidade de substância. Há diversas outras unidades derivadas. Por meio do uso de expressões matemáticas para as quantidades físicas, todas as unidades podem ser expressas em termos das unidades básicas. Por exemplo, a unidade SI para força é uma unidade derivada: um newton (N) é a força que causa uma aceleração de 1 m/s^2 a um corpo cuja massa é de 1 kg.

Na prática, padrões especiais são preparados de tal modo a manter as unidades básicas imutáveis. As medidas e instrumentos de medidas destinam-se a reproduzir as unidades das quantidades físicas com uma exatidão máxima que pode ser obtida até um certo nível de ciência e engenharia. A escolha e definição de unidades, assim como a reprodução de seus padrões, formam o ramo especial da ciência chamada de metrologia.

Resumo das definições das unidades básicas*

1. Antes da 11.ª Conferência Geral sobre Pesos e Medidas, o padrão internacional para o metro era uma barra de platina-irídio. A distância entre duas marcas gravadas nesta barra, à temperatura de 0°C, foi aceita como sendo um metro e mantida no BIPM. Esta era uma distância de aproximadamente 10^{-7} ou 10 milionésimos de um quarto do meridiano que passava por Paris no fim do século 18. A Figura A.4 mostra o processo de fundição da liga de platina-irídio chamada de "liga 1874". Considerando que a exatidão deste padrão era limitada pela própria largura das marcas, foi tido como insuficiente para os dias atuais. Além disso, este padrão artificial seria difícil de ser reproduzido se fosse perdido ou danificado. Por estas razões, em 1960, durante a 11.ª Conferência Geral sobre Pesos e Medidas estabeleceu-se que o metro seria definido como sendo uma distância igual a 1.650.763,73 comprimentos de ondas da radiação correspondente à translação entre os níveis de energia laranja-vermelho do átomo de criptônio-86 no vácuo. Aqui foi especificada a construção da fonte destas ondas como sendo uma lâmpada de descarga de criptônio. Posteriormente, em 1983, a 17.ª Conferência Geral sobre Pesos e Medidas redefiniu este conceito como, *"o metro é o comprimento do caminho percorrido pela luz no vácuo durante um intervalo de tempo de 1/299.792.458 de um segundo"*. Nesta definição está fixada a velocidade da luz no vácuo como sendo exatamente 299.792.458 m s^{-1}.

2. A unidade de massa no Sistema SI, **quilograma**, adotada no final do século 18, era tida como a massa de um decímetro cúbico de água. Em 1889, a 1.ª CGPM instituiu um protótipo internacional do quilograma feito de platina-irídio, para ser a unidade de massa. Durante a 3.ª CGPM, em 1901, confirmou-se a determinação anterior: *"O quilograma é a unidade de massa; ela é igual à massa do protótipo internacional do quilograma"*. A Figura A.5 mostra o protótipo internacional de Pt-Ir, da maneira que é mantido no *Bureau International de Poids et Mesures* em Sèvres, próximo de Paris, sob as mesmas condições determinadas pela 1.ª CGPM em 1889.

3. A unidade de tempo, **segundo**, foi inicialmente definida como sendo uma fração de 1/86.400 da média do dia solar. Evidentemente esta "média do dia solar" baseava-se em teorias astronômicas, sobre as quais incidiam incertezas que estariam fora do controle. Para definir esta unidade de tempo com mais precisão, a 13.ª CGPM (1967) fez uma associação com o período da radiação correspon-

---

* *De acordo com o National Institute of Standard and Technology (NIST):*
http:/physics.nist.gov/cuu/Units/

Figura A.4 —Preparo da liga 1874 de Pt-Ir.
http:/physics.nist.gov/cuu/units

Figura A.5 —Protótipo do quilograma e, liga de Pt-Ir.
http:/physics.nist.gov/cuu/units

dente à transição entre certos níveis de energia do átomo de césio-133, no estado fundamental, e a uma temperatura de 0 K: "*O segundo é a duração de 9.192.631.770 períodos da radiação correspondente à transição entre os dois níveis hiperfinos do estado fundamental do átomo de césio-133*". Na prática o padrão da unidade de tempo é reproduzido com o auxílio de um oscilador atômico especial de césio.

4. A unidade de corrente elétrica, **ampère**. A definição originalmente usada da unidade SI para corrente em termos de massa da substância depositada num eletrodo em um processo de eletrólise, não podia assegurar uma exatidão suficiente do padrão. Por essa razão, hoje a unidade SI para corrente é estabelecida com base na lei de interação de dois condutores elétricos finos, lineares e paralelos de comprimento infinito. A despeito do fato de que é impossível fabricar condutores finos de comprimento infinito, a força de interação destes condutores finos de comprimentos infinito pode ser calculada com um grau de exatidão suficiente pela lei que descreve a interação de condutores de comprimento infinito. Em 1948, a 9.ª CGPM adotou oficialmente o ampère como unidade de corrente elétrica, seguindo a definição proposta pela CIPM em 1946: "*O ampère é aquela corrente constante que, se mantida em dois condutores paralelos retos de comprimento infinito, de seção circular transversal desprezível, e colocada a uma distância de separação de 1 metro no vácuo, irá produzir entre estes dois condutores uma força igual a 2×10^{-7} newtons por metro de comprimento*".

5. A unidade de temperatura termodinâmica, "**kelvin**", foi estabelecida em 1954, durante a 10.ª CGPM que determinou o ponto triplo da água como ponto fixo fundamental e atribuiu a este ponto a temperatura de 273,16 K. Durante a 13.ª CGPM, em 1967, adotou-se o nome de kelvin, com o símbolo K (maiúsculo) em vez de "grau kelvin" (símbolo K), e definiu-se a unidade de temperatura termodinâmica como: "*O kelvin, unidade de temperatura termodinâmica, é uma fração 1/273,16 da temperatura termodinâmica do ponto triplo da água*". Nestas circunstâncias, a escala de temperatura adotada é chamada de escala de

temperatura termodinâmica. Nesta escala, a temperatura zero é igual a –273,15°C, e um kelvin é igual a um grau na escala Celsius (o centígrado foi descontinuado). A temperatura de 0 K é chamada de temperatura de zero absoluto. Ainda é uma prática comum expressar a temperatura termodinâmica por T. A relação entre a temperatura termodinâmica e a temperatura na escala Celsius é dada pela expressão: $T = t + 273,15$ K, e daí: $t = T - 273,15$°C. O zero absoluto não pode ser atingido, em princípio. A temperatura mais baixa alcançada até agora foi de 10^{-6} K.

6. A unidade de quantidade de substância, **mole**, seguindo propostas da IUPAP (*International Union of Pure and Applied Physics*), IUPAC (*International Union of Pure and Applied Chemistry*), e ISO (*International Organization for Standardization*) a CIPM deu em 1967, e confirmou em 1969, a definição do mole adotada durante a 14.ª CGPM, em 1971, como sendo "*a quantidade de substância num sistema que contém tantas espécies elementares quantos sejam os átomos numa amostra de carbono-12 cuja massa é de 0,012 quilograma*". Quando um mole é usado, as espécies elementares devem ser especificadas. Podem ser átomos, moléculas, íons, elétrons, e outras partículas ou grupos de tais partículas.

7. A unidade SI para intensidade luminosa, candela, foi adotada em 1979, durante a 16.ª CGPM: "*A candela é a intensidade luminosa, numa certa direção, de uma fonte que emite uma radiação monocromática de freqüência de 540 × 1012 hertz e que tem uma intensidade radiante naquela direção com valor de 1/683 watt por esterradiano (1/683 W/sr)*". Lâmpadas incandescentes de vários tipos e de várias cores servem como candela padrão.

A seguir são apresentadas algumas Tabelas, com informações gerais sobre as Unidades Básicas e Unidades Derivadas, seguindo o padrão do Documento do *Bureau International des Poids et Mesures*: "The International System of Units (SI)", 7th edition, 1998, Organisation Intergouvernementale de la Convention du Mètre, Sèvres, France. As citações são baseadas nos "*proceedings of the Conférence Générale, the Comité International and the Comités Consultatifs*" publicados pela BIPM nos *Comptes Rendus des Séances de la Conférence Générale des Poids et Mesures* (CR).

Na Tabela A.1 mostram-se as Unidades Básicas do Sistema SI, relacionando a grandeza básica ao nome e ao símbolo [10.ª CGPM – 1954, Resolução 6; CR, 80); 11.ª CGPM (1960, Resolução 12; CR, 87); 13.ª CGPM (1967 - 1968, Resolução 3; CR, 104 and Metrologia, 1968, 4, 43); 14.ª CGPM (1971, Resolução 3; CR, 78 and Metrologia, 1972,8,36)].

RESUMO DAS DEFINIÇÕES DAS UNIDADES BÁSICAS

Tabela A.1 — Unidades Básicas do Sistema SI

Grandeza Básica	Unidades Básicas SI Nome	Símbolo
comprimento	metro	m
massa	quilograma	kg
tempo	segundo	s
corrente elétrica	ampère	A
temperatura termodinâmica	kelvin	K
quantidade de substância	mole	mol
intensidade luminosa	candela	cd

Tabela A.2 — Exemplos de Unidades Derivadas do Sistema SI

Grandeza	Unidade SI Nome	Símbolo
área	metro quadrado	m^2
volume	metro cúbico	m^3
velocidade	metro por segundo	m/s
aceleração	metro por segundo ao quadrado	m/s^2
número de onda	metro recíproco	m^{-1}
densidade	quilograma por metro cúbico	kg/m^3
volume específico	metro cúbico por quilograma	m^3/kg
força de campo magnético	ampère por metro	A/m
densidade de corrente	ampère por metro quadrado	A/m^2
concentração	mol por metro cúbico	mol/m^3
luminância	candela por metro quadrado	cd/m^2

Tabela A.3 — Prefixos do Sistema SI

Fator	Prefixo	Símbolo	Fator	Prefixo	Símbolo
10^{24}	yotta	Y	10^{-1}	deci	d
10^{21}	zetta	Z	10^{-2}	centi	c
10^{18}	exa	E	10^{-3}	milli (mili)	m
10^{15}	peta	P	10^{-6}	micro	m
10^{12}	tera	T	10^{-9}	nano	n
10^{9}	giga	G	10^{-12}	pico	p
10^{6}	mega	M	10^{-15}	femto	f
10^{3}	kilo (quilo)	k	10^{-18}	atto	a
10^{2}	hecto	h	10^{-21}	zepto	z
10^{1}	deca	da	10^{-24}	yocto	y

Algumas regras adotadas para as unidades SI e convenções gerais*

1. Geral: somente as unidades do Sistema SI e as unidades reconhecidas para uso com o SI podem ser usadas para expressar valores de qualquer grandeza.

2. Abreviações tais como seg (segundo), cc (centímetro cúbico), mps (metro por segundo), devem ser evitadas e somente símbolos de unidades padrão, prefixos, nomes das unidades e nome dos prefixos devem ser usados.

3. Plural: os símbolos das unidades são invariantes (*nunca vão para o plural*);
   80 m ou 80 metros, mas *nunca* 80 ms
   6 mol/L ou 6 moles/L, mas *nunca* 6 mols/L

4. Pontos: os símbolos das unidades nunca são acompanhados de ponto, exceto no final de uma frase.

5. Multiplicação e divisão: na multiplicação deve ser deixado um espaço ou *um ponto flutuante à meia altura*; na divisão usa-se a barra sólida oblíqua ou expoente negativo.
   0,5 mol L^{-1} ou 0,5 mol · L^{-1} ou 0,5 mol/L; *nunca* 0,5 mol . L^{-1}

6. Abreviações: a combinação de letras como "ppm", "ppb", e "ppt", ou mesmo os termos "parte por milhão", "parte por bilhão", e "parte por trilhão", não devem ser usados para expressar valores de concentração. Nestes casos deve-se usar µg/g; µg/mL; µg/L; ng/mL, etc.

7. Informação e unidades não devem ser misturadas. Assim, é correta a terminologia: "o teor de água na amostra é de 20 mL/kg", mas está errada a expressão: "20 mL H_2O/kg amostra". A "concentração de cálcio na água é de 1,5 µg Ca/mL", está errada. O correto é: 1,5 µg/mL Ca.

8. Termos obsoletos: são obsoletos os termos molaridade, normalidade, e molal, e seus respectivos símbolos: M, N, e *m*. Mas, aceita-se "a molalidade do soluto B", e seu símbolo m_B.

9. Objeto e grandeza: um objeto e qualquer grandeza que o descreve dever ser distinguido. Ex.: "área" e "superfície"; "corpo" e "massa";
   Correto: "um corpo de massa 5 g"; errado: "uma massa de 5 g".

10. O termo porcentagem (%) *não é uma unidade* SI, mas ainda assim é aceito sob certas circunstâncias. Quando aplicado, deve-se deixar um espaço entre o número e o símbolo (ex.: 2 %). Nessa forma pode ser empregado para descrever, por exemplo, desvios numéricos em cálculos estatísticos, mas deve ser aplicado com cautela em química. Não é mais aceitável o emprego de termos tais como "porcentagem em peso", "porcentagem em massa", "porcentagem em volume", etc. As formas corretas são: "a fração de massa é 0,10" ou "a fração de massa é 10 %"; a fração de massa, fração de volume, e fração de quantidade de matéria de uma substância B pode ser expressa como, por exemplo, m_B = 3 g/kg; v_B = 6 mL/L; x_B = 1,8 mol/mol. Essas são as formas fortemente recomendadas, mas ainda são aceitas as formas mais comumente encontradas na literatura científica, que descrevem essas quantidades como: "% (m/m)"; "% (m/v)"; "% (v/v)", etc.

---

* *A forma completa pode ser encontrada em: http:/physics.nist.gov.cuu/*

Foto A.1 — Pavillon de Breteuil em Sèvres.

Um aspecto interessante

Considerando a relevância e o impacto do trabalho realizado pelo *Bureau International des Poids du Mesures* (BIPM) reproduzimos aqui um resumo da sua história e estimulamos àqueles que se interessarem por mais informações a visitar o site http:/www.bipm.org/bipm, onde se contam fatos desde 1672.

O BIPM está situado no Parque de Saint-Cloud, em Sèvres nos arredores ocidentais de Paris. Seu edifício principal é o "Pavillon de Breteuil", que é de responsabilidade da CIPM desde 1875. A Foto A.1(a) e A.1(b) ilustram o pavilhão.

O primeiro edifício para laboratórios, o Observatório, foi concluído em 1878 e ampliado em 1929. Em 1964, como extensão da construção, novos laboratórios foram construídos; em 1984 um laboratório para operação com *laser* foi inaugurado, e em 1988 uma nova biblioteca e o edifício da administração foram inaugurados também. O *Pavillon*, por si só, data de 1672, quando Luís XIV mandou seu arquiteto Gobert construir o Trianon de Saint-Claud (como era originalmente chamado). A forma atual surgiu em 1743, e o nome "*Pavillon de Breteuil*" em 1785 quando associou-se com o Barão de Breteuil. O edifício foi seriamente danificado durante a guerra Franco-Prussiana de 1870, mas desde então tem sido restaurado de volta à sua glória original. O estudante pode ter acesso à história completa disponibilizada "*on-line*" na *home page* do BIPM.

Referências

The International System of Units (SI), Bureau International des Poids et Mesures (BIPM), 7th edition – 1998; Organisation Intergouvernementale de la Convention du Mètre. Sèvres, France. (Pode ser conseguido uma cópia *.pdf *on-line* na home page do BIPM.)

Le Système international d'unités (SI), Bureau International des Poids et Mesures (BIPM), Supplément 2000: additions et corrections à la 7ème édition (1998). Sèvres, FRANCE. (cópia *.pdf disponível *on-line* na *home page* do BIPM).

Cantarella, H. e de Andrade, J.C., "O Sistema Internacional de Unidades e a Ciência do Solo", *Bol. Inf. Soc. Bras. Ci. Solo*, 1992, **17**(3), 91-102.

de Andrade, J.C. e Custódio, R., "Sistema Internacional de Unidades", em Assuntos Gerais da *home page* http:/www.chemkeys.com

Quinn, T.J., "Base units of the système international d'unités, their accuracy, determination and international traceability", *Metrologia*, 1995, **31**, 515-527.

Kind, D., and Quinn, T.J., "Metrology: Quo Vadis?", *Physics Today*, August, 1998, 15-17.

Taylor, B.N. and Mohr, P.J., "On the redefinition of the kilogram", *Metrologia*, 1999, **36**, 63-64.

Taylor, B.N., "Guide for the Use of the International System of Units (SI)", United States Department of Commerce, National Institute of Standards and Technology (NIST), Special Publication 811, 1995 Edition. (Cópia *.pdf disponível *on-line* em http:/physics.nist.gov/.)

Taylor, B.N., "The International System of Units (SI)", U.S.Department of Commerce, National Institute of Standards and Technology (NIST), Special Publication 330, 1991 Edition – Translation of the 6.ª ed. (1991) of the International Bureau of Weights and Measures publication – Le Système International d'Unités. (Cópia *.pdf disponível *on-line* em http:/physics.nist.gov/)

Federal Register, Vol. 63, no 144 / Tuesday, July 28, 1998 – "Metric System of Measurement: Interpretation of the International System of Units for the United States", Department of Commerce, National Institute of Standards and Technology, Docket No. 980430113-8113-01.

Apêndice 2

Segurança no laboratório e descarte de resíduos químicos

Seu primeiro acidente pode ser o último. Só depende de você!

Segurança num laboratório químico

Diretrizes Gerais[5]

Antes de mais nada, o estudante deve lembrar que não está sozinho no laboratório. As aulas experimentais são realizadas em grupos. Portanto, todo cuidado deve ser tomado para sua própria proteção, bem como para proteger outros estudantes.

Laboratório não é lugar para brincadeiras de nenhum tipo!
Toda atenção deve estar dirigida ao experimento

Enganos, por distração ou despreparo, podem custar tempo valioso na repetição de tudo que estava sendo feito. Juntem-se os custos dos reagentes!

Sempre que houver alguma dúvida de como proceder no experimento, o instrutor deve ser consultado. Mas, "dúvidas" não podem ser geradas por falta de preparo. Sempre o estudante deve tentar responder por si mesmo a suas dúvidas, pensando de forma lógica com os subsídios de seus preparos.

Ordem de Segurança

Lembrar que:

Acidentes não acontecem, são causados.

Em um laboratório, é de responsabilidade individual e coletiva, se comportar de tal modo a evitar acidentes. Riscos, por menores que sejam, estão sempre presentes. A organização do local é de ordem primária para minimizar acidentes localizados. Se algum reagente, especialmente líquido, for derramado, deve-se providenciar a sua remoção e limpeza imediata e de forma correta. Assim, no caso de um ácido, deve estar sempre disponível carbonato de sódio sólido, que deverá ser esparramado *cuidadosamente* sobre o líquido ácido.

Não descartar nunca material sólido insolúvel e nem papel de qualquer espécie nas pias

Para evitar que se misturem resíduos que possam ser incompatíveis, e que gerariam reações desconhecidas indesejáveis e de conseqüências perigosas, devem ser providenciados sempre diversos recipientes (frascos de vidros transparentes), para coletar apropriadamente diferentes resíduos (coletados separadamente).

É importante a segregação dos resíduos gerados

Resíduo, em princípio inerte, pode reagir violentamente quando misturado, inadvertidamente, com outro resíduo inerte!

Ácidos e bases fortes, bem como reagentes que liberem vapores nocivos, *só podem ser despejados numa pia sob condições emergenciais*, e mesmo assim após deixar escorrer um rápido jato forte de água da torneira, que deve ser mantida aberta, jorrando copioso volume de água durante algum tempo.

Lembrar que as tubulações do esgoto ainda são, em muitos casos, de cerâmica, podendo portanto ser atacadas por ácidos. Mesmo tubulações de PVC, podem ser atacadas por ácidos e por alguns solventes orgânicos. As tubulações se ligam no subsolo e se juntam num esgoto comunitário, municipal, comum! Isso gera, na maioria das vezes, contaminações ambientais impróprias, indevidas, e indesejáveis, com conseqüências desconhecidas. Portanto existem certas normas que devem ser observadas:

Não descartar absolutamente nada nas pias de um laboratório químico ou qualquer outro que seja!

Não jogar resíduos, por menor que seja sua toxicologia, no solo adjacente às portas e janelas de um laboratório!

Não se trata apenas de descartar um volume grande de um dado resíduo, mas volumes pequenos de diversos resíduos. De pouco em pouco pode ser que ocorra uma contaminação de um eventual lençol freático!

Pela lei universal da eternidade da matéria, "nada se cria, nada se destrói, mas tudo se transforma", como fenômeno químico; assim é estabelecido pela Lei da Conservação de Massa.

Substância, em geral, não pode desaparecer e nem ser formada do nada, por isso sua quantidade total no universo sempre permanece constante.

Esta não é uma concepção nova, mas já era entendida pelos filósofos do V século a.C.

Bem mais tarde, o famoso químico francês, Lavoisier (1743-1794), concluiu que o processo de combustão não era uma decomposição da substância, da forma como a antiga teoria do flogisto proclamava, mas sim, uma combinação com oxigênio, um dos componentes do ar.

Aqui fica um bom exercício para o estudante pensar e refletir sobre o devido significado do descarte químico e a incineração de resíduos.

Responsabilidades

Em princípio, cada um é responsável pelo resíduo que gera. Evidentemente, em laboratórios de química acadêmicos, cabe à Instituição assumir esta responsabilidade. Nem por isso os estudantes estão livres de responsabilidade, e para tal existem normas que devem ser ensinadas, aprendidas e praticadas. Dentro do âmbito abrangente de cada experimento é dever do educador ensinar como segregar e tratar o lixo gerado. Também não é válido sempre deixar de realizar um experimento porque será gerado um resíduo (lixo) tóxico! É relevante saber manipular corretamente mercúrio, chumbo, cromato e outras espécies que mostram diferentes graus de toxicidade. O tratamento correto do resíduo é uma extensão do experimento. É pelo conhecimento que se cria a competência.

Minimizando resíduos

Uma forma conveniente para ensinar química gerando menos lixo é trabalhar com quantidades menores, em massa e volume. Isso é especialmente útil quando se trata de turmas grandes dentro de um laboratório, realizando um experimento. Os procedimentos podem ser acomodados em uma escala menor, demonstrando ainda os mesmos princípios. Vejam que isso não necessariamente tem de ser feito quando se trabalha com grupos pequenos de estudantes. Novamente, vale o bom senso. Esta estratégia já foi implantada[*] há tempos com o curso de química analítica qualitativa, trabalhando em escala semimicro, contemplando volumes máximos de 5-10 mL em pequenos tubos de ensaio, em vez dos 200-400 mL, originalmente conduzidos em copos de béquer.

---

[*] Baccan, N., Godinho, O. E. S., Aleixo, L. M. e Stein, E., Introdução à Semimicroanálise Qualitativa, 3.ª ed., Editora da Unicamp, 2001.

O laboratório

Antes de iniciar propriamente o trabalho de laboratório, cada estudante tem de estar seguro de que sabe exatamente onde se localizam e como se operam os equipamentos de segurança: lava-olhos, chuveiros de segurança, extintores de incêndio, pontos de alarme contra fogo, frascos de carbonato de sódio para neutralizar derramamento de ácidos sobre a bancada ou no chão, soluções de carbonato de sódio para neutralizar ácidos derramados na mão ou na roupa, etc. Lembrar que em situações onde quantidades relativamente grandes de ácidos são derramados sobre o avental, atingindo a roupa, de imediato a peça deve ser retirada, e no caso de ácido sulfúrico em contato com a pele não é recomendado que se esfregue com um pano, pois irá dilacerar mais ainda a superfície. Usar jatos fortes de água em torneira ou diretamente no chuveiro de emergência, donde sai muita água que evita queimaduras subseqüentes pelo calor liberado.

Cuidados

Sempre usar óculos de segurança com proteção lateral

Evitar o uso de lentes de contato, pois quase sempre existem vapores de NH_3, HCl, NO_2, SO_2 e outros gases que formam soluções fortemente corrosivas quando em contato com o líquido aquoso que irriga a delicada película ocular.

Todo acidente deve ser imediatamente comunicado ao instrutor

Dependendo da gravidade, os primeiros socorros são providenciados de imediato no próprio laboratório, e a seguir a vítima deve ser transportada adequadamente ao atendimento médico mais próximo.

Na manipulação de tubos de vidro cortados, as extremidades devem ter suas pontas "queimadas" no fogo de um bico de Bunsen para tirar os pontos de cortes. Usar um lubrificante, tal como glicerol, ou água, quando o tubo de vidro deve ser inserido numa rolha. Usar uma luva grossa ou um pano resistente para proteger as mãos na operação com tubos de vidro sendo inseridos em rolhas.

Não usar toalhas de pano, e muito menos de papel, para remover frascos de vidro do aquecimento em uma chama.

Para remover um béquer do aquecimento em uma chama basta desligar a chama ou afastar o bico de debaixo do béquer. Lembrar que certas condições de chama deixam-na transparente (invisíveis), especialmente sob incidência de luz solar. Muito cuidado. Evitar o uso de tela de amianto nos aquecimentos com bico de Bunsen. Fibra de amianto causa câncer pulmonar.

Cuidado com manipulação de ácidos e bases concentradas e suas diluições

Em nenhuma das experiências aqui sugeridas está sendo recomendado o uso de ácido perclórico. Mas, vale a pena mencionar os cuidados especiais com este ácido. Quando aquecido com matéria orgânica ele pode causar explosões violentas. Mesmo percloratos inorgânicos explodem quando aquecidos até quase a secura.

Muitos produtos químicos são perigosos pela toxicidade ou inflamabilidade

Observar sempre as precauções que devem ser tomadas. Evitar contato com a pele, ingestão pela boca, e não inalar vapores.

Sempre que possível e necessário, certas operações devem ser executadas numa capela.

Cianetos, sais de mercúrio, sais de bário, ácido oxálico e muitos outros reagentes são **TÓXICOS**, e podem ser letais. Muitos líquidos orgânicos evaporam rapidamente e os vapores são perigosos quando inalados por um período de tempo prolongado. Cuidado com o uso do nitrobenzeno, como opção nos experimentos argentimétricos. O mesmo cuidado é válido na manipulação do salicilaldeído e da 8-hidroxiquinolina. Nestes casos os descartes devem ser feitos em frascos indicados pelo instrutor.

A segregação dos resíduos é relevante, pois há reações que, se não conduzidas apropriadamente, fogem do controle manual e se processam violentamente.

Regras gerais de segurança

1. *Sempre usar óculos de segurança no laboratório.*
2. *Sempre usar avental de proteção no laboratório.*
3. Nunca correr dentro do laboratório, e muito cuidado quando estiver carregando frasco de reagente. Evitar encontrões com outras pessoas.
4. Nunca comer, beber, ou fumar dentro do laboratório.
5. Juntar ácido à água, nunca a operação inversa.
6. Sempre manter frascos tampados depois de usados, e cuidar para não trocar tampas.
7. Nunca devolver reagente que foi tirado de um frasco, mesmo se não tiver sido usado. Isto minimiza contaminações.
8. Descartar corretamente qualquer reagente não usado ou contaminado. Para isso nunca colocar frascos com grandes quantidades de reagentes à disposição no laboratório. É correto trabalhar com frascos menores, porque se houver alguma contaminação, menos material terá de ser descartado.
9. Material sólido deve ser descartado em frascos apropriados. Nunca junto com líquidos.

10. Muito cuidado quando estiver testando gases pelo odor. Esta prática deve ser evitada.
11. Usar sempre um bulbo de sucção para aspirar líquido que não seja a água, com a pipeta.
12. A capela deve ser usada quando se manipulam reagentes perigosos e voláteis.
13. Não usar sapatos abertos, tipo sandálias ou chinelos, no laboratório.
14. Nunca usar lentes de contato, mesmo sob óculos de segurança.
15. Cabelo comprido deve ser preso atrás da nuca para evitar acidentes com fogo.
16. Sempre comunicar ao instrutor qualquer acidente, por menor que tenha sido.
17. DURANTE TODO O TEMPO PENSE SOBRE O QUE ESTÁ SENDO FEITO!

Descarte de resíduos

Da forma já salientada, nenhum resíduo pode ser descartado numa pia do laboratório.

Está fora dos objetivos deste livro descrever de maneira abrangente uma estratégia de tratamento e descarte químico de modo geral.

Neste curso manipulam-se ácidos e bases, principalmente nas titulações ácido-base; sais de prata na volumetria de precipitação; permanganato e dicromato de potássio, e tiossulfato de sódio na óxido-redução, mais as soluções de apoio; solução de EDTA na complexometria, e também as soluções auxiliares. Em todas as experiências há que se considerar as amostras, líquidas ou sólidas, pois várias delas são constituídas por metais com alguma toxicidade.

Solventes orgânicos devem ser coletados apropriadamente e enviados para queima em incineradores industriais, separando-se antecipadamente os solventes clorados dos não clorados.

Ácidos e bases usados nos experimentos devem ser devidamente neutralizados até pH 6-9 e depois descartados nas pias, seguido de muita água corrente para causar a diluição dos sais gerados no processo de neutralização. Em particular, uma solução de ácido acético em pequenos volumes, pode ser neutralizada com hidróxido de sódio e descartada na pia, sob fluxo de água. Mas, se for um volume grande, é possível encaminhar para uma incineração, onde será misturado em pequenas porcentagens a outro solvente inflamável.

Soluções ácidas contendo metais tóxicos devem ser tratadas em função dos metais. Assim, uma solução ácida contendo Cu^{2+} e Zn^{2+}, por exemplo, deve ser manipulada para se remover estes íons na forma de algum precipitado, tal como sulfetos, e depois filtrados.

De forma geral, e com reservas, aceita-se que se jogue numa pia apenas acetatos de sódio, potássio, cálcio e amônio. Álcoois aquo-solúveis, diluídos a 10 % (v/v) ou menos. Aminoácidos e seus sais. Ácido cítrico e seus sais de sódio, potássio, magnésio, cálcio e amônio. Etileno glicol diluído a 10% (v/v) ou menos. Açúcares, como dextrose, frutose, glicose e sacarose.

Além disto, pode-se descartar nas pias os seguintes sais, em quantidades controladas: ácidos e bases neutralizadas. Bicarbonato de sódio e de potássio. Brometos de sódio e de potássio. Carbonatos de sódio, potássio, magnésio e de cálcio. Cloretos de sódio, potássio, magnésio e de cálcio. Iodetos de sódio e de potássio. Fosfatos de sódio, potássio, magnésio, cálcio e amônio. Sulfatos de sódio, potássio, magnésio, cálcio e amônio. Tudo acompanhado de muita água sempre.

Fora disto, nada pode ser descartado diretamente na pia.

Como já foi mencionado, não é objetivo descrever com detalhes nessa obra, os processos de tratamento e descarte químico. Para isso existem livros especializados e dedicados a esse fim. Mas, será feita uma avaliação geral que, na maioria dos casos, permite se ter uma boa idéia de como proceder experimentalmente.

Como já foi visto, nas experiências de gravimetria, os sólidos são filtrados e separados para um descarte conveniente. O sobrenadante filtrado deve ser tratado, dependendo de seu conteúdo. Assim, na precipitação do $Fe(OH)_3$, o excesso é de NH_3, e daí neutraliza-se até pH 6-9 e descarta-se.

Para a determinação de sulfato, usou-se excesso de cloreto de bário. Portanto, após filtrar o sólido de interesse, o sobrenadante deve ser tratado com uma solução de sulfato de sódio para precipitar o Ba^{2+}, como $BaSO_4$, que é novamente filtrado, deixando um sobrenadante com excesso de sulfato de sódio. Este pode ser descartado na pia, com muita água.

Na prática da determinação de cloreto com subseqüente precipitação do AgCl, o sólido é filtrado. Ao sobrenadante contendo o excesso de Ag^+ em meio nítrico, pode-se imergir uma lâmina de cobre e agitar. Os íons Ag^+ serão reduzidos a prata metálica que fica aderida às lâminas de cobre, que pode ser recolhida e lavada com HNO_3 diluído e reaproveitada. Claramente, fica-se com outro sobrenadante contendo íons Cu^{2+}. Este pode ser removido na forma de sulfeto. Mesmo o AgCl filtrado no princípio pode ser colocado num béquer com H_2SO_4 diluído e depois agitado com uma lâmina ou barra de zinco, que vai causar a redução da prata, que mais uma vez fica aderida ao zinco, e pode ser filtrada, lavada e reaproveitada.

Nas precipitações de alumínio e magnésio com 8-hidroxiquinolina, o sólido pode ser calcinado aos respectivos óxidos de alumínio e de magnésio. Evidentemente, o excesso de solução contendo a oxina em meio acético pode ser evaporada e depois retomada em etanol e levada para incineração. O resíduo é tratado com uma mistura sulfonítrica até degradar e formar uma solução límpida, levemente amarelada pelos óxidos de nitrogênio.

Na precipitação do chumbo com cromato por PSH, o sólido de $PbCrO_4$ é separado na filtração. O sobrenadante contendo o excesso do Cr (VI) gerado é tratado com ácido sulfúrico para se ter uma solução aproximadamente 0,5 mol L^{-1} neste ácido. Adicionam-se, a seguir, 10 g de metabissulfito de sódio, agita-se a mistura por 1 h e deixa-se esfriar. Verifica-se a existência de Cr (VI) livre tomando-se algumas gotas da solução decantada para um tubo de ensaio, juntando-se gotas de uma solução de KI (100 mg mL^{-1}). Se ocorrer a formação de uma coloração escura é porque ainda há Cr (VI). Adiciona-se então mais metabissulfito de sódio, até se conseguir um teste negativo. Daí, adicionam-se 10 g de Mg(OH)$_2$ à solução e depois de agitar, deixa-se repousar por 12 h. Decanta-se e filtra-se, de tal modo que o filtrado deve ser um líquido claro e o precipitado verde, contendo o hidróxido de crômio (III). Se o filtrado ainda se mostrar amarelado é porque existe Cr (VI) residual. Nesse caso, repete-se a redução. O sólido vai para o descarte e o líquido pode ser jogado na pia, com muita água.

O resíduo sólido da precipitação de níquel por PSH usando dimetilglioxima (DMG) vai para o descarte como tal ou é calcinado a óxido de níquel. O sobrenadante, contendo um ligeiro excesso de DMG, pode ser evaporado e tratado com a mistura sulfonítrica para decompor do reagente ou retomado em etanol, que é então levado para o incinerador.

O mesmo procedimento se aplica na determinação de cobre por PSH com salicilaldeído. O sólido pode ser encaminhado como tal ou calcinado ao óxido de cobre. O sobrenadante é evaporado e tratado com a mistura sulfonítrica para degradar o reagente orgânico completamente.

Finalmente, na determinação de bário como BaCrO$_4$, o sólido é removido como tal. O sobrenadante, contendo principalmente a espécie mais tóxica de Cr (VI) é acidulado com H$_2$SO$_4$ até meio 1 a 0,5 mol L^{-1}, deve ser tratado de forma similar à descrita anteriormente usando solução de metabissulfito de sódio para reduzir o Cr (VI).

Sempre que houver tratamento com ácido não se deve esquecer de realizar a devida neutralização antes de descartá-lo numa pia, com um bom fluxo de água.

Como já descrito, nas experiências de volumetria de ácido-base, é só neutralizar corretamente e descartar. Para o ácido acético, o procedimento é similar. Se houver grande volume de ácido acético glacial, este pode ser misturado com um solvente inflamável e incinerado adequadamente.

Nos procedimentos da volumetria de precipitação, onde segue-se sempre uma titulação com solução de nitrato de prata, o precipitado formado é inicialmente filtrado. Para a determinação de cloreto pelo método de Mohr, o precipitado de AgCl é filtrado e o líquido sobrenadante é tratado para destruir o excesso de cromato usado como indicador. Veja que foi usado 1 mL de solução 5% (m/v), daí não existirá muito a ser reduzido com o metabissulfito de sódio, seguindo o procedimento já mencionado. O precipitado de AgCl pode ser lavado com HNO$_3$ diluído e depois retomado em água e com uma barra de zinco agita-se para reduzir a prata metálica, que é recuperada. No método de Volhard, a solução de Ag(I) é titulada com uma solução padrão de tiocianato de potássio. Lembrar que este AgSCN é insolúvel em HNO$_3$ diluído e pouco solúvel em NH$_3$. Depois de filtrado, o precipitado é colocado numa solução concentrada de brometo de potássio e deixado sob agitação para ocorrer a transformação para um composto menos solúvel, o AgBr, liberando o ânion tiocianato. Em seguida, o AgBr é filtrado e retomado em H$_2$SO$_4$ 2 mol L^{-1}, e esta suspensão é agitada com lâminas ou barras de zinco para reduzir e recuperar a prata. Vejam que tudo isso é feito para se ter a recuperação da prata. O excesso de tiocianato pode ser decomposto aquecendo-se a solução com HNO$_3$ 3 mol L^{-1}, produzindo NO, CO$_2$, SO$_4^{2-}$ e água.

Nas titulações com óxido-redução, especialmente nas titulações de ferro com permanganato ou dicromato, considerando-se uma redução prévia do Fe^{3+} com Sn^{2+}, e posterior tratamento como o $HgCl_2$ mais a solução de Zimmermann, implica na presença dos íons Fe^{2+}, Mn^{2+} (do permanganato e do sulfato manganoso), Sn^{4+}, Hg_2Cl_2 e Hg^{2+} (TÓXICOS), e Cr^{3+} (proveniente do dicromato). Seguindo o mesmo raciocínio até aqui desenvolvido, evidentemente, este resíduo não será descartado diretamente numa pia. Lembrar que o Hg_2Cl_2 (calomelano) é insolúvel nos regentes mais comuns, sendo dissolvido com água-régia, mas dá uma reação bem característica com amônia, na qual são formados o mercúrio finamente dividido (preto) e o complexo $HgNH_2Cl$, sólido branco, devido a uma reação de desproporcionamento. Na prática o Hg_2Cl_2 é filtrado com todo CUIDADO e guardado adequadamente para descarte apropriado. Ao líquido filtrado, ainda contendo bastante ácido, adicionam-se CUIDADOSAMENTE, porções de carbonato de sódio sólido sob agitação; haverá amplo desprendimento de CO_2 até ocorrer total neutralização dos ácidos, verificado com o papel de tornassol. Os carbonatos, carbonatos básicos e hidróxidos de Fe (III), Mn (II), Hg (II), Sn (IV) e Cr (III) precipitam. Pode-se adicionar $Mg(OH)_2$ sólido para auxiliar na coprecipitação. Deixa-se em repouso por 6 a 8 h. Filtra-se, reserva-se o sólido para descarte apropriado. Ao líquido, adiciona-se NaOH 10% (m/v) até chegar a pH 10, e adiciona-se uma solução de sulfeto de sódio 20% (m/v) com agitação, para precipitar qualquer Hg (II) que tenha ficado na solução. Deixa-se descansar por mais 4 a 6 h e filtra-se o HgS (preto), que vai para o descarte apropriado. Ainda, o líquido deve ser tratado com "água de lavadeira", contendo pelo menos 5,25% NaOCl (hipoclorito de sódio). No procedimento, a solução contendo o sulfeto é colocada num funil de extração e o NaOCl é colocado num béquer de pelo menos 1 L, com termômetro e agitação. Goteja-se lentamente a solução de sulfeto sobre o NaOCl por algumas horas. Lembrar que o H_2S é um dos reagentes mais venenosos num laboratório. Por fim o líquido pode ser descartado na pia, seguido de muita água.

Quando possível, soluções de íons metálicos podem ser tratadas com uma solução de metassilicato de sódio, que irá precipitar os respectivos silicatos. Evidentemente deve haver um controle adequado do pH para as diferentes espécies.

Na iodometria, durante a padronização da solução de $Na_2S_2O_3$ com $K_2Cr_2O_7$ em meio ácido, resta Cr (III) que é tratado da maneira já descrita. Para se decompor qualquer $Na_2S_2O_3$ residual, basta tratar a solução com HCl 6 mol L^{-1}, onde ocorrerá a formação de água, SO_2 e enxofre. Nas determinações iodométricas de cobre, o precipitado, CuI pode ser filtrado e reservado para descarte posterior. O hidrossulfito ou tetrationato produzido pode ser decomposto alcalinizando-se com carbonato de sódio, mais água e depois "água de lavadeira" (NaOCl). Daí descarta-se numa pia, seguido de muita água.

Nas titulações complexométricas, seja de cálcio, magnésio, níquel, cobalto ou zinco, os complexos são muito estáveis. Como foi descrito no texto, os complexos de Ca (II) e de Mg (II) formam-se em pH 7,5 e 10, especialmente em meio amoniacal, mas tendem a se ionizar em meio ácido. Os metais de transição, Ni (II), Co (II) e Zn (II) são estáveis mesmo em meio fortemente ácido. O EDTA propriamente, decompõe-se na presença de agentes oxidantes fortes, como soluções de $KMnO_4$ e

K_2CrO_4, a quente, mas foi dito que os complexos metálicos resistem a um ácido. O pouco cianeto usado (alguns cristais) quando realmente necessário, pode ser transformado numa espécie mais estável, $Fe(CN)_6^{4-}$, da seguinte forma: à solução titulada, ainda no erlenmeyer, e alcalina, adiciona-se 1 g de $FeSO_4$. Aquece-se o frasco até a ebulição, dentro de uma capela. Acidula-se com HCl diluído e junta-se 1 mL de $FeCl_3$ 5% (m/v). Se existir cianeto em concentrações mais altas, ocorrerá formação de um precipitado azul (da Prússia), mas se for baixa quantidade de cianeto livre, obtém-se uma solução ligeiramente azulada ou esverdeada. Outra maneira de resolver o problema, é tratar a solução contendo o cianeto livre em meio alcalino, contido no erlenmeyer, com 50 a 70 mL de "água de lavadeira". Deixa-se repousar e vai-se testando a presença do cianeto, da mesma maneira, até dar resultado negativo.

Certamente, esta descrição forma um bom material para se pensar e entender, considerando que tudo isso é química, reações químicas, equilíbrios químicos, química analítica. É parte de um domínio desejável do profissional em química.

Acima de tudo, ter sempre em mente que:

Todas as substâncias são tóxicas. Não existe substância sem toxicidade. É unicamente a dose que determina esta toxicidade.

Paracelso
Alquimista do século 16

Bibliografia

1. Armour, M.- A., *Hazardous Chemicals – Information and Disposal Guide*, University of Alberta, Edmonton, Canadá, 1987.

2. Armour, M-.A., *Hazardous Chemicals Disposal Guide*, CRC Press, Boca Raton, FL, 1991.

3. Armour, M-. A., Chemical waste management and disposal, *J. Chem. Educ.*, 1988, **65**, A64.

4. Armour, M-. A., Browne, L.M. and Weir, G.L., Tested disposal methods for chemical wastes from academic laboratories, *J. Chem. Educ.*, 1985, **62**, A93.

5. Baccan, N. e Barata, L.E.S., *Manual de Segurança para o Laboratório Químico*, Instituto de Química/UNICAMP/CIPA, 1982.

6. Bernabei, D., *Seguridad – Manual para el Laboratorio*, E.Merck, Darmstadt, Alemanha, 1994.

7. Chang, J.C., Levine, S.P. and Simmons, M.S., A laboratory exercise for compatibility testing of hazardous wastes in an environmental analysis course, *J. Chem. Educ.*, 1986, **63**, 640.

8. Cohen, M.D., Kargacin, B., Klein, C.B. and Costa, Max, Mechanism of chromium carcinogenicity and toxicity, *CRC Crit. Rev. Toxicol.*, 1993, **23**, 255.

9. Griffin, T.B. and Knelson, J.H., *Environmental Quality and Safety – Lead*, Vol. II (Supl.), Academic Press, Nova York, 1975.

10. Katz, A., Mercury pollution: the making of an environmental crisis, *CRC Crit. Rev. Environ. Control.*, 1972, **2**, 517.

11. Lunn, G. and Sansone, E.B., A laboratory procedure for reduction of chromium (VI) to chromium (III), *J .Chem. Educ.*, 1989, **66**, 443.

12. Lunn, G. and Sansone, E.B., *Destruction of Hazardous Chemical in the Laboratory*, Wiley-Interscience, Nova York, 1990.

13. McAuliffe, C.A. (Editor), The Chemistry of Mercury, MacMillan Press, 1977.

14. McKusik, B.C., Procedures for laboratory destruction of chemicals, *J. Chem. Educ.*, 1984, **61**, A152.

15. Mikell, W.G. and Fuller, F.H., Good hood practices for safe hood operation, *J. Chem. Educ.*, 1988, **65**, A36.

16. *Safety in Academic Chemistry Laboratories*, A Publication of the American Chemical Society – Committee on Chemical Safety, 5th Edition, Washington, D.C., 1990.

17. Tabatabai, M.A., Physicochemical fate of sulfate in soils, *J. Air Poll. Control Assoc.*, 1987, **37**, 34.

18. Thayer, P.S. and Kensler, C.J.,Current status of the environmental and human safety aspects of nitrilotriacetic acid (NTA), *CRC Crit. Rev. Environ. Control.*, 1973, **3**, 375.

19. Zimdahl, R.L. and Arvik, J.H., Lead in soils and plants: a literature review, *CRC Crit. Rev. Environ. Control.*, 1973, **3**, 213.

Apêndice 3

Tabelas

I — DENSIDADE ABSOLUTA DA ÁGUA[a]

T (°C)	d(g/cm³)	T (°C)	d(g/cm³)	T (°C)	d(g/cm³)
0	0,999841	10	0,999700	20	0,998203
1	900	11	605	21	0,997992
2	941	12	498	22	770
3	965	13	377	23	538
4	973	14	244	24	296
5	965	15	099	25	044
6	941	16	0,998943	26	0,996783
7	902	17	774	27	512
8	849	18	595	28	232
9	781	19	405	29	0,995944

(a) Interpolar para frações de grau Celsius

II — DENSIDADES APROXIMADAS DE ALGUMAS SUBSTÂNCIAS

Substância	Densidade g/cm³	Substância	Densidade g/cm³
Álcool	0,79	Mercúrio	13,6
Alumínio	2,7	Níquel	8,9
Latão	8,4	Platina	21,4
Cobre	8,9	Porcelana	2,4
Vidro	2,6	Prata	10,5
Ouro	19,3	Aço inoxidável	7,9
Ferro	7,9	Água	1,0

III – CONCENTRAÇÃO APROXIMADA DE ALGUNS REAGENTES COMERCIAIS

Reagente (g/cm³)	Densidade	% Massa	C (mol L⁻¹)
HCl	1,19	37	12
HNO_3	1,42	69	16
H_2SO_4	1,84	96	18
H_3CCOOH	1,05	100	17,5
H_3PO_4	1,69	85	14,5
$HClO_4$	1,69	72	12
NH_3	0,90	28	15
H_2O_2	1,11	30	10

IV – AGENTES SECANTES MAIS COMUNS

Substância	Capacidade	Deliqüescente
$CaCl_2$ (anidro)	Alta	Sim
$CaSO_4$[a]	Média	Não
CaO	Média	Não
$MgClO_4$ (anidro)[b]	Alta	Sim
Sílica Gel	Baixa	Não
Al_2O_3	Baixa	Não
P_2O_5	Baixa	Sim

(a) - Drierite (W. A Hammond Drierite Co.)
(b) - Anhydrone (J. T. Baker Chem. Co.)
Dehydrite (Arthur H. Thomas Co.)

V – IDENTIFICAÇÃO E POROSIDADE DE CADINHOS DE PLACA POROSA[a]

Tipo	Grosso	Médio	Fino
Vidro, Pyrex[b]	C(60)	M(15)	F(5,5)
Vidro, Kimax[c]	C(40-60)	M(10-15)	F(4-5,5)
Porcelana, Coors[d]		M(15)	F(5)
Porcelana, Selas[e]	XF(100)	#10(8,8)	#01(6)
	XFF(40)		

(a) - Os valores entre parênteses referem-se ao diâmetro máximo do poro (em micra)
(b) - Corning Glass Works, Corning, Nova York
(c) - Owens, Illinois; Toledo, Ohio
(d) - Coors Porcelain Co, Golden Colorado
(e) - Selas Corporation of América, Dresher, Pennsylvania

VI — ESPECIFICAÇÃO DE ALGUNS TIPOS DE PAPEL-FILTRO QUANTITATIVO

Fabricante	Cristais finos	Cristais moderadamente finos	Cristais grossos	Precipitados gelatinosos
Schleicher and Schuell[a]	S&S 507 S&S 590 S&S 589	S&S 589	S&S 589	S&S 589
Munketell[b]	Faixa Azul OOH	Faixa Branca OK 00	Faixa Verde OOR	Faixa Preta OOR
Whatman[c]	42	44,40	41	41

(a) - Schleicher and Schuell Inc., Keene, New Hampshire
(b) - E. H. Sargent and Co., Chicago, Illinois
(c) - H. Reeve Angel and Co., Inc., Clifton, New Jersey

VII — CONSTANTES DE DISSOCIAÇÃO APROXIMADAS DE ALGUMAS BASES FRACAS

Ácido	Equilíbrio	K_a	pK_a
Amônia[a]	$NH_3 + H_2O \rightleftharpoons NH_4^+ + OH^-$	$1,8 \times 10^{-5}$	4,74
Anilina[b]	$C_6H_5NH_2 + H_2O \rightleftharpoons C_6H_5NH_3^+ + OH^-$	$4,6 \times 10^{-10}$	9,34
Etilamina	$C_2H_5NH_2 + H_2O \rightleftharpoons C_2H_5NH_3^+ + OH^-$	$5,6 \times 10^{-4}$	3,25
Hidrazina[c]	$N_2H_4 + H_2O \rightleftharpoons N_2H_5^+ + OH^-$	$3,0 \times 10^{-6}$	5,52
Hidroxilamina	$NH_2OH \rightleftharpoons NH_2^+ + OH^-$	$6,6 \times 10^{-9}$	8,18
Metilamina	$CH_3NH_2 + H_2O \rightleftharpoons CH_3NH_3^+ + OH^-$	$5,0 \times 10^{-4}$	3,30
α-Naftilamina	$C_{10}H_7NH_2 + H_2O \rightleftharpoons C_{10}H_7NH_3^+ + OH^-$	$9,9 \times 10^{-11}$	10,01
β-Naftilamina	$C_{10}H_7NH_2 + H_2O \rightleftharpoons C_{10}H_7NH_3^+ + OH^-$	$2,0 \times 10^{-10}$	9,70
Fenilhidrazina	$C_6H_5N_2H_3 + H_2O \rightleftharpoons C_6H_5N_2H_4^+ + OH^-$	$1,6 \times 10^{-9}$	8,80
Piridina	$C_5H_5N + H_2O \rightleftharpoons C_5H_5NH^+ + OH^-$	$2,3 \times 10^{-9}$	8,64
Quinoleína	$C_9H_7N + H_2O \rightleftharpoons C_9H_7NH^+ + OH^-$	$1,0 \times 10^{-9}$	9,00
Trietilamina	$(C_2H_5)_3N + H_2O \rightleftharpoons (C_2H_5)_3NH^+ + OH^-$	$2,6 \times 10^{-4}$	3,58

(a) O composto chamado "hidróxido de amônio" é uma solução aquosa de amônia e o equilíbrio de dissociação deve ser descrito por $NH_3 + H_2O \rightleftharpoons NH_4^+ + OH^-$.
(b) As aminas orgânicas podem ser consideradas como sendo amônia, na qual o hidrogênio foi substituído por um radical orgânico. Por exemplo, a anilina pode ser considerada como sendo constituída pela substituição de um átomo de hidrogênio pelo grupo $—C_6H_5$ (fenila).
(c) A hidrazina pode ser considerada como sendo derivada da amônia (NH_3) por substituição de um átomo de hidrogênio pelo grupo $—NH_2$, resultando em $NH_2—NH_2$.

VII – ALGUNS INDICADORES ÁCIDO-BASE

Indicador	Transição de Cor	Faixa de Viragem (pH)	pK_{In}	Solução
• Violeta de Metila	amarelo-azul	0 – 1,6	–	0,01–0,05 % m/v em água
• Violeta de Cristal	amarelo-azul	0 – 1,8	–	0,02 % m/v em água
• Vermelho de Cresol (o-Cresolsulfonoftaleína)	vermelho-amarelo (A) amarelo-vermelho (B)	1,2 – 2,8 7,2 – 8,8	– 8,1	0,1 g em 26,2 mL de NaOH 0,01 mol L^{-1} diluído a 250 mL com água
• Azul de Timol (Timolsulfonoftaleína)	vermelho-amarelo (A) amarelo-azul (B)	1,2 – 2,8 8,0 – 9,6	1,6	0,1 g em 21,5 mL de NaOH 0,01 mol L^{-1} diluído a 250 mL com água
• Púrpura de Cresol (m-Cresolsulfonoftaleína)	vermelho-amarelo (A) amarelo-púrpura (B)	1,3 – 2,8 7,4 – 9,0	8,3	0,1 g em 26,2 mL de NaOH 0,01 mol L^{-1} diluído a 250 mL com água
• Azul de Bromofenol (3′, 3″, 5′, 5″ Tetrabromofenolssulfonoftaleína)	amarelo-azul	3,0 – 4,6	3,8	0,1 g em 14,9 mL de NaOH 0,01 mol L^{-1} diluído a 250 mL com água
• Vermelho do Congo	azul-vermelho	3,0 – 5,0	–	0,1 % m/v em água
• Alaranjado de Metila (Dimetilaminoazobenzeno sulfonato de sódio)	vermelho-amarelo	3,1 – 4,4	3,5	0,01–0,05 % m/v em água
• Verde de Bromocresol (3′, 3″, 5′, 5″ Tetrabromo-m-cresolsulfonoftaleína)	amarelo-azul	3,8 – 5,4	4,7	0,1 g em 14,3 mL de NaOH 0,01 mol L^{-1} diluído a 250 mL com água
• Vermelho de Metila (Dimetilaminoazobenzeno carbonato de sódio)	vermelho-amarelo	4,4 – 6,2	5,0	0,02 g em 60 mL de etanol + 40 mL de água
• Púrpura de Bromocresol (3′, 5′ - Dibromo-o-Cresolsulfonoftaleína)	amarelo-púrpura	5,2 – 6,8	6,1	0,1 g em 18,5 mL de NaOH 0,01 mol L^{-1} diluído a 250 mL com água
• Azul de Bromotimol (3′, 3″, Dibromotimolsulfonoftaleína)	amarelo-azul	6,0 – 7,6	7,1	0,1 g em 16,0 mL de NaOH 0,01 mol L^{-1} diluído a 250 mL com água
• Fenolftaleína	incolor-rosa	8,0 – 10,0	9,3	0,05 g em 50 mL de etanol + 50 mL de água
• Timolftaleína	incolor-azul	9,4 – 10,6	9,9	0,04 g em 50 mL de etanol + 50 mL de água
• Amarelo de Alizarina R (5-(p-Nitroanilinaazo) salicilato de Sódio)	amarelo-vermelho	10,1 – 12,0	11,1	0,01 % m/v em água

(A) - faixa ácida do indicador (B) - faixa básica do indicador

IX — CONSTANTES DE DISSOCIAÇÃO[1,2] APROXIMADAS DE ALGUNS ÁCIDOS FRACOS

Ácido	Equilíbrio	K_a	pK_a
Acético	$H_3CCOOH \rightleftharpoons H^+ + H_3CCOO^-$	$1,8 \times 10^{-5}$	4,74
Arsênico	(1) $H_3AsO_4 \rightleftharpoons H^+ + H_2AsO_4^-$	$6,0 \times 10^{-3}$	2,22
	(2) $H_2AsO_4^- \rightleftharpoons H^+ + HAsO_4^{2-}$	$1,1 \times 10^{-7}$	6,98
	(3) $HAsO_4^{2-} \rightleftharpoons H^+ + AsO_4^{3-}$	$3,0 \times 10^{-12}$	1,53
Arsenioso	$HAsO_2 \rightleftharpoons H^+ + AsO_2^-$	$6,0 \times 10^{-10}$	9,20
Benzóico	$HC_7H_5O_2 \rightleftharpoons H^+ + C_7H_5O_2^-$	$6,6 \times 10^{-5}$	4,18
Bórico	$H_3BO_3 \rightleftharpoons H^+ + H_2BO_3^-$	$6,0 \times 10^{-10}$	9,22
Carbônico	(1) $H_2CO_3 \rightleftharpoons H^+ + HCO_3^-$	$4,6 \times 10^{-7}$	6,34
	(2) $HCO_3^- \rightleftharpoons H^+ + CO_3^{2-}$	$5,6 \times 10^{-11}$	10,25
Cítrico	(1) $H_3C_6H_5O_7 \rightleftharpoons H^+ + H_2C_6H_5O_7^-$	$8,3 \times 10^{-4}$	3,08
	(2) $H_2C_6H_5O_7^- \rightleftharpoons H^+ + HC_6H_5O_7^{2-}$	$2,2 \times 10^{-5}$	4,66
	(3) $HC_6H_5O_7^{2-} \rightleftharpoons H^+ + C_6H_5O_7^{3-}$	$4,0 \times 10^{-7}$	6,40
Ciânico	$HCNO \rightleftharpoons H^+ + CNO^-$	$2,2 \times 10^{-4}$	3,66
EDTA	(1) $H_4Y \rightleftharpoons H^+ + H_3Y^-$	$1,0 \times 10^{-2}$	2,00
	(2) $H_3Y^- \rightleftharpoons H^+ + H_2Y^{2-}$	$2,2 \times 10^{-3}$	2,66
	(3) $H_2Y^{2-} \rightleftharpoons H^+ + HY^{3-}$	$6,9 \times 10^{-7}$	6,16
	(4) $HY^{3-} \rightleftharpoons H^+ + Y^{4-}$	$5,5 \times 10^{-11}$	10,26
Fórmico	$HCOOH \rightleftharpoons H^+ + COO^-$	$1,7 \times 10^{-4}$	3,77
Fumárico	(1) $H_2C_4H_2O_4 \rightleftharpoons H^+ + HC_4H_2O_4^-$	$9,6 \times 10^{-4}$	3,02
	(2) $HC_4H_2O_4^- \rightleftharpoons H^+ + C_4H_2O_4^{2-}$	$4,1 \times 10^{-5}$	4,39
Azotídrico	$HN_3 \rightleftharpoons H^+ + N_3^-$	$1,9 \times 10^{-5}$	4,72
Cianídrico	$HCN \rightleftharpoons H^+ + CN^-$	$4,9 \times 10^{-10}$	9,31
Fluorídrico	$HF \rightleftharpoons H^+ + F^-$	$2,4 \times 10^{-4}$	3,62
Sulfídrico	(1) $H_2S \rightleftharpoons H^+ + HS^-$	$1,0 \times 10^{-7}$	7,00
	(2) $HS^- \rightleftharpoons H^+ + S^{2-}$	$1,2 \times 10^{-13}$	12,92
Nitroso	$HNO_2 \rightleftharpoons H^+ + NO_2^-$	$5,1 \times 10^{-4}$	3,29
Oxálico	(1) $H_2C_2O_4 \rightleftharpoons H^+ + HC_2O_4^-$	$5,6 \times 10^{-2}$	1,25
	(2) $HC_2O_4^- \rightleftharpoons H^+ + C_2O_4^{2-}$	$5,2 \times 10^{-5}$	4,28
Fenol	$C_2H_5OH \rightleftharpoons H^+ + C_6H_5O^-$	$1,3 \times 10^{-10}$	9,89
Fosfórico	(1) $H_3PO_4 \rightleftharpoons H^+ + H_2PO_4^-$	$7,5 \times 10^{-3}$	2,12
	(2) $H_2PO_4^- \rightleftharpoons H^+ + HPO_4^{2-}$	$6,2 \times 10^{-8}$	7,21
	(3) $HPO_4^{2-} \rightleftharpoons H^+ + PO_4^{3-}$	$4,8 \times 10^{-13}$	12,32
Ftálico	(1) $H_2C_8H_4O_4 \rightleftharpoons H^+ + HC_8H_4O_4^-$	$8,0 \times 10^{-4}$	3,10
	(2) $HC_8H_4O_4^- \rightleftharpoons H^+ + C_8H_4O_4^{2-}$	$4,0 \times 10^{-6}$	5,40
Sulfuroso	(1) $H_2SO_3 \rightleftharpoons H^+ + HSO_3^-$	$1,3 \times 10^{-2}$	1,89
	(2) $HSO_3^- \rightleftharpoons H^+ + SO_3^{2-}$	$6,3 \times 10^{-8}$	7,20
Tartárico	(1) $H_2C_4H_4O_6 \rightleftharpoons H^+ + HC_4H_4O_6^-$	$3,0 \times 10^{-3}$	2,52
	(2) $HC_4H_4O_6^- \rightleftharpoons H^+ + C_4H_4O_6^{2-}$	$6,9 \times 10^{-5}$	4,16

(1) A terminologia "constante de dissociação" é usada aqui em conformidade com a *Teoria da Dissociação Eletrolítica* do modo postulado por Svante Arrhenius em 1887, ou Teoria da Ionização. De acordo com esta teoria, o processo de dissociação é reversível, atingindo um estado de equilíbrio entre as espécies ionizadas e não-ionizadas. A constante de equilíbrio K é chamada de constante de dissociação ou de ionização. Na formação de complexos e suas subseqüentes etapas de dissociações [ex.: $Ag(NH_3)_2^+ \rightleftharpoons Ag^+ + 2NH_3$], fala-se em constante de estabilidade ou de formação (K_{est}), ou constante de instabilidade ($K_{inst} = 1/K_{est}$).
Hiller, L. A. and R. H. Herber, *Principles of Chemistry*, McGraw-Hill, New York, 1960. p.198.
Maron, S. H. and C. F. Prutton, *Principles of Physical Chemistry*, Collier Macmillan, 4th Edition, 1966. p.333.
(2) O símbolo que conecta os reagentes e os produtos em uma reação química tem os seguintes significados:
• A + B = AB .... relação estequiométrica
• A + B → AB .... relação resultante de uma reação
• A + B ⇌ AB .... reação em ambas as direções
• A + B ⇌ AB .... equilíbrio
Inczédy, J., Lengyel, T., Ure, A.M. (Editores), IUPAC. *Compendium of analytical nomenclature: definitive rules*. 3.ª Edição, Blackwell Science, Oxford, 1997, Cap. 1, p. 28.
Nesse contexto, como os equilíbrios são dinâmicos, o símbolo que indica reação em ambas as direções pode ser empregado indiferentemente.

X — CONSTANTES DE FORMAÇÃO (ESTABILIDADE) APROXIMADAS DE ALGUNS COMPLEXOS

Os valores tabelados são os logaritmos da constante de formação (estabilidade). As constantes sucessivas são designadas por $k_1, k_2, k_3, \ldots k_n$. A constante cumulativa ou global é o produto das constantes sucessivas. Assim sendo, $K = k_1 \cdot k_2 \cdot k_3 \cdot \ldots \cdot k_n$ e portanto $\log K = \log k_1 + \log k_2 + \log k_3 \ldots + \log k_n$.

Ligante	Cátion	$\log k_1$	$\log k_2$	$\log k_3$	$\log k_4$	$\log K$
NH_3	Ag^+	3,20	3,83			7,03
	Cd^{2+}	2,51	1,96	1,30	0,79	6,56
	Co^{2+}	1,99	1,51	0,93	0,64	5,07
	Cu^{2+}	3,99	3,34	2,73	1,97	12,03
	Hg^{2+}	8,80	8,70	1,00	0,78	19,30
	Ni^{2+}	2,67	2,12	1,61	1,07	7,47
	Zn^{2+}	2,18	2,25	2,31	1,96	8,70
Cl^-	Ag^+	3,04	2,00	0	0,26	5,30
	Cd^{2+}	2,00	0,60	0,10	0,30	3,00
	Hg^{2+}	6,74	6,48	0,85	1,00	15,07
	Pd^{2+}	6,10	4,60	2,40	2,60	15,70

XI — CONSTANTES DE FORMAÇÃO (ESTABILIDADE) DE COMPLEXOS COM INDICADORES METALOCRÔMICOS (Me + In ⇌ MeIn)

Cátion	Ério T	Murexida	Calmagita	Alaranjado de Xilenol
	\multicolumn{4}{c}{Log K}
Bi^{3+}	-	-	-	5,5
Ca^{2+}	5,4	5,0	6,1	-
Cu^{2+}	-	17,9	21,0	-
Fe^{3+}	-	-	-	5,7
Mg^{2+}	7,0	-	7,6	-
Ni^{2+}	-	11,3	-	-
Zn^{2+}	13,5	-	12,5	6,2

XII — PRODUTO DE SOLUBILIDADE APROXIMADO PARA ALGUNS COMPOSTOS

Substância	Fórmula	K_s^0
Hidróxido de alumínio	$Al(OH)_3$	2×10^{-32}
Carbonato de bário	$BaCO_3$	$4,9 \times 10^{-9}$
Cromato de bário	$BaCrO_4$	$1,2 \times 10^{-10}$
Iodato de bário	$Ba(IO_3)_2$	$1,57 \times 10^{-9}$
Manganato de bário	$BaMnO_4$	$2,5 \times 10^{-10}$
Oxalato de bário	BaC_2O_4	$2,3 \times 10^{-8}$
Sulfato de bário	$BaSO_4$	$1,0 \times 10^{-10}$
Oxicloreto de bismuto	$BiOCl$	7×10^{-9}
Carbonato de cádmio	$CdCO_3$	$2,5 \times 10^{-14}$
Oxalato de cádmio	CdC_2O_4	9×10^{-8}
Sulfeto de cádmio	CdS	1×10^{-28}
Carbonato de cálcio	$CaCO_3$	$4,8 \times 10^{-9}$
Fluoreto de cálcio	CaF_2	$4,9 \times 10^{-11}$
Oxalato de cálcio	CaC_2O_4	$2,3 \times 10^{-9}$
Sulfato de cálcio	$CaSO_4$	$6,1 \times 10^{-5}$
Brometo de cuproso	$CuBr$	$5,9 \times 10^{-9}$
Cloreto cuproso	$CuCl$	$3,2 \times 10^{-7}$
Iodeto cuproso	CuI	$1,1 \times 10^{-12}$
Tiocianato cuproso	$CuSCN$	4×10^{-14}
Hidróxido cúprico	$Cu(OH)_2$	$1,6 \times 10^{-19}$
Sulfeto cúprico	CuS	$8,5 \times 10^{-45}$
Hidróxido ferroso	$Fe(OH)_2$	8×10^{-16}
Hidróxido férrico	$Fe(OH)_3$	$1,5 \times 10^{-36}$
Carbonato de chumbo	$PbCO_3$	$1,6 \times 10^{-13}$
Cloreto de chumbo	$PbCl_2$	1×10^{-4}
Cromato de chumbo	$PbCrO_4$	$1,8 \times 10^{-14}$
Hidróxido de chumbo	$Pb(OH)_2$	$2,5 \times 10^{-16}$
Iodeto de chumbo	PbI_2	$7,1 \times 10^{-9}$
Oxalato de chumbo	PbC_2O_4	$3,0 \times 10^{-11}$
Sulfato de chumbo	$PbSO_4$	$1,9 \times 10^{-8}$
Sulfeto de chumbo	PbS	7×10^{-28}
Fosfato de amônio e magnésio	$Mg(NH_4)(PO_4)$	$2,5 \times 10^{-13}$
Carbonato de magnésio	$MgCO_3$	1×10^{-5}
Hidróxido de magnésio	$Mg(OH)_2$	$5,9 \times 10^{-12}$
Oxalato de magnésio	MgC_2O_4	$8,6 \times 10^{-5}$
Hidróxido manganoso	$Mn(OH)_2$	4×10^{-14}
Sulfeto manganoso	MnS	$1,4 \times 10^{-15}$
Cloreto mercuroso	Hg_2Cl_2	$1,3 \times 10^{-18}$
Brometo de prata	$AgBr$	$7,7 \times 10^{-13}$
Carbonato de prata	Ag_2CO_3	$8,2 \times 10^{-12}$
Cloreto de prata	$AgCl$	$1,56 \times 10^{-10}$
Cromato de prata	Ag_2CrO_4	$1,3 \times 10^{-12}$
Cianeto de prata	$AgCN$	2×10^{-12}
Iodeto de prata	AgI	$8,3 \times 10^{-17}$
Oxalato de prata	$Ag_2C_2O_4$	$1,1 \times 10^{-11}$
Sulfeto de prata	Ag_2S	$1,6 \times 10^{-49}$
Tiocianato de prata	$AgSCN$	$1,1 \times 10^{-12}$
Oxalato de estrôncio	SrC_2O_4	$5,6 \times 10^{-8}$
Sulfato de estrôncio	$SrSO_4$	$2,8 \times 10^{-7}$
Hidróxido de zinco	$Zn(OH)_2$	2×10^{-14}
Oxalato de zinco	ZnC_2O_4	$7,5 \times 10^{-9}$
Sulfeto de zinco	ZnS	$4,5 \times 10^{-24}$

XIII — PROPRIEDADES DE ALGUNS MATERIAIS DE LABORATÓRIO

Material	Temperatura máxima permitida (°C)	Sensibilidade a choques térmicos	Reatividade química	Notas
Vidro de borossilicato	200	Resistente à variação de 150°C	Atacado por soluções alcalinas a quente	Marcas encontradas: Pyrex (Corning Glass Works) Kimax (Owens-Illinois)
Vidro comum		Baixa	Atacado por soluções alcalinas a frio	
Vidro resistente a álcalis		Mais sensível que o de borossilicato		Não contém boro
Quartzo fundido	1050	Excelente	Resistente à maioria dos ácidos e halogênios	Cadinhos de quartzo para fusão
Vidro com alto teor de sílica	1000	Excelente	Mais resistente álcalis do que o de borossilicato	Análogo ao de quartzo fundido. Marca: Vycor (Corning)
Porcelana	1100 (vidrada) 1400 (não-vidrada)	Bom	Excelente	
Platina	~1500		Resistente à maioria dos ácidos e sais fundidos. Atacado por água-régia, nitratos fundidos, cianetos, cloretos acima de 1000°. Forma liga com ouro, prata e outros metais. Não aquecer diretamente sobre placa quente	Geralmente na forma de ligas com irídio ou ródio, para aumentar a dureza. Cadinhos de platina para fusão e tratamento com HF
Níquel e Ferro			Amostras fundidas contaminadas com o metal	Cadinhos de níquel e ferro são usados para fusões com peróxidos
Aço Inoxidável	400-500	Excelente	Não atacado por álcalis e ácidos, exceto HCl conc., H_2SO_4 dil., e HNO_3 conc. a quente	
Polietileno	115		Não atacado por soluções alcalinas ou HF. Atacados por muitos solventes orgânicos (ex.: acetona, etanol).	
Teflon (PTFE)	−270 a +205		Praticamente resistente a todos reagentes químicos na faixa de temperatura especificada	Não deve ser esfregado com abrasivos nem com esponja de aço. Não aquecer diretamente na chama nem em placa quente. Marca: NALGENE (Sybron Corp.)

XIV — POTENCIAIS PADRÃO DE ELETRODO PARA ALGUMAS SEMI-REAÇÕES

Semi-reação	E^o (volts)	Semi-reação	E^o (volts)
$F_2 + 2H^+ + 2e^- \rightleftharpoons 2HF$ (aq.)	3,06	$Cu^+ + e^- \rightleftharpoons Cu^0$	0,521
$O_3 + 2H^+ + 2e^- \rightleftharpoons O_2 + H_2O$	2,07	$IO^- + H_2O + 2e^- \rightleftharpoons I^- + 2OH^-$	0,49
$S_2O_8^{2-} + 2e^- \rightleftharpoons 2SO_4^{2-}$	2,01	$Fe(CN)_6^{3-} + e^- \rightleftharpoons Fe(CN)_6^{4-}$	0,36
$Co^{3+} + e^- \rightleftharpoons Co^{2+}$	1,842	$Cu^{2+} + 2e^- \rightleftharpoons Cu^0$	0,337
$H_2O_2 + 2H^+ + 2e^- \rightleftharpoons 2H_2O$	1,77	$IO_3^- + 3H_2O + 6e^- \rightleftharpoons I^- + 6OH^-$	0,26
$Ce^{4+} + e^- \rightleftharpoons Ce^{3+}$ (solução perclórica – 1mol L^{-1})	1,70	$AgCl + e^- \rightleftharpoons Ag^0 + Cl^-$	0,2222
$IO_4^- + 2H^+ + 2e^- \rightleftharpoons IO_3^- + H_2O$	1,70	$SO_4^{2-} + 4H^+ + 2e^- \rightleftharpoons H_2SO_3 + H_2O$	0,20
$MnO_4^- + 4H^+ + 3e^- \rightleftharpoons MnO_2 + 2H_2O$	1,695	$Cu^{2+} + e^- \rightleftharpoons Cu^+$	0,153
$PbO_2 + 4H^+ + SO_4^{2-} + 2e^- \rightleftharpoons PbSO_4 + 2H_2O$	1,685	$Sn^{4+} + 2e^- \rightleftharpoons Sn^{2+}$	0,15
$Ce^{4+} + e^- \rightleftharpoons Ce^{3+}$ (solução nítrica – 1 mol L^{-1})	1,61	$S + 2H^+ + 2e^- \rightleftharpoons H_2S$	0,14
$BrO_3^- + 6H^+ + 5e^- \rightleftharpoons \frac{1}{2}Br_2 + 3H_2O$	1,52	$S_4O_6^{2-} + 2e^- \rightleftharpoons 2S_2O_3^{2-}$	0,08
$MnO_4^- + 8H^+ + 5e^- \rightleftharpoons Mn^{2+} + 4H_2O$	1,51	$AgBr + e^- \rightleftharpoons Ag^0 + Br^-$	0,07
$Mn^{3+} + e^- \rightleftharpoons Mn^{2+}$	1,51	$2H^+ + 2e^- \rightleftharpoons H_2$	0
$HClO + H^+ + 2e^- \rightleftharpoons Cl^- + H_2O$	1,49	$2H_2SO_3 + H^+ + 2e^- \rightleftharpoons HS_2O_4^- + 2H_2O$	-0,08
$ClO_3^- + 6H^+ + 5e^- \rightleftharpoons \frac{1}{2}Cl_2 + 3H_2O$	1,47	$Pb^{2+} + 2e^- \rightleftharpoons Pb^0$	-0,126
$PbO_2 + 4H^+ + 2e^- \rightleftharpoons Pb^{2+} + 2H_2O$	1,455	$Sn^{2+} + 2e^- \rightleftharpoons Sn^0$	-0,136
$HIO + H^+ + e^- \rightleftharpoons \frac{1}{2}I_2 + H_2O$	1,45	$AgI + e^- \rightleftharpoons Ag^0 + I^-$	-0,15
$ClO_3^- + 6H^+ + 6e^- \rightleftharpoons Cl^- + 3H_2O$	1,45	$CuI + e^- \rightleftharpoons Cu^0 + I^-$	-0,19
$Ce^{4+} + e^- \rightleftharpoons Ce^{3+}$ (solução sulfúrica – 1 mol L^{-1})	1,44	$Ni^{2+} + 2e^- \rightleftharpoons Ni^0$	-0,250
$BrO_3^- + 6H^+ + 6e^- \rightleftharpoons Br^- + 3H_2O$	1,44	$V^{3+} + e^- \rightleftharpoons V^{2+}$	-0,26
$Cl_2 + 2e^- \rightleftharpoons 2Cl^-$	1,3595	$PbCl_2 + 2e^- \rightleftharpoons Pb^0 + 2Cl^-$	-0,268
$Cr_2O_7^{2-} + 14H^+ + 6e^- \rightleftharpoons 2Cr^{3+} + 7H_2O$	1,33	$Co^{2+} + 2e^- \rightleftharpoons Co^0$	-0,277
$Ce^{4+} + e^- \rightleftharpoons Ce3+$ (solução clorídrica – 1 mol L^{-1})	1,28	$PbBr_2 + 2e^- \rightleftharpoons Pb^0 + 2Br^-$	-0,280
$MnO_2 + 4H^+ + 2e^- \rightleftharpoons Mn^{2+} + 2H_2O$	1,23	$PbSO_4 + 2e^- \rightleftharpoons Pb^0 + SO_4^{2-}$	-0,36
$O_2 + 4H^+ + 4e^- \rightleftharpoons 2H_2O$	1,23	$PbI_2 + 2e^- \rightleftharpoons Pb^0 + 2I^-$	-0,37
$IO_3^- + 6H^+ + 5e^- \rightleftharpoons \frac{1}{2}I_2 + 3H_2O$	1,195	$Cd^{2+} + 2e^- \rightleftharpoons Cd^0$	-0,403
$ClO_4^- + 2H^+ + 2e^- \rightleftharpoons ClO_3^- + H_2O$	1,19	$Cr^{3+} + e^- \rightleftharpoons Cr^{2+}$	-0,41
Br_2(líq.) $+ 2e^- \rightleftharpoons 2Br^-$	1,065	$Fe^{2+} + 2e^- \rightleftharpoons Fe^0$	-0,440
$HNO_2 + H^+ + e^- \rightleftharpoons NO + H_2O$	1,00	$2CO_2$ (gas) $+ 2H^+ + 2e^- \rightleftharpoons H_2C_2O_4$ (aq.)	-0,49
$HIO + H^+ + 2e^- \rightleftharpoons I^- + H_2O$	0,99	$S + 2e^- \rightleftharpoons S^{2-}$	-0,51
$NO_3^- + 4H^+ + 3e^- \rightleftharpoons NO + 2H_2O$	0,96	$U^{4+} + e^- \rightleftharpoons U^{3+}$	-0,61
$NO_3^- + 3H^+ + 2e^- \rightleftharpoons HNO_2 + H_2O$	0,94	$HgS + 2e^- \rightleftharpoons Hg^0 + S^{2-}$	-0,70
$2Hg^{2+} + 2e^- \rightleftharpoons Hg_2^{2+}$	0,920	$Ag_2S + 2e^- \rightleftharpoons 2Ag^0 + S^{2-}$	-0,71
$ClO^- + H_2O + 2e^- \rightleftharpoons Cl^- + 2OH^-$	0,89	$Cr^{3+} + 3e^- \rightleftharpoons Cr^0$	-0,74
$NO_3^- + 10H^+ + 8e^- \rightleftharpoons NH_4^+ + 3H_2O$	0,87	$Zn^{2+} + 2e^- \rightleftharpoons Zn^0$	-0,763
$Cu^{2+} + I^- + e^- \rightleftharpoons CuI$	0,86	$2SO_3^{2-} + 2H_2O + 2e^- \rightleftharpoons S_2O_4^{2-} + 4OH^-$	-1,12
$Hg^{2+} + 2e^- \rightleftharpoons Hg^0$	0,854	$Mn^{2+} + 2e^- \rightleftharpoons Mn^0$	-1,18
$NO_3^- + 2H^+ + e^- \rightleftharpoons NO_2 + H_2O$	0,80	$ZnO_2^{2-} + 2H_2O + 2e^- \rightleftharpoons Zn^0 + 4OH^-$	-1,22
$Ag^+ + e^- \rightleftharpoons Ag^0$	0,7991	$Al^{3+} + 3e^- \rightleftharpoons Al^0$	-1,66
$Hg_2^{2+} + 2e^- \rightleftharpoons 2Hg^0$	0,789	$H_2 + 2e^- \rightleftharpoons 2H^-$	-2,25
$Fe^{3+} + e^- \rightleftharpoons Fe^{2+}$	0,771	$Al(OH)_4^- + 3e^- \rightleftharpoons Al^0 + 4OH^-$	-2,35
$BrO^- + H_2O + 2e^- \rightleftharpoons Br^- + 2OH^-$	0,76	$Mg^{2+} + 2e^- \rightleftharpoons Mg^0$	-2,37
$O_2 + 2H^+ + 2e^- \rightleftharpoons H_2O_2$	0,682	$Na^+ + e^- \rightleftharpoons Na^0$	-2,714
$BrO_3^- + 3H_2O + 6e^- \rightleftharpoons Br^- + 6OH^-$	0,61	$Ca^{2+} + 2e^- \rightleftharpoons Ca^0$	-2,87
$MnO_4^- + 2H_2O + 3e^- \rightleftharpoons MnO_2 + 4OH^-$	0,60	$Sr^{2+} + 2e^- \rightleftharpoons Sr^0$	-2,89
$MnO_4^- + e^- \rightleftharpoons MnO_4^{2-}$	0,564	$Ba^{2+} + 2e^- \rightleftharpoons Ba^0$	-2,90
$I_3^- + 2e^- \rightleftharpoons 3I^-$	0,5355	$K^+ + e^- \rightleftharpoons K^0$	-2,925
$I_2 + 2e^- \rightleftharpoons 2I^-$	0,535	$Li^+ + e^- \rightleftharpoons Li^0$	-3,045

XV — MASSAS MOLARES DOS ELEMENTOS QUÍMICOS BASEADAS NO ISÓTOPO $^{12}C = 12$ [a]

Elemento	Símbolo	Número atômico	Massa molar (g mol^{-1})	Elemento	Símbolo	Número atômico	Massa molar (g mol^{-1})
Actínio[b]	^{227}Ac	89	227,03	Laurêncio[b]	^{262}Lr	103	262,11
Alumínio	Al	13	26,982	Lítio	Li	3	6,94
Amerício[b]	^{241}Am	95	241,06	Lutécio	Lu	71	174,97
Antimônio	Sb	51	121,76	Magnésio	Mg	12	24,305
Argônio	Ar	18	39,948	Manganês	Mn	25	54,938
Arsênio	As	33	74,922	Mendelévio[b]	^{258}Md	101	258,10
Astatínio[b]	^{210}At	85	209,99	Mercúrio	Hg	80	200,59
Bário	Ba	56	137,33	Molibdênio	Mo	42	95,94
Berílio	Be	4	9,0122	Neodímio	Nd	60	144,24
Berquélio[b]	^{249}Bk	97	249,08	Neônio	Ne	10	20,180
Bismuto	Bi	83	208,98	Netúnio[b]	^{237}Np	93	237,05
Boro	B	5	10,811	Nióbio	Nb	41	92,906
Bromo	Br	35	79,904	Níquel	Ni	28	58,693
Cádmio	Cd	48	112,41	Nitrogênio	N	7	14,007
Cálcio	Ca	20	40,078	Nobélio[b]	^{259}No	102	259,10
Califórmio[b]	^{252}Cf	98	252,08	Ósmio	Os	76	190,23
Carbono	C	6	12,011	Ouro	Au	79	196,97
Cério	Ce	58	140,12	Oxigênio	O	8	15,999
Césio	Cs	55	132,91	Paládio	Pd	46	106,42
Chumbo	Pb	82	207,2	Platina	Pt	78	195,08
Cloro	Cl	17	35,453	Plutônio[b]	^{239}Pu	94	239,05
Cobalto	Co	27	58,933	Polônio[b]	^{210}Po	84	209,98
Cobre	Cu	29	63,546	Potássio	K	19	39,098
Criptônio	Kr	36	83,80	Praseodímio	Pr	59	140,91
Crômio	Cr	24	51,996	Prata	Ag	47	107,87
Cúrio[b]	^{244}Cm	96	244,06	Promécio[b]	^{147}Pm	61	146,92
Disprósio	Dy	66	162,50	Protactínio[c]	Pa	91	231,04
Einstênio[b]	^{252}Es	99	252,08	Rádio[b]	^{226}Ra	88	226,03
Enxofre	S	16	32,066	Radônio[b]	^{222}Rn	86	222,02
Érbio	Er	68	167,26	Rênio	Re	75	186,21
Escândio	Sc	21	44,956	Ródio	Rh	45	102,91
Estanho	Sn	50	118,71	Rubídio	Rb	37	85,468
Estrôncio	Sr	38	87,62	Rutênio	Ru	44	101,07
Európio	Eu	63	151,96	Samário	Sm	62	150,36
Férmio[b]	^{257}Fm	100	257,10	Selênio	Se	34	78,96
Ferro	Fe	26	55,847	Silício	Si	14	28,086
Flúor	F	9	18,998	Sódio	Na	11	22,990
Fósforo	P	15	30,974	Tálio	Tl	81	204,38
Frâncio[b]	^{223}Fr	87	223,02	Tântalo	Ta	73	180,95
Gadolínio	Gd	64	157,25	Tecnécio[b]	^{99}Tc	43	98,906
Gálio	Ga	31	69,723	Telúrio	Te	52	127,60
Germânio	Ge	32	72,61	Térbio	Tb	65	158,93
Háfnio	Hf	72	178,49	Titânio	Ti	22	47,88
Hélio	He	2	4,0026	Tório[c]	Th	90	232,04
Hidrogênio	H	1	1,0079	Túlio	Tm	69	167,93
Hólmio	Ho	67	164,93	Tungstênio	W	74	183,84
Índio	In	49	114,82	Urânio[c]	U	92	238,03
Iodo	I	53	126,90	Vanádio	V	23	50,942
Irídio	Ir	77	192,22	Xenônio	Xe	54	131,29
Itérbio	Yb	70	173,04	Zinco	Zn	30	65,39
Ítrio	Y	39	88,906	Zircônio	Zr	40	91,224
Lantânio	La	57	138,91				

(a) Inczédy, J.; Lengyel, T. e Ure, A.M. (editores). IUPAC – *Compendium of Analytical Nomenclature*: Definitive Rules, 3.ª edição, Blackwell Science Ltd, Oxford, Cap. 1, p.79-82, 1997.
(b) Elementos que, por não possuírem isótopos estáveis, são representados pelo seu radioisótopo mais conhecido.
(c) Elementos radioativos que possuem composição isotópica terrestre característica.

XVI — MASSAS MOLARES APROXIMADAS[1] DE ALGUNS COMPOSTOS (g mol^{-1})

Composto	Massa	Composto	Massa
AgBr	187,78	CuS	95,60
AgCNS	165,95	Cu$_2$S	159,14
AgCl	143,32	EDTA, dissódico, 2H$_2$O	372,24
Ag$_2$CrO$_4$	331,74	FeCO$_3$	115,86
AgI	234,77	FeO	71,85
AgNO$_3$	169,88	Fe$_2$O$_3$	159,69
Ag$_3$PO$_4$	418,58	Fe$_3$O$_4$	231,54
Ag$_2$S	247,80	Fe(OH)$_2$	89,87
Al(C$_9$H$_6$ON)$_3$ (quinolinato)	459,45	Fe(OH)$_3$	106,87
Al$_2$O$_3$	101,96	FeS	87,91
Al(OH)$_3$	78,00	FeSO$_4$ · 7H$_2$O	278,02
Al$_2$(SO$_4$)$_3$	342,15	FeSO$_4$ · (NH$_4$)$_2$SO$_4$ · 6H$_2$O	392,14
As$_2$O$_3$	197,84	Fe$_2$(SO$_4$)$_3$	399,89
As$_2$O$_5$	229,84	Fe$_2$(SO$_4$)$_3$ · (NH$_4$)$_2$SO$_4$ · 24H$_2$O	964,38
As$_2$S$_3$	246,03	H$_3$BO$_3$	61,83
BaCO$_3$	197,35	HBr	80,92
BaCl$_2$	208,24	HCHO$_2$ (ácido fórmico)	46,03
Ba(ClO$_4$)$_2$	336,24	HC$_2$H$_3$O$_2$ (ácido acético)	60,05
BaCrO$_4$	253,34	H$_2$C$_2$O$_4$ · 2H$_2$O (ácido oxálico)	126,07
BaF$_2$	175,34	H$_2$C$_4$H$_4$O$_6$ (ácido tartárico)	150,09
BaO	153,34	H$_2$C$_8$H$_4$O$_4$ (ácido ftálico)	166,14
Ba(OH)$_2$	171,36	HCl	36,46
Ba$_3$(PO$_4$)$_2$	601,97	HClO$_4$	100,46
BaSO$_4$	233,40	HF	20,01
Bi$_2$S$_3$	514,16	HNO$_2$	47,01
BF$_3$	67,81	HNO$_3$	63,02
B$_2$O$_3$	69,62	H$_2$O$_2$	34,02
CaCO$_3$	100,09	H$_3$PO$_4$	97,99
CaC$_2$O$_4$	128,10	H$_2$S	34,08
CaF$_2$	78,08	H$_2$SO$_3$	82,08
CaO	56,08	H$_2$SO$_4$	98,08
Ca(OH)$_2$	74,10	HgS	232,65
Ca(NO$_3$)$_2$	164,10	Hg$_2$Cl$_2$	472,08
Ca$_3$(PO$_4$)$_2$	310,19	KBr	119,01
CaSO$_4$	136,14	KBrO$_3$	167,01
(C$_2$H$_5$)$_3$N	101,19	KCN	65,12
Ce(IO$_3$)$_3$	489,91	KCNS	97,18
CeO$_2$	172,12	K$_2$CO$_3$	138,22
Ce(SO$_4$)$_2$	332,25	KCl	74,56
(NH$_4$)$_2$Ce(NO$_3$)$_6$	548,22	KClO$_3$	122,55
(NH$_4$)$_2$Ce(SO$_4$)$_3$·2H$_2$O	500,41	KClO$_4$	138,55
CO	28,01	K$_2$CrO$_4$	194,20
CO$_2$	44,01	K$_2$Cr$_2$O$_7$	294,20
CO(NH$_2$)$_2$ (uréia)	60,05	K$_3$Fe(CN)$_6$	329,26
CrO$_3$	99,99	K$_4$Fe(CN)$_6$	368,36
Cr$_2$O$_3$	151,99	KHCO$_3$	100,12
Cr(OH)$_3$	103,01	KHC$_2$O$_4$	128,13
Cu(NO$_3$)$_2$	187,54	KHC$_8$H$_4$O$_4$ (biftalato de potássio)	204,23
CuO	79,54	KH$_2$PO$_4$	136,09
Cu$_2$O	143,08	K$_2$HPO$_4$	174,19
CuSO$_4$ · 5H$_2$O	249,68	KI	166,00

KIO$_3$	214,00		Na$_2$S	78,04
KIO$_4$	230,00		Na$_2$SO$_3$	126,04
KMnO$_4$	158,04		Na$_2$SO$_4$	142,04
KNO$_2$	85,11		Na$_2$S$_2$O$_3 \cdot$ 5H$_2$O	248,18
KNO$_3$	101,11		NH$_3$	17,03
KOH	56,11		(NH$_4$)$_2$CO$_3$	96,09
K$_3$PO$_4$	212,01		(NH$_4$)$_2$C$_2$O$_4$	124,10
K$_2$SO$_4$	174,26		NH$_4$Cl	53,49
K$_2$S$_2$O$_8$	270,32		NH$_2$OH	33,03
Li$_2$SO$_4$	109,94		(NH$_4$)$_3$P(Mo$_3$O$_{10}$)$_4$	1876,36
MgCO$_3$	84,32		(NH$_4$)$_2$SO$_4$	132,13
MgC$_2$O$_4$	112,33		NiCl$_2$	129,62
Mg(C$_9$H$_6$ON)$_2$ (quinolinato de magnésio)	312,62		P$_2$O$_5$	141,95
MgCl$_2$	95,22		PbCO$_3$	267,20
Mg(ClO$_4$)$_2$	223,22		PbCrO$_4$	323,19
MgNH$_4$PO$_4$	137,33		PbI$_2$	461,00
MgO	40,31		PbO	223,19
Mg(OH)$_2$	58,33		PbO$_2$	239,19
Mg$_2$P$_2$O$_7$	222,56		Pb$_3$O$_4$	685,57
MgSO$_4$	120,37		Pb(OH)$_2$	241,21
MnO$_2$	86,94		PbS	239,25
Mn$_3$O$_4$	228,81		PbSO$_4$	303,25
Mn(OH)$_2$	88,96		PdO$_2$	138,40
MnS	87,00		PdNO$_3$)$_2$	230,40
MoO$_3$	143,94		Sb$_2$O$_3$	291,50
Mo$_2$O$_3$	239,88		Sb$_2$O$_4$	307,50
Na$_2$B$_4$O$_7 \cdot$ 10H$_2$O (bórax)	381,38		Sb$_2$O$_5$	323,50
NaBr	102,90		Sb$_2$S$_3$	339,69
NaC$_2$H$_3$O$_2$ (acetato de sódio)	82,03		SiF$_4$	104,08
NaCN	49,01		SiO$_2$	60,09
NaSCN	81,07		SnCl$_2$	189,60
Na$_2$CO$_3$	105,99		SnO$_2$	150,69
Na$_2$C$_2$O$_4$	134,00		SnS	150,75
NaCl	58,44		SO$_2$	64,06
NaClO	74,44		SO$_3$	80,06
NaClO$_2$	90,44		SrCO$_3$	147,63
NaHCO$_3$	84,01		SrC$_2$O$_4$	175,64
NaH$_2$PO$_4$	119,99		Sr$_3$(PO$_4$)$_2$	452,81
Na$_2$HPO$_4$	141,98		SrSO$_4$	183,68
NaI	149,89		TiO$_2$	79,90
NaNO$_2$	69,00		U$_3$O$_8$	842,09
NaNO$_3$	85,00		V$_2$O$_5$	181,88
Na$_2$O$_2$	77,98		Zn$_2$P$_2$O$_7$	304,69
NaOH	40,00		ZnS	97,43
Na$_3$PO$_4$	163,95		ZnSO$_4$	161,43

(1) Por serem aproximados, esses valores devem ser verificados em casos de dúvida ou quando os cálculos necessitarem de maior precisão.

Índice

Ácido acético, determinação volumétrica de, 219
Ácido-base
  conceitos, 82
  curvas de titulação, 46, 51, 68, 74
  indicadores, 55, 58
Ácido clorídrico
  determinação volumétrica de, 219
  solução padrão, 224
Ácido carbônico, equilíbrio, 75
Ácido etilenodiaminotetracético (EDTA), 130
  agentes mascarantes na titulação com, 137
  constante de estabilidade condicional, 133
    cálculos para complexos de íons metálicos com, 134, 137
  definição, 133, 134, 137
  constante de formação (estabilidade) absoluta, 131
  efeito de tampões, 137
  efeito do pH na titulação, 144
  indicadores metalocrômicos na titulação com, 143
  solução padrão, 258
  variação da concentração das espécies em função de pH, 130
Ácido fosfórico, determinação volumétrica de, 227
Ácidos polipróticos, titulação de, 74, 226
Aferição de pipeta, 196
Água, determinação complexométrica da dureza, 260
Água de cristalização, determinação em cloreto de bário, 197
Água essencial, 192
  constituição, 192
  hidratação ou cristalização, 193
Água não-essencial, 191
  adsorção, 191
  absorção, 192
  oclusão, 192
Água oxigenada, determinação iodométrica, 252
Algarismos significativos, 1
  como resultado de um cálculo, 2
  números experimentais, 6
Alumínio, determinação com 8-hidroxiquinolina, 205
Amadurecimento de Ostwald, 38
Amido,
  como indicador em iodometria, 250
  preparo da solução, 250
Amônia, determinação volumétrica de, 226
Amostra, preparo, 181, 217
Análise gravimétrica
  contaminação do precipitado, 38
  coprecipitação, 39
    por formação de soluções sólidas, 39
    pós-precipitação, 41
  digestão do precipitado, 184
  envelhecimento do precipitado, 38
  filtração do precipitado, técnicas, 183
  formação dos precipitados, 34
  influência das condições de precipitação, 33
  lavagem do precipitado, 186
  pesagem, 190
  precipitação de uma solução homogênea, 41
  precipitação em, 182
  preparo da amostra, 181, 217
  secagem ou calcinação do precipitado, 188
  vantagens, 180
Antiácidos, capacidade de neutralização por, 223
Aparelhos volumétricos, 168
  influência da temperatura sobre o volume, 175
  limpeza, 177
Argentometria (vide volumetria de precipitação).
Avogadro, número de, 29

Balança analítica, 154
  cuidados, 164
  dois pratos, 156, 157
  eletrônica, 166

ÍNDICE

erros de pesagem, 161
correção do peso de um objeto para o vácuo, 162
massa e peso, conceitos, 155
peso constante, 165
prato único, 164
princípio do funcionamento, 158
propriedades, 161
teoria da pesagem, 156
torque, 156
Balões volumétricos, 175
Bário,
cloreto, determinação de água de cristalização em, 193, 195
determinação gravimétrica, precipitação de solução homogênea, 213
Bureta, 169
cuidados na utilização e manuseio, leitura do volume, 172, 174
tipos, 170, 172

Calcário,
determinação de cálcio e magnésio, preparo da amostra, 259, 264
Cálcio,
considerações sobre titulação com EDTA, 259
determinação complexométrica em calcário, 263
casca de ovos, 266
leite, 265
Células galvânicas, 105
Chumbo, determinação gravimétrica a partir de uma solução homogênea,
agente precipitante, 208
procedimento, 208
Cloreto,
determinação gravimétrica de, 203
determinação análoga, 205
interferências, 205
procedimento, 204
determinação volumétrica,
método de Fajans, 232, 234
método de Mohr, 230, 233
Cobalto,
separação do níquel por troca iônica, 261
determinação complexométrica, 263
Cobre,
determinação iodométrica, 247, 253
determinação em latão, 254
determinação gravimétrica, 211
precipitação de solução homogênea, salicilaldoxima, 211

Coluna de troca iônica, preparação, 262
Complexometria, 130
constante de estabilidade absoluta, 131
constante de estabilidade condicional, 133, 134
curvas de titulação, 133
determinação de dureza da água, 260
determinação de cálcio, 259, 263
em calcário, 263
em leite, 265
determinação de cobalto, 262
determinação de magnésio em calcário, 253
determinação de níquel, 261, 263
efeito de tampões e agentes mascarantes, 137
escolha do titulante, 146
indicadores, 143
métodos de titulação, 148
Constante de estabilidade de íons metálicos com EDTA
absoluta, 132
condicional, 133, 134
Coprecipitação, 39
por formação de soluções sólidas, 39
por adsorção na superfície, 39
Cromato, íon, como indicador no método de Mohr, 230
Curvas de titulação, em volumetria de,
ácido-base, 46, 51, 59, 61, 68, 74
precipitação, 88, 92
óxido-redução, 111
complexação, 133

Desvio,
de uma medida, 7
médio, 14
estimativa, 14
padrão, 14
estimativa, 14
Dicromatometria, 239
determinação de ferro em minério, 239
determinação de ferro em produtos farmacêuticos, 241
redutores metálicos, 242, 243
Digestão de precipitados, 183
Dimetilglioxima, precipitante para níquel, 209
Dureza da água, determinação complexométrica, 260

EDTA (vide ácido etilenodiaminotetracético).
Eletrodo padrão de hidrogênio, 107

Empuxo, efeitos sobre as pesagens, 162
Erro,
   absoluto, 6
   aparente, 7
   de pesagem, 160
   de titulação, 58, 59
   de uma medida, 6
   determinado, 9
      de método, 9
      instrumental, 10
      operacional, 9
      pessoal, 10
   indeterminado, 10
   propagação, 20
   relativo, 7
Exatidão de uma medida, 8

Fajans, método de, 232, 234
Ferro,
   determinação gravimétrica, 197
      interferências, 198
      procedimento, 198
      determinação em produtos
         farmacêuticos, 241
      determinação permanganométrica
         em minério, 236
      determinação por dicromatometria
         em minério, 239
Filtração, 183
   por gravidade, 185
   por sucção, 184
   procedimento geral em gravimetria, 180
Formas de água em sólidos, 191

Gooch,
   tipos mais comuns, 183
   utilização, 184
Grau de dispersão dos precipitados, 34
Grau de supersaturação relativa, 34

Hidrogênio, eletrodo padrão de, 107
8-Hidroxiquinolina,
   determinação de alumínio, 205
   determinação de magnésio, 206

Indicadores,
   ácido-base, 55
      escolha, 58
      fundamentos do uso, 55
   amido, preparo e uso, 249, 250
   em volumetria de precipitação, 93, 230
      de adsorção, 232, 234
      equilíbrios,

      fenolftaleína, 57
      vermelho de fenol, 57
      alaranjado de metila, 58
   metalocrômicos, 143
      comportamento, 143
      negro de eriocromo T, 143
      complexos com íons metálicos, 144
      estequiometria, 144
      efeito do pH na dissociação do, 145
   redox, 120
      específicos, 121
      verdadeiros, 122
Iodo-triodeto, sistema, 249
Iodometria, 247
   detecção do ponto final em, 249
   determinação de ácido, 257
   determinação de água oxigenada por, 252
determinação de cobre por, 253
   interferência do ferro, 253
   fontes de erro, 248
influência do pH no sistema iodo-iodeto, 248
   preparo da solução de amido, 250

Lavagem do precipitado, 186
Lei da distribuição normal, 10
Leite, determinação complexométrica de cálcio em, 265
   determinação de hidróxido de magnésio em leite de magnésia, 222
Limite de confiança da média, 16
Limpeza de materiais volumétricos, 177
   soluções, 177
   técnicas, 177

Magnésio,
   considerações sobre a titulação com EDTA, 259
      determinação complexométrica em calcário, 263
casca de ovos, 266
   Mg-EDTA, solução padrão, 266
   determinação com 8-hidroxiquinolina, 206
Massa, conceito, 155
Média,
   de uma população, 11
   desvio médio da, 15
   estimativa do desvio padrão da, 15
   intervalo de confiança, 18
   limite de confiança, 16
Mediana, 27
Menisco, leitura, 174

ÍNDICE

Mohr, método de, 230, 233
Mole, 29, 276, 277

Níquel,
    determinação complexométrica, 261, 263
    determinação gravimétrica a partir de uma solução homogênea, 209
        em minério, 211
        interferências, 210
        procedimento, 210
    separação de cobalto por troca iônica, 261
Nitrobenzeno, uso na titulação de Volhard, 231
Oclusão, coprecipitação por, 39
Ostwald,
    amadurecimento de, 38
    amadurecimento interno de, 38
Óxido-redução (vide volumetria de óxido-redução).
Oxina, ver 8-hidroxiquinolina,

Padrão primário, 216
    características, 216
Permanganometria, 235
    determinação de ferro em minério, 236
    redutores metálicos, 242, 243
    solução de Zimmermann, 238
Peróxido de hidrogênio, determinação iodométrica, 252
Pesagem, 153
    correção para o vácuo, 162
    cuidados, 164
    erros, 161
    história, 154
    teoria, 156
Peso, conceito, 155
pH de soluções, 47
Pilhas galvânicas, 105
Pipetas, 169
    aferição, 196
    manuseio, 171
    tempo de escoamento, 196
    tipos, 170
Pós-precipitação, 41
Potássio, tiocianato,
    na determinação de cobre por iodometria, 254, 256
    método de Volhard, uso de, 231
    solução padrão, 234
Potencial,
    de semi-reação, 107
    padrão de eletrodo, 107
    formal de eletrodo, 125

Prata,
    determinação volumétrica pelo método de Volhard, 234
    nitrato, solução padrão, 233
Precipitação,
    a partir de uma solução homogênea,
        determinação de chumbo, 208
        determinação de níquel, 209
    influência das condições de, 33
Precipitados,
    contaminação, 38
        por coprecipitação, 39
        por pós-precipitação, 41
    digestão, 183
    envelhecimento, 38
    filtração, 183
    formação, 33
    gelatinosos, 38, 41
    grau de dispersão, 34
    lavagem, 186
    pesagem, 190
    secagem ou calcinação, 188
Precisão, 8
    conceituação, 8
    de uma medida, 14
Provetas, 169

Quantidade de substância, 52
Química, testes estatísticos para rejeição de resultados, 25

Redutores metálicos, 243
    redutor de Jones, 245
    redutor de Walden, 246

Semi-reações, 104
Sistema Internacional de Unidades, 271
Sódio, carbonato,
    como padrão primário, 225
    tratamento térmico, 225
Sódio, hidróxido, solução padrão, 219
Sódio, oxalato, como padrão primário, 236
Sódio, tiossulfato,
    reação com iodo, 251
    solução padrão, 251
Solução tampão, 46
Soluções de limpeza, 177
Student, 17, 18
    parâmetro t, 17
Sulfato, determinação gravimétrica, 200
    efeitos da coprecipitação na, 201
    interferências, 201
    procedimento, 202

Tampões, efeitos sobre as titulações com EDTA, 137
Técnica,
   da meia gota, 174
   de limpeza de materiais volumétricos, 177
   operações unitárias, 180
Teste F, 18
Teste Q, 25
Titulação,
   erro de, 58, 59
   escolha do titulante em complexometria, 146
   métodos de, envolvendo ligantes polidentados, 148
   técnicas de, 174
Titulação, curvas de,
   complexação, 133
   neutralização, 46, 51, 59, 61, 68, 74
   óxido redução, 111
   precipitação, 88, 93
Troca iônica, preparação da coluna, 262

Unidades, sistema internacional, 271
   definições das unidades, 274
   regras e convenções para uso, 278
Uréia, com precursor de íons hidroxilas na precipitação a partir de uma solução homogênea, 42, 210

Variância, 14
Vinho, determinação da acidez total, 221
Vitamina C, determinação Iodimétrica, 255
Vinagre, determinação de ácido acético em, 220
Volhard, método de, 232, 235
Volumetria,
   procedimento geral em, 216
   reações químicas úteis em, 217

Volumetria de complexação (vide complexometria).
Volumetria de neutralização, 46
   determinação de ácido clorídrico e acético, 219
   procedimento, 219
   determinação de ácido fosfórico, 227
   determinação de hidróxido de amônio, curvas de titulação, 226
   indicadores, 55, 58
Volumetria de óxido-redução,
   cálculo do potencial de meia-célula, 103, 107
   curvas de titulação, 111
   detecção do ponto final, 120
   determinação de água oxigenada iodométrica, 252
   determinação de cobre, iodométrica, 253
   determinação de ferro em minério, 236. 243
   permanganométrica, 236
   equação de Nernst, 110
   indicadores, 103
Volumetria de precipitação,
   curvas de titulação, 87
   detecção do ponto final, 93
   fatores que afetam a titulação, 92
   indicadores, 93, 229
   métodos de determinação de haletos, 230
   método do indicador de adsorção, 230, 234
   método de Mohr, 230, 233
   método de Volhard, 231, 234

Zimmermann, solução de, função dos componentes, 238
   preparo, 237
Zinco, solução padrão de, 265
   Determinação complexométrica, 267